低功耗蓝牙/智能硬件技术丛书

低功耗蓝牙 5.0 开发与应用

——基于 nRF52 系列处理器
（基础篇）

万青　王娜　编著

U0335746

北京航空航天大学出版社

内 容 简 介

本书主要以 Nordic 公司的 nRF52 系列处理器平台为基础,详细介绍了低功耗蓝牙技术的开发与入门。nRF52 系列处理器以 ARM Cortex‐M4 为内核,具有极强的处理器资源。本书首先分析了该系列处理器的基础开发过程,并对其 SDK 资源包进行了详细介绍;然后结合处理器的内部外设资源,对各个部分外设进行应用,为读者能够全面与灵活地对该系列处理器进行硬件开发打下基础。

本书既可作为高等院校电子信息、物联网、计算机、自动化等相关专业的单片机、嵌入式、物联网技术等课程的教材,也可作为低功耗蓝牙技术研发人员、软硬件工程师开发与学习的参考用书。

图书在版编目(CIP)数据

低功耗蓝牙 5.0 开发与应用 : 基于 nRF52 系列处理器.
基础篇 / 万青,王娜编著. ‐‐ 北京 : 北京航空航天大
学出版社,2021.3
  ISBN 978‐7‐5124‐3457‐8

Ⅰ. ①低… Ⅱ. ①万… ②王… Ⅲ. ①蓝牙技术—技
术开发 Ⅳ. ①TN926

中国版本图书馆 CIP 数据核字(2021)第 039430 号

低功耗蓝牙 5.0 开发与应用——基于 nRF52 系列处理器
(基础篇)

万 青 王 娜 编著

责任编辑 孙兴芳

*

北京航空航天大学出版社出版发行

北京市海淀区学院路 37 号(邮编 100191) http://www.buaapress.com.cn
发行部电话:(010)82317024 传真:(010)82328026
读者信箱:emsbook@buaacm.com.cn 邮购电话:(010)82316936
涿州市新华印刷有限公司印装 各地书店经销

*

开本:710×1 000 1/16 印张:26.25 字数:591 千字
2021 年 3 月第 1 版 2021 年 3 月第 1 次印刷 印数:2 000 册
ISBN 978‐7‐5124‐3457‐8 定价:79.00 元

套书前言

　　笔者自 2014 年开始从事低功耗蓝牙技术方面的开发以来,遇到了很多问题,但市面上相关方面的书籍却很少,只能通过阅读英文资料和 Nordic 公司的技术文档去一点点琢磨。于是,多年的沉积让我产生了与读者分享的念头,论坛中与网友的互动更加支持了我的这个想法,所以就有了这套书。

　　全套书分为 3 册,分别为《低功耗蓝牙 5.0 开发与应用——基础篇》《低功耗蓝牙 5.0 开发与应用——提高篇》《低功耗蓝牙 5.0 开发与应用——进阶篇》。它们全面地介绍了低功耗蓝牙 5.0 技术的基本概念、蓝牙协议栈的基本原理、蓝牙服务的搭建与编程以及相关应用。内容由浅入深,手把手教读者学会如何实现通信、如何达到通信的目的。

　　本套书基于 Nordic 公司的低功耗蓝牙芯片 nRF52 系列处理器,与其他蓝牙芯片的不同之处是,其以 ARM Cortex - M4 为内核,具有十分强悍的处理能力。因此,在完成蓝牙通信的过程中,还能够实现单片机的控制功能。这就代替了传统的 MCU＋BLE 双芯片的使用模式,一颗 nRF52 系列处理器就能够完成蓝牙传输和设备控制功能,因此,它的应用范围得到了极大的扩展。

　　基础篇:首先介绍了 nRF52 系列的基础开发过程,对其 SDK 资源包进行了详细分析与介绍,然后以其芯片的控制外设为基础进行讲解,为连接传感器、驱动外部设备打下基础。因此,本书可以称为外设基础应用篇,主要目的是为了使读者能够熟练使用 nRF52 系列处理器进行硬件开发。本书适合没有单片机基础,未接触嵌入式开发的读者参考学习。

　　提高篇:本书主要讲解低功耗蓝牙的基础知识,包括协议栈初始、通用访问规范 GAP、蓝牙连接参数以及蓝牙广播等内容。从搭建一个基础的蓝牙从机框架工程入手,再慢慢建立蓝牙服务配置文件。蓝牙服务建立成功后,再来打通数据传输的通道。因此,本书核心在于帮助读者建立蓝牙通信的基本概念,并且实现在 nRF52 系列处理器下的蓝牙服务,以及服务下的数据传输功能,进而可以在数据传输功能下延伸出很多其他应用。本书适合不了解低功耗蓝牙的协议、不清楚低功耗蓝牙的通信过程的读者参考。

　　进阶篇:在对蓝牙基础有一定了解的基础上,本书深入介绍蓝牙的开发。本书主要讲述了低功耗蓝牙的一些参数与安全配置、蓝牙的从机综合应用、主机搭建与发起连接、主机数据传输以及主从组网应用等内容。在蓝牙开发中,基础参数的修改和通信的安全问题是在实现通信后需要进一步考虑的问题，因此本书首先描述了蓝牙参数的修改以及绑定配对的应用。同时，大部分的蓝牙设备开发都是与手持设备进行对接，比如手机、平板等设备，但是如果读者要开发的两端设备互相接入，就需要考虑主机和从机的互联问题，本书进一步深入探讨了主机设备的配置，以及主从设备的组网。

在成书的过程中，笔者得到了家人、单位、出版社各方面的支持与帮助，在此感谢家人对自己的鼓励、支持和理解，感谢北京航空航天大学出版社对出版本套书的长期关心与支持。

万 青

2021 年 2 月

前　言

随着通信技术的进一步发展,物联网技术成为当前最火热的技术之一,越来越多地改变着我们的生活。其中,物与物、物与人的互联技术已成为被关注的焦点,而 BLE (Bluetooth Low Energy,蓝牙低功耗)技术正是其中之一。随着手持设备的增多、短距离通信应用范围的急速扩展,以及人们对低功耗的要求越来越高,BLE 的应用将更加广泛。同时,随着 BLE 5.0 技术的出现,进一步扩大了 BLE 的应用范围:从简单的设备间的数据传输,到最新的室内导航和基于位置的服务,再到楼宇、工厂和城市的互联与自动化,蓝牙技术持续更新着我们的互联方式。

Nordic 公司推出了基于 ARM Cortex - M4 内核的蓝牙 5.0 SOC 芯片 nRF52 系列处理器。因为 nRF52 系列处理器本身就是一个强大的嵌入式 SOC,其处理能力远远强于 51 系列单片机,所以 nRF52 系列处理器常常单独作为嵌入式蓝牙设备内的核心处理器。由于 nRF52 系列处理器功能非常强大,而目前市面上鲜有关于该芯片的详细的学习书籍,所以作者编写了本书。

本书共有 19 章,分为以下三篇:

第一篇:第 1～3 章,该篇首先讲述了 nRF52 系列处理器的基本开发过程;然后对芯片厂家提供的 SDK 文件包进行详细的解析,以帮助读者快速入门 nRF52 的开发;最后介绍了 nRF52 处理器的软件开发平台,并且讨论了如何通过 Keil 进行工程的搭建与仿真调试。

第二篇:第 4～18 章,本篇首先介绍了 nRF52832 开发板硬件电路图,然后对其大部分外设功能进行了详细的讲解与应用,循序渐进地介绍了 nRF52832 处理器的外设功能。对新手来说,Nordic 公司提供的组件库相对较复杂,本书先从寄存器入手,在理解外设功能后,再结合 Nordic 公司提供的组件库进行编程,使读者更加快速地入门硬件开发。

第三篇:第 19 章,该篇实现了一个基于日历的外设综合测试实验,结合了定时器、PPI、SAADC、串口、RTC 定时器、SPI 控制 OLED 显示屏等外设功能,实现了一个日历、电池监测、OLED 显示刷新的综合应用。

不管你是一位初学嵌入式开发的新手,还是一位有嵌入式开发经验的老手,都可以将本书作为一本入门 nRF52 系列处理器硬件开发的参考书。通过对本书的学习,可以了解外设寄存器、学会应用组件库、搭建外设工程以及编写硬件驱动。

本书既可作为高等院校电子信息、物联网、计算机、自动化等相关专业的单片机、嵌入式、物联网技术等课程的教材,也可作为低功耗蓝牙技术研发人员、软硬件工程师开发与学习的参考用书。

由于作者水平有限,书中定有不足之处,如果读者发现错误和问题,可以发邮件到 wanqin_002@126.com,或者在青风电子社区 www.qfv8.com 发帖或留言,作者将尽快回复与解答。再次恳请各位读者及专家指正。

本书在写作过程中得到了各方面的支持与帮助,在此感谢家人对自己的鼓励、支持和理解;感谢朋友、同事对本人的支持与帮助;最后,感谢北京航空航天大学出版社对出版本书的关心与支持。

作 者
2021 年 2 月

目　录

第二篇　蓝牙硬件篇

第三篇　外设应用综合篇

第一篇 nRF52 系列处理器初步篇

在使用开发 BLE(Bluetooth Low Energy,蓝牙低功耗)设备之前,首先需要了解开发的处理器的基本结构及其基础的开发流程,同时要了解芯片厂家提供的开发软件包 SDK 的具体结构,以便顺利开展后期软件开发;了解开发该芯片需要使用的软件工具 nRFgo Studio 以及开发平台 MDK Keil;了解如何进行软件代码的仿真调试与错误跟踪。

为了初步了解 nRF52 系列处理器的基本开发框架,本篇分为三章,主要内容如下:

➢ 蓝牙 5.0 芯片 nRF52 系列的介绍以及开发流程;

➢ 蓝牙 nRF52 系列处理器 SDK 开发板的详解;

➢ 开发环境 MDK Keil 以及软件 nRFgo Studio 的使用。

第 1 章

蓝牙 5.0 芯片 nRF52 系列开发绪论

如何开发出自己的 BLE 产品？蓝牙设备的开发步骤有哪些？一个全新的蓝牙芯片需要如何入手？相关技术资料如何查找？这几个问题一直困扰着广大用户。本章将简要概述蓝牙 5.0 芯片 nRF52 系列的整个开发过程，让广大初级用户拿到我们的开发板后，能够知道开发一个工程项目的基本流程。

1.1 芯片选型

在开发一个工程项目之前，首先需要进行的工作就是选择芯片的类型，选择适合项目要求的处理器。如果选择 nRF52 系列处理器，那么它的基本功能主要是通过查阅 nRF52 的技术手册来了解。nRF52 只有一份技术手册，其包含芯片外设模块的功能概述、电气特性参数、应用参考电路、封装和订购信息等内容。nRF52 技术手册的每一个外设模块的章节前面均是其功能概述，最后一章则是其电气特性参数的展示。

部分用户使用 Nordic 产品时会使用 Nordic 协议栈，因此评估时一定要把协议栈占用的资源扣除，然后再评估剩下的资源够不够用。同时，开发 Nordic 产品时，建议大家先去看一下协议栈说明，以便大致了解 Nordic 协议栈的原理以及一些关键性能参数。官方提供了一个资源集中链接的网站，地址为 https://infocenter. nordicsemi. com/index. jsp，选型时可以直接对对应芯片进行查询。

以 nRF52832 芯片为例，其具有的资源如下：

内核为 ARM Cortex - M4 32 位处理器，带 FPU，内核的运行频率为 64 MHz。其具有 BLE 模式下的－96 dBm 灵敏度；蓝牙低功耗模式下支持的数据速率为 1 Mbps、2 Mbps；具有－20～＋4 dBm TX 功率，可配置为 4 dB 步长进行变化；具有片上巴伦（单端射频）。其属下参数如下：

（1）灵活的电源管理

- 1.7～3.6 V 电源电压范围；
- 全自动 LDO 和 DC/DC 稳压器系统；
- 使用 64 MHz 内部振荡器快速唤醒；
- 在系统关闭模式下，3 V 时为 0.3 μA；
- 在系统关闭模式下，3 V 时为 0.7 μA，具有完整的 64 KB RAM 保持；
- 在系统开启模式下，3 V 时为 1.9 μA，没有 RAM 保持，在 RTC 上唤醒。

（2）内　存
- 512 KB 闪存/64 KB RAM；
- 256 KB 闪存/32 KB RAM。

（3）外　设
- 类型 2 近场通信（NFC - A）标签具有唤醒现场和触摸对功能；
- 12 位,200 ksps ADC - 8 个可配置通道,具有可编程增益；
- 64 级比较器；
- 15 级低功耗比较器,从系统关闭模式唤醒；
- 温度感应器；
- 32 个通用 I/O 引脚；
- 带 EasyDMA 的 3×4 通道脉冲宽度调制器（PWM）单元；
- 数字麦克风接口（PDM）；
- 具有计数器模式的 5×32 位定时器；
- 使用 EasyDMA,最多 3 个 SPI 主/从；
- 高达 2×I2C 兼容的 2 线主/从；
- I2S 与 EasyDMA；
- 使用 EasyDMA 的 UART（CTS / RTS）；
- 可编程外设互连（PPI）；
- 正交解码器（QDEC）；
- 使用 EasyDMA 进行 AES 硬件加密；
- 使用 PPI 和 EasyDMA,无需 CPU 干预的自主外设操作。

如上所述,nRF52832 的芯片资源非常丰富,适用于大部分的蓝牙低功耗开发应用,是十分值得推荐的一款处理器。

1.2　开发工具的购买与选取

1. 开发板的选取

对于开发板,我们选择青风 nRF52832 开发板作为本书的硬件设备,这款开发板是我们推出的一款价格较低的蓝牙开发工具。如图 1.1 所示,开发板电路在兼容官方参考电路的基础上增加了片外 Flash、电容触摸、蜂鸣器、光敏电阻等功能及元器件,适用于各种 BLE 开发项目的验证。关于开发板的详细电路介绍请参考第 4 章相关内容。

2. 抓包器

抓包器用于抓取数据包或者广播包。当从机设备进行广播时,可以抓取广播包并对其包含的数据进行分析。当主机和从机进行通信时,可以抓取数据包,对主从机之间的数据包进行分析。对数据包和广播包的分析将在后续章节进行讲解。该设备对于大家理解 BLE 数据结构和数据包内容以及进行逻辑分析大有帮助。抓包器如图 1.2 所示。

图 1.1 青风 nRF52832 开发板

3. OLED 显示模块

OLED 显示模块应用于人机界面显示。如果需要在蓝牙设备端显示相关信息,则可以通过 OLED 显示模块直观地观察到;或者在设计手环等设备时,使用 OLED 显示模块显示手环的相关信息。OLED 显示模块可以直接插在开发板上,因为开发板上留有对应的接口。OLED 显示模块如图 1.3 所示。

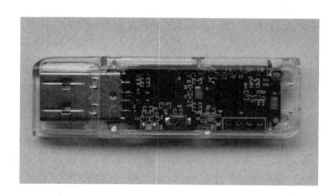

图 1.2 抓包器

图 1.3 OLED 显示模块

4. 仿真器

nRF52 系列处理器支持 J-Link 仿真器进行仿真调试和下载,使用仿真器时需要注意驱动匹配的问题。J-Link 支持使用 nRFgo 软件、nRF Connect 软件、MDK 开发环境进行协议栈和代码的下载。

1.3　硬件电路设计

1.3.1　电路图设计和 PCB 绘制

官方提供了 nRF52 系列处理器的参考电路,用户可以按照推荐的设计方案来设计自己的电路。当然,用户也可以按照我们提供的 nRF52 系列开发板电路图来设计自己的电路。这两种参考电路是一致的。关于开发板的电路图将在第 4 章进行详细介绍。

Nordic 公司的官方网站上提供了 Nordic 官方开发板完整的设计资料,包括完整的 BOM 表、原理图以及 Layout,供大家参考。下面是官方设计的网页链接:

DK 开发板详细介绍:

https：//infocenter. nordicsemi. com/index. jsp？ topic＝％2Fug_nrf52832_dk％2FUG％2Fnrf52_DK％2Fintro. html&cp＝3_1_4

nRF52832 参考电路设计:

https：//www. nordicsemi. com/Products/Low-power-short-range-wireless/nRF52832

nRF52840 参考电路设计:

https：//www. nordicsemi. com/Products/Low-power-short range-wireless/nRF52832

nRF52810 参考电路设计:

https：//www. nordicsemi. com/Products/Low-power-short-range-wireless/nRF52810

nRF52811 参考电路设计:

https：//www. nordicsemi. com/Products/Low-power-short-range-wireless/nRF52811

天线和匹配网络的调谐设计:

https：//infocenter. nordicsemi. com/pdf/nwp_017. pdf？ cp＝12_11

1.3.2　蓝牙射频硬件配置

在设计 PCB 样板时,需要特别注意蓝牙射频性能的设计。设计时,需要将蓝牙射频硬件的配置达到最佳性能。蓝牙射频性能最关键的 3 个影响因子是:匹配电路调试、天线设计以及晶振选择。针对这些影响因子,Nordic 公司提供了对应的指导文件,如下面链接所示。其中,天线设计也可以直接使用我们提供的设计好的 2.4G 天线进行电路设计。

① 匹配电路调试:https：//infocenter. nordicsemi. com/pdf/nwp_013. pdf？ cp＝12_14。

② 天线设计:https：//infocenter. nordicsemi. com/pdf/nwp_017. pdf？ cp＝12_11。

③ 晶振选择:https：//infocenter. nordicsemi. com/pdf/nwp_015. pdf？ cp＝12_12。

1.3.3　焊接加工

当开发者设计完样板时,就需要进行样板焊接。对于如何焊接,Nordic 公司也有相应的指导文件。目前 Nordic 公司的 nRF52 系列 BLE 处理器芯片提供了 QFN、

WLCSP 和 aQFN 三种封装,相关焊接指导说明可见以下相应链接:

https://infocenter. nordicsemi. com/index. jsp? topic = ％2Fstruct_appnotes％ 2Fstruct％2Fappnotes. html&cp=11

1.4   软件与功能开发

硬件开发完成后,需要进行 BLE 设备的软件设计开发,软件设计可遵循以下步骤进行。

1.4.1   资料搜集学习

首先需要搜集资料进行学习,学习如何使用 nRF52 系列处理器,如何编程入门。其中,资料包括以下三方面:

第一方面:Nordic 公司提供的手册与代码支持包,包含芯片手册、芯片勘定选型、在线说明、SDK 开发工程包等资料。

第二方面:SIG 蓝牙协议栈小组提供的蓝牙技术手册,包含蓝牙 5.0 核心规范、蓝牙服务手册等文件。SIG 蓝牙协议栈小组官网为

https://www. bluetooth. com/specifications

其中,本书蓝牙核心规范以 5.0 为主,其链接如下:

https://www. bluetooth. com/specifications/bluetooth-core-specification

蓝牙 SIG 技术提供的公有服务说明手册的链接如下:

https://www. bluetooth. com/specifications/gatt/services

第三方面:青风蓝牙开发板提供的中文教程、蓝牙视频、原创代码等。购买开发板后,提供的资料包括青风原创的中文教程、视频教程等。

1.4.2   勘误表

如果在开发中遇到一些明显的 bug 问题,则可以查找勘误表。勘误表的内容一般都是关于软件开发的注意事项,但不排除某些条目也跟硬件设计有关。每出一个新版本的 SDK,就会对之前的软件代码进行勘误。由于官方更新 SDK 的速度很快,所以不是所有的用户都去使用最新版本的 SDK。因此,为了维护开发进程,选定 SDK 版本后,提取查询勘误表也可降低 bug 出现的概率。Nordic 公司提供的勘误表的在线链接如下:

nRF52840 勘误表:

https://infocenter. nordicsemi. com/index. jsp? topic = ％2Fstruct_nrf52％ 2Fstruct％2Fnrf52840_errata. html&cp=3_0_1

nRF52832 勘误表:

https://infocenter. nordicsemi. com/index. jsp? topic = ％2Fstruct_nrf52％ 2Fstruct％2Fnrf52832_errata. html&cp=3_1_1

nRF52810 勘误表:

https://infocenter. nordicsemi. com/index. jsp? topic ＝％ 2Fstruct ＿ nrf52％ 2Fstruct％2Fnrf52810_errata. html&cp＝3_3_1

nRF52811 勘误表:

https://infocenter. nordicsemi. com/index. jsp? topic ＝％ 2Fstruct ＿ nrf52％ 2Fstruct％2Fnrf52811_errata. html&cp＝3_2_1

1.4.3　实例开发

1. 设备固件开发

首先就是 SDK 的下载。以 nRF52xx 为例,Nordic 公司提供了一个 SDK 集成开发工具包,链接如下:

https://www. nordicsemi. com/Software-and-Tools/Software/nRF5-SDK/Download ♯ infotabs

打开这个连接,可以看到其集成了所有的 SDK 版本,包含 nRF51 系列使用的 SDK 版本,如图 1.4 所示。

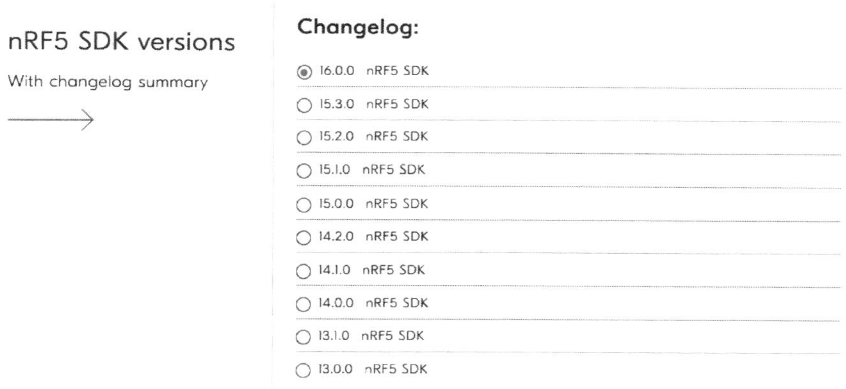

nRF5 SDK versions

With changelog summary

Changelog:

- 16.0.0　nRF5 SDK
- 15.3.0　nRF5 SDK
- 15.2.0　nRF5 SDK
- 15.1.0　nRF5 SDK
- 15.0.0　nRF5 SDK
- 14.2.0　nRF5 SDK
- 14.1.0　nRF5 SDK
- 14.0.0　nRF5 SDK
- 13.1.0　nRF5 SDK
- 13.0.0　nRF5 SDK

图 1.4　SDK 下载页面

所谓的 SDK,就是官方为了推广它的芯片,方便工程师使用,使工程师脱离繁重的工程搭建工作,更加快速地完成开发而提供的一个参考代码文件包以及驱动库的集合。SDK 的下载和学习是工程师开始开发的第一步。第 2 章将对 SDK 进行解析,让工程师更快速地完成入门与开发。

对应官方的 SDK,Nordic 公司还有一个在线的文档说明中心(Infocenter),文档说明中心把所有与 Nordic 产品开发有关的文档都放在这里,包含例子说明、库函数代码说明、协议栈介绍等。在线的文档说明中心链接为:https://infocenter. nordicsemi. com/index. jsp。

在线的文档说明中心有 Nordic 产品开发的完整说明。假如你是初次接触 Nordic 产品开发,则可以阅读 nRF5 Getting Started 开始进行学习。在在线的文档说明中心里,可以快速查找自己需要的东西,比如函数 API 功能说明等。其中,在 Software Development Kit 中还包含了 Nordic 所有常用发布的 SDK 的说明文档,比如 SDK 15 文档说明链接,整个说明文档的结构就是按照 SDK 15 开发包目录结构来编排的,两者一一对应,方便大家查阅。在线的文档说明中心如图 1.5 所示。

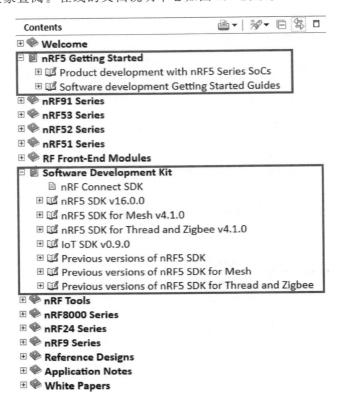

图 1.5　在线的文档说明中心

在线的文档说明中心的内容比较多,如果大家有某个特定的问题需要查找,也可以直接使用"搜索"功能去搜索。比如,需要查找与 DTM 有关的内容,就可以在 Search the Infocenter 文本框中输入"DTM",如图 1.6 所示。

2. APP 源代码

对于手机 APP 的开发,官方提供了 APP 的源码文件。如果用户需要开发手机 APP,则可以直接在官方的网站上下载官方 APP 源码进行参考,链接如下:

https://www.nordicsemi.com/Software-and-Tools/Development-Tools/Mobile-Apps

打开链接,如图 1.7 所示,打开的网页中包含官方提供的很多 APP,如果 APP 有源码,在 SOURCE CODE 选项上就为"×",此时可以下载该 APP 的源码。

比如打开 nRF Mesh 页面后,单击如图 1.8 所示的位置,就可以下载 APP 或者安卓和 iOS 的源码。

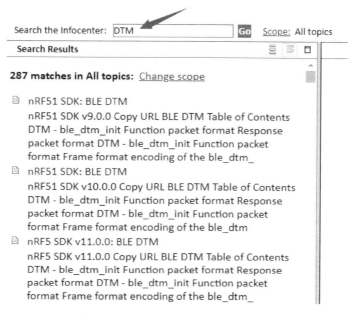

图 1.6 Search the Infocenter 文本框

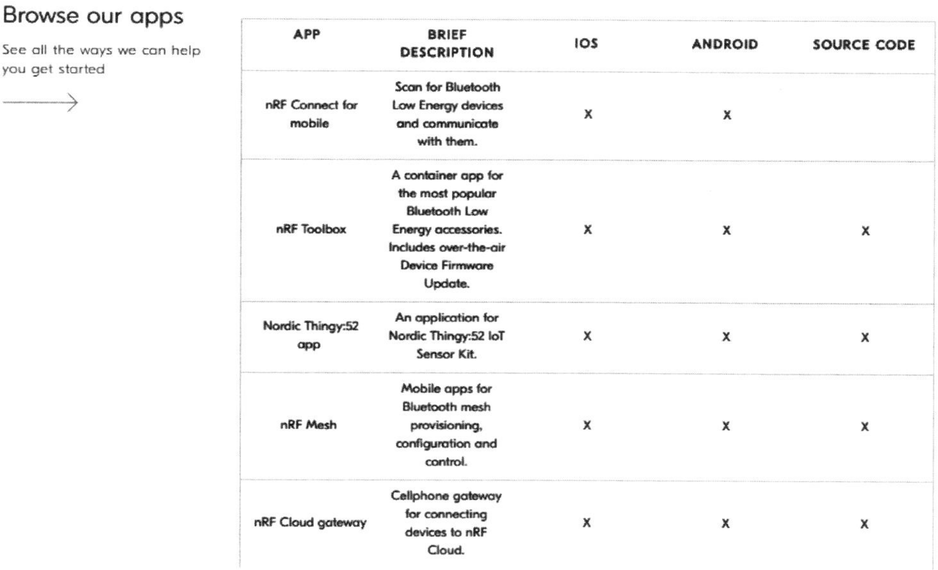

Browse our apps

See all the ways we can help you get started

APP	BRIEF DESCRIPTION	IOS	ANDROID	SOURCE CODE
nRF Connect for mobile	Scan for Bluetooth Low Energy devices and communicate with them.	X	X	
nRF Toolbox	A container app for the most popular Bluetooth Low Energy accessories. Includes over-the-air Device Firmware Update.	X	X	X
Nordic Thingy:52 app	An application for Nordic Thingy:52 IoT Sensor Kit.	X	X	X
nRF Mesh	Mobile apps for Bluetooth mesh provisioning, configuration and control.	X	X	X
nRF Cloud gateway	Cellphone gateway for connecting devices to nRF Cloud.	X	X	X

图 1.7 Nordic 提供的 APP

3. 青风演示实例与原创实例

购买开发板后会提供青风演示实例与原创实例,其他中文资料会在相关的技术群

图 1.8　APP 源码下载

内共享,或者在 www. qfv8. com 青风技术论坛上发布。

1.5　性能测试

1.5.1　RF 测试

如果自己有专门的 BLE 测试设备,就可以自己来测试板子的 RF 性能;如果没有 BLE 测试设备,则可以找 Nordic 或其代理商提供 BLE 测试服务。然后,根据实验测试结果对设计的设备进行修改。

目前,Nordic 提供了两套射频测试固件,其中,一套是 DTM 测试代码,因为 RF 射频特性符合蓝牙 DTM 标准,测试代码位于 SDK 中,其目录为:SDK\examples\dtm\direct_test_mode。对应这个测试实例的具体说明请参考以下链接中的相关内容:

https://infocenter. nordicsemi. com/index. jsp? topic =％2Fcom. nordic. infocenter. sdk5. v15. 3. 0％2Fble_sdk_app_dtm_serial. html&cp=5_1_4_5

另外一套是 radio_test 测试代码,用于直接测试各个射频通道的物理性能,比如频偏等,测试代码也位于 SDK 中。其目录为:SDK\examples\peripheral\radio_test,对应这个测试实例的具体说明请参考以下链接中的相关内容:

https://infocenter. nordicsemi. com/index. jsp? topic =％2Fcom. nordic. infocenter. sdk5. v15. 3. 0％2Fnrf_radio_test_example. html&cp=5_1_4_6_29

1.5.2 功耗测试

BLE 设备对功耗要求比较高，因此优化蓝牙设备的软件和硬件来降低功耗已成为设计 BLE 的一个关键问题。对于功耗的测试与优化方案，Nordic 公司提供了如下参考链接：

功耗测试介绍：

https://devzone. nordicsemi. com/tutorials/b/hardware-and-layout/posts/current-measurement-guide-introduction

功耗测试指南：

https://devzone. nordicsemi. com/tutorials/b/hardware-and-layout/posts/nrf51-current-consumption-guide

BLE 理论功耗在线计算工具：

https://devzone. nordicsemi. com/power/

Nordic 功耗测试标准例程及说明：

http://infocenter. nordicsemi. com/index. jsp? topic＝%2Fcom. nordic. infocenter. sdk5. v15. 0. 0%2Fble_sdk_app_pwr_mgmt. html&cp＝4_0_0_4_1_2_20

低功耗测试的固件代码在 SDK 开发包的目录位置为：＜InstallFolder＞\examples\ble_peripheral\ble_app_pwr_profiling。

在《低功耗蓝牙 5.0 开发与应用——基于 nRF52 系列处理器（进阶篇）》中，有专门的章节对低功耗的优化进行探讨。如何设计出符合功耗要求的 BLE 设备也是我们重点关注的问题。

1.5.3 认证（可选）

如果产品设计成功且进行了批量生产，那么上市时就需要根据设计产品的需求做产品性能认证。蓝牙设备可以去做 BQB 认证、SRRC 认证、FCC 认证、ETSI 认证以及环保测试等。像 BQB 认证，Nordic 产品本身已经取得了相应 QDID，产品性能的认证是可以复用 Nordic QDID 的。在蓝牙 SIG 官网中可以对 Nordic QDID 进行查询。输入网址：https://launchstudio. bluetooth. com/Listings/Search，在 Advanced Search 文本框中输入"Nordic Semiconductor"，即可搜出 Nordic 所有的 QDID，如图 1.9 所示。

关于 BT、ANT、FCC、ETSI 等的相关认证，可以参考 Nordic 说明文档：

https://infocenter. nordicsemi. com/topic/ug_getting_started/UG/gs/certifying. html

关于 BQB 认证和生产测试，推荐使用前面介绍的 DTM 测试代码进行测试。

关于 SRRC 认证，只需简单测试射频通道载波频率和频偏，推荐使用 1.5.1 小节中的 radio_test 代码进行测试。

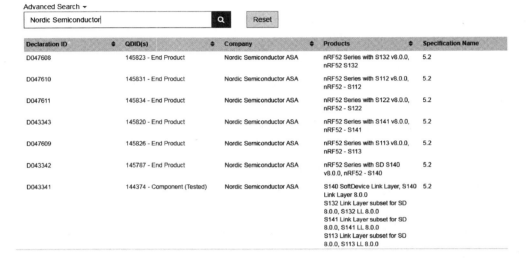

图 1.9　Nordic QDID 的查询

第 2 章

蓝牙工程包 SDK 详解

什么是 SDK？认识这个问题对于我们开发项目是有极大帮助的。本章将介绍 SDK 15.0 这个版本的结构。

由于 Nordic Semiconductor 的低功耗蓝牙芯片 nRF52 系列的协议栈是未开源的，同时为了鼓励开发者快速入门 nRF52 系列的开发，节省编写对基础硬件寄存器操作的程序的时间，使开发者方便快速地编写程序，官方提供了专业的 SDK 工程开发包。

SDK 的全称为软件开发工具包，英文全称为 Software Development Kit，是 Nordic Semiconductor 设计的，为特定的软件包、软件框架、硬件平台、操作系统等建立应用软件时所使用的开发工具的集合。软件开发工具广义上指辅助开发某一类软件的相关文档、范例和工具的集合。一般而言，在 Windows 平台下的应用程序所使用的 SDK 包括为底层协议栈提供的 API 接口，也包括处理器芯片的硬件驱动。同时，Nordic Semi-conductor 官方在 SDK 中还提供包括外设和 BLE 的演示代码、支持性的技术注解或者其他的为基本参考资料澄清疑点的支持文档。

为了鼓励开发者加入 nRF52 系列低功耗蓝牙的开发队伍中，当使用 nRF52 系列芯片时，Nordic 官方免费提供 SDK。软件工程师可以直接通过 Nordic 官方下载获得 SDK 软件开发包，使其免费为自己编程，而这些又能吸引更多的软件工程师去购买 Nordic 的硬件。认识 Nordic 官方提供的 SDK 对我们开发是非常有帮助的。从形式上来说，nRF5 SDK 其实就是一个产品压缩包，其包含很多的版本，如图 2.1 所示。

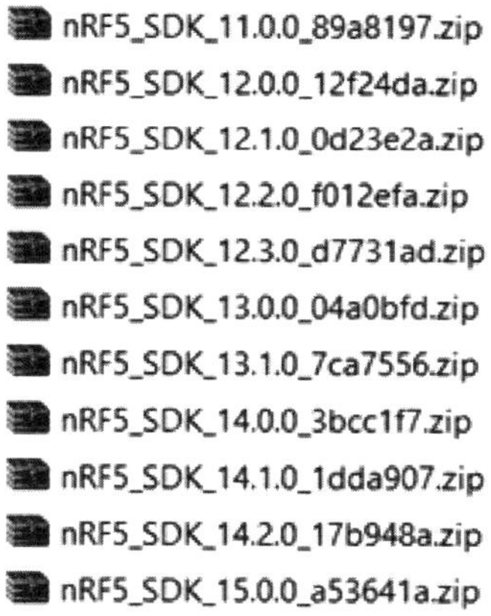

nRF5_SDK_11.0.0_89a8197.zip
nRF5_SDK_12.0.0_12f24da.zip
nRF5_SDK_12.1.0_0d23e2a.zip
nRF5_SDK_12.2.0_f012efa.zip
nRF5_SDK_12.3.0_d7731ad.zip
nRF5_SDK_13.0.0_04a0bfd.zip
nRF5_SDK_13.1.0_7ca7556.zip
nRF5_SDK_14.0.0_3bcc1f7.zip
nRF5_SDK_14.1.0_1dda907.zip
nRF5_SDK_14.2.0_17b948a.zip
nRF5_SDK_15.0.0_a53641a.zip

图 2.1　nRF5 SDK 压缩包

2.1　SDK 15.0 开发包的基本结构

打开官方 SDK 开发包 nRF5_SDK_15.0.0_a53641a，将出现如图 2.2 所示的文件夹，下面将对这个文件夹里的内容进行详细介绍。

图 2.2　SDK 15.0 开发包

2.1.1　components 文件包

　　打开 components 文件包,如图 2.3 所示。该文件包存放的是各类驱动、蓝牙协议栈、芯片库程序等文件,是后期编程所需要的文件,是 SDK 的核心部分,具体说明如下:

802_15_4	2018-04-01 下午...	文件夹	
ant	2018-04-01 下午...	文件夹	
ble	2018-04-01 下午...	文件夹	
boards	2018-04-01 下午...	文件夹	
drivers_ext	2018-04-01 下午...	文件夹	
drivers_nrf	2018-04-01 下午...	文件夹	
iot	2018-04-01 下午...	文件夹	
libraries	2018-04-01 下午...	文件夹	
nfc	2018-04-01 下午...	文件夹	
proprietary_rf	2018-04-01 下午...	文件夹	
serialization	2018-04-01 下午...	文件夹	
softdevice	2018-04-01 下午...	文件夹	
toolchain	2018-04-01 下午...	文件夹	
sdk_validation.h	2018-03-22 下午...	H 文件	12 KB

图 2.3　components 文件包

- 802_15_4 文件夹:IEEE 802.15.4 无线通信协议。该协议用于低速无线个人域网(LR－WPAN)的物理层和媒体接入控制层规范,支持两种网络拓扑,即单跳星状或当通信线路超过 10 m 时的多跳对等拓扑。这个协议只能使用在 nRF52840 的芯片上。
- ant 文件夹:nRF52832 系列处理器在蓝牙 5.x 基础上添加了 ANT＋的功能,ANT＋是运动领域内最通用最普及的无线传输协议,该协议也是以 2.4G 通信为基础的。本文件夹为官方提供的关于 ANT＋的驱动文件。

- ble 文件夹:低功耗蓝牙协议相关的文件,对接协议 SoftDevice 提供的 API 接口的驱动函数库,编写蓝牙应用的核心部分。
- boards 文件夹:对应开发板的头文件定义,定义了诸如 nRF51 和 nRF52 的各类开发板的头文件。
- drivers_ext 文件夹:第三方传感器文件,一些外接传感器的驱动文件,比如 mpu6050、ds1624 等的驱动文件。
- drivers_nrf 文件夹:处理器硬件外设的驱动。旧版本包含比如时钟、串口等外设驱动,而新版本 SDK 15.0 把这部分分离到 modules 文件包中。所以,这里面只剩下部分驱动,读者可以直接调用编程。
- iot 文件夹:Internet of Things 的缩写,物联网的一些驱动文件库。
- libraries 文件夹:外设应用的库文件。以上面 driver_nrf 文件夹和 modules 文件包为基础来编写的二级应用驱动,比如串口、PWM、校验等应用的驱动文件。
- nfc 文件夹:NFC 的驱动文件库。
- proprietary_rf 文件夹:2.4G 应用的配置文件,nRF5x 系列处理器兼容普通的 2.4G 的通信协议。
- serialization 文件夹:该文件夹主要提供公共配置文件,包括协议栈不同版本需要使用的配置文件。
- SoftDevice 文件夹:该文件夹包括不同版本协议栈的 hex 文件、协议的说明文档以及相关的头文件。其中,协议的说明文档对各个版本的协议所对应程序需要的 ROM 和 RAM 大小都有明确说明。不同版本的协议如图 2.4 所示。

名称	修改日期	类型
common	2018-04-15 15:30	文件夹
mbr	2018-03-30 21:00	文件夹
s112	2018-03-30 21:00	文件夹
s132	2018-03-30 21:00	文件夹
s140	2018-03-30 21:00	文件夹
s212	2018-03-30 21:00	文件夹

图 2.4　不同版本的协议

- toolchain 文件夹:提供给不同开发环境使用的配置文件,可以用于开发 nRF5x 系列处理器的开发环境,包括 Keil、acc、iar 等环境需要的配置文件。

2.1.2　config 文件包

config 文件包提供开发环境以及库函数的配置。程序里主要使用的是 sdk_config.h 函数,该函数提供一个芯片配置使用模板。该文件包中一共提供 3 个芯片的配置,这 3 个芯片分别是 nrf52810、nrf52832 和 nrf52840,它们可以使用 BLE 5.0 的协议栈。config 文件包如图 2.5 所示。

nrf52810	2018-04-01 下午...	文件夹
nrf52832	2018-04-01 下午...	文件夹
nrf52840	2018-04-01 下午...	文件夹

图 2.5 config 文件包

2.1.3 documentation 文件包

documentation 文件包提供了一个 index 的网页引导文件,打开该文件就可以打开官方对整个 SDK 文件包的说明网站。该网站包含了各个函数的定义以及官方例程的简介说明,特别是对应协议栈函数和库函数,通过在网站中搜索就可以找到其定义,这对于理解 nRF5x 系列处理器的编程很重要。打开 documentation 文件包后如图 2.6 所示。

index	2018-03-22 下午...	360 se HTML Do...	6 KB
licenses	2018-03-22 下午...	360 se HTML Do...	3 KB
licenses	2018-03-22 下午...	文本文档	1 KB
NordicS	2018-03-22 下午...	JPEG 图像	75 KB
nRF5_Dynastream_license	2018-03-22 下午...	文本文档	3 KB
nRF5_Nordic_license	2018-03-22 下午...	文本文档	2 KB
nRF5x_series_logo	2018-03-22 下午...	PNG 图像	10 KB
release_notes	2018-03-22 下午...	文本文档	288 KB

图 2.6 documentation 文件包

单击 index 网页引导文件后将弹出如图 2.7 所示的页面,该页面就是对 SDK 整个工程说明的网页链接,可以在其中查看协议栈 API 和 SDK 的工程说明。

2.1.4 examples 文件包

examples 文件包包含了官方提供给开发者的应用实例,通过参考官方的演示实例,便于开发者快速地开发出自己的应用。打开 examples 文件包后如图 2.8 所示。文件包中,根据不同的类型把例子分成多个文件夹,具体说明如下:

- 802_15_4:提供 nRF52840 的 802_15_4 通信应用实例。
- ant:提供多个 ANT+通信的应用实例。
- ble_central:提供多个 BLE 主机的应用实例。
- ble_central_and_peripheral:提供蓝牙主从机一体的应用实例。
- ble_peripheral:提供多个 BLE 从机的应用实例。
- connectivity:蓝牙直接连接方式的几个测试代码。该文件夹提供定义官方开发工具的 I/O 引脚分配的文件。

nRF5 Software Development Kit v15.0.0

The nRF5 Software Development Kit (SDK) enables *Bluetooth*® low energy, ANT, and 2.4 GHz proprietary product development with Nordic Semiconductor's advanced nRF5 Series System on Chip (SoC) devices.

SDK documentation

The SDK documentation is available in Nordic Semiconductor's Infocenter.
VIEW DOCUMENTATION »

S112 SoftDevice API documentation

Bluetooth® low energy Peripheral protocol stack for the nRF52810 SoC.
VIEW API DOCUMENTATION »

S132 SoftDevice API documentation

Bluetooth® low energy Peripheral and Central protocol stack for the nRF52832 SoC.
VIEW API DOCUMENTATION »

S140 SoftDevice API documentation

Bluetooth® low energy Peripheral and Central protocol stack for the nRF52840 SoC.
VIEW API DOCUMENTATION »

S212 SoftDevice API documentation

ANT protocol stack for the nRF52 Series.
VIEW API DOCUMENTATION »

图 2.7　单击 index 网页引导文件后弹出的页面

802_15_4	2018-04-01 下午...	文件夹	
ant	2018-04-01 下午...	文件夹	
ble_central	2018-04-01 下午...	文件夹	
ble_central_and_peripheral	2018-04-01 下午...	文件夹	
ble_peripheral	2018-04-01 下午...	文件夹	
connectivity	2018-04-01 下午...	文件夹	
crypto	2018-04-01 下午...	文件夹	
dfu	2018-04-01 下午...	文件夹	
dtm	2018-04-01 下午...	文件夹	
iot	2018-04-01 下午...	文件夹	
multiprotocol	2018-04-01 下午...	文件夹	
nfc	2018-04-01 下午...	文件夹	
peripheral	2018-04-01 下午...	文件夹	
proprietary_rf	2018-04-01 下午...	文件夹	
usb_drivers	2018-04-01 下午...	文件夹	
readme	2018-03-22 下午...	文本文档	122 KB

图 2.8　examples 文件包

- dfu:提供官方 dfu 的 bootloader 工程和 dfu 的演示实例。
- dtm:直接测试模式(Direct Test Mode,DTM),也就是直接连接测试模式的演示实例。
- multiprotocol:混合协议的演示实例。
- nfc:提供 NFC 的演示实例。
- peripheral:提供多个 nRF51822 外部设备的应用实例。
- proprietary_rf:2.4G 通信下的演示实例。
- usb_drivers:USB 驱动设备声明。

2.1.5　external 文件包和 external_tools 文件包

打开 external 文件包后如图 2.9 所示,里面包含一些第三方的驱动文件夹,比如 freertos,微型操作系统的支持文件夹。FreeRTOS 是迷你的实时操作系统内核,作为一个轻量级的操作系统,其功能包括:任务管理、时间管理、信号量、消息队列、内存管理、记录功能、软件定时器、协程等,可基本满足较小系统的需要,特别适合在以 ARM Cortex - M4 为内核的 nRF52832 低功耗蓝牙芯片中使用;还包含比如 fatfs 的文件系统包、lwip 的网络支持包、segger 的 rtt 支持包等。这些第三方的驱动包还是比较多的,方便我们编程时调用,若大家感兴趣可以自行了解。

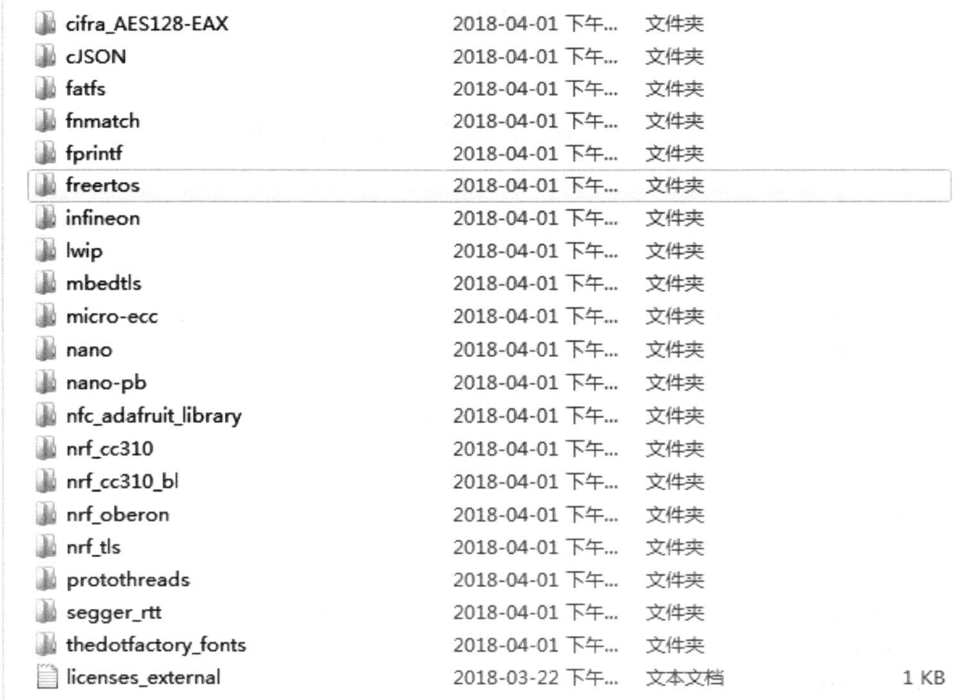

名称	日期	类型	大小
cifra_AES128-EAX	2018-04-01 下午...	文件夹	
cJSON	2018-04-01 下午...	文件夹	
fatfs	2018-04-01 下午...	文件夹	
fnmatch	2018-04-01 下午...	文件夹	
fprintf	2018-04-01 下午...	文件夹	
freertos	2018-04-01 下午...	文件夹	
infineon	2018-04-01 下午...	文件夹	
lwip	2018-04-01 下午...	文件夹	
mbedtls	2018-04-01 下午...	文件夹	
micro-ecc	2018-04-01 下午...	文件夹	
nano	2018-04-01 下午...	文件夹	
nano-pb	2018-04-01 下午...	文件夹	
nfc_adafruit_library	2018-04-01 下午...	文件夹	
nrf_cc310	2018-04-01 下午...	文件夹	
nrf_cc310_bl	2018-04-01 下午...	文件夹	
nrf_oberon	2018-04-01 下午...	文件夹	
nrf_tls	2018-04-01 下午...	文件夹	
protothreads	2018-04-01 下午...	文件夹	
segger_rtt	2018-04-01 下午...	文件夹	
thedotfactory_fonts	2018-04-01 下午...	文件夹	
licenses_external	2018-03-22 下午...	文本文档	1 KB

图 2.9　external 文件包

external_tools 文件包中放置了一些外部工具包。目前,该文件包里只包含 CM-SIS 的配置向导。

2.1.6　integration 文件包和 modules 文件包

integration 文件包和 modules 文件包提供的是硬件顶层驱动,下面将详细介绍这两个文件包。

integration 文件包:提供旧版本驱动的兼容头文件。比如用旧版本的 SDK 底层硬件外设驱动编写的程序,需要在新版本 SDK 上使用,此时需要进行移植,就可以通过配置这个文件夹里的硬件底层兼容文件夹进行兼容,以便将早期版本的硬件底层外设驱动迁移到新版本驱动之下。

modules 文件包:内部以 nrfx 命名一个文件夹,该文件夹提供了多个文件包。打开 modules 文件包后如图 2.10 所示,具体说明如下:

名称	修改日期	类型	大小
doc	2018-04-01 下午...	文件夹	
drivers	2018-04-01 下午...	文件夹	
hal	2018-04-01 下午...	文件夹	
mdk	2018-04-01 下午...	文件夹	
soc	2018-04-01 下午...	文件夹	
templates	2018-04-01 下午...	文件夹	
CHANGELOG.md	2018-03-22 下午...	MD 文件	4 KB
LICENSE	2018-03-22 下午...	文件	3 KB
nrfx.h	2018-03-22 下午...	H 文件	3 KB
README.md	2018-03-22 下午...	MD 文件	2 KB

图 2.10　modules 文件包

- doc:一些说明备注。
- drivers:最新版的.c 驱动文件和.h 头文件。
- hal:旧版本的硬件配置头文件。
- mdk:Keil、iar 等编译环境使用的启动文件。
- soc:处理器中断声明的文件。
- templates:处理器的配置文件文本。

官方软件包就介绍到这儿,官方后期不断更新的 SDK 有部分变化,但大的结构没有变化。本书主要以 BLE 5.0 为目标进行讲解,因此,我们希望读者可以参考官方软件代码,同时通过对本书的学习,能够独立进行蓝牙的开发。

2.2　开发包外设硬件实例和蓝牙实例说明

2.2.1　外设硬件实例说明

在官方 SDK 开发包中,外设硬件实例在 nRF5_SDK_15.0.0_a53641a/examples

这个包内,这个文件包包含了 nRF5x 系列芯片硬件外设的各种驱动代码实例,对我们编写外设代码是一个很好的参考,基本能够满足我们绝大多数的需求。这里以 saadc 为例进行说明。

打开 SDK 工程包 examples/peripheral/saadc,如图 2.11 所示,图中包含以下几部分:

hex 文件夹:官方提供的工程 hex 文件,可以直接下载。

pca10040 文件夹:提供的是芯片 nRF52832 的芯片支持工程,需要使用 nRF52832 芯片的外设打开这个文件夹。

pca10040e 文件夹:提供的是芯片 nRF52810 的芯片支持工程,需要使用 nRF52810 芯片的外设打开这个文件夹。但目前不是所有的工程里都有 nRF52810。

pca10056 文件夹:提供的是芯片 nRF52840 的芯片支持工程,需要使用 nRF52840 芯片的外设打开这个文件夹。

main 文件:工程的主函数。工程主函数是几个芯片公用的,这样便于不同芯片之间的移植。

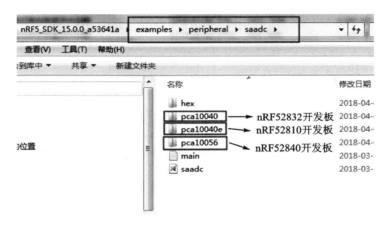

图 2.11　工程包

我们使用的是 nRF52832 工程包,打开 pca10040 工程里的 blank 文件夹,如图 2.12 所示,会出现多个工程目录,具体如下:

- arm4:Keil 4 的工程文件包。
- arm5_no_packs:Keil 5 的工程文件包。
- armgcc:gcc 的编译支持文件。
- config:nRF52832 的配置文件。
- iar:IAR 的工程文件包。
- ses:segger embedded studio 的工程文件包。

根据自己使用的开发环境选择相应的工程包。后面会使用 Keil 工程开发环境,因此前两个工程包都是可以使用的。

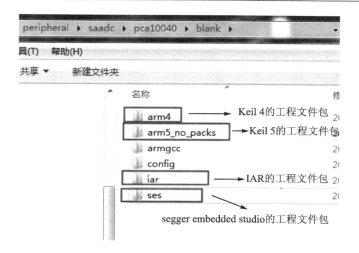

图 2.12　nRF52832 工程包

2.2.2　蓝牙实例说明

nRF52832 芯片实际上是多协议芯片,本书主要关心的是其中的蓝牙部分。蓝牙实例包含三部分:

- ble_central:主机设备实验;
- ble_perpheral:从机设备实验;
- ble_central_and_perpheral:主从一体实验,作为中继节点使用。

打开 nRF5_SDK_15.0.0_a53641a/examples 文件包(见图 2.13),可以观察到该文件包提供的三方面的蓝牙工程包。

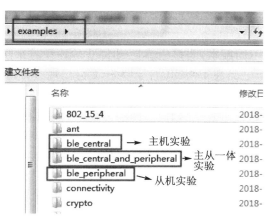

图 2.13　蓝牙工程包

官方软件包就介绍到这儿。官方会在后期不断地更新 SDK 部分,比如加入 NFC 的内容等,但大的结构没有变化。本书主要以 BLE 5.0 为目标进行讲解,因此我们希望读者可以参考官方软件代码,同时通过对本书的学习,能够独立进行蓝牙的开发。

第3章
开发环境 Keil 的使用及工程建立

RealView MDK 开发套件源自德国 Keil 公司，后被 ARM 公司收购，是 ARM 公司目前最新推出的针对各种嵌入式处理器的软件开发工具。RealView MDK 集成了业内最领先的技术，如包括 μVision 5 集成开发环境与 RealView 编译器，支持 ARM 全系列的内核处理器，自动配置启动代码，集成 Flash 烧写模块，同时具有强大的 Simulation 设备模拟、性能分析等功能，与 ARM 之前的工具包 ADS 等相比，RealView 编译器的最新版本可将性能改善超过 20%。

3.1 开发环境 Keil 5 简介

Keil MDK 的更新速度非常快，目前已经更新到最新的 RVMDK 5.24 版本。5.0 以上版本的 Keil MDK 在 IDE 界面、MDK core 编译器等方面都有巨大的改变。作者对 Keil 4 和 Keil 5 进行了详细的对比，如下：

① Keil 5 的 SWD 模式下载速度最大可提高到 50 MHz，Keil 4 最大速度为 10 MHz，速度提高了 5 倍，下载程序只用一瞬间，不管是做实验还是量产，都会大大提高工作效率。

② 针对 Keil 4 的不同版本，明显地感觉到 Keil 的体积越来越大，例如，Keil 4.0 才 122 MB，到了 Keil 4.7 已经为 487 MB 了。为什么会出现这种情况呢？这是因为单片机的种类过一段时间就会增加，为了能够支持所有的最新开发的芯片，Keil 不得不变得越来越大，使得开发软件越来越臃肿。开发环境不可能无限增大，同时我们并不需要使用所有的芯片，而且大部分芯片内核都是多余的。为了能够解决此问题，Keil 公司开发了 Keil 5。Keil 5 与之前的 Keil 4 相比，最大的区别在于器件软件包（Software Pack）与编译器内核（MDK Core）分离。也就是说，我们安装好编译器（mdk_5xx.exe）以后，编译器里没有任何器件。如果要对 nRF52832 或者 nRF52840 进行开发，则需要下载 nRF52832 或 nRF52840 的器件安装包（Pack）。

③ Keil 5 工程中可以在线生成启动文件 startup.s 和系统文件 system.c，这样就不用像 Keil 4 那样要在工程中添加对应的系统文件了。同时，还可以通过安装包在工程中生成一些驱动文件，以便编程。

④ 鉴于第②点和第③点，Keil 5 对之前版本的兼容性并不是很好，不能打开并运

行如 Keil 4 的工程。为了能够兼容 Keil 4 以及之前的工程文件,Keil 另外提供了一个安装补丁程序(mdkcmxxx.exe),安装好该程序后,就可以直接打开原来用 Keil 4 做的工程文件了,并且在进行编译下载等操作时都不会出现问题。也就是说,安装好 Keil 5 之后再安装一个兼容文件,则之前的 Keil 4 工程就可以正常编译下载了。

关于 Keil MDK 的安装,这里就不多讲了。现在主要说明 Pack 的安装。

方法一:单击 Keil 5 编辑器中的 Pack Installer 图标,如图 3.1 所示,弹出 Pack Installer 界面,也就是说,要用它来开发芯片。

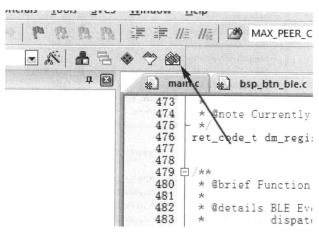

图 3.1　Pack Installer 图标

假如要开发 nRF52832 芯片,则在左侧的窗口中找到 Nordic Semiconductor,如图 3.2 所示,单击 nRF52 Series 前面的＋,就可以找到 nRF52 全系列的芯片,也就是要

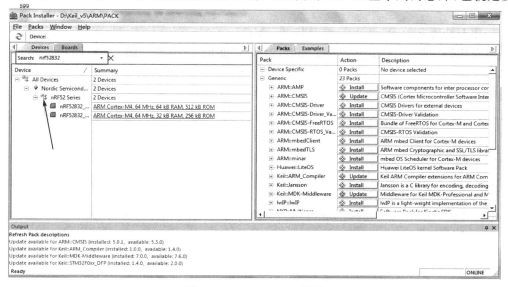

图 3.2　Pack Installer 界面

开发的芯片型号。

单击选择芯片以后,在窗口的右侧会有提示对应芯片需要安装的 Pack,如图 3.3 所示,这些 Pack 就是 Keil 5 开发 nRF52 系列芯片需要的 Pack。

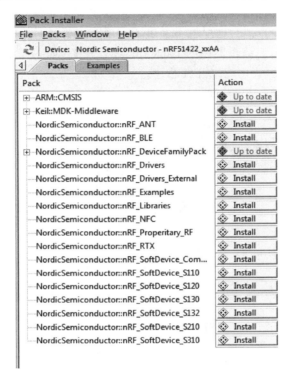

图 3.3　需要安装的 Pack 列表

并不是所有的 Pack 都需要安装,但 ARM∷CMSIS 和 nRF_DeviceFamilyPack 是必须安装的。找到 nRF_DeviceFamilyPack 后面的 Install 按钮,单击即可安装。在图 3.3 中,nRF_DeviceFamilyPack 后面的不是 Install 按钮,而是 Up to date 按钮,那是表示已经安装好了,再单击该按钮就是对其进行升级操作了。单击 Install 按钮以后,编译器会链接到一个网址,需要先下载后安装,在窗口的右下角有一个下载进度条。但是在实际测试中,下载速度是非常慢的,而且大部分情况会有下载失败的提示。如果出现这种情况,我们将采用方法二进行安装。

方法二:直接到 MDK 官方网站上下载 Pack 支持包,单击安装包的网站地址 http://www.keil.com/dd2/Pack/,找到 Nordic Semiconductor 的 Pack 支持包,如图 3.4 所示。Nordic Semiconductor 提供了很多开发板供读者使用,以便编程。

单击 nRF ARM Device Family Pack 选项,将出现不同版本下 Pack 的下载地址,需要下载哪个版本直接单击相应的 Download 按钮即可,如图 3.5 所示。

下载 Pack 后直接单击即可安装,安装好后如图 3.6 所示。我们安装的是 8.9.0 版本。

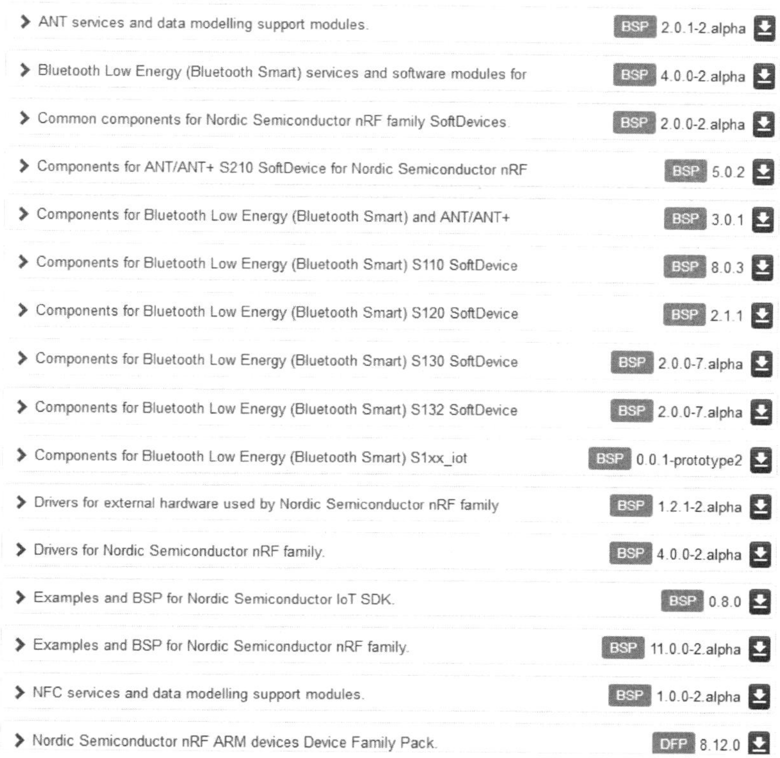

NordicSemiconductor
ANT services and data modelling support modules. BSP 2.0.1-2.alpha
Bluetooth Low Energy (Bluetooth Smart) services and software modules for BSP 4.0.0-2.alpha
Common components for Nordic Semiconductor nRF family SoftDevices. BSP 2.0.0-2.alpha
Components for ANT/ANT+ S210 SoftDevice for Nordic Semiconductor nRF BSP 5.0.2
Components for Bluetooth Low Energy (Bluetooth Smart) and ANT/ANT+ BSP 3.0.1
Components for Bluetooth Low Energy (Bluetooth Smart) S110 SoftDevice BSP 8.0.3
Components for Bluetooth Low Energy (Bluetooth Smart) S120 SoftDevice BSP 2.1.1
Components for Bluetooth Low Energy (Bluetooth Smart) S130 SoftDevice BSP 2.0.0-7.alpha
Components for Bluetooth Low Energy (Bluetooth Smart) S132 SoftDevice BSP 2.0.0-7.alpha
Components for Bluetooth Low Energy (Bluetooth Smart) S1xx_iot BSP 0.0.1-prototype2
Drivers for external hardware used by Nordic Semiconductor nRF family BSP 1.2.1-2.alpha
Drivers for Nordic Semiconductor nRF family. BSP 4.0.0-2.alpha
Examples and BSP for Nordic Semiconductor IoT SDK. BSP 0.8.0
Examples and BSP for Nordic Semiconductor nRF family. BSP 11.0.0-2.alpha
NFC services and data modelling support modules. BSP 1.0.0-2.alpha
Nordic Semiconductor nRF ARM devices Device Family Pack. DFP 8.12.0

图 3.4　Nordic Semiconductor 的 Pack 支持包

Nordic Semiconductor nRF ARM devices Device Family Pack. DFP 8.12.0
Version: 8.12.0 (2017-02-22) NordicSemiconductor.nRF_DeviceFamilyPack.8.12.0.pack
Fixed capabilities of device nRF52840_xxAA.
Corrected operating conditions and package information of different devices.
Added file startup_config.h and software component StartupConfig.
Download
Version: 8.11.1 (2016-11-18) NordicSemiconductor.nRF_DeviceFamilyPack.8.11.1.pack
Updated support for nRF52840_xxAA.
Other minor changes.
Download
Version: 8.11.0 (2016-11-09) NordicSemiconductor.nRF_DeviceFamilyPack.8.11.0.pack
Added support for nRF51824 device.
Added support for nRF52840 device.
Download
Version: 8.9.0 (2016-09-30) NordicSemiconductor.nRF_DeviceFamilyPack.8.9.0.pack
Added workaround for Errata 108.
Updated nrf52xxx.flm.
Updated nrf52xxx_sde.flm.
Updated nrf51 and nrf52 header files.
Download
Version: 8.7.1 (2016-07-15) NordicSemiconductor.nRF_DeviceFamilyPack.8.7.1.pack
Added GCC linker files to pack.
Download

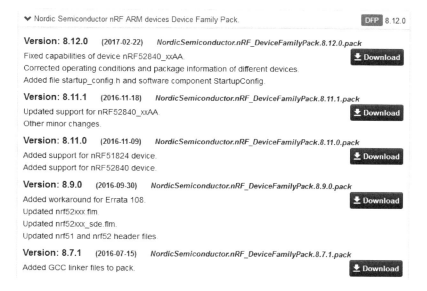

图 3.5　nRF ARM 芯片的 Pack 支持包

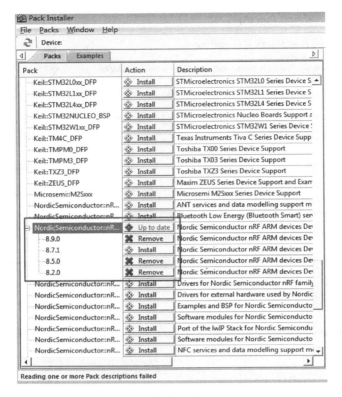

图 3.6　安装后显示 Pack

3.2　综合开发工具 nRFgo Studio

3.2.1　nRFgo Studio 工作界面介绍

nRFgo Studio 是 Nordic 公司提供的专业的 PC 端开发与下载工具,其可以实现协议 hex 文件、应用程序 hex 文件、Boot 程序 hex 文件的下载;同时支持 nRF51 全系列、nRF52 全系列 SoC 芯片的开发与下载。大家可以去 Nordic 公司官方网站 http://www.nordicsemi.com/下载 nRFgo Studio 的最新版本。在 Windows 系统下,对应不同的系统位数,分别有 64 位版本和 32 位版本,如图 3.7 所示。

nrfgostudio_win-32_1.21.2_installer.msi　　nrfgostudio_win-64_1.21.2_installer.msi

图 3.7　nRFgo Studio 安装文件

选择系统位数,单击安装文件。具体安装步骤请参考《nRFgo Studio 安装手册》,这里就不赘述了。安装好后将在桌面生成如图 3.8 所示的图标。

把开发板和 J - Link 仿真器通过 SWD 接口相连后,单击 nRFgo Studio 图标,打开

nRFgo Studio 后将显示功能界面,进入下载界面后如图 3.9 所示。

左下方的 Device Manager 称为设备管理区,单击 nRF5x Programming 进入下载界面后, nRFgo Studio 会识别 nRF52832 芯片并显示它的内存是如何分配的。下面是芯片和内存信息的含义:

图 3.8　nRFgo Studio 图标

如果调试器没有连接到芯片,或者与芯片通信异常,将会显示如下信息:"No device detected. Ensure that you have the SEGGER connected correctly to the board and that the board is powered and configured for debugging."。

代码存储区:显示代码空间(code memory)是如何分割的。分割显示为一个或者两个区段或者三个区段的大小。对于一个包含 SoftDevice(协议栈)的芯片,代码空间被分成两个区段,如图 3.9 所示的 SoftDevice 在 Region 0(SoftDevice)区。这个工具会告诉用户 SoftDevice 占用了多大的空间,还剩下多少空间给应用程序使用。比如,图 3.9 中显示协议栈占用了 112 KB,剩余 400 KB 给应用程序使用。如果再包含 BooT 代码,则代码空间将被分成三个区段,这方面内容将在后续章节中讲述。

nRFgo Studio 会试图识别 Region 0 上的协议栈固件版本,能够被识别的固件 ID 将会显示出来;无法识别的 Firmware 将会显示 FWID number。比如图 3.9 中的协议栈版本显示为 S132_nRF52_2.0.0,ID 为 0x0081。

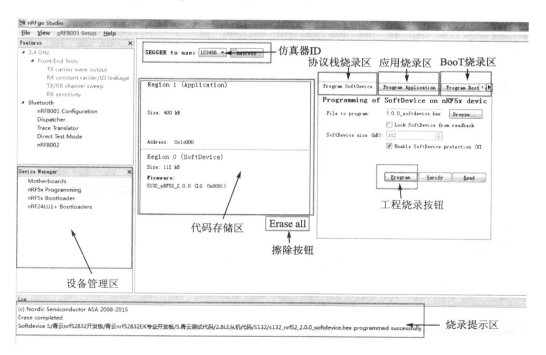

图 3.9　nRFgo Studio 下载界面

3.2.2 nRFgo Studio 使用简介

由于 nRFgo Studio 可以实现协议栈 hex 文件、应用程序 hex 文件、Boot 程序 hex 文件的下载，所以

① 当只需要运行外设部分程序时，下载步骤如下：

第 1 步：单击 nRF5x Programming，安装 J‐Link 驱动后就能发现仿真器设备。

第 2 步：单击 Erase all 按钮，进行整片擦除操作。

第 3 步：单击 Program Application 标签，切换到 Program Application 选项卡，装载已经生成好的应用 hex 文件，然后单击 Program 按钮下载，下载后外设程序开始运行。

外设程序还可以通过 MDK Keil 工程直接下载。

② 如果需要下载 BLE 程序，则首先需要下载 SoftDevice 协议栈，然后再下载应用程序，如图 3.10 所示。具体步骤如下：

第 1 步：单击 nRF5x Programming，安装 J‐Link 驱动后就能发现仿真器设备。

第 2 步：单击 Erase all 按钮，进行整片擦除操作。

第 3 步：单击 Program SoftDevice 标签，切换到 Program SoftDevice 选项卡，单击 Browse 按钮装载官方提供的协议栈 S132 或者 S140 的 hex，然后单击 Program 按钮下载。

第 4 步：单击 Program Application 标签，切换到 Program Application 选项卡，装载已经生成好的 BLE 程序的 hex，然后单击 Program 按钮下载，下载后 BLE 程序开始运行。

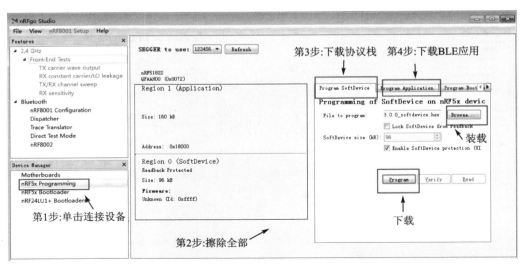

图 3.10　BLE 下载过程

应用程序的向量表（vector table）地址取决于芯片是否已经下载了 SoftDevice。

　　SoftDevice 的下载地址从 0x00 开始,并且大小固定。应用程序的向量表必须紧跟在 SoftDevice 之后。应用程序可以使用除去 SoftDevice 空间之外的内存空间。相应的,SoftDevice 数据区(data area)从最低的 ROM 地址开始,应用程序的数据区要跟在 SoftDevice 数据区后面布置。

　　芯片详细的代码可用空间 ROM 和缓存 RAM 可以通过查看 nRF52832 芯片手册获得。其中,协议栈 SoftDevice 使用时所占用的 ROM 和 RAM 空间大小可以在对应的协议栈说明文档 s132_nrf52_6.0.0_release-notes 中进行查询,协议栈存放路径如图 3.11 所示。

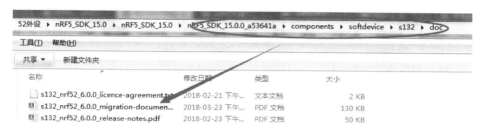

图 3.11　协议栈存放路径

　　如果是外设代码,则不需要下载协议栈,Keil 内的 ROM 和 RAM 区采用默认值。如果是 BLE 代码,则需要进入 Keil IDE 的 memory layout,设置 ROM 和 RAM 区域。下面以 S132.6.0.0 协议栈工程为例,具体步骤如下:

　　① 打开 Project 菜单,然后选择 Options for Target。

　　② 单击 Linker 标签,切换到 Linker 选项卡。

　　③ 选中 Use Memory Layout from Target Dialog 复选框,如图 3.12 所示。

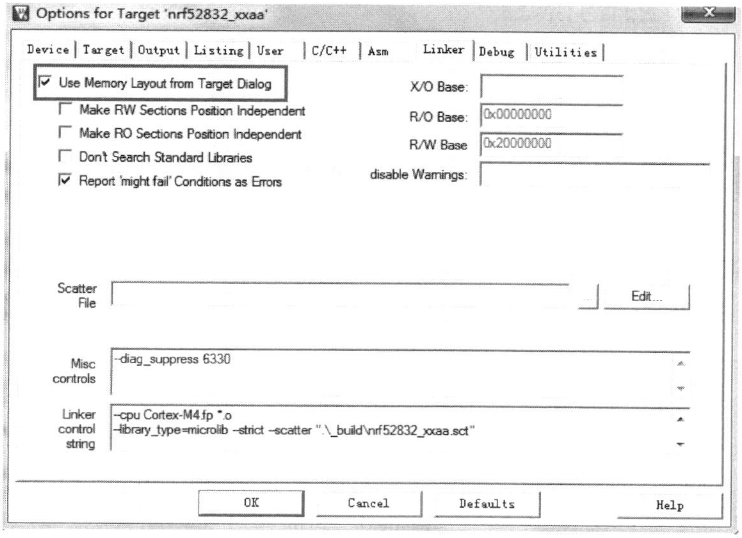

图 3.12　选中 Use Memory Layout from Target Dialog 复选框

④ 单击 Target 标签,切换到 Target 选项卡。

⑤ 在 Read/Only Memory Areas 选项组中定义 Start 和 Size,在 Read/Write Memory Areas 选项组中定义 Start 和 Size,如图 3.13 所示。

⑥ 单击 OK 按钮。

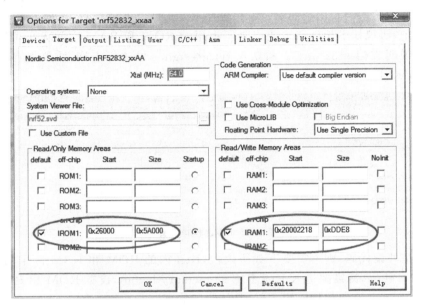

图 3.13 配置 RAM 和 ROM

设置好内存空间后再进行应用代码的 hex 生成。

3.3 工程项目的建立

前面两节详细介绍了如何配置 Keil 开发环境以应用于 nRF52832 的开发,并且为了能够快速编程,在第 2 章说明了官方提供的 SDK 具体细节。这些都为本节建立自己的 nRF52832 工程打下了基础。本节将通过图片演示如何建立一个自己的外设工程项目。

1. 工程目录树规划

在建立工程文件之前,应完成目录树的规划。也就是说,我们建立的工程应放在什么位置,以及如何调用官方给的驱动函数和库函数。

建立工程时,真正需要的官方的驱动文件库都已包含在第 2 章介绍的官方 components、integration 和 modules 文件包内,这部分将作为我们程序的基本库。

建立新建文件夹并命名为"实验 1:工程的建立"。把 components、integration 和 modules 文件包从官方 SDK 中整个复制过来,同时新建两个文件包。我们定义两个文件包为 drive 和 examples。

drive 文件包:规划为我们自己所编写的一些设备驱动的存放文件包,比如演示的 LED 灯的驱动,以便后面程序移植。

examples 文件包:该文件包包含两个文件包,一个为 bps 文件包,用于定义板级设备端口,仿照官方的定义进行设置;另一个为我们的工程包 ble_peripheral,用于存放工程和主函数 main。整个目录结构如图 3.14 所示。

图 3.14　新的工程文件包

2．新建一个工程

安装好 Keil MDK 后,打开 Keil,单击 Keil 图标,在打开的窗口中选择 Project→New μVision Project 菜单项,新建一个工程,如图 3.15 所示。

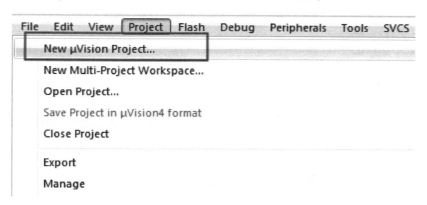

图 3.15　选择 Project→New μVision Project 菜单项

3．保存新建工程

在弹出的对话框中新建一个以 main 命名的工程,保存到第一步规划的工程文件包 ble_peripheral 内,然后单击"保存"按钮,如图 3.16 所示。

4．选择芯片

保存选定的文件夹后,将弹出"Select Device for Target 'Target 1'"对话框,从中选择 CPU,找到我们所使用的芯片类型。我们选择 nRF52 Series,从中选择芯片的具体型号,然后单击 OK 按钮,如图 3.17 所示。

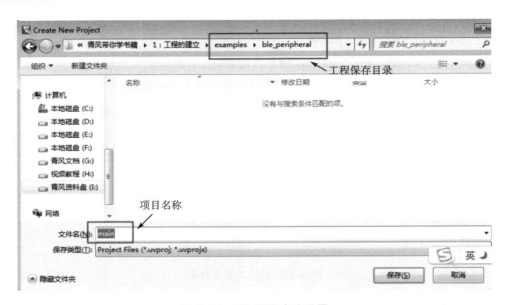

图 3.16 工程项目名称设置

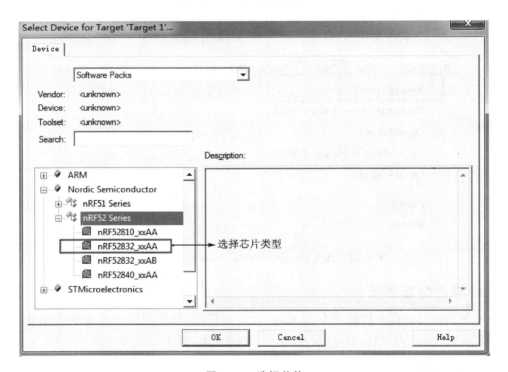

图 3.17 选择芯片

5. 生成启动文件和系统文件

在弹出的 Manage Run‐Time Environment 对话框中可以在线自动生成各类文

件,比如基本的启动文件、系统文件或者加入操作系统的文件等。在建立一个基本工程项目时有下面两个文件是必需的:一个是针对 ARM 内核的 CMSIS 中的 CORE,用于生成系统文件;另一个是芯片设备的启动文件 Device 中的 Startup,用于生成启动文件。如图 3.18 所示,选中两个复选框,如果正确,图标会显示绿色;如果错误,则会根据错误的级别显示为橙色或者红色。然后单击 OK 按钮。

图 3.18　生成启动文件和系统文件

单击 OK 按钮后,就会在工程目录中生成系统文件和启动文件。启动文件的名称为 arm_startup_nrf52.s(startup),该文件用汇编语言编写,所以后缀为 s。这是因为 C 语言生成的代码是不能上电后立即运行的,因为此时还不具备运行条件,比如全局变量还没有初始化、系统堆栈还没有设置等。因此,从系统上电到正式运行 main 主函数之前,首先运行一段代码,这段代码被称为启动代码。

启动代码主要包含向量表的定义、堆栈初始化、系统变量初始化、中断系统初始化、地址重映射等操作。

system_nrf52.c(startup)文件为芯片系统文件,该文件主要定义系统时钟、系统初始化等配置,一般情况下不需要用户修改,因此也可以通过系统自动生成,如图 3.19 所示。

6. 添加工程组和驱动文件

工程项目建成后,可以在工程项目 Target 中添加工程组,用户可以根据之前的规划名称来直接定义组的名称。右击"Target 1",在弹出的快捷菜单中选择 Manage Project Items,如图 3.20 所示。

图 3.19　工程目录树添加文件　　　　图 3.20　选择 Manage Project Items

在 Manage Project Items 对话框中添加自己定义的分组。按照之前的规划,定义两个分组,分别为 main 和 drive,如图 3.21 所示,添加好后单击 OK 按钮。

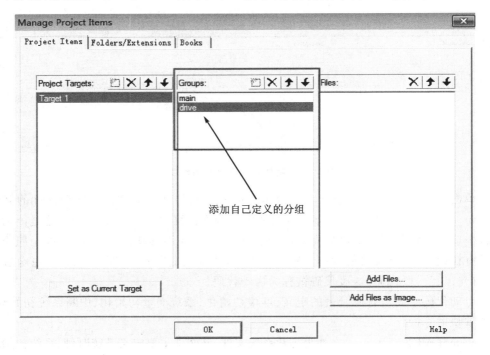

图 3.21　添加工程组

然后就需要在工作组中添加自己的 C 文件驱动了。先在 examples 的 ble_peripheral 中新建一个 main.c 文件,如图 3.22 所示。

此时就可以向不同的组添加驱动文件了。右击需要添加驱动文件的文件夹,在弹出的快捷菜单中选择"Add Existing Files to Group'main'",如图 3.23 所示。

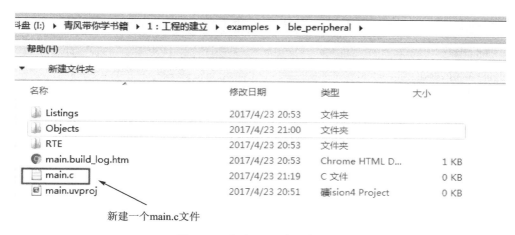

新建一个main.c文件

图 3.22 新建 main 主函数文件

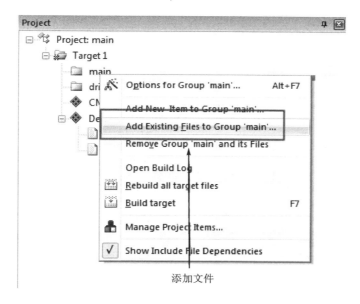

添加文件

图 3.23 在组中添加驱动文件

以同样的方式添加 led.c 驱动和延迟函数 nrf_delay.c 驱动。添加后,工程目录如图 3.24 所示。

7. 工程项目配置

在编译工程之前,需要按照不同的需求进行工程配置。下面将详细说明工程项目中哪些位置是需要设置的。右击"Target 1",在弹出的快捷菜单中选择"Options for Target'Target1'",如图 3.25 所示。

① 弹出"Options for Target'Target 1'"对话框,切换到 Target 选项卡,如图 3.26 所示,在该选项卡中需要设置以下几个参数:

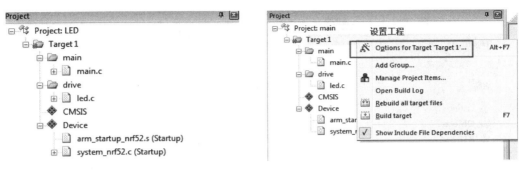

图 3.24　添加驱动文件后的工程目录　　　　　　图 3.25　工程设置选项

- 在 Xtal 文本框中输入硬件实际连接的高速晶振的频率,我们的开发板使用的是 16 MHz。
- 如果需要使用串口 printf 等函数,则需要选中 Use MicroLIB 复选框。

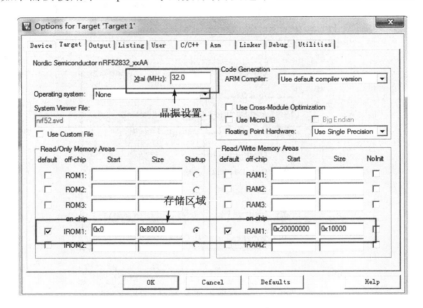

图 3.26　Target 选项卡

- 存储区的存储空间设置,包括 Flash ROM 和内存 RAM 的大小和起始地址。当然,地址不能随便设置,必须遵循芯片硬件以及协议栈需求进行设置。

② 单击 Output 标签,切换到 Output 选项卡,如图 3.27 所示,在该选项卡中需要设置以下几个参数:

- 一般情况下,Debug Information 和 Browse Information 复选框会默认被选中,以便编译时有提示信息。
- 如果需要生成 hex 文件,则先要选中 Create HEX File 复选框,然后单击 Select Folder for Objects 按钮选择生成 hex 的存放路径,最后在 Name of Executable

文本框中输入需要生成的 hex 的名称。

● 如果需要对代码保密,生成封装好的 lib 文件,则可以选中"Create Library:.\
Objects\main.lib"单选按钮。

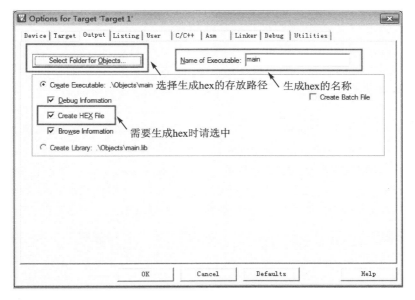

图 3.27　Output 选项卡

③ 单击"C/C++"标签,切换到"C/C++"选项卡,首先在 Define 文本框中输入库函数的使用定义,然后在 Include Paths 文本框中输入编译原文件的路径,设置如图 3.28 所示。配置时需要注意以下几点:

● Preprocessor Symbols:C 语言编程中用于预处理标号,预定义;可以在 Define 文本框中设置整个工程全局宏定义,以提高编译效率。

● Optimization:用于设置 Keil 优化等级。Keil 5 中提供了四级优化:

　➢ Level 0:应用最小优化(applies minimum optimization)。

　➢ Level 1:应用受限优化(applies restricted optimization)。

　➢ Level 2:应用高优化(applies high optimization)。

　➢ Level 3:应用最激进优化(applies the most aggressive optimization)。

详细解释请参考 MDK 官方说明。选择优化水平时需要慎重,因为优化水平过高可能会影响代码执行逻辑,但是,优化级别越高,其编译的效率也越高,可以有效地减小代码容量,官方 BLE 程序默认选项为最高优化级别。

● One ELF Section per Function:该复选框的主要功能是对冗余函数优化。选中该复选框后,可以在最后生成的二进制文件中将冗余函数排除(虽然其所在的文件已经参与了编译链接),以便最大限度地优化最后生成的二进制代码。该复选框实现的机制是将每一个函数作为一个优化的单元,而并非将整个文件作为参与优化的单元。

One ELF Section per Function 所具有的这种优化功能特别重要,尤其是在对生成的二进制文件大小有严格要求的场合。特别是在带协议栈的 BLE 程序中,将一系列接口函数放在一个文件里,然后将其整个包含在工程中,即使这个文件中只有一个函数被用到。这样,最后生成的二进制文件就有可能包含众多的冗余函数,从而造成存储空间的浪费。

One ELF Section per Function 对于一个大工程的优化效果尤其突出,有时甚至可以达到减半的效果。当然,对于小工程或是少有冗余函数的工程,其优化效果就没有那么明显了。所以,在建立带协议栈的 BLE 程序时,请选中该复选框。

● C99 Mode:C 语言的最新的一种标准规范。与传统的 C98 相比,其增强了预处理功能,增加了对编译器的限制,在初始化结构时允许对特定的元素赋值,浮点数的内部数据描述支持了新标准,可以使用♯pragram 编译器指令指定,除了已有的__line__、__file__以外,还增加了__func__（得到当前的函数名）等功能。如果需要用此种标准规范编程,则应选中该复选框。

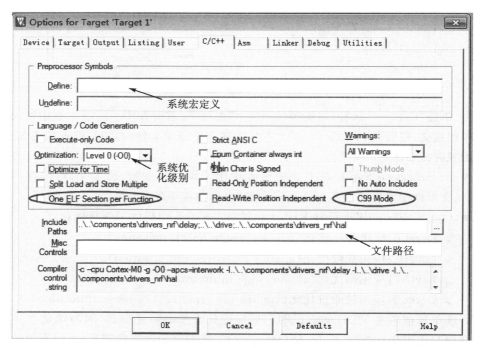

图 3.28　C/C++选项卡

● 选择添加文件路径的操作步骤如图 3.29 所示,选择工程中调用的驱动文件所在的文件夹,然后进行添加。

完成以上步骤后,一个工程项目就建好了。此时可以单击工具栏中的整体编译按钮（见图 3.30）。如果一切设置成功,则会出现如图 3.31 所示的编译提示信息。

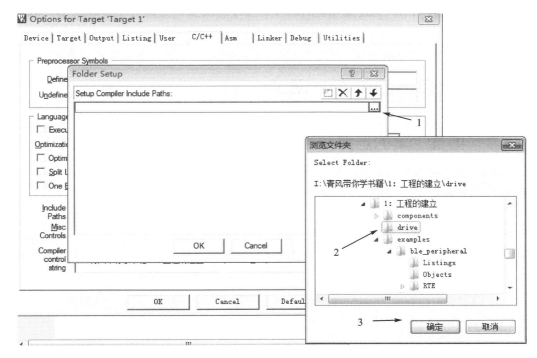

图 3.29　添加路径

比如：图 3.31 中的"Program Size：Code＝1936 RO－data＝544 RW－data＝4 ZI－data＝16484"，其中，Code 是代码占用的空间；RO－data是只读常量的大小，如 const 型；RW－data 是初始化了的可读/写变量的大小；ZI－data 是没有初始化的可读/写变量的大小。ZI－data 不会被算在代码里，因为其不会被初始化。

图 3.30　编译按钮

```
Build Output
compiling nrf_delay.c...
compiling led.c...
assembling arm_startup_nrf52.s...
compiling system_nrf52.c...
linking...
Program Size: Code=1936 RO-data=544 RW-data=4 ZI-data=16484
".\Objects\main.axf" - 0 Error(s), 0 Warning(s).
Build Time Elapsed:  00:00:05
```

图 3.31　编译提示信息

简单地说，就是在烧写时 Flash 中被占用的空间为 Code＋RO－data＋RW－data；程序运行时，芯片内部 RAM 使用的空间为 RW－data＋ZI－data；初始化时，RW－data

从 Flash 复制到 RAM。通过编译提示能够估算硬件设备的空间大小是否满足代码容量的要求。

"".\Objects\main.axf"-0 Error(s)，0 Warning(s)."提示为 0 错误,0 警告。

3.4　工程项目的仿真与调试

3.4.1　仿真工具的选择与设置

目前,由于在 Windows 系统中 nRFgo Studio 软件下载协议栈仅仅支持 J - Link 仿真器,因此调试中也选取这款仿真器。

在 Keil MDK 的"Options for Target'Target 1'"对话框中单击 Debug 标签,切换到 Debug 选项卡,在该选项卡中设置仿真器的参数。选择硬件仿真:选中 Use 单选按钮,在其后面的下拉列表框中选择"J - LINK/J - TRACE Cortex",同时选中"Run to main( )"复选框,如图 3.32 所示,然后单击 Settings 按钮进行设置。

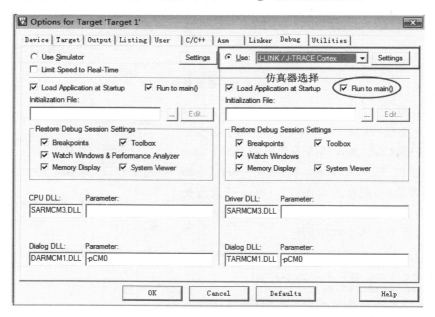

图 3.32　选择仿真器

当仿真器和设备连接好后,单击 Settings 按钮后会弹出一个对话框,在 Debug 选项卡的左侧显示仿真器的类型、驱动版本等信息。由于 nRF5x 系列处理器只提供 SWD 仿真接口,因此 ort 选择 SW 模式,如图 3.33 所示。如果设备和仿真器连接成功,则会提示发现硬件内核的 IDCODE 和 Device Name。

切换到 Flash Download 选项卡,在该选项卡中选择相应器件的 Flash 大小,这里选择"2M",如图 3.34 所示。

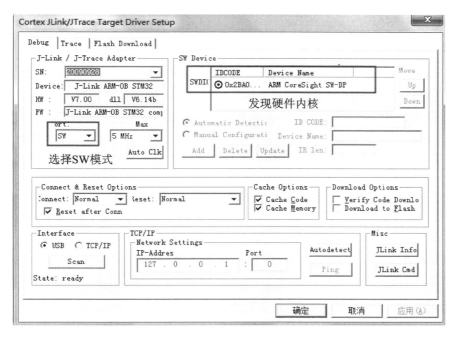

图 3.33 配置 SW 模式

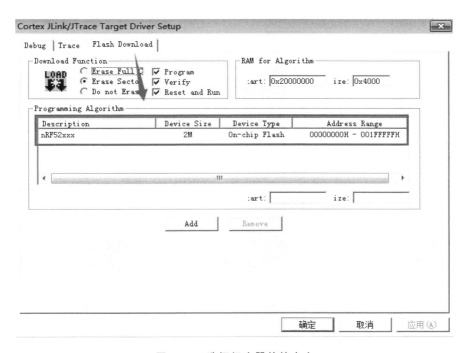

图 3.34 选择相应器件的大小

以上设置完成后即可下载并仿真了。

3.4.2 项目仿真错误定位

为了检测我们编写的程序是否正常,可以在 Keil MDK 软件上通过 J-Link 实现硬件的在线仿真。但是,很多编程者编写的程序在仿真时出现跑飞或者出错的情况,却不知如何找出错误的原因。为了解决这个问题,nRF5x 系列处理器在软件包中提供了错误检查机制。这个机制的核心就是 APP_ERROR_CHECK(ERR_CODE)函数,也就是错误码检测方式。本小节将详细讲述如何用这种方式来找出自己程序中出现错误的原因。

其实,APP_ERROR_CHECK(ERR_CODE)函数就是 Nordic 为了方便使用者快速进行错误定位的函数。APP_ERROR_CHECK(ERR_CODR)函数适用于目前所有的 SDK 开发包。这里以蓝牙工程样例为例讲解仿真调试过程。首先找到 APP_ERROR_CHECK(ERR_CODE)函数的源码,这个函数在 app_error.h 函数中进行了定义,如图 3.35 所示。

```
     main.c    *] app_error.c    sdk_errors.h    app_error.h
151   #define APP_ERROR_HANDLER(ERR_CODE)
152       do
153   ┌     {
154             app_error_handler_bare((ERR_CODE));
155   └     } while (0)
156   ├#endif
157   ┌#**@brief Macro for calling error handler function if supplied error code any other than NRF_SUCCESS
158     *
159     * @param[in] ERR_CODE Error code supplied to the error handler.
160     */
▷161   #define APP_ERROR_CHECK(ERR_CODE)                      .
162       do
163   ┌     {
164             const uint32_t LOCAL_ERR_CODE = (ERR_CODE);
165             if (LOCAL_ERR_CODE != NRF_SUCCESS)
166   ┌         {
167                 APP_ERROR_HANDLER(LOCAL_ERR_CODE);
168   └         }
169   └     } while (0)
170
```

图 3.35 APP_ERROR_CHECK(ERR_CODE)函数

如果出现错误码,则执行 APP_ERROR_HANDLER(LOCAL_ERR_CODE)函数。在代码中找到该函数的定义,若设置了 DEBUG,则执行"app_error_handler((ERR_CODE),__LINE__,(uint8_t *) __FILE__)",否则执行"app_error_handler_bare((ERR_CODE));",如图 3.36 所示。

程序最终会运行进入 app_error.c 中的 app_error_handler 函数。关注三个形参:第一个形参为 ret_code_t error_code,表示错误码;第二个形参为 uint32_t line_num,表示定位错误的行数;第三个形参为 const uint8_t * p_file_name,表示定位错误的文件的名称。如果没有宏定义 DEBUG,那这两个参数全部设置为 0,也就是不能定位;否则设置为__LINE__和(uint8_t *) __FILE__,就可以进行错误定位了。

在仿真调试时,首先需要把优化级别水平设置为 0,如图 3.37 中的左侧图所示。同时为了能够快速定位错误出现的位置,还需要定义一个宏 DEBUG。打开工程的 Options for Target 对话框,在 Define 文本框中输入宏定义 DEBUG,注意和之前的定

```
  main.c      app_error.h
137   void app_error_log_handle(uint32_t id, uint32_t pc, uint32_t info);
138
139
140   /**@brief Macro for calling error handler function.
141    *
142    * @param[in] ERR_CODE Error code supplied to the error handler.
143    */
144  #ifdef DEBUG
145  #define APP_ERROR_HANDLER(ERR_CODE)                                    \
146          do                                                            \
147          {                                                             \
148              app_error_handler((ERR_CODE), __LINE__, (uint8_t*) __FILE__);  \
149          } while (0)
150  #else
151  #define APP_ERROR_HANDLER(ERR_CODE)                                    \
152          do                                                            \
153          {                                                             \
154              app_error_handler_bare((ERR_CODE));                       \
155          } while (0)
156  #endif
```

图 3.36　app_error_handler 函数

义通过空格或者逗号隔开，如图 3.37 中的右侧图所示。

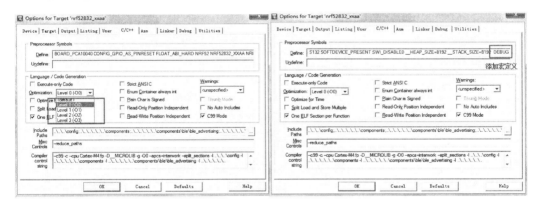

图 3.37　仿真设置

为了验证仿真器的调试方法，我们设置一个错误名称定义，蓝牙数据包最多为 31 字节，如果程序中广播超过了 31 字节，比如蓝牙名称过长或者 UUID 过多，则会造成调用 APP_ERROR_CHECK(ERR_CODE)，就会出现复位的情况，进入错误提示中。这里改成一个较长的蓝牙名称，如图 3.38 所示。修改完这个位置以后就可以编译烧写程序进入芯片了。

```
48
49   #define DEVICE_NAME                  "Nordic_Templatexxxxxxxxxxxxxxxxxxxxxxxx"
50   #define MANUFACTURER_NAME            "NordicSemiconductor"
51   #define APP_ADV_INTERVAL             300
52   #define APP_ADV_TIMEOUT_IN_SECONDS   180
```

图 3.38　错误代码

单击 Keil 上的 debug 图标,如图 3.39 所示,进入仿真状态。

图 3.39　debug 图标

在仿真中设置多个断点。如果断点前的程序无错误,那么直接单击运行至断点按钮,则程序会运行到断点处停下来,并在断点处出现黄色三角标号,表明之前的运行正常,如图 3.40 所示。

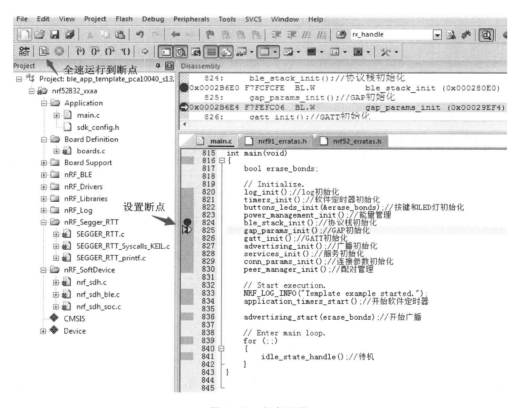

图 3.40　断点设置

如果单击全速运行按钮,则程序一直无法在断点处停下来,不出现黄色三角标号,此时表示程序已经出错跑飞。单击红色按钮 ⊗ 停止运行,程序会在错误处停下来,如图 3.41 所示。

程序会进入 app_error_fault_handler()错误原因处理函数的调试断点 NRF_BREAKPOINT_COND 处,如图 3.42 所示。

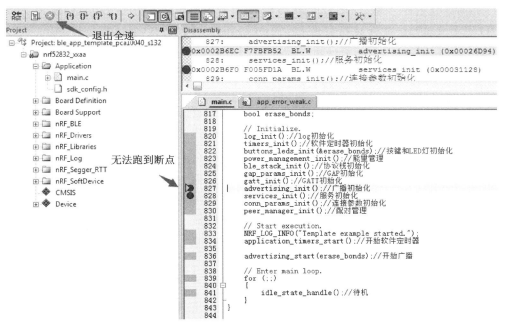

图 3.41　程序跑飞

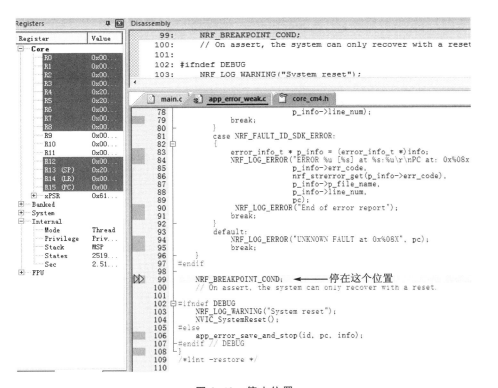

图 3.42　停止位置

此时再选择单步运行,单击如图 3.43 所示的单步调试按钮。因为我们设置了 DEBUG 宏定义,因此,单步运行会进入到 app_error_save_and_stop(id, pc, info)函数内部,如图 3.44 所示。

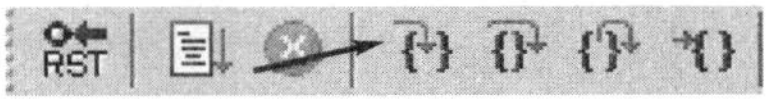

图 3.43　单步调试按钮

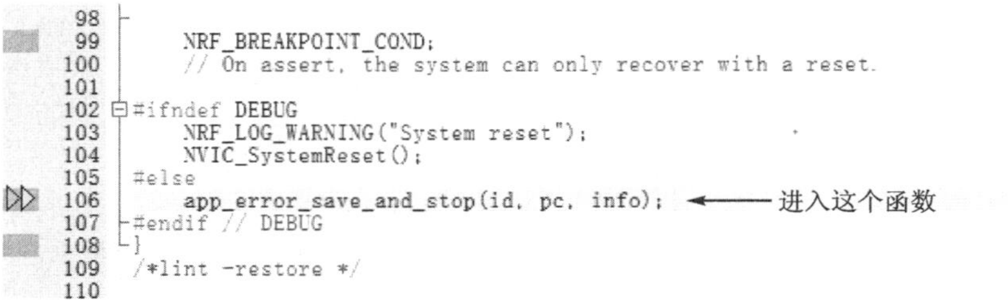

```
    NRF_BREAKPOINT_COND;
    // On assert, the system can only recover with a reset.

#ifndef DEBUG
    NRF_LOG_WARNING("System reset");
    NVIC_SystemReset();
#else
    app_error_save_and_stop(id, pc, info);
#endif // DEBUG
}
/*lint -restore */
```


图 3.44　进入 app_error_save_and_stop 函数

进入 app_error_save_and_stop(id, pc, info)函数内部去观察该函数,该函数通过错误 ID 判断错误类型,然后输出错误信息。错误信息包含定位的错误文件、错误行和错误原因,这样就可以对错误进行实时定位了,如图 3.45 所示。

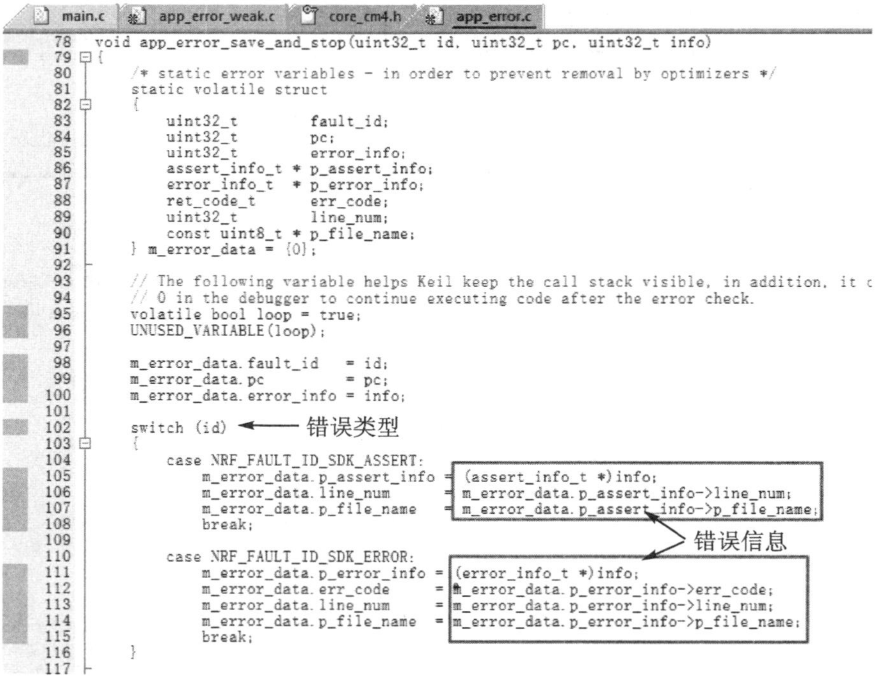


```
void app_error_save_and_stop(uint32_t id, uint32_t pc, uint32_t info)
{
    /* static error variables - in order to prevent removal by optimizers */
    static volatile struct
    {
        uint32_t        fault_id;
        uint32_t        pc;
        uint32_t        error_info;
        assert_info_t * p_assert_info;
        error_info_t  * p_error_info;
        ret_code_t      err_code;
        uint32_t        line_num;
        const uint8_t * p_file_name;
    } m_error_data = {0};

    // The following variable helps Keil keep the call stack visible, in addition, it c
    // 0 in the debugger to continue executing code after the error check.
    volatile bool loop = true;
    UNUSED_VARIABLE(loop);

    m_error_data.fault_id   = id;
    m_error_data.pc         = pc;
    m_error_data.error_info = info;

    switch (id)
    {
        case NRF_FAULT_ID_SDK_ASSERT:
            m_error_data.p_assert_info = (assert_info_t *)info;
            m_error_data.line_num      = m_error_data.p_assert_info->line_num;
            m_error_data.p_file_name   = m_error_data.p_assert_info->p_file_name;
            break;

        case NRF_FAULT_ID_SDK_ERROR:
            m_error_data.p_error_info = (error_info_t *)info;
            m_error_data.err_code     = m_error_data.p_error_info->err_code;
            m_error_data.line_num     = m_error_data.p_error_info->line_num;
            m_error_data.p_file_name  = m_error_data.p_error_info->p_file_name;
            break;
    }
```

图 3.45　app_error_save_and_stop(id, pc, info)函数内部

此时右击错误参数的形参,在弹出的快捷菜单中选择如图 3.46 所示的命令添加观察窗口,使用 Keil 的 Watch 1 窗口观察 error_code、line_num 和 p_file_name 这 3 个形参变量。其中,error_code 表示定位错误的指示码,line_num 表示定位错误的行数,p_file_name 表示定位错误的指示文件名称。当运行到 app_error_save_and_stop(id,pc,info)函数内部最后的 loop 循环处时,可以观察到定位的错误信息的输出,如图 3.47 所示。

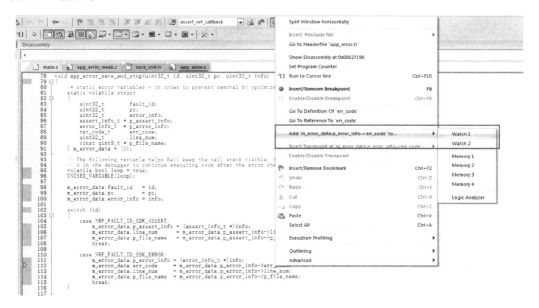

图 3.46　命令添加观察窗口

Call Stack + Locals	
Name	Location/Value
error_info	0x20005150
p_assert_info	0x00000000
p_error_info	0x20005150
line_num	0x0000013E
p_file_name	0x00029FC4 "..\..\..\main.c"
err_code	0x00000003
err_code	0x00000003
line_num	0x0000013E

图 3.47　观察窗口内容

line_num 为 0x13E,转换为十进制时为 318。

p_file_name 为 main。

error_code 为 3。

错误就出现在文件名称为 main 的第 318 行,找到该行,可知该行的错误码赋值为设备名称的设置,设置广播名称错误,如图 3.48 所示。

错误代码可以在 nrf_error.h 中查询,如图 3.49 所示。读者在这里可以看出 3 号错误为 NRF_ERROR_INTERNAL,意思为内部错误,表示这个 SD 的协议栈函数名称设置内部参数错误,这里就可以分析出是广播名称中的内容太长了,从而导致发生错误。

通过上面的仿真分析,我们可以快速查找定位错误出现的位置和出现错误的原因。在协议栈没有开源的情况下,为我们的编程提供了极大的便利。

```c
{
    ret_code_t                err_code;
    ble_gap_conn_params_t     gap_conn_params;
    ble_gap_conn_sec_mode_t sec_mode;

    BLE_GAP_CONN_SEC_MODE_SET_OPEN(&sec_mode);

    err_code = sd_ble_gap_device_name_set(&sec_mode,
                                          (const uint8_t *)DEVICE_NAME,
                                          strlen(DEVICE_NAME));
    APP_ERROR_CHECK(err_code);

    /* YOUR_JOB: Use an appearance value matching the application's use case.
       err_code = sd_ble_gap_appearance_set(BLE_APPEARANCE_);
       APP_ERROR_CHECK(err_code); */
```

图 3.48 错误定位的位置

```c
/** @defgroup NRF_ERRORS_BASE Error Codes Base number definitions
 * @{ */
#define NRF_ERROR_BASE_NUM      (0x0)       ///< Global error base
#define NRF_ERROR_SDM_BASE_NUM  (0x1000)    ///< SDM error base
#define NRF_ERROR_SOC_BASE_NUM  (0x2000)    ///< SoC error base
#define NRF_ERROR_STK_BASE_NUM  (0x3000)    ///< STK error base
/** @} */

#define NRF_SUCCESS                           (NRF_ERROR_BASE_NUM + 0)  ///< Successful command
#define NRF_ERROR_SVC_HANDLER_MISSING         (NRF_ERROR_BASE_NUM + 1)  ///< SVC handler is missing
#define NRF_ERROR_SOFTDEVICE_NOT_ENABLED      (NRF_ERROR_BASE_NUM + 2)  ///< SoftDevice has not been enabled
#define NRF_ERROR_INTERNAL                    (NRF_ERROR_BASE_NUM + 3)  ///< Internal Error
#define NRF_ERROR_NO_MEM                      (NRF_ERROR_BASE_NUM + 4)  ///< No Memory for operation
#define NRF_ERROR_NOT_FOUND                   (NRF_ERROR_BASE_NUM + 5)  ///< Not found
#define NRF_ERROR_NOT_SUPPORTED               (NRF_ERROR_BASE_NUM + 6)  ///< Not supported
#define NRF_ERROR_INVALID_PARAM               (NRF_ERROR_BASE_NUM + 7)  ///< Invalid Parameter
#define NRF_ERROR_INVALID_STATE               (NRF_ERROR_BASE_NUM + 8)  ///< Invalid state, operation disallowed in this state
#define NRF_ERROR_INVALID_LENGTH              (NRF_ERROR_BASE_NUM + 9)  ///< Invalid Length
#define NRF_ERROR_INVALID_FLAGS               (NRF_ERROR_BASE_NUM + 10) ///< Invalid Flags
#define NRF_ERROR_INVALID_DATA                (NRF_ERROR_BASE_NUM + 11) ///< Invalid Data
#define NRF_ERROR_DATA_SIZE                   (NRF_ERROR_BASE_NUM + 12) ///< Data size exceeds limit
#define NRF_ERROR_TIMEOUT                     (NRF_ERROR_BASE_NUM + 13) ///< Operation timed out
#define NRF_ERROR_NULL                        (NRF_ERROR_BASE_NUM + 14) ///< Null Pointer
#define NRF_ERROR_FORBIDDEN                   (NRF_ERROR_BASE_NUM + 15) ///< Forbidden Operation
#define NRF_ERROR_INVALID_ADDR                (NRF_ERROR_BASE_NUM + 16) ///< Bad Memory Address
#define NRF_ERROR_BUSY                        (NRF_ERROR_BASE_NUM + 17) ///< Busy

#endif // NRF_ERROR_H__
```

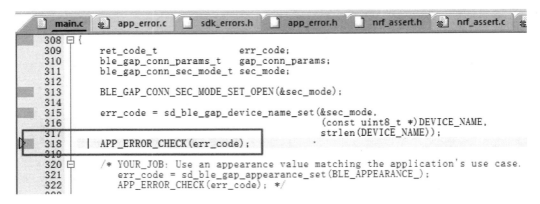

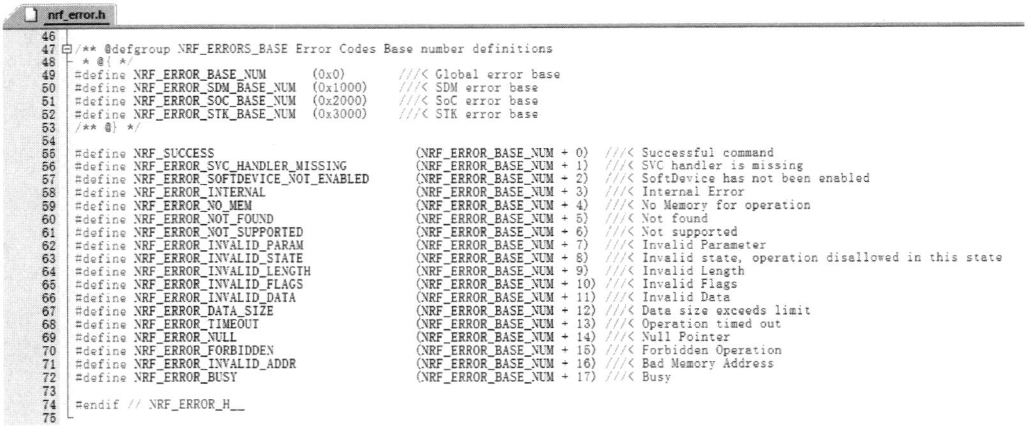

图 3.49 错误码定义

第二篇　蓝牙硬件篇

　　Nordic 公司出品的 nRF52xx 系列处理器,作为蓝牙处理信息的核心 CPU,其本身内部就包含了一个 ARM Cortex – M4 内核,形成一个 ARM 内核加蓝牙射频部分的结构,因此 nRF52xx 系列处理器本身就可以作为一个独立的嵌入式处理器使用。所以,在进行蓝牙功能应用开发前,需要熟练掌握其外设相关功能。

　　本篇将结合青风 nRF52832 系列开发板,具体讲解如何对 nRF52832 芯片进行外设部分的编程。因此,本篇主要包含两个目标:

　　① 学习 BLE 芯片 nRF52832 的硬件电路设计,包括配套功能模块的电路设计;

　　② 学习 nRF52832 的外设功能,并且能够熟练进行编程。

第 **4** 章

nRF52832 开发板硬件介绍

　　nRF52832 属于 Nordic 公司推出的 nRF52 系列 2.4G 无线低功耗片上方案解决系统中的一员,其凭借超低的功耗、优越的性能及卓越的设计,得到越来越广泛的应用。青风 QY－nRF52832 开发板是一个功能强大的蓝牙开发套件,支持蓝牙低功耗(BLE)协议和私有协议。它为广大的产品开发人员提供了一个平台,帮助他们进行产品的开发、评估及测试。下面将详细介绍该开发板的电路。

4.1　青风 nRF52832EK 主板介绍及电路详解

4.1.1　青风 nRF52832EK 主板介绍

　　青风 nRF52832EK 开发板小巧便捷,由锂电池供电,可以随身携带。开发板方便易用,使用主板和核心板分离的设计,方便用户后期单独使用核心板进行开发。

　　青风 nRF52832EK 主板的主要特性:

- 兼容官方 nRF52832_DK PCA10040 的外围接口;
- 兼容 2.4 GHz nRF24L 系列芯片;
- 支持 BLE 4.0;
- PCB 印制天线(Inverted F Antenna);
- 支持 NFC;
- 具有引出 SWD 调试接口;
- 4 个独立可编程 LED(共阴极);
- 4 个用户按键;
- CH340T 调试接口(USB 转串口);
- 一个 ADC 光敏电阻;
- 一个片外 Flash(W25Q16);
- 一个电容触摸按键;
- 一个 Wi－Fi 接口;
- 一个 OLED/LIS3DH 接口;
- 一个 MPU6050 六轴接口;

- 一个 DHT11 温湿度接口；
- 一个 SD 卡座；
- 支持 iOS /安卓应用,提供源码。

青风 nRF52832EK 主板实物图如图 4.1 所示。

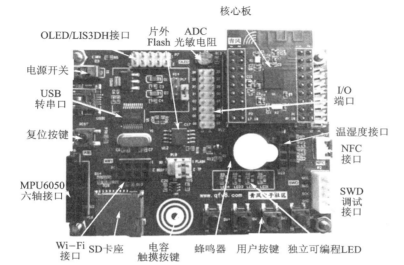

图 4.1　青风 nRF52832EK 主板实物图

开发板框架资源如图 4.2 所示。

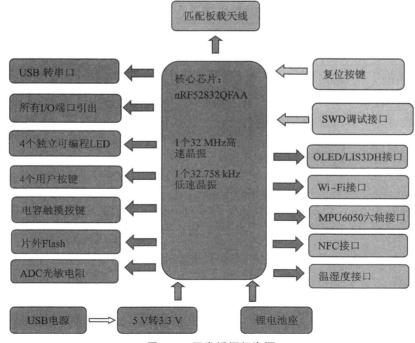

图 4.2　开发板框架资源

4.1.2 青风 nRF52832EK 电路详解

下面将详细介绍板子硬件部分的电路图。

1. 最小系统

核心 nRF52832,板载天线。主时钟为 32 MHz 晶振,休眠 RTC 时钟为 32.768 kHz 晶振。SWD 下载端口:对应 GND、SCK、SWD 和 VCC 四个端口,如图 4.3 所示。

备注:我们提供的 BLE 例子协议栈使用外部低速晶振,如果不使用外部低速晶振,则低频率时钟可以由高频率时钟合成,这样可节省晶体。但是,因为需要激活高频率时钟,所以又会增加平均功耗。后续相关章节将会对此进行详细讲解。

2. 电源电路

开发板有 3 种供电方式:

① 可以直接将 USB 接入外部 5.0 V 电压。一般情况下,板载的 minUSB 通过连接计算机上的 USB 接口输入 5 V 电源,然后再通过 AMS1117 降压为 3.3 V。当然,计算机上的电流为 500 mA,对于蓝牙低功耗设备来说,该电流已足够满足设计要求。电源电路如图 4.4 所示。

② 通过纽扣电池供电。如图 4.4 所示,Bat Holder CR2032 表示纽扣电池,纽扣电池型号为 CR2032。纽扣电池的电源电压为 3 V,根据 nRF52832 数据手册可知,要求的电源电压范围为 1.8~3.6 V,典型电压为 3.0 V,如表 4.1 所列。因此,纽扣电池供电满足设计要求。

表 4.1　供电电压范围

符　号	功　能	最小值	典型值	最大值	单　位
VDD	供电电压	1.8	3.0	3.6	V

③ 直接引入外部的 5 V 或者 3.3 V、3.0 V 电压电源。3.3 V、3.0 V 电压电源可以直接给蓝牙设备供电。同时,由于开发板具备 5 V 电源电压降压功能,也可以直接引入。引入接口为 P14,如图 4.5 所示。

3. SWD 接口电路

由于 nRF52832 芯片为 ARM Cortex - M4 芯片,因此其仿真与下载接口为 SWD 接口。SWD 接口,顾名思义,串行总线调试接口,其作为 ARM 调试接口,不仅速度可以与 JTAG 媲美,而且使用的调试线还少得多;同时支持断点、单步执行及指令跟踪捕获操作。采用 SWD 方式进行调试时,一般采用 4 线:

● GND:地线;

● SWCLK:时钟线;

● SWDIO:数据线;

● VCC:电源线。

SWD 接口电路如图 4.6 所示。

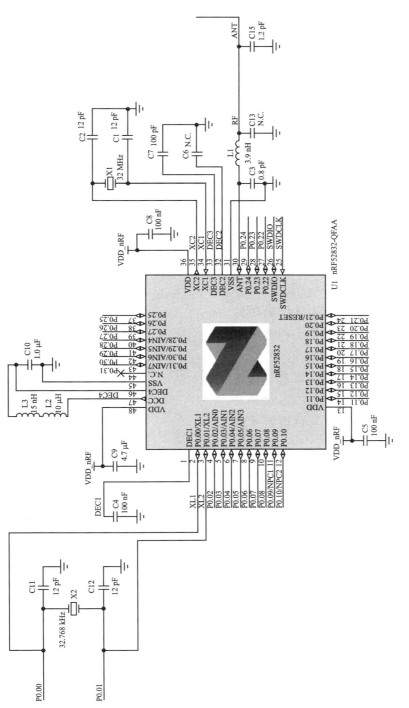

图4.3　最小系统电路图

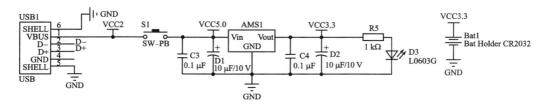

图 4.4　电源电路

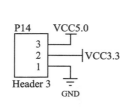

图 4.5　外接供电端

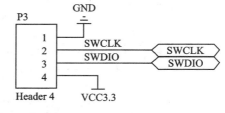

图 4.6　SWD 接口电路

4. 复位电路

nRF52832 芯片的硬件复位采用低电平复位,同时复位引脚和 GPIO 端口 P0.21 共用一个端口,如图 4.7 所示。EK 开发板要使用复位功能,复位引脚接上拉电阻 R16 进行上拉。注意,设备复位时,第一次需要上电后复位按键才能生效。

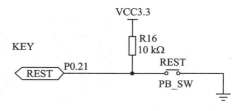

图 4.7　复位电路

5. USB 转串口电路

通过高质量芯片 CH340T,把串口信号转换成 USB 输出。CH340T 作为 USB 转串口芯片,具有质量稳定、识别迅速、丢包少等特点,兼任各种系统,需要提供 12 MHz 的石英晶振作为时钟振荡器,而引脚 D+、D- 接 minUSB 端口作为 USB 信息数据端口。

串口数据端口分别对应的 nRF52832 端口如下:

TXD:接 P0.08 端;

RXD:接 P0.06 端;

CTS:接 P0.05 端;

RTS:接 P0.07 端。

其中,数据口 TXD 和 RXD 分别接 1 kΩ 上拉电阻,用于提高驱动能力。USB 转串口电路如图 4.8 所示。

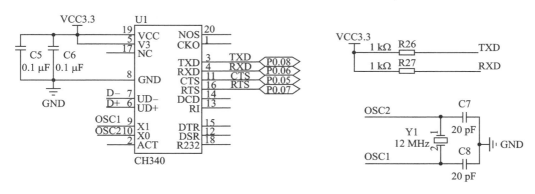

图 4.8　USB 转串口电路

6. 用户按键电路和用户 LED 灯电路

开发板上设计了 4 个用户按键,4 个用户 LED 灯,如图 4.9 所示。多个 LED 灯是为了方便后面做主从实验。

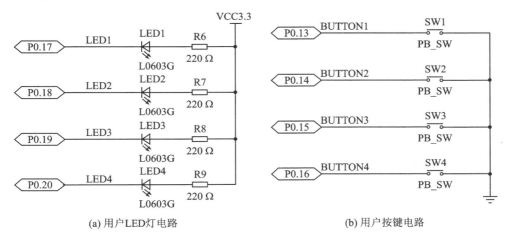

(a) 用户LED灯电路　　　　　　　　　　(b) 用户按键电路

图 4.9　用户按键和用户 LED 灯电路

4 个用户 LED 灯,即 LED1、LED2、LED3、LED4 分别由 GPIO 的 P0.17、P0.18、P0.19、P0.20 引脚进行控制。当 GPIO 输出为高电平时,由于 4 个 LED 灯的另一端都通过 220 Ω 的电阻接通电源,因此两端电压相等,没有电势差,LED 灯处于熄灭状态;当 GPIO 输出为低电平时,会在 LED 灯两端产生一个电势差,使得电流流过 LED 灯,LED 灯处于点亮状态。

4 个用户按键,即 SW1、SW2、SW3、SW4 分别由 GPIO 的 P0.13、P0.14、P0.15、P0.16 引脚进行控制,按下后会把对应引脚拉低。

7. NFC 电路

NFC 接口通过 P0.09 和 P0.10 端口与 NFC 天线相互连接。注意,P0.09 和P0.10 端口默认的是 NFC 端口,如果需要使用这两个端口的 GPIO 功能,则需要配置系统文件,同时把电阻 R2 和 R4 焊接到 R22 和 R24 上。NFC 电路如图 4.10 所示。

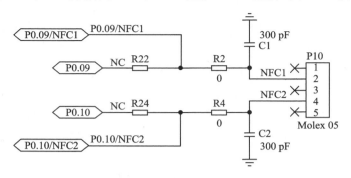

图 4.10　NFC 电路

8. OLED/LIS3DH 模块接口电路

该接口可以接配套的 OLED 显示模块或者 LIS3DH 三轴加速度计模块,这两种模块共用此接口,如图 4.11 所示。关于模块的说明请参见 4.2 节相关内容。

9. ADC 光敏电阻电路

ADC 部分采用光敏电阻进行电压采集。当 ADC 进行采样时,连接端口 P0.04,电路如图 4.12 所示。

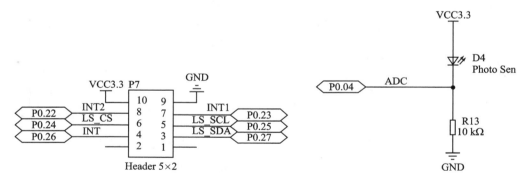

图 4.11　OLED/LIS3DH 模块接口电路　　　　图 4.12　ADC 光敏电阻电路

10. 电容触摸电路

采用单电容触摸芯片 JR223 可以直接实现电容按键功能。该芯片价格低廉、功耗低,比较适合在穿戴式设备上使用。电容触摸电路如图 4.13 所示。

11. SPI 接口的片外 Flash 电路和 SD 卡座电路

SPI 接口可以在一个总线上搭载多个设备,不同的设备通过片选引脚进行区分,电路图如图 4.14 所示。我们挂载一个 Flash 存储芯片 W25Q16,这个芯片容量为 2 MB。该芯片价格低,通用性好,非常适合作为片外 Flash 进行数据的存储。当有的场合数据量大,而 nRF51822 的内部存储空间又不足时,Flash 就可以发挥巨大作用。W25Q16

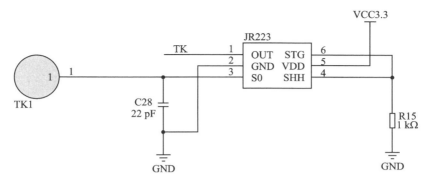

图 4.13　电容触摸电路

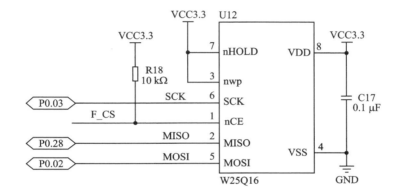

(a) Flash电路

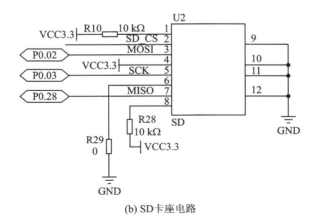

(b) SD卡座电路

图 4.14　Flash 和 SD 卡座电路

采用 SPI 接口,其中,SCK 时钟接 P0.03 端口,CS 片选端接 P0.29,MISO 接 P0.28,
MOSI 接 P0.02。同时挂载一个 SD 卡座,其中,SCK 时钟接 P0.03 端口,CS 片选端接
P0.29,MISO 接 P0.28,MOSI 接 P0.02。

注意:片选引脚需要通过跳线帽进行切换,如图 4.15 所示。

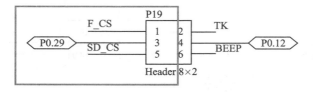

图 4.15　片选切换端

12. 蜂鸣器电路

在蓝牙应用中,蜂鸣器常常作为报警设备使用,比如防丢器的丢失报警、蓝牙信息接收通知等。因此,为了简便使用,我们设计中采用有源蜂鸣器,需要在 P19 座上短接 BEEP 端和 P0.12 端口,如图 4.15 所示。当 P0.12 引脚给一个高电平时,三极管 Q1 的集电极和发射极导通,使得蜂鸣器一端接地,一端接电源,产生电势差,电流通过蜂鸣器就可以使蜂鸣器鸣叫。这种方式驱动简单,程序易写,具体电路如图 4.16 所示。

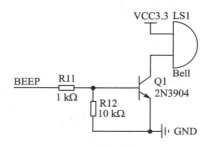

图 4.16　蜂鸣器电路

13. Wi-Fi 接口电路

Wi-Fi 接口上采用串口 Wi-Fi 模块 ESP8266 来实现 Wi-Fi 功能,端口配置如图 4.17 所示。

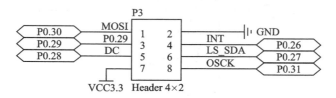

图 4.17　Wi-Fi 接口电路

14. MPU6050 六轴接口电路

接口 P9 可以接配套的 MPU6050 六轴接口,在计步器、运动检测等应用中加以运用。接口采用 I2C 接口,电路如图 4.18 所示,LS_SCL 引脚接 P0.25,LS_SDA 引脚接 P0.27,INT 引脚接 P0.26。

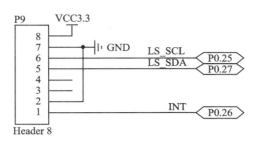

图 4.18　MPU6050 六轴接口电路

15. DHT11 温湿度接口电路和继电器接口电路

图 4.19 中的 P5 为继电器接口,P6 为 DHT11 温湿度接口。继电器可用于智能家居中控制强电设备,温湿度接口可用于采集环境的温湿度参数。

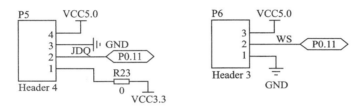

图 4.19　DHT11 温湿度接口电路和继电器接口电路

16. nRF52832 的所有 I/O 端口

所有 I/O 端口都引出,如图 4.20 所示。开发板上也可以看到印丝,以便后续开发。

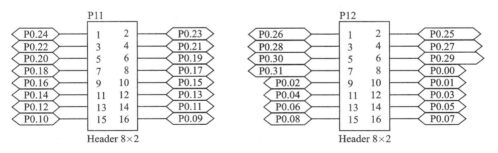

图 4.20　所有 I/O 端口

对于开发板硬件电路的详细解释就到这里。

4.2　配套模块电路详解

在实验中,为了实现各种蓝牙功能,在设计蓝牙的相关设备应用时,我们设计了配套的模块。本节将详细介绍这些配套模块的电路,为后面应用编程打下基础。对于后面的开发程序,我们将详细对照电路图进行讲解。

4.2.1 OLED 显示模块

OLED 全称为有机发光二极管(Organic Light-Emitting Diode)。OLED 显示技术具有自发光、广视角、几乎无穷高的对比度、较低耗电、极高反应速度等优点。由于 OLED 显示技术具有自发光的特性,采用非常薄的有机材料涂层和玻璃基板,当有电流通过时,这些有机材料就会发光,而且 OLED 显示屏可视角度大,能够节省电能,因此非常适合作为低功耗蓝牙的显示设备。

QY - nRF51822 显示模块具有以下特点:

① 尺寸小巧,显示屏尺寸大小为 0.96 in,模块整体大小仅为 27 mm×27 mm。

② 模块显示为双色,显示颜色为上黄下蓝,表现力强。

③ 分辨率高,OLED 显示分辨率达到 128×64。

④ 工作电压为 3.3 V,工作电流要求低,50 μA 左右就能保证正常显示,430 μA 左右就可以正常控制,非常适用于低功耗产品上。

⑤ 可以采用多种控制方式,模块默认采用 4 线 SPI 方式控制。

OLED 显示模块实物图如图 4.21 所示。

图 4.21　OLED 显示模块实物图

OLED 上的驱动为 SSD1306,模块采用 2×5 的 2.54 排母与开发板的 OLED 接口相连,总共使用 8 个端口,除去电压端口 VCC 和地端口 GND 外,其他端口分别为

● LCD_SCS：OLED 的片选信号端。

● LCD_SDIN:串行数据端。

● LCD_SCLK:串行时钟端。

● LCD_RESET:OLED 复位信号端。

● LCD_POWER_EN:OLED 供电选择端,默认是开的。

● LCD_D/C:命令/数据标志端,0 为读/写命令,1 为读/写数据。

OLED 显示模块电路如图 4.22 所示,具体的驱动代码编写将在后续章节中讲解。

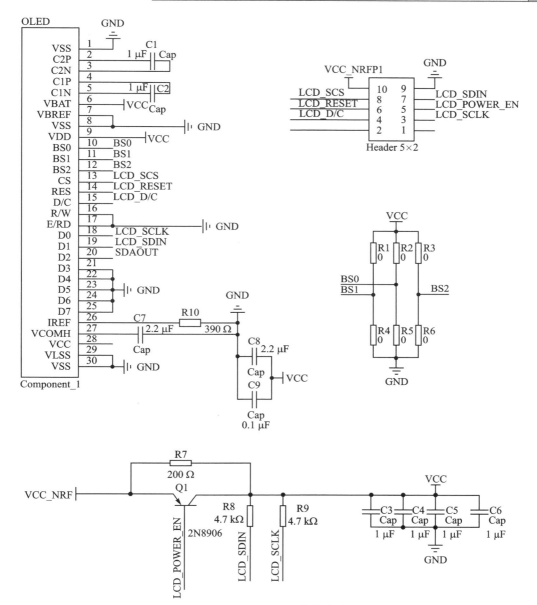

图 4.22　OLED 显示模块电路

4.2.2　LIS3DH 三轴加速度计模块

　　LIS3DH 是意法半导体公司推出的功耗极低的数字输出的三轴加速度计芯片,工作电流消耗最低为 $2\ \mu A$,这款 $3\ mm \times 3\ mm \times 1\ mm$ 的加速传感器最适合运动感应功能、空间和功耗均受限的应用设计,如手机、遥控器以及游戏机。在 $\pm 2\ g / \pm 4\ g / \pm 8\ g / \pm 16\ g$ 全量程范围内,LIS3DH 可输出非常精确的测量数据,在额定温度和长时间工作下,仍能保持卓越的稳定性。

图 4.23　LIS3DH 模块实物图

　　LIS3DH 内置一个温度传感器和三路模/数转换器,可简单地整合陀螺仪等伴随芯片;还可实现多种功能,如单击/双击识别、4D/6D 方向检测以及省电睡眠到唤醒模式,因此非常适合配合低功耗蓝牙设备进行相关的项目设计。为此,QY-nRF51822 开发板推出了配套的 LIS3DH 模块,实物如图 4.23 所示,具体驱动代码的编写将在后续章节结合应用进行讲解。

　　模块采用 2×5 的 2.54 排母与开发板的 LIS3DH 接口相连,可以运行百度手环等开源项目,支持 I2C 接口(SCL、SDA)和 SPI 接口(SCL、SDA、SDO、CS),其中 SCL、SDA 两种通信方式共用引脚。其电路图如图 4.24 所示,引脚配置如下:

VCC3.3:LIS3DH 模块电源端;

GND:LIS3DH 模块地;

SENSOR_INT1:中断控制端口 1;

SENSOR_INT2:中断控制端口 2;

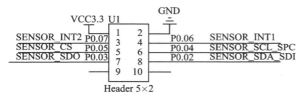

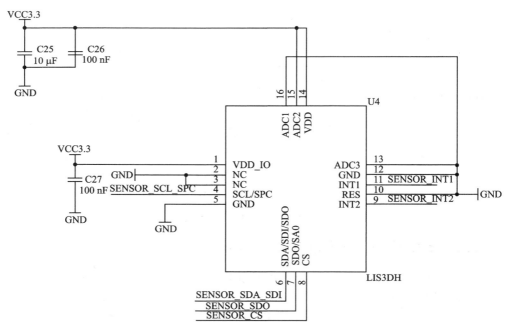

图 4.24　LIS3DH 模块电路

SENSOR_CS：SPI 接口下的片选端；

SENSOR_SCL_SPC：I2C 模式时钟端口，SPI 模式下的时钟端口；

SENSOR_SDA_SDI：I2C 模式数据端口，SPI 模式下的主出从入端口；

SENSOR_SDO：SPI 模式下的主入从出端口。

4.2.3　MPU6050 六轴模块

MPU6050 是一款高精度的九轴运动处理传感器。它集成了三轴 MEMS 陀螺仪、三轴 MEMS 加速度计,以及一个可扩展的数字运动处理器(Digital Motion Processor, DMP)。由于其体积小巧,功能强大,精度较高,所以不仅被广泛应用于工业,而且也广泛应用于各种运动设备上,比如安装在各类飞行器上驰骋蓝天,或者安装在运行计步器上进行计步等。

MPU6050 芯片内自带了一个数据处理子模块 DMP,其已经内置了滤波算法。在许多应用中使用 DMP 输出的数据已经能够很好地满足各自的要求。输出的数据通过 I2C 总线协议发送给相关处理器进行相应的算法运算。

MPU6050 的数据处理子模块 DMP 可以输出 6 个关键参数,如下:

- 角速度计:绕 X、Y 和 Z 三个坐标轴旋转的角速度分量 GYR_X、GYR_Y 和 GYR_Z 均为 16 位有符号整数。
- 加速度计:加速度计的三轴分量 ACC_X、ACC_Y 和 ACC_Z 均为 16 位有符号整数, 分别表示器件在三个轴向上的加速度。取负值时加速度沿坐标轴负向,取正值时沿坐标轴正向。

MPU6050 模块实物图如图 4.25 所示,具体驱动代码的编写将在后续章节结合应用进行讲解。

图 4.25　MPU6050 模块实物图

模块采用 1×8 的 2.54 排针与开发板的 MPU6050 接口相连,开发板上使用三个接口, 引脚分别为

- SCL:I2C 模式时钟端口;
- SDA:I2C 模式数据端口;
- INT:I2C 中断引脚端口。

模块上具有一个 3.3 V LDO 降压模块,需要输入 5 V 电源,然后降压到 3.3 V 给

MPU6050 进行供电,电路如图 4.26 所示。

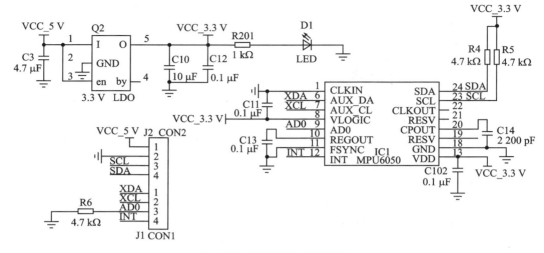

图 4.26　MPU6050 模块电路

4.2.4　DHT11 温湿度模块

　　物联网中,常常需要对环境的温湿度数据进行采集,开发板配套采用 DHT11 作为温湿度的采集传感器。DHT11 是一款含有已校准数字信号输出的温湿度复合传感器,实物图如图 4.27 所示,具体驱动代码的编写将在后续章节结合应用进行讲解。

　　传感器包括一个电阻式感湿元件和一个 NTC 测温元件,与微处理器相连接,得到需要的温度值和湿度值。模块电路简单,输出引脚信号为 DATA,接一个 4.7 kΩ 的上拉电阻即可。DHT11 温湿度模块电路如图 4.28 所示。

图 4.27　DHT11 温湿度
复合传感器实物图

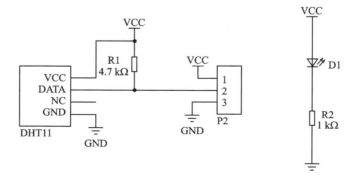

图 4.28　DHT11 温湿度模块电路

第 **5** 章

GPIO 端口的应用

在讲第一个外设实例之前,先对许多初学硬件芯片的读者说明一个关键的学习问题,那就是学习资料的准备。在新的处理器出来后,如何入门以及如何进行开发呢? 这时相关的技术手册就显得非常重要了,在以后的讲解与分享中都会用到芯片的技术手册,来分析如何采用手册查找相关说明,实际上这也是工程师进行设计开发的必经之路。

5.1 GPIO 端口资源介绍

GPIO 称为输入/输出端口,根据封装最大具有 32 个 I/O 端口,可以通过 P0 这样一个端口访问和控制多达 32 个端口,而且每个端口都可以独立访问。其特点如下:

- 最大 32 个 GPIO,分别为 P0.0~P0.31;
- 具有 8 个带有模拟通道的 GPIO 端口,可以用于 SAADC、COMP 和 LPCOMP 输入;
- 可以配置输入驱动强度,内部具有上拉和下拉电阻;
- 可以从所有引脚上的高电平或者低电平触发唤醒;
- 任何引脚的状态变化都可以触发中断;
- PPI 任务/事件系统可以使用所有引脚;
- 可以通过 PPI 和 GPIOTE 通道控制一个或多个 GPIO 输出;
- 所有引脚都可以单独映射到外设接口上,以实现布局灵活性;
- 在 SENSE 信号上捕获的 GPIO 状态的变化可以由 LATCH 寄存器存储。

GPIO 端口外设最多可实现 32 个引脚,这些引脚中的每一个都可以在 PIN_CNF [n] 寄存器(n=0~31)中单独配置。我们可以通过这些寄存器配置以下参数:

- 方向;
- 驱动强度;
- 启用上拉和下拉电阻;
- 引脚感应;
- 输入缓冲区断开;
- 模拟输入(适用于所选引脚)。

nRF52832 芯片内核为 ARM Cortex - M4,其 I/O 端口配置有多种状态需要设置,下面将逐一介绍。

首先来看 I/O 端口的模式。查看 nRF52832 参考手册,端口可以配置为 4 种模式:输入模式、输出模式、复用模式、模拟通道模式。nRF52832 的 I/O 引脚可以复用其他外设功能,比如 I2C、SPI、UART 等;而通用 I/O 端口具有输入和输出模式,结构如图 5.1 所示。

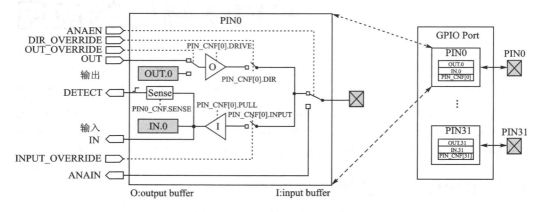

图 5.1　GPIO 输入/输出结构

图 5.1 中的 Sense 寄存器可以捕捉 GPIO 端口状态,如果选择 LDETECT 模式,则可以把相关状态存储在 LATCH 寄存器内,如图 5.2 所示。

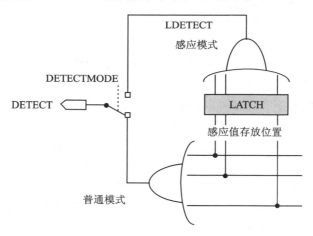

图 5.2　传感模式

当在任何这样配置的引脚上检测到正确的电平时,感测机制便将 DETECT 信号设置为高电平。每个引脚都有一个单独的 DETECT 信号,DETECTMODE 寄存器定义的默认功能是将来自 GPIO 端口中的所有引脚的 DETECT 信号合并为一个普通的 DETECT 信号。如果在启用传感机制时满足 PIN_CNF 寄存器中配置的感测条件,则检测将立即变为高电平。如果在启用传感机制之前 DETECT 信号为低,则触发 PORT 事件。PORT 事件将在后续章节中详细讲解。

5.2　GPIO 寄存器介绍

nRF52832 芯片中的 GPIO 模块包含的寄存器不多,如表 5.1 所列。

表 5.1　GPIO 模块包含的寄存器

寄存器名称	地址偏移	读/写	功能描述
OUT	0x504	读/写	设置端口输出
OUTSET	0x508	读/写	置位端口输出高电平,写 0 无效
OUTCLR	0x50C	读/写	置位端口输出低电平,写 0 无效
IN	0x510	只读	设置端口输入
DIR	0x514	读/写	设置端口方向
DIRSET	0x518	读/写	置位端口为输入,写 0 无效
DIRCLR	0x51C	读/写	置位端口为输出,写 0 无效
LATCH	0x520	读/写	传感锁存寄存器:指示哪些 GPIO 引脚符合 PIN_CNF[n].SENSE 寄存器中设置的条件
DETECTMODE	0x524	读/写	传感模式选择
PIN_CNF[n](n=0~31)	0x700~0x77C	读/写	对应端口号为 0 到 31 的端口设置

首先讲解 GPIO 通过寄存器配置为输出模式。GPIO 端口的输出十分简单,官方提供了一个库,对寄存器进行了封装,调用时非常简单。下面将结合寄存器和官方的库函数进行说明。

1. GPIO 端口状态的设置

首先介绍输入和输出模式,也就是 NRF_GPIO_PORT_DIR_INPUT 和 NRF_GPIO_PORT_DIR_OUTPUT。其中,输出模式为推挽输出,输入模式可以分为上拉和下拉模式。

可以设置输出模式的寄存器有 3 个:DIR、DIRSET 和 PIN_CNF。其中,DIR 和 DIRSET 仅仅是进行输出设置,不配置其他参数;而 PIN_CNF 还配置了端口的其他参数,因此,建议直接采用该寄存器进行输出设置。

可以设置输入模式的寄存器也有 3 个:DIR、DIRCLR 和 PIN_CNF。同样的,DIR 和 DIRCLR 仅仅是配置端口为输出状态,不配置其他参数;同时,输入模式提供寄存器 IN 读取 I/O 端口的输入电平状态。

(1) DIR 寄存器

DIR 寄存器用于配置 I/O 端口的输入/输出方向,如表 5.2 所列。

表 5.2   DIR 寄存器

位　数	域	ID　值	值	描　　述
第 0 位	PIN0	Input	0	设置引脚 0 为输入引脚
		Output	1	设置引脚 0 为输出引脚
第 1 位	PIN1	Input	0	设置引脚 1 为输入引脚
		Output	1	设置引脚 1 为输出引脚
⋮	⋮	⋮	⋮	⋮
第 31 位	PIN31	Input	0	设置引脚 31 为输入引脚
		Output	1	设置引脚 31 为输出引脚

(2) DIRSET 寄存器

DIRSET 寄存器用于配置 I/O 端口为输出引脚,如表 5.3 所列。

表 5.3   DIRSET 寄存器

位　数	域	ID　值	值	描　　述
第 0 位	PIN0	Input	0	读的时候:判断引脚 0 为输入引脚
		Output	1	读的时候:判断引脚 0 为输出引脚
		Set	1	写的时候:写 1 配置引脚 0 为输出引脚,写 0 无效
第 1 位	PIN1	Input	0	读的时候:判断引脚 1 为输入引脚
		Output	1	读的时候:判断引脚 1 为输出引脚
		Set	1	写的时候:写 1 配置引脚 1 为输出引脚,写 0 无效
⋮	⋮	⋮	⋮	⋮
第 31 位	PIN31	Input	0	读的时候:判断引脚 31 为输入引脚
		Output	1	读的时候:判断引脚 31 为输出引脚
		Set	1	写的时候:写 1 配置引脚 31 为输出引脚,写 0 无效

(3) DIRCLR 寄存器

DIRCLR 寄存器用于配置 I/O 端口为输入引脚,如表 5.4 所列。

表 5.4   DIRCLR 寄存器

位　数	域	ID　值	值	描　　述
第 0 位	PIN0	Input	0	读的时候:判断引脚 0 为输入引脚
		Output	1	读的时候:判断引脚 0 为输出引脚
		Set	1	写的时候:写 1 配置引脚 0 为输入引脚,写 0 无效
第 1 位	PIN1	Input	0	读的时候:判断引脚 1 为输入引脚
		Output	1	读的时候:判断引脚 1 为输出引脚
		Set	1	写的时候:写 1 配置引脚 1 为输入引脚,写 0 无效
⋮	⋮	⋮	⋮	⋮

续表 5.4

位　数	域	ID　值	值	描　　述
第 31 位	PIN31	Input	0	读的时候:判断引脚 31 为输入引脚
		Output	1	读的时候:判断引脚 31 为输出引脚
		Set	1	写的时候:写 1 配置引脚 31 为输入引脚,写 0 无效

（4）PIN_CNF 寄存器

PIN_CNF 寄存器用于配置 I/O 端口的状态。下面主要探讨配置寄存器。对比数据手册上关于引脚配置寄存器 PIN_CNF[n] 的描述,如表 5.5 所列。

表 5.5　引脚配置寄存器 PIN_CNF[n]

位　数	域	ID　值	值	描　　述
第 0 位	DIR	Input	0	设置为输入引脚
		Output	1	设置为输出引脚
第 1 位	INPUT	Connect	0	连接输入缓冲
		Disconnect	1	断开输入缓冲
第 2~3 位	PULL	Disable	0	没有上下拉电阻
		Pulldown	1	开启内部下拉电阻
		Pullup	3	开启内部上拉电阻
第 8~10 位	DRIVE	S0S1	0	标准 0,标准 1
		H0S1	1	高驱动 0,标准 1
		S0H1	2	标准 0,高驱动 1
		H0H1	3	高驱动 0,高驱动 0
		D0S1	4	断开 0,标准 0(通常用于有线或连接)
		D0H1	5	断开 0,高驱动 1(通常用于有线或连接)
		S0D1	6	标准 0,断开 1(通常用于有线和连接)
		H0D1	7	高驱动 0,断开 1(通常用于有线和连接)
第 16~17 位	SENSE	Disable	0	关闭感应
		High	2	高电平感应
		Low	3	低电平感应

1）第 0 位

第 0 位为 DIR 方向位,用于设置 I/O 引脚为输入引脚或者输出引脚,当为 0 时为输入引脚,当为 1 时为输出引脚。如果大家使用 nRF52832 官方提供的库函数编程,可以在 nrf_gpio.h 库文件中找到设置 I/O 端口方向的结构体 nrf_gpio_port_dir_t,这里完全是对照参考手册进行编写的:

```
01  #define GPIO_PIN_CNF_DIR_Input    (0UL)        /* 配置引脚为输入引脚 */
02  #define GPIO_PIN_CNF_DIR_Output   (1UL)        /* 配置引脚为输出引脚 */
```

```
03
04 typedef enum
05 {
06     NRF_GPIO_PIN_DIR_INPUT = GPIO_PIN_CNF_DIR_Input,      //输入
07     NRF_GPIO_PIN_DIR_OUTPUT = GPIO_PIN_CNF_DIR_Output    //输出
08 } nrf_gpio_port_dir_t;
```

2）第 1 位

第 1 位为 INPUT 输入位，如果设置 I/O 端口为输入端口，则该位用于设置输入是否连接输入缓冲。由于复位默认为 1，所以默认是断开输入缓冲的。在 nrf_gpio.h 库文件中找到设置 INPUT 的结构体，如下：

```
01 #define GPIO_PIN_CNF_INPUT_Connect (0UL)                        /* 连接输入缓冲 */
02 #define GPIO_PIN_CNF_INPUT_Disconnect (1UL)                     /* 断开输入缓冲 */
03 typedef enum
04 {
05     NRF_GPIO_PIN_INPUT_CONNECT = GPIO_PIN_CNF_INPUT_Connect,          //连接输入缓冲
       NRF_GPIO_PIN_INPUT_DISCONNECT = GPIO_PIN_CNF_INPUT_Disconnect    //断开输入缓冲
06 } nrf_gpio_pin_input_t;
```

3）第 2～3 位

第 2～3 位 PULL 位表示输入是否设置内部上拉电阻功能。当设置为 0 时没有上下拉电阻，当设置为 1 时开启内部下拉电阻，当设置为 3 时开启内部上拉电阻。在 nrf_gpio.h 库文件中找到设置 PULL 的结构体，如下：

```
01 #define GPIO_PIN_CNF_PULL_Disabled (0UL)                     /* 没有上下拉电阻 */
02 #define GPIO_PIN_CNF_PULL_Pulldown (1UL)                     /* 开启内部下拉电阻 */
03 #define GPIO_PIN_CNF_PULL_Pullup (3UL)                       /* 开启内部上拉电阻 */
04
05 typedef enum
06 {
07     NRF_GPIO_PIN_NOPULL = GPIO_PIN_CNF_PULL_Disabled,        //关闭上下拉电阻
08     NRF_GPIO_PIN_PULLDOWN = GPIO_PIN_CNF_PULL_Pulldown,      //端口 pull-down 使能
09     NRF_GPIO_PIN_PULLUP = GPIO_PIN_CNF_PULL_Pullup,          //端口 pull-up 使能
10 } nrf_gpio_pin_pull_t;
```

4）第 8～10 位

第 8～10 位为 DRIVE 驱动位，用于设置 I/O 端口输出的驱动强度，对应 I/O 端口的输出强度可以通过编程进行配置。比如把 DRIVE 位设置为 0，为 S0S1 方式。在这种方式下，当 I/O 端口输出为 0 时，I/O 端口输出强度为标准驱动能力；当 I/O 端口输出为 1 时，I/O 端口输出强度也为标准驱动能力。

GPIO 端口的所谓的标准驱动能力、高驱动能力，在芯片手册 I/O 端口电气特性中有说明，如表 5.6 所列。

表 5.6　I/O 驱动电气特性表

符　号	描述值	最小值	最大值	单　位
V_{IH}	输入高电压	$0.7 \times VDD$	VDD	V
V_{IL}	输入低电压	VSS	$0.3 \times VDD$	V
$V_{OH,SD}$	输出高电压,标准驱动,0.5 mA,VDD≥1.7 V	$VDD-0.4$	VDD	V
$V_{OH,HDH}$	输出高电压,高驱动器,5 mA,VDD≥2.7 V	$VDD-0.4$	VDD	V
$V_{OH,HDL}$	输出高电压,高驱动器,3 mA,VDD≥1.7 V	$VDD-0.4$	VDD	V
$V_{OL,SD}$	输出低电压,标准驱动,0.5 mA,VDD≥1.7 V	VSS	$VSS+0.4$	V
$V_{OL,HDH}$	输出低电压,高驱动器,5 mA,VDD≥2.7 V	VSS	$VSS+0.4$	V
$V_{OL,HDL}$	输出低电压,高驱动器,3 mA,VDD≥1.7 V	VSS	$VSS+0.4$	V

输出高电压表示输出逻辑为1,输出低电压表示输出逻辑为0。标准驱动能力和高驱动能力的驱动电流值是不同的,因此在不同的 DRIVE 位配置下,输出高低电压的驱动标准是有区别的,读者可根据表 5.6 配置自己所需的驱动能力。在 nrf_gpio.h 库文件中找到设置 DRIVE 的结构体,如下:

```
01 typedef enum
02 {
03    NRF_GPIO_PIN_S0S1 = GPIO_PIN_CNF_DRIVE_S0S1,    //标准0,标准1
04    NRF_GPIO_PIN_H0S1 = GPIO_PIN_CNF_DRIVE_H0S1,    //高驱动0,标准1
05    NRF_GPIO_PIN_S0H1 = GPIO_PIN_CNF_DRIVE_S0H1,    //标准0,高驱动1
06    NRF_GPIO_PIN_H0H1 = GPIO_PIN_CNF_DRIVE_H0H1,    //高驱动0,高驱动0
07    NRF_GPIO_PIN_D0S1 = GPIO_PIN_CNF_DRIVE_D0S1,    //断开0,标准0(通常用于有线或连接)
08    NRF_GPIO_PIN_D0H1 = GPIO_PIN_CNF_DRIVE_D0H1,    //断开0,高驱动1(通常用于有线或连接)
09    NRF_GPIO_PIN_S0D1 = GPIO_PIN_CNF_DRIVE_S0D1,    //标准0,断开1(通常用于有线和连接)
10    NRF_GPIO_PIN_H0D1 = GPIO_PIN_CNF_DRIVE_H0D1,    //高驱动0,断开1(通常用于有线和连接)
11 } nrf_gpio_pin_drive_t;
```

注意:数据手册上特别提醒蓝牙无线电性能参数,比如灵敏度,可能会受到高频数字 I/O 的影响。因此接近无线电电源和天线引脚接收器端的 GPIO 端口,设计时驱动能力和数字频率都不要太高,所以开发板上的 QFN48 封装芯片的相关引脚建议按表 5.7 所列进行配置。

表 5.7　需要配置为低驱动的 I/O 口

引　脚	端　口	驱　动
27	P0.22	低驱动,低频 I/O
28	P0.23	低驱动,低频 I/O
29	P0.24	低驱动,低频 I/O
37	P0.25	低驱动,低频 I/O

续表 5.7

引　脚	端　口	驱　动
38	P0.26	低驱动,低频 I/O
39	P0.27	低驱动,低频 I/O
40	P0.28	低驱动,低频 I/O
41	P0.29	低驱动,低频 I/O
42	P0.30	低驱动,低频 I/O
43	P0.31	低驱动,低频 I/O

5) 第 16～17 位

第 16～17 位为 SENSE 感应设置位,可以设置感应外部信号,常在 GPIO 唤醒中使用,在 nrf_gpio.h 库文件中找到设置 DRIVE 的结构体,如下:

```
01 # define GPIO_PIN_CNF_SENSE_Disabled (0UL)            /* 关闭感应能力 */
02 # define GPIO_PIN_CNF_SENSE_High      (2UL)           /* 设置高电平感应 */
03 # define GPIO_PIN_CNF_SENSE_Low       (3UL)           /* 设置低电平感应 */
04
05  typedef enum
06 {
07    NRF_GPIO_PIN_NOSENSE = GPIO_PIN_CNF_SENSE_Disabled,    //关闭感应能力
08    NRF_GPIO_PIN_SENSE_LOW = GPIO_PIN_CNF_SENSE_Low,       //设置低电平感应
09    NRF_GPIO_PIN_SENSE_HIGH = GPIO_PIN_CNF_SENSE_High,     //设置高电平感应
10 } nrf_gpio_pin_sense_t;
```

关于 PIN_CNF[n]寄存器的描述就讲到这里,相信大家对 GPIO 引脚的配置已有初步的了解。上面所有的参数都在库函数中封装了一个 nrf_gpio_cfg 函数,该函数就是用来配置 PIN_CNF[n]寄存器的,通过调用该函数就能很容易地配置出 GPIO 的端口状态,代码如下:

```
01 __STATIC_INLINE void nrf_gpio_cfg(
02    uint32_t              pin_number,
03    nrf_gpio_pin_dir_t    dir,
04    nrf_gpio_pin_input_t input,
05    nrf_gpio_pin_pull_t   pull,
06    nrf_gpio_pin_drive_t drive,
07    nrf_gpio_pin_sense_t sense)              //GPIO端口状态的配置
08 {   //配置哪个 I/O 端口
09    NRF_GPIO_Type * reg = nrf_gpio_pin_port_decode(&pin_number);
10    //配置对应端口的状态
11    reg->PIN_CNF[pin_number] = ((uint32_t)dir << GPIO_PIN_CNF_DIR_Pos)//方向
12                             | ((uint32_t)input << GPIO_PIN_CNF_INPUT_Pos)//输入缓冲
13                             | ((uint32_t)pull << GPIO_PIN_CNF_PULL_Pos)  //上拉配置
```

```
14              | ((uint32_t)drive << GPIO_PIN_CNF_DRIVE_Pos)     //驱动能力配置
15              | ((uint32_t)sense << GPIO_PIN_CNF_SENSE_Pos); //感应能力
16 }
```

2. GPIO 端口状态配置的引申函数

由 nrf_gpio_cfg 函数可以引申出库函数中的多个驱动函数,比如 GPIO 的输出函数:

```
01 __STATIC_INLINE void nrf_gpio_cfg_output(uint32_t pin_number)
02 {
03    nrf_gpio_cfg(
04        pin_number,
05        NRF_GPIO_PIN_DIR_OUTPUT,              //输出方向
06        NRF_GPIO_PIN_INPUT_DISCONNECT,
07        NRF_GPIO_PIN_NOPULL,                  //没有上拉
08        NRF_GPIO_PIN_S0S1,                    //驱动能力
09        NRF_GPIO_PIN_NOSENSE);
10 }
```

再如 GPIO 的输入函数:

```
01 __STATIC_INLINE void nrf_gpio_cfg_input(uint32_t pin_number, nrf_gpio_pin_pull_t pull_config)
02 {
03    nrf_gpio_cfg(
04        pin_number,
05        NRF_GPIO_PIN_DIR_INPUT,
06        NRF_GPIO_PIN_INPUT_CONNECT,
07        pull_config,
08        NRF_GPIO_PIN_S0S1,
09        NRF_GPIO_PIN_NOSENSE);
10 }
```

由 nrf_gpio_cfg 函数引申出的函数比较多,这里就不一一展开了,读者可以具体查看库文件,我们会在应用中展开说明,如何对其进行使用。

3. GPIO 输出的设置

GPIO 可以设置为输出高电平和低电平,对应输出状态的配置,可以看到 GPIO 寄存器列表里分配了 3 个寄存器:OUT 寄存器、OUTSET 寄存器和 OUTCLR 寄存器。这 3 个寄存器都是可读/写寄存器。位数为 32 位,每一位代码对应一个 I/O 端口,可以按位进行配置。

(1) OUT 寄存器

OUT 寄存器用于配置 I/O 端口输出高/低电平,如表 5.8 所列。

表 5.8 OUT 寄存器

位　数	域	ID 值	值	描　述
第 0 位	PIN0	Low	0	设置引脚 0 输出低电平
		High	1	设置引脚 0 输出高电平
第 1 位	PIN1	Low	0	设置引脚 1 输出低电平
		High	1	设置引脚 1 输出高电平
⋮	⋮	⋮	⋮	
第 31 位	PIN31	Low	0	设置引脚 31 输出低电平
		High	1	设置引脚 31 输出高电平

(2) OUTSET 寄存器

OUTSET 寄存器用于配置 I/O 端口输出高电平,如表 5.9 所列。

表 5.9 OUTSET 寄存器

位　数	域	ID 值	值	描　述
第 0 位	PIN0	Low	0	读的时候:判断引脚 0 输出低电平
		High	1	读的时候:判断引脚 0 输出高电平
		Set	1	写的时候:写 1 配置引脚 0 输出高电平,写 0 无效
第 1 位	PIN1	Low	0	读的时候:判断引脚 1 输出低电平
		High	1	读的时候:判断引脚 1 输出高电平
		Set	1	写的时候:写 1 配置引脚 1 输出高电平,写 0 无效
⋮	⋮	⋮	⋮	
第 31 位	PIN31	Low	0	读的时候:判断引脚 31 输出低电平
		High	1	读的时候:判断引脚 31 输出高电平
		Set	1	写的时候:写 1 配置引脚 31 输出高电平,写 0 无效

(3) OUTCLR 寄存器

OUTCLR 寄存器用于配置 I/O 端口输出低电平,如表 5.10 所列。

表 5.10 OUTCLR 寄存器

位　数	域	ID 值	值	描　述
第 0 位	PIN0	Low	0	读的时候:判断引脚 0 输出低电平
		High	1	读的时候:判断引脚 0 输出高电平
		Set	1	写的时候:写 1 配置引脚 0 输出低电平,写 0 无效
第 1 位	PIN1	Low	0	读的时候:判断引脚 1 输出低电平
		High	1	读的时候:判断引脚 1 输出高电平
		Set	1	写的时候:写 1 配置引脚 1 输出低电平,写 0 无效
⋮	⋮	⋮	⋮	

续表 5.10

位　数	域	ID　值	值	描　述
第 31 位	PIN31	Low	0	读的时候:判断引脚 31 输出低电平
		High	1	读的时候:判断引脚 31 输出高电平
		Set	1	写的时候:写 1 配置引脚 31 输出低电平,写 0 无效

GPIO 的寄存器就介绍到这里,下面我们的应用将结合 GPIO 的寄存器和 nRF52 系列的 SDK 库函数一起进行介绍。

5.3　GPIO 输出应用

5.3.1　点亮第一个 LED 灯

1. 硬件设计

对于一个处理器来说,最简单的控制莫过于通过 I/O 端口输出的电平进行控制,本小节就讲述一个经典的 LED 灯控制,来开启 nRF52832 系列处理器的开发之旅。

硬件方面,青风 nRF52832 开发板通过引脚 P0.17 到引脚 P0.20 连接 4 个 LED 灯,LED 灯另一端通过 220 Ω 电阻接到电源 VDD 上,VDD 选择 3.3 V 电源。我们下面的任务是首先来点亮它。I/O 引脚分别接一个发光二极管,因此当把 I/O 引脚定义为输出低电平时,在二极管两端产生电势差,就可以点亮发光二极管了,电路图如图 5.3 所示。

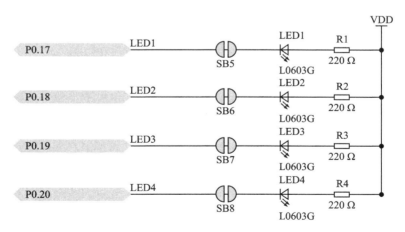

图 5.3　LED 灯电路图

2. 工程的搭建与编写

按照第 3 章的介绍,首先建立一个工程项目。采用库函数驱动 I/O 端口前先要添加几个驱动库,如图 5.4 所示。

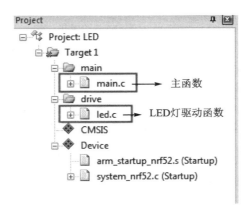

图 5.4　LED 灯的工程目录树

　　如图 5.4 所示，drive 文件夹中的 led.c 文件是需要我们编写驱动的。为了方便在后面的工程中移植使用，这里单独编写一个驱动文件。后面的工程中只需要编写 main.c 主函数然后调用就可以了。对于整个工程项目，如果加入分层的思想，则对之后的移植非常有利。例如底层和应用层隔离，底层驱动和应用层无关，main.c 使用的函数在 led.c 驱动中已编写好，这些才与硬件有关，当需要移植到不同的硬件时，main.c 主函数可以不做任何修改，只需修改与底层相关的 led.c 驱动。下面分析如何编写 led.c 的驱动，首先需要对 I/O 端口进行配置，代码如下：

```
01 void LED_Init(void)
02 {
03     nrf_gpio_cfg_output(LED_0);
04     nrf_gpio_cfg_output(LED_1);
05     nrf_gpio_cfg_output(LED_2);
06     nrf_gpio_cfg_output(LED_3);                 //配置 I/O 端口为输出状态
07 }
```

　　然后编写开灯和关灯的程序，比如 LED1 灯，I/O 端口输出低电平，则是开灯；输出高电平，则是关灯；电平变化，则是灯翻转。直接调用 nrf_gpio.h 中的库函数，代码如下：

```
01 void LED1_Open(void)                            //LED1 灯开
02 {
03     nrf_gpio_pin_clear(LED_0);
04 }
05
06 void LED1_Close(void)                           //LED1 灯关
07 {
08     nrf_gpio_pin_set(LED_0);
09 }
```

```
10  void LED1_Toggle(void)                        //LED1 灯翻转
11  {
12      nrf_gpio_pin_toggle(LED_0);
13  }
```

上面的代码分别调用了如下几个组件库的函数：

nrf_gpio_pin_clear(uint32_t pin_number);

nrf_gpio_pin_set(uint32_t pin_number);

nrf_gpio_pin_toggle(uint32_t pin_number);

这几个组件库函数的封装非常简单，我们可以深入到函数内部，看看其是如何封装寄存器的操作的。比如打开 nrf_gpio_pin_clear(uint32_t pin_number) 函数，会发现最终封装的是如下代码：

```
p_reg ->OUTCLR = clr_mask;
```

也就是说，要 I/O 引脚输出为 0，实际上就是直接设置 OUTCLR 寄存器为高。同理，nrf_gpio_pin_set(uint32_t pin_number) 函数就是设置 OUTSET 寄存器；nrf_gpio_pin_toggle(uint32_t pin_number) 函数同时设置了 OUTCLR 和 OUTSET 寄存器。

主函数的编写就比较简单了，我们需要调用 2 个头文件：一个是库函数头文件 nrf_gpio.h，另一个是驱动函数头文件 led.h，才能直接使用我们定义的子函数。如下使用 LED_Open() 函数就能点亮一个 LED 灯：

```
01  # include "nrf_gpio.h"
02  # include "led.h"
03
04  int main(void)
05  {
06      //初始化 LED 灯
07      LED_Init();
08      while(true)
09      {
10          LED1_Open();
11          LED2_Close();
12      }
13  }
```

加入一个小的延迟 delay 函数，使其与打开和关闭 LED 子函数结合，来实现 LED 灯闪烁的功能。我们可以直接调用官方库驱动 nrf_delay.h 中的延迟函数，如下：

```
01  # include "nrf_delay.h"
02  # include "nrf_gpio.h"
03  # include "led.h"
04
05  int main(void)
```

```
06  {
07      //初始化 LED 灯
08      LED_Init();
09      while(true)
10      {
11          LED1_Open();
12          LED2_Close();
13          nrf_delay_ms(500);                      //延迟 500 ms
14          LED2_Open();
15          LED1_Close();
16          nrf_delay_ms(500);
17      }
18  }
```

编译代码后,用 Keil 把工程下载到青风 QY‐nRF52832 蓝牙开发板上。运行后的效果如图 5.5 所示,LED 灯开始闪烁。

图 5.5　LED 灯闪烁

5.3.2　蜂鸣器的驱动

1. 硬件设计

常用蜂鸣器分为:有源蜂鸣器与无源蜂鸣器。这里的"源"不是指电源,而是指振荡源。也就是说,有源蜂鸣器内部带振荡源,所以只要一通电就会叫;而无源蜂鸣器内部不带振荡源,所以如果用直流信号则无法令其鸣叫,必须用 2～5 kHz 的方波去驱动它。有源蜂鸣器往往比无源的贵,就是因为其里面多个振荡电路。

有源蜂鸣器的设计非常简单,如图 5.6 所示。

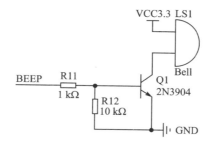

图 5.6　蜂鸣器电路图

电路介绍:蜂鸣器一端接 VCC 3.3 V 电源,另一端接 NPN 三极管 2N3904 的集电极。三极管的发射极接地。三极管的基极通过电阻 R11 后将 BEEP 端接到 GPIO 端口。BEEP 端需要把 P19 上的跳线帽 4 和 6 进行短接,如图 5.7 所示。

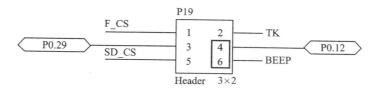

图 5.7　蜂鸣器跳线帽

驱动原理:当 P0.12 输出高电平时,三极管 NPN 的基极会上电,三极管导通,此时蜂鸣器一端接地,另一端接 VCC,形成一个电势差,有电流通过蜂鸣器,蜂鸣器被驱动鸣叫;当 P0.12 输出低电平时,PNP 三极管被截止,没有电流通过,所以蜂鸣器停止鸣叫。

2. 程序的编写

通过上面的分析可知,有源蜂鸣器的驱动实际上非常简单,直接对 GPIO 端口输出高电平就可以使蜂鸣器鸣叫。其基本原理与 LED 灯的驱动相同,因此可以在 LED 灯的演示实例中编写相应的代码。其工程目录树不变,只需要在驱动文件中加入 BEEP 的驱动函数即可。

实现要求的配置代码如下:

① 采用函数 nrf_gpio_cfg_output 设置 GPIO 为普通驱动能力的输出 GPIO;

② 打开蜂鸣器采用 nrf_gpio_pin_set 函数,关闭蜂鸣器采用 nrf_gpio_pin_clear 函数;

③ 主函数循环开关蜂鸣器,中间进行 800 ms 的延迟。

具体代码实现如下:

```
01  #define    BEEP        12              //定义蜂鸣器的引脚
02
03  void BEEP_Init(void)                    //初始化蜂鸣器
```

```
04 {
05      //配置蜂鸣器驱动 GPIO
06      nrf_gpio_cfg_output(BEEP);
07 }
08
09 void BEEP_Open(void)                          //蜂鸣器响了
10 {
11      nrf_gpio_pin_set(BEEP);
12 }
13
14 void  BEEP_Close(void)                        //蜂鸣器停止鸣叫
15 {
16      nrf_gpio_pin_clear(BEEP);
17 }
18
19 //主函数实现列表,注意头文件的引用
20 # include <stdbool.h>
21 # include <stdint.h>
22 # include "nrf_delay.h"
23 # include "nrf_gpio.h"
24 # include "led.h"
25
26 int main(void)
27 {
28      //初始化 LED 灯
29      LED_Init();
30      BEEP_Init();                             //初始化蜂鸣器 I/O 端口状态
31      //循环打开和关闭蜂鸣器
32      while(true)
33      {
34          LED1_Toggle();
35          BEEP_Open();                         //打开蜂鸣器
36          nrf_delay_ms(800);                   //延迟 800 ms
37          BEEP_Close();                        //关闭蜂鸣器
38          LED1_Toggle();
39          nrf_delay_ms(800);                   //延迟 800 ms
40      }
41 }
```

编译代码后,用 Keil 把工程下载到青风 nRF52832EK 蓝牙开发板上,同时把 P19 上的跳线帽 4 和 6 进行短接,运行后的效果如图 5.8 所示,LED 灯开始闪烁,同时蜂鸣器每隔 800 ms 鸣叫一次。

图 5.8　蜂鸣器短接跳线帽运行后的效果

5.4　GPIO 输入应用

5.4.1　GPIO 输入扫描流程

对于 GPIO 的输入配置,首先需要配置 PIN_CNF[n]寄存器的 3 个域。GPIO 输入结构图如图 5.9 所示。

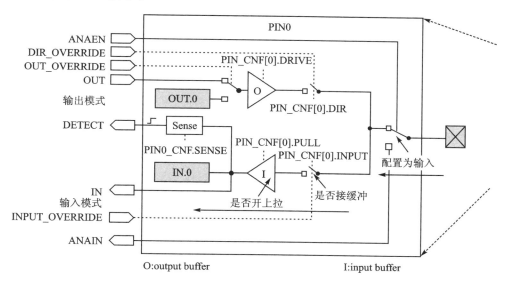

图 5.9　GPIO 输入结构图

① PIN_CNF[n].DIR:该位决定 I/O 端口方向为输入。

② PIN_CNF[n].INPUT:该位决定是否连接缓冲。输入缓冲的作用与连接一个

电阻类似,用于降低电压波动幅度过大对输入引脚的影响。

③ PIN_CNF[n]. PULL:该位决定是否进行上下拉。上下拉的作用主要就是维持输入端口的电平,保存信号稳定,方便处理器进行检测。

在 nRF52xx 的组件库中,提供了一个 API 函数 nrf_gpio_cfg_input 来完成 I/O 端口输入状态的设置,该函数就是调用前面讲解的 nrf_gpio_cfg 函数,代码如下:

```
01    __STATIC_INLINE void nrf_gpio_cfg_input(uint32_t pin_number, nrf_gpio_pin_pull_t
      pull_config)
02  {
03    nrf_gpio_cfg(
04        pin_number,                          //配置 I/O 端口号
05        NRF_GPIO_PIN_DIR_INPUT,              //配置为输入
06        NRF_GPIO_PIN_INPUT_CONNECT,          //默认上接输入缓冲
07        pull_config,
08        NRF_GPIO_PIN_S0S1,                   //上拉配置
09        NRF_GPIO_PIN_NOSENSE);
10  }
```

这个函数中的形参为 pin_number 和 pull_config,也就是 I/O 端口号和上下拉配置,可以调用该函数动态地修改这两个参数。函数内部默认使能上接输入缓冲,如果开发者不需要接输入缓冲,则可以对函数内部进行修改。

当对输入信号的电平进行判断时,寄存器 IN 中提供了该判断功能。寄存器 IN 的描述如表 5.11 所列。

表 5.11 IN 寄存器

位　　数	域	ID 值	值	描　　述
第 0~31 位	IN[n]	Low	0	输入引脚为低电平
	n=0~31	High	1	输入引脚为高电平

在 nRF52xx 的组件库中,对寄存器 IN 进行了封装,封装成库函数 nrf_gpio_pin_read 用于判断 I/O 端口的状态,然后将对应状态返回。内部封装如图 5.10 所示。

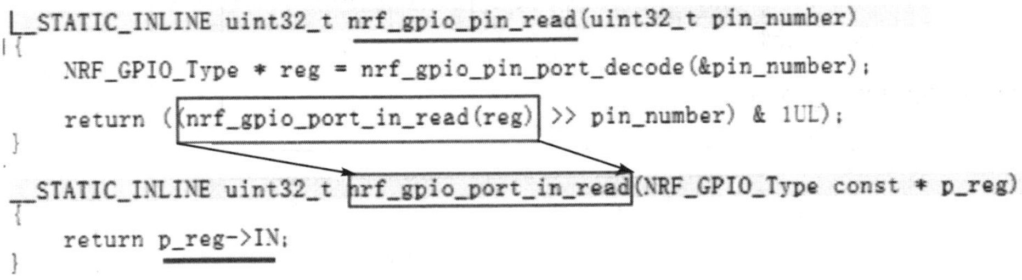

```
__STATIC_INLINE uint32_t nrf_gpio_pin_read(uint32_t pin_number)
{
    NRF_GPIO_Type * reg = nrf_gpio_pin_port_decode(&pin_number);
    return ((nrf_gpio_port_in_read(reg) >> pin_number) & 1UL);
}

__STATIC_INLINE uint32_t nrf_gpio_port_in_read(NRF_GPIO_Type const * p_reg)
{
    return p_reg->IN;
}
```

图 5.10 函数 nrf_gpio_pin_read 内部封装

函数 nrf_gpio_pin_read 最后返回的就是 pin_number 引脚对应的寄存器 IN 的值,

通过判断该值可以确定 I/O 端口的输入状态,比如下面一句:

if(nrf_gpio_pin_read(13)==0)

该句表示判断引脚 13 输入的是否为低电平信号。

5.4.2　机械按键输入扫描

1. 硬件设计

机械按键又称为轻触按键,是一种电子开关。开发板上采用四脚按键,其由常开触点、常闭触点组合而成。在四脚按键开关中,常开触点的作用是当压力向常开触点施加时,该电路呈现接通状态;当撤销这种压力时,该电路就恢复到原始的常闭触点,也就是所谓的断开状态。这个施加的力就是用手去开按钮、关按钮的动作。机械按键结构图如图 5.11 所示。

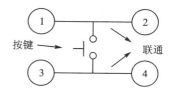

图 5.11　机械按键结构图

图 5.11 中的引脚 1 和引脚 2 接通,引脚 3 和引脚 4 接通,当按下按键后,引脚 1 就和引脚 3 接通;释放按键后,引脚 1 和引脚 3 断开。因此,轻触按键引脚 1 可以接到地,引脚 3 接 GPIO 输入。当按键被按下后,引脚 3 会被拉低,作为一个低电平输入。

开发板上采用 4 个轻触按键的方式,4 个轻触按键分别连接 P0.13、P0.14、P0.15、P0.16 四个 I/O 端口上,轻触按键另外一端接地,电路如图 5.12 所示。

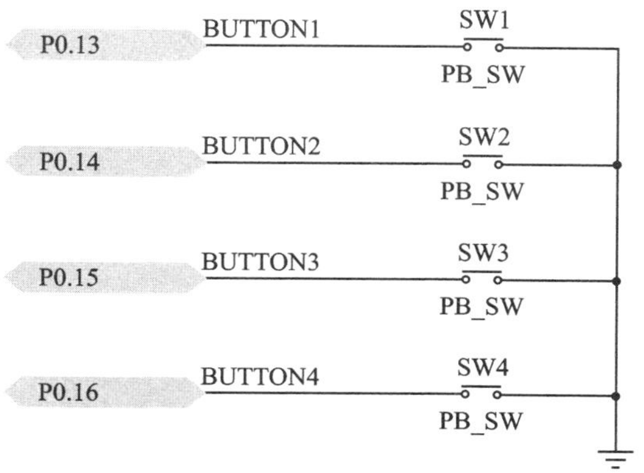

图 5.12　开发板按键电路图

2. 程序的编写

下面将介绍 nRF52832 的按键扫描控制方式。当 I/O 引脚为低电平时可以判断引脚已经按下。通过按下 Key 来控制 LED 灯的亮灭。硬件上的设计是比较简单的,这个与普通的 MCU 的用法是一致的。

在代码文件中建立了一个演示历程,打开工程如图 5.13 所示。

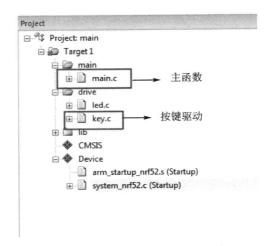

图 5.13　按键输入的工程

如图 5.13 所示,开发者只需要编写方框中的两个文件就可以了。因为采用子函数的方式,而 led.c 已在 5.3.1 小节中编写好,所以这里就只讨论如何编写 key.c 这个驱动子文件。

key.c 文件主要要有两个作用:一是初始化开发板上的按键;二是扫描判断按键是否按下,其中按键扫描是通过 MCU 不停地判断端口的状态来实现的。完成这两个功能后就可以在 main.c 文件中直接调用本驱动了。代码如下:

```
01  # include "key.h"
02  void KEY_Init(void)
03  {
04      nrf_gpio_cfg_input(16,NRF_GPIO_PIN_PULLUP);          //设置引脚为上拉输入
05      nrf_gpio_cfg_input(17,NRF_GPIO_PIN_PULLUP);          //设置引脚为上拉输入
06  }
07
08  void Delay(uint32_t temp)                                //延迟函数
09  {
10      for(; temp! = 0; temp- -);
11  }
12
13  uint8_t KEY1_Down(void)                                  //按键按下判断函数
14  {
15          /* 检测是否有按键按下 */
16          if( nrf_gpio_pin_read(KEY_1) == 0 )
17      {
18              /* 延时消抖 */
19              Delay(10000);
20          if(nrf_gpio_pin_read(KEY_1) == 0 )
21              {
```

```
22              / * 等待按键释放  * /
23                  while(nrf_gpio_pin_read(KEY_1) == 0 );
24                  return    0;
25              }
26          else
27              return 1;
28      }
29 else
30      return 1;
31 }
```

在上述代码中,KEY_Init 函数首先进行 I/O 引脚初始化,在 5.2 节已经描述了相关寄存器。这里设置时要注意,开发板并没有接上拉电阻来提高引脚的状态维持能力,因此设置时最好把引脚设置为带上拉的输入类型。配置函数 nrf_gpio_cfg_input 已在官方给出的库函数中定义了。

按键扫描时通过函数 nrf_gpio_pin_read 读取引脚状态,判断 I/O 端口是否被拉低,如果被拉低就说明按键被按下了。机械按键最多的问题就是抖动,为了防止按键抖动,这里加入了一个软件延迟函数进行消抖。

主函数可直接调用已编写好的驱动函数,判断按键按下后就可以控制翻转 I/O 端口,以及 LED 灯指示相应的变化。代码如下:

```
01 # include "nrf52.h"
02 # include "nrf_gpio.h"
03 # include "led.h"
04 # include "key.h"
05
06 int main(void)
07 {
08     LED_Init();                        //LED 初始化
09     KEY_Init();                        //按键初始化
10
11     while(1)
12     {
13         if( KEY1_Down() == 0)          //判定按键是否按下
14 {
15         LED_Toggle();
16 }
17     }
18 }
```

代码编译后,使用 Keil 下载到青风 nRF52832EK 开发板后的实验现象如图 5.14 所示。下载后按下按键 1,LED1 灯翻转;按下按键 2,LED2 灯翻转。

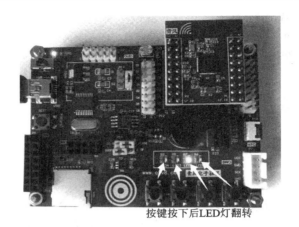

按键按下后LED灯翻转

图 5.14 按键扫描现象

5.4.3 电容触摸按键的应用

1. 硬件设计

电容触摸按键可以穿透绝缘材料 20 mm 以上，准确无误地侦测到手指的有效触摸，并保证产品的灵敏度、稳定性、可靠性等不会因环境条件的改变或长期使用而发生变化，并具有防水和强抗干扰能力、超强防护能力以及超大温度适应范围。电容式触摸按键没有任何机械部件，不会磨损，具有无限寿命，减少了后期维护成本。电容式触摸按键的面板图案、大小、形状可以任意设计，字符、商标、透视窗、LED 透光等可以任意搭配，其外形美观、时尚、不褪色、不变形，经久耐用。因此，家电、手持设备等为防止进水、腐蚀等情况的发生，电容触摸按键的触摸信号检测常常采用电容触摸按键。

检测电容触摸按键的触摸信号的最简单的方式就是采用触摸芯片。开发板上采用 JR223 单键触摸式芯片，该芯片是电容触摸按键专用检测传感器 IC，采用最新的电荷检测技术，利用操作者的手指与触摸按键焊盘之间产生电荷电平进行检测，通过监测电荷的微小变化来确定手指接近或者触摸到感应表面。对应 JR223 芯片引脚的表述如表 5.12 所列。

表 5.12 JR223 的芯片引脚

引　脚	名　称	功　能
1	OUT	触摸芯片输出端，接处理器的输入端
2	GND	接地端
3	SO	触摸 TOUCH 信号
4	SLH	高低电平选择输出：SLH＝0，高电平输出；SLH＝1，低电平输出
5	VDD	电源，范围 2.0～5.5 V
6	STG	触发模式选择：STG＝0，直接模式；STG＝1，触发模式

电路设计如图 5.15 所示,引脚 1 接 TK,通过 P19 的引脚 2 和引脚 4 相连,连接芯片的 P0.12 端;VDD 接 3.3 V 电源;STG 接低电平,设置为直接模式;SLH 接低电平,设置为高电平输出。触摸板 TK1 接电容 C28 进行灵敏度调节,电容范围为 0~50 pF。

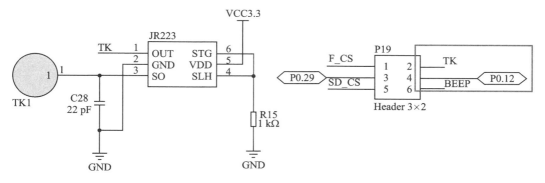

图 5.15　电容触摸按键电路图

2. 程序的编写

通过上面的分析可知,驱动电容触摸按键实际上非常简单,直接对 GPIO 端口输入高电平,就可以被处理器检测到。其基本原理与机械按键的驱动相同,只是检测电压为高电平,因此可以在按键扫描的演示实例中编写。其工程目录树不变,只需要在驱动文件中加入 TOUCH 的驱动函数就可以了。配置方式与机械按键相似,就是通过检测按键是否按下来判断 I/O 端口输入是否为高电平。代码如下:

```
01      nrf_gpio_cfg_input(12,NRF_GPIO_PIN_PULLUP);              //初始化 TOUCH 的引脚为输入
02
03 uint8_t TCH_Down(void)                                        //电容触摸按键检测
04 {
05          / * 检测是否有按键按下  * /
06          if( nrf_gpio_pin_read(TCH) == 1 )
07          {
08              / * 延时消抖 * /
09          Delay(10000);
10              if(nrf_gpio_pin_read(TCH) == 1 )
11              {
12              / * 等待按键释放  * /
13              while(nrf_gpio_pin_read(TCH) == 1);
14              return     0;
15              }
16              else
17              return 1;
18          }
19      else
```

```
20          return 1;
21  }
22
23  int main(void)
24  {
25      LED_Init();                                  //LED 灯初始化
26      KEY_Init();                                  //按键初始化
27      LED1_Open();
28      while(1)
29      {
30          if( TCH_Down() == 0)                     //判定电容触摸按键是否按下
31          {
32              LED4_Toggle();                       //LED 灯翻转
33      }
34      }
35  }
```

代码编译后,使用 Keil 下载到青风 nRF52832EK 开发板后的实验现象如图 5.16 所示。短接 P19 排针的第 2 和第 4 引脚,下载后触摸电容触摸按键区域,LED4 灯翻转。

图 5.16   触摸按键实验现象

第 **6** 章

GPIOTE 与外部中断

6.1 GPIOTE 原理分析

GPIO 任务和事件（GPIOTE）模块提供了使用任务和事件访问 GPIO 引脚的功能。每个 GPIOTE 通道都可以分配到一个引脚。其实 GPIOTE 就是对 GPIO 口进行操作，同时引入了外部中断的概念。比如按键控制分为两种情况：第一种情况是按键扫描，在这种情况下，CPU 需要不停地工作，来判断 GPIO 口是否被拉低或者置高，效率比较低；第二种情况是外部中断控制，中断控制的效率很高，一旦系统 I/O 端口出现上升沿或者下降沿电平，就会触发执行中断程序。在 nRF52832 内，普通的 I/O 引脚被设置为 GPIO，中断和任务引脚被设置为 GPIOTE。

nRF5x 系列处理器将 GPIO 中断的快速触发做成了一个单独的 GPIOTE 模块，该模块不仅提供 GPIO 的中断功能，还提供通过任务（Task）和事件（Event）的方式来访问 GPIO 的功能。GPIOTE 的后缀 T 即为 Task，后缀 E 即为 Event。

事件由 GPIO 的输入、定时器的匹配中断等产生中断的外设触发。任务就是执行某一个特定功能，比如翻转 I/O 端口等。任务和事件主要是为了与 nRF52832 中的 PPI（可编程外围设备互联系统）模块配合使用。PPI 模块可以将任务和事件分别绑定在它的两端，当事件发生时，任务就会自动触发。这种机制不需要 CPU 参与，极大地减轻了内核负荷，降低了功率，特别适用于 BLE 中。

GPIOTE 实际上就两种模式：一种是任务模式，另一种是事件模式。其中，任务模式作为输出使用，而事件模式作为中断触发使用。

任务模式：每个 GPIOTE 通道最多可以使用 3 个任务来执行对引脚的写操作。两个任务是固定的，输出高电平（SET）和输出低电平（CLR）。一个输出任务（OUT）可配置为执行以下操作：

- 置位（Set）；
- 清零（Clear）；
- 切换（Toggle）。

事件模式：可以从以下输入条件之一在每个 GPIOTE 通道中生成事件：

● 上升的边沿;

● 下降的边沿;

● 任何改变。

任务模式有 3 种状态:置位、清零和翻转。事件模式有 3 种触发状态:上升沿触发、下降沿触发以及任意变化触发。任务通过通道 OUT[0]～OUT[7]设置输出 3 种触发状态;事件通过检测信号产生 PORT 事件,也可以产生 IN[n]事件。

整个 GPIOTE 寄存器的个数是非常少的,如表 6.1 所列。

表 6.1　GPIOTE 寄存器

寄存器名称	地址偏移	功能描述
TASKS_OUT[n], n=0～7	0x000～0x01c	对 CONFIG[n].PSEL 中指定的引脚进行写入任务。引脚上的操作配置由 CONFIG[n].POLARITY 决定
TASKS_SET[n], n=0～7	0x030～0x04c	对 CONFIG[n].PSEL 中指定的引脚进行写入任务。对引脚的操作是将其设置为输出高电平
TASKS_CLR[n], n=0～7	0x060～0x07c	对 CONFIG[n].PSEL 中指定的引脚进行写入任务。对引脚的操作是将其设置为输出低电平
EVENTS_IN[n], n=0～7	0x100～0x11c	从 CONFIG[n].PSEL 中指定的引脚生成的事件
EVENTS_PORT	0x17c	从启用了 SENSE 机制的多个输入 GPIO 引脚生成的事件
INTENSET	0x304	启用中断
INTENCLR	0x308	禁止中断
CONFIG[n], n=0～7	0x510～0x52c	对 OUT[n]、SET[n]和 CLR[n]任务以及 IN[n]事件进行配置

GPIOTE 模块提供了 8 个通道,这 8 个通道通过 CONFIG[0]～CONFIG[7]寄存器来配置。这 8 个通道可以通过单独设置来分别与普通的 GPIO 绑定。当需要使用 GPIOTE 的中断功能时,可以设置相关寄存器的相关位,让某个通道作为事件模式,同时配置触发事件的动作。比如绑定的引脚有上升沿跳变或者下降沿跳变触发事件,就可以配置中断使能寄存器,使让其事件产生时是触发输入中断的。这样就实现了 GPIO 的中断方式。

1. GPIO 绑定 GPIOTE 通道

如何实现与普通 GPIO 端口的绑定呢?那就是设置 GPIOTE 的 CONFIG[n](n=0～7)寄存器,该寄存器如表 6.2 所列。

表 6.2　通道配置寄存器 CONFIG[n](n＝0～7)

位　数	域	ID　值	值	描　述
第 0～1 位	MODE	Disabled	0	禁用。PSEL 指定的引脚不会绑定 GPIOTE 模式
		Event	1	事件模式:把 PSEL 绑定的对应引脚设置为输入模式。由 POLARITY 域决定什么情况下触发 IN[n]事件
		Task	3	任务模式:把 PSEL 绑定的对应引脚设置为输出模式,触发 SET[n],CLR [n] 或者 OUT [n]任务会执行 POLARITY 域中指定的动作。一旦配置为任务模式,GPIOTE 模块将获取该引脚的控制权,该引脚就不能再作为常规输出引脚从 GPIO 模块写入了
第 8～12 位	PSEL		[0..31]	设置与 SET[n]、CLR [n]和 OUT[n]任务以及 IN[n]事件相绑定的 GPIO 引脚号
第 16～17 位	POLARITY	None	0	无任何影响
		LoToHi	1	任务模式下:OUT[n]任务输出为高电平;事件模式下:引脚上升沿到来时产生 IN[n]输入事件
		HiToLo	2	任务模式下:OUT[n]任务输出为低电平;事件模式下:引脚下降沿到来时产生 IN[n]输入事件
		Toggle	3	任务模式下:OUT[n]任务输出为翻转电平;事件模式下:任意引脚变化都能产生 IN[n]输入事件
第 20 位	OUTINIT	Low	0	当 GPIOTE 处于任务模式时输出的初始值
		High	1	任务触发前 pin 的初始值为低电平;任务触发前 pin 的初始值为高电平

如表 6.2 所列,每个 GPIOTE 通道都通过 CONFIG. PSEL 字段与一个物理 GPIO 引脚相关联绑定。当在 CONFIG. MODE 中选择事件模式时,CONFIG. PSEL 绑定的引脚将被配置为输入,从而覆盖 GPIO 中 DIR 寄存器的设置;同样,当在 CONFIG. MODE 中选择任务模式时,CONFIG. PSEL 绑定的引脚将被配置为输出,从而覆盖 GPIO 模块中 DIR 寄存器的设置和 OUT 值的输出。

当在 CONFIG. MODE 中选择 Disabled 时,CONFIG. PSEL 指定的引脚将使用普通 GPIO 中的 PIN [n]. CNF 寄存器的配置,也就是不绑定。因此,只能将一个 GPI-OTE 通道分配给一个 GPIO 物理引脚。

2. 设置为事件模式

当设置为事件模式时,因为事件模式就是输入,所以通过输入信号可以触发事件中断。基本步骤如下:首先在寄存器 CONFIG. PSEL 域由设置绑定引脚,当设置一个 GPIO 引脚绑定 GPIOTE 通道后,在 CONFIG. MODE 域把 GPIOTE 模式设置为事件模式;之后在 CONFIG. POLARITY 域中设置触发事件模式的输入电平。当对应电平输入 GPIOTE 通道后就会产生中断,EVENTS_IN 寄存器就是用来判断对应端口的中断事件是否发生。事件模式配置流程如图 6.1 所示。

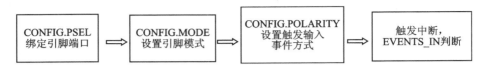

图 6.1　事件模式配置流程

3. 设置为任务模式

因为任务模式为输出模式,所以配置时首先设置 CONFIG.PSEL 域,设置绑定 GPIO 引脚;然后设置 CONFIG.MODE 域,把 GPIOTE 模式配置为任务模式;最后设置 CONFIG.POLARITY 域,设置 OUT[n]任务输出的状态。OUT[n]任务输出的状态可分为以下 3 种情况:

- 置位(Set);
- 清零(Clear);
- 切换(Toggle)。

设置完 CONFIG 配置寄存器后,再来触发任务:

- TASKS_OUT[n]触发 CONFIG.POLARITY 域,设置 OUT[n]值;
- TASKS_SET[n]触发输出高电平(SET);
- TASKS_CLR[n]触发输出低电平(CLR)。

当 3 个状态触发同时申请时,可根据表 6.3 中的优先级来决定先执行哪种设置。

表 6.3　触发任务的优先级

任务状态	优先级
TASKS_OUT	1
TASKS_CLR	2
TASKS_SET	3

任务模式配置流程如图 6.2 所示。

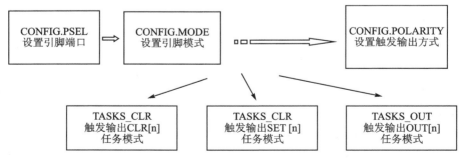

图 6.2　任务模式配置流程

4. 中断配置

中断是在事件模式下触发的,如果在配置寄存器 CONFIG[n]中绑定了对应的 GPIO 端口,同时配置为事件输入模式,那么可以通过 INTENSET 寄存器使能对应的中断通道,通过 INTENCLR 寄存器关闭对应的中断通道。INTENSET 寄存器和 INTENCLR 寄存器分别如表 6.4 和表 6.5 所列。

表 6.4　INTENSET 寄存器

位　数	域	ID　值	值	描　　述
第 0 位	IN0	Set	1	写:写 1 使能 IN[0]事件中断,写 0 无效
		Disable	0	读:判断 IN[0]事件中断已禁止
		Enable	1	读:判断 IN[0]事件中断已使能
第 1 位	IN1	Set	1	写:写 1 使能 IN[1]事件中断,写 0 无效
		Disable	0	读:判断 IN[1]事件中断已禁止
		Enable	1	读:判断 IN[1]事件中断已使能
第 2 位	IN2	Set	1	写:写 1 使能 IN[2]事件中断,写 0 无效
		Disable	0	读:判断 IN[2]事件中断已禁止
		Enable	1	读:判断 IN[2]事件中断已使能
第 3 位	IN3	Set	1	写:写 1 使能 IN[3]事件中断,写 0 无效
		Disable	0	读:判断 IN[3]事件中断已禁止
		Enable	1	读:判断 IN[3]事件中断已使能
第 4 位	IN4	Set	1	写:写 1 使能 IN[4]事件中断,写 0 无效
		Disable	0	读:判断 IN[4]事件中断已禁止
		Enable	1	读:判断 IN[4]事件中断已使能
第 5 位	IN5	Set	1	写:写 1 使能 IN[5]事件中断,写 0 无效
		Disable	0	读:判断 IN[5]事件中断已禁止
		Enable	1	读:判断 IN[5]事件中断已使能
第 6 位	IN6	Set	1	写:写 1 使能 IN[6]事件中断,写 0 无效
		Disable	0	读:判断 IN[6]事件中断已禁止
		Enable	1	读:判断 IN[6]事件中断已使能
第 7 位	IN7	Set	1	写:写 1 使能 IN[7]事件中断,写 0 无效
		Disable	0	读:判断 IN[7]事件中断已禁止
		Enable	1	读:判断 IN[7]事件中断已使能
第 31 位	PORT	Set	1	写:写 1 使能 PORT 事件中断,写 0 无效
		Disable	0	读:判断 PORT 事件中断已禁止
		Enable	1	读:判断 PORT 事件中断已使能

表 6.5　INTENCLR 寄存器

位　数	域	ID 值	值	描　述
第 0 位	IN0	Clear	1	写:写 1 禁止 IN[0]事件中断,写 0 无效
		Disable	0	读:判断 IN[0]事件中断已禁止
		Enable	1	读:判断 IN[0]事件中断已使能
第 1 位	IN1	Clear	1	写:写 1 禁止 IN[1]事件中断,写 0 无效
		Disable	0	读:判断 IN[1]事件中断已禁止
		Enable	1	读:判断 IN[1]事件中断已使能
第 2 位	IN2	Clear	1	写:写 1 禁止 IN[2]事件中断,写 0 无效
		Disable	0	读:判断 IN[2]事件中断已禁止
		Enable	1	读:判断 IN[2]事件中断已使能
第 3 位	IN3	Clear	1	写:写 1 禁止 IN[3]事件中断,写 0 无效
		Disable	0	读:判断 IN[3]事件中断已禁止
		Enable	1	读:判断 IN[3]事件中断已使能
第 4 位	IN4	Clear	1	写:写 1 禁止 IN[4]事件中断,写 0 无效
		Disable	0	读:判断 IN[4]事件中断已禁止
		Enable	1	读:判断 IN[4]事件中断已使能
第 5 位	IN5	Clear	1	写:写 1 禁止 IN[5]事件中断,写 0 无效
		Disable	0	读:判断 IN[5]事件中断已禁止
		Enable	1	读:判断 IN[5]事件中断已使能
第 6 位	IN6	Clear	1	写:写 1 禁止 IN[6]事件中断,写 0 无效
		Disable	0	读:判断 IN[6]事件中断已禁止
		Enable	1	读:判断 IN[6]事件中断已使能
第 7 位	IN7	Clear	1	写:写 1 禁止 IN[7]事件中断,写 0 无效
		Disable	0	读:判断 IN[7]事件中断已禁止
		Enable	1	读:判断 IN[7]事件中断已使能
第 31 位	PORT	Clear	1	写:写 1 禁止 PORT 事件中断,写 0 无效
		Disable	0	读:判断 PORT 事件中断已禁止
		Enable	1	读:判断 PORT 事件中断已使能

6.2　GPIOTE 输入事件的应用

6.2.1　GPIOTE 事件寄存器的应用

下面将介绍 nRF52832 的按键中断控制方式。中断控制的效率很高,一旦系统I/O

端口出现上升沿或者下降沿电平,就会触发执行中断程序,这样可以大大降低 CPU 的占有率。中断在计算机多任务处理系统,尤其是实时系统中尤为有用,这样的系统包括运行于其上的操作系统,也称为"中断驱动的"。简单来说,就比如某个人正在做某事,突然来了个电话,他就要停下手中的事情去接电话,中断就相当于这个电话。触发中断后,就会跳出原来运行的程序去执行中断处理。

硬件方面:如图 6.3 所示,在青风 nRF52832 豪华开发板上连接了 4 个按键(SW1、SW2、SW3 和 SW4),这 4 个按键分别连接 P0.13、P0.14、P0.15 和 P0.16,可以通过按键配置 GPIOTE 输入来控制 LED 灯的亮灭。

在使用 nRF52832 完成中断时,当 I/O 引脚为低电平时可以判断引脚已经按下,通过 Key 的中断来控制 LED 灯的亮灭。硬件上设计是比较简单的,这与普通的 MCU 的中断用法一致。在代码文件中建立了一个演示历程,打开看看需要哪些库文件。打开实验工程,如图 6.4 所示。

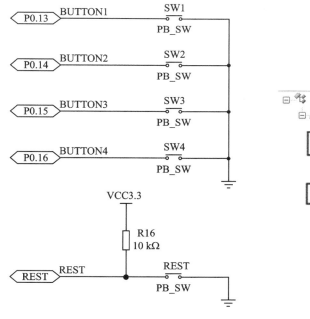

图 6.3　按键电路图

图 6.4　按键中断工程

如图 6.4 所示,读者只需要编写方框中的两个文件就可以了。因为采用子函数的方式,其中的 led.c 在前面章节中已经编写好,所以现在只需要讨论如何编写 exit.c 这个驱动子文件。

exit.c 文件主要起到两个作用:一是初始化开发板上的按键中断;二是编写中断执行代码。完成这两个功能后就可以在 main.c 文件中直接调用本驱动了。

这里使用了按键中断,实际上使用的是事件模式,下面将主要讨论这个模式。在 CONFIG 寄存器中详细地进行了事件模式的配置,根据上面总结的事件模式配置流

程,代码如下:

```
NRF_GPIOTE ->CONFIG[0] =
(GPIOTE_CONFIG_MODE_Event << GPIOTE_CONFIG_MODE_Pos);        //模式配置
|(13 << GPIOTE_CONFIG_PSEL_Pos)                             //绑定的引脚
| (GPIOTE_CONFIG_POLARITY_HiToLo << GPIOTE_CONFIG_POLARITY_Pos)    //输入事件极性
```

上面一段代码是严格按照寄存器的要求编写的,首先是配置 MODE 位进行模式设置,该位用来配置本 GPIOTE 通道是作为事件还是作为任务,这里设置成事件模式。PSEL 设置对应的绑定的 I/O 引脚,我们选择了 SW1 引脚 P0.13 作为触发引脚,PO-LARITY 极性设置为下降沿触发。

设置好工作方式后,就需要使能中断了,因为前面绑定的是 GPIOTE 的 0 通道,因此中断使能代码如下:

```
01   NVIC_EnableIRQ(GPIOTE_IRQn);                           //中断嵌套使能
02   NRF_GPIOTE ->INTENSET = GPIOTE_INTENSET_IN0_Set <<
03                       GPIOTE_INTENSET_IN0_Pos;            //使能中断通道 IN0
```

上面的任务基本上就把 GPIOTE 引脚中断配置好了,如果对寄存器十分清楚,那么这个配置是十分简单的。对于中断函数的设计,主要任务就是判断中断发生后,要对 LED 灯进行翻转,当然也可以加入其他更多的任务。代码如下:

```
01   void GPIOTE_IRQHandler(void)
02   {
03       if ((NRF_GPIOTE ->EVENTS_IN[0] == 1) &&
04           (NRF_GPIOTE ->INTENSET & GPIOTE_INTENSET_IN0_Msk))
05       {   Delay(10000);                                   //延迟消抖
06           NRF_GPIOTE ->EVENTS_IN[0] = 0;                  //中断事件清零
07       }
08       LED_Toggle();                                       //LED 灯翻转
09   }
```

主函数直接调用已编写好的驱动函数即可,判断按键按下后就可以翻转 I/O 端口,LED 灯指示也相应地变化。代码如下:

```
01   /ﾟ***************(C) COPYRIGHT 2019  青风电子 ***************
02   * 文件名   :main
03   * 实验平台:青风 nRF528xx 蓝牙开发板
04   * 描述     :按键中断
05   * 作者     :青风
06   * 社区     :www.qfv8.com
07   ***************************************************/
08   # include "nrf52.h"
09   # include "nrf_gpio.h"
10   # include "exit.h"
```

```
11  # include "led.h"
12
13  int main(void)
14  {
15      LED_Init();
16      LED_Open();
17      /* config key */
18      EXIT_KEY_Init();
19      while(1)
20      {
21      }
22  }
```

代码编译后,下载到青风 nRF52832 开发板后的实验现象为:按下复位键后,再按下按键 1,LED1 灯会相应翻转。

6.2.2 GPIOTE 事件组件的应用

在官方 SDK 的各个版本中,对各个外设都提供了直接的驱动组件。用现在流行的说法来说,这些组件就是驱动库。特别是针对后面 BLE 应用代码,组件库的运用更加频繁。外设组件库的加入对完善外设驱动的功能、减小工程师的工作量,都有极大的作用。但是,驱动组件库的使用比 6.2.1 小节直接操作寄存器更加复杂,需要读者深入了解库内函数的定义以及参数的设定。本小节将带领大家进入组件库的领域,看如何采用驱动组件库来设置一个 GPIOTE 的应用。对照 6.2.1 小节寄存器直接操作的步骤,可以相对容易地理解利用组件库编写 GPIOTE 的步骤。

首先来看工程目录树,如图 6.5 所示,SDK 中提供了 nrf_gpiote.c 作为 GPIOTE

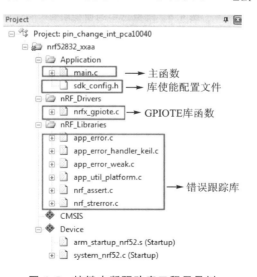

图 6.5 按键中断驱动库工程目录树

驱动组件库，该组件库中包含了很多 GPIOTE 操作的 API 函数，这里不全部展开，只结合应用，详细说明部分 API 函数。组件库的函数都使用了 APP_ERROR_CHECK（err_code）函数进行错误定位，因此 app_error.c 和 nrf_assert.c 作为错误定位组件也需要加入工程中。

　　添加好必需的库函数后，再添加对应的文件路径，过程请参考第 3 章中的相关内容，这里不赘述。打开工程文件夹，目录为 pca10040，如图 6.5 所示。

　　官方提供了一个驱动 nrfx_gpiote 的 GPIOTE 驱动库，但这个驱动库有错误跟踪函数，所以工程中还必须添加如图 6.5 所示的错误跟踪库。同时，为与寄存器编程相区别，组件库需要配置 sdk_config.h 配置文件。

　　打开 sdk_config.h 配置文件，打开配置向导 Configuration Wizard，选中如图 6.6 所示的两个使能项目：

GPIOTE_ENABLE：使能 GPIOTE 驱动库；

NRFX_GPIOTE_ENABLE：使能 GPIOTE 兼容库。

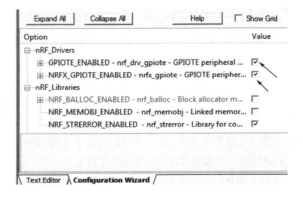

图 6.6　配置选中的使能项目

同时需要在 C/C++ 中添加硬件 GPIOTE 的库文件和头文件路径，如图 6.7 所示。

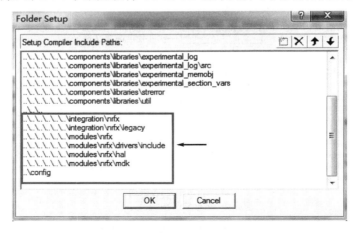

图 6.7　添加库文件和头文件路径

GPIOTE 驱动库函数介绍：

1. nrf_drv_gpiote_init 函数

nrf_drv_gpiote_init 函数等同于函数 nrfx_gpiote_init，该函数介绍如表 6.6 所列。

表 6.6　GPIOTE 初始化函数

函　　数	nrfx_err_t nrfx_gpiote_init(void);
功　　能	用于初始化 GPIOTE 模块。只支持静态配置，以防止启动程序自定义共享资源
参　　数	无
返回值	NRFX_SUCCESS：表示初始化成功
	NRFX_ERROR_INVALID_STATE：表示驱动程序已经初始化

2. nrf_drv_gpiote_in_init 函数

nrf_drv_gpiote_in_init 函数等同于函数 nrfx_gpiote_in_init，该函数介绍如表 6.7 所列。

表 6.7　GPIOTE 硬件配置函数

函　　数	nrfx_err_t nrfx_gpiote_in_init(nrfx_gpiote_pin_t　　　　pin, 　　　　　　　　　　　　　　　nrfx_gpiote_in_config_t const * p_config, 　　　　　　　　　　　　　　　nrfx_gpiote_evt_handler_t　　　evt_handler);
功　　能	用于初始化 GPIOTE 输入引脚。 输入引脚有两种作用方式：低精度同时功耗低（不需要高频时钟）；更高精度（要求高频时钟）。该初始化函数配置指定使用哪种模式。如果使用高精度模式，驱动程序将尝试分配一个可用的 GPIOTE 通道，如果没有可用通道，则返回一个错误；如果使用低精度感知模式，那么在这种情况下，一次只能检测到一个活动 pin
参　　数	pin：对应的引脚
	p_config：初始化配置
	evt_handler：当配置的转换发生时要调用的回调函数
返回值	NRFX_SUCCESS：表示初始化成功
	NRFX_ERROR_INVALID_STATE：表示没有初始化驱动或者引脚已经被使用
	NRFX_ERROR_NO_MEM：表示没有 GPIOTE 通道是可用的

3. nrf_drv_gpiote_in_event_enable 函数

nrf_drv_gpiote_in_event_enable 函数等同于函数 nrfx_gpiote_in_event_enable，该函数介绍如表 6.8 所列。

表 6.8　GPIOTE 中断模式使能函数

函　数	void nrfx_gpiote_in_event_enable(nrfx_gpiote_pin_t pin, bool int_enable);
功　能	使能 GPIOTE 输入引脚事件。如果输入引脚配置为高精度引脚,则该函数启用 IN_EVENT;否则,将启用 GPIO 感知机制。 **注意**:PORT 端口事件在多个引脚之间共享,因此总是启用中断
参　数	pin:对应的引脚
	int_enable:True 启用中断。对于高精度引脚总是有效的
返回值	NRFX_SUCCESS:表示初始化成功
	NRFX_ERROR_INVALID_STATE:表示没有初始化驱动或者引脚已经被使用
	NRFX_ERROR_NO_MEM:表示没有 GPIOTE 通道是可用的

　　由于驱动组件库是可以直接调用的,所以编程者的任务就只有编写主函数 main。其基本操作步骤与寄存器编写步骤类似,下面将对照代码逐一进行分析。

```
01      //GPIOTE 驱动初始化
02      err_code = nrf_drv_gpiote_init();
03      APP_ERROR_CHECK(err_code);
```

　　调用 API 函数 nrf_drv_gpiote_init,对 GPIOTE 进行初始化,然后设置 LED 灯的引脚为输出引脚。

```
04      //设置 LED 灯的引脚为输出引脚
05      nrf_gpio_cfg_output(PIN_OUT);
```

　　再配置按键输入为 GPIOTE 输入,将触发 POLARITY 极性的方式设置为翻转,引脚为上拉输入,按键 BUTTON_1 在库中宏定义为引脚 P0.17。代码如下:

```
06      //设置 GPIOTE 输入参数,配置为高精度,翻转输入触发引脚
07      nrf_drv_gpiote_in_config_t in_config = GPIOTE_CONFIG_IN_SENSE_TOGGLE(1);
08      in_config.pull = NRF_GPIO_PIN_PULLUP;         //上拉输入
09      //GPIOTE 输入初始化,设置触发输入中断
10      err_code = nrf_drv_gpiote_in_init(BUTTON_1, &in_config, in_pin_handler);
11      APP_ERROR_CHECK(err_code);
```

　　最后的配置非常关键,是设置工作模式,进入 nrf_drv_gpiote_in_event_enable 函数内部,函数中调用了 nrf_gpiote_event_enable(channel)函数,也就是使能了通道 0 为事件模式。代码如下:

```
12      //设置 GPIOTE 输入事件使能
13      nrf_drv_gpiote_in_event_enable(BUTTON_1, true);
```

　　对于中断函数的设计,主要任务就是判断中断发生后,要对 LED 灯进行翻转,当然也可以加入按键防抖判断,这样会使效果更好。

```
14    void in_pin_handler(nrf_drv_gpiote_pin_t pin, nrf_gpiote_polarity_t action)    //中断回调函数
15    {
16        nrf_drv_gpiote_out_toggle(PIN_OUT);
17    }
```

主函数就十分简单了,配置好 GPIOTE 后,循环等待中断的发生,当按下按键后,会触发中断,LED 灯发生翻转。代码如下:

```
18    /**
19     * 主函数,初始化后循序等待
20     */
21    int main(void)
22    {
23        gpio_init();
24        while (true)
25        {
26        }
27    }
```

总结:通过对比发现,驱动组件库编写 GPIOTE 中断的流程思路与寄存器编写的流程思路一致,但是想要熟练使用驱动组件库编程就需要非常了解驱动库内的函数,这就需要读者深入理解库函数代码的定义。本节只是抛砖引玉,旨在带领大家逐步地深入到组件库的开发中。

6.3　GPIOTE PORT 事件的应用

在 6.2 节中,把普通的 GPIO 端口配置为 GPIOTE 中断输入事件,能够绑定的只有 8 个通道,如果中断的数据量超过 8 个,则多出的中断将无法处理。如果出现这种情况,该怎么处理呢? 芯片设计厂家针对这种情况,特别在 GPIOTE 模块中提供了 GPIOTE PORT 功能。

GPIOTE PORT 功能可以从使用 GPIO DETECT 信号的多个 I/O 输入引脚来生成事件。该事件将在 GPIO DETECT 信号的上升沿产生。也就是说,32 个 I/O 端口都可以通过这个功能来触发事件,该功能相当于一个总通道,32 个 I/O 端口共用这个通道来申请中断。

同时,GPIO DETECT 信号是通过 GPIO 的 SENSE 寄存器打开的,此功能始终处于启用状态。即便外围设备本身是休眠状态,也不需要请求时钟或其他功率密集型基础架构来启用此功能。因此,此功能可用于系统启动时从 WFI 或 WFE 类型的睡眠中唤醒 CPU、所有外设和 CPU 空闲,达到唤醒系统启动模式下的最低功耗模式。

为了在配置过程中防止来自 PORT 事件的虚假中断,用户应首先禁用 PORT 事件中的中断(通过 INTENCLR.PORT),然后配置源(PIN_CNF [n].SENSE),清除配置期间可能发生的任何潜在事件(向 EVENTS_PORT 写入 1),最后启用中断(通过

INTENSET. PORT)。

寄存器的配置如上所述相当简单，下面主要探讨如何实现组件库。这里采用 6.2 节中 GPIOTE 事件输入组件的例子工程，直接修改其 main.c 文件，工程目录树不变。

采用组件库编写 GPIOTE 输入事件与 GPIOTE PORT 事件的主要区别有两点：

第一，配置事件是选择 IN 事件还是 PORT 事件，这个由配置函数决定：

```
GPIOTE_CONFIG_IN_SENSE_HITOLO(false);
```

当函数参数是 false 时，选择 PORT 事件；当函数参数是 true 时，选择 IN 事件。

第二，所有 32 个 I/O 端口触发的中断都是 INTENSET. PORT，因此配置都指向一个中断配置即可，演示代码中已把 4 个轻触按键全部绑定到 PORT 事件上去。具体代码如下：

```
01 /**
02  配置 GPIOTE 初始化
03  */
04 static void gpio_init(void)
05 {   //配置 LED 灯输出
06     nrf_gpio_cfg_output(LED_1);
07     nrf_gpio_cfg_output(LED_2);
08     nrf_gpio_cfg_output(LED_3);
09     nrf_gpio_cfg_output(LED_4);
10     ret_code_t err_code;
11     //初始化 GPIOTE
12     err_code = nrf_drv_gpiote_init();
13     APP_ERROR_CHECK(err_code);
14
15     //配置 SENSE 模式，选择 false 为 PORT 事件
16     nrf_drv_gpiote_in_config_t in_config = GPIOTE_CONFIG_IN_SENSE_HITOLO(false);
17     in_config.pull = NRF_GPIO_PIN_PULLUP;
18
19     //配置按键 0 绑定 POTR
20     err_code = nrf_drv_gpiote_in_init(BSP_BUTTON_0, &in_config, in_pin_handler);
21     APP_ERROR_CHECK(err_code);
22     //使能中断事件
23     nrf_drv_gpiote_in_event_enable(BSP_BUTTON_0, true);
24
25     //配置按键 1 绑定 POTR
26     err_code = nrf_drv_gpiote_in_init(BSP_BUTTON_1, &in_config, in_pin_handler);
27     APP_ERROR_CHECK(err_code);
28     //使能中断事件
29     nrf_drv_gpiote_in_event_enable(BSP_BUTTON_1, true);
30     //配置按键 2 绑定 POTR
```

```
31    err_code = nrf_drv_gpiote_in_init(BSP_BUTTON_2, &in_config, in_pin_handler);
32    APP_ERROR_CHECK(err_code);
33    //使能中断事件
34    nrf_drv_gpiote_in_event_enable(BSP_BUTTON_2, true);
35    //配置按键 3 绑定 POTR
36    err_code = nrf_drv_gpiote_in_init(BSP_BUTTON_3, &in_config, in_pin_handler);
37    APP_ERROR_CHECK(err_code);
38    //使能中断事件
39    nrf_drv_gpiote_in_event_enable(BSP_BUTTON_3, true);
40 }
```

如果绑定到一个 PORT 事件上有四个中断,那么还需要在配置文件 sdk_config.h 中将中断配置的事件数目修改为 4,如图 6.8 所示。

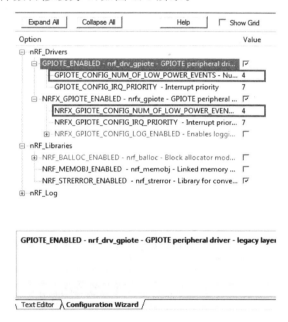

图 6.8　配置 PORT 事件的中断数目

in_pin_handler 作为四个 I/O 端口同时申请的 PORT 事件中断的回调处理函数,其内部必须识别是哪个 I/O 端口发生的事件。由于没有独立的中断标志,因此需要用判断语句来判断是哪个引脚发生的回调事件。具体代码如下:

```
01 /**
02 GPIOTE 中断处理
03 */
04 void in_pin_handler(nrf_drv_gpiote_pin_t pin, nrf_gpiote_polarity_t action)
05 {
06        //事件由按键 S1 产生,即按键 S1 按下
07    if(pin == BUTTON_1)
```

```
08     {
09         //翻转指示灯 LED1 的状态
10         nrf_gpio_pin_toggle(LED_1);
11     }
12         //事件由按键 S2 产生,即按键 S2 按下
13         else if(pin == BUTTON_2)
14     {
15         //翻转指示灯 LED2 的状态
16         nrf_gpio_pin_toggle(LED_2);
17     }
18         //事件由按键 S3 产生,即按键 S3 按下
19         else if(pin == BUTTON_3)
20     {
21         //翻转指示灯 LED3 的状态
22         nrf_gpio_pin_toggle(LED_3);
23     }
24         //事件由按键 S4 产生,即按键 S4 按下
25         else if(pin == BUTTON_4)
26     {
27         //翻转指示灯 LED4 的状态
28         nrf_gpio_pin_toggle(LED_4);
29     }
30
31 }
```

代码编译后,使用 Keil 下载到青风 nRF52832EK 开发板后的实验现象如图 6.9 所示。下载后,按下按键 1,LED1 灯翻转;按下按键 2,LED2 灯翻转;按下按键 3,LED3 灯翻转;按下按键 4,LED4 灯翻转。

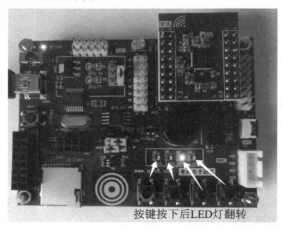

图 6.9　PORT 事件中断实验现象

6.4　GPIOTE 任务的应用

6.4.1　GPIOTE 任务触发 LED 灯

GPIOTE 具有任务模式,任务模式就是输出模式。如果把 GPIO 引脚绑定 GPI-OTE 通道后,把它配置为任务模式,则可以实现输出功能。任务模式的使用不是孤立的,一般都是由事件来触发任务,如果在事件和任务中间架设一个通道,也就是后面将要介绍的 PPI,那么整个过程就不需要 CPU 参与了,这大大节省了 MCU 的资源。本例首先简单地演示任务是如何输出的,用输出端口来控制一个 LED 灯,完成输出功能。

在 6.1 节中,对应配置 GPIOTE 任务输出的步骤有一个归纳,根据这个设计步骤,首先通过寄存器方式搭建任务输出功能。寄存器的工程目录树比较简单,不需要加入错误检测库以及配置 sdk_config.h 文件,只需要通过寄存器编写一个 GPIOTE 的驱动,然后主函数调用该驱动即可。工程目录树如图 6.10 所示。

图 6.10　寄存器方式工程目录树

首先是 GPIOTE 任务初始化,这里初始化两个 GPIOTE 通道。初始化时首先设置两个通道:CONFIG[0].PSEL 域,设置绑定 GPIO 的 19 引脚;CONFIG[1].PSEL 域,设置绑定 GPIO 的 20 引脚。再设置两个通道的 CONFIG.MODE 域,设置 GPI-OTE 为任务模式。最后设置 CONFIG.POLARITY 域,设置 OUT[0]任务输出为翻转电平,OUT[1]任务输出为低电平。具体代码如下:

```
01  #define GPIOTE0        19
02  #define GPIOTE1        20
03
04  void GPIOTE_TASK_Init(void)
05  {
06      NVIC_EnableIRQ(GPIOTE_IRQn);                        //中断嵌套设置
07      NRF_GPIOTE ->CONFIG[0] =
```

```
08 (GPIOTE_CONFIG_POLARITY_Toggle << GPIOTE_CONFIG_POLARITY_Pos)      //绑定通道 0
09         | (GPIOTE0 << GPIOTE_CONFIG_PSEL_Pos)                      //配置任务输出状态
10         | (GPIOTE_CONFIG_MODE_Task << GPIOTE_CONFIG_MODE_Pos);     //任务模式
11
12     NRF_GPIOTE ->CONFIG[1] =
13 (GPIOTE_CONFIG_POLARITY_HiToLo << GPIOTE_CONFIG_POLARITY_Pos)      //绑定通道 1
14         | (GPIOTE1 << GPIOTE_CONFIG_PSEL_Pos)                      //配置任务输出状态
15         | (GPIOTE_CONFIG_MODE_Task << GPIOTE_CONFIG_MODE_Pos);     //任务模式
16 }
```

初始化代码中把 GPIOTE0 绑定到了 19 引脚,GPIOTE1 绑定到了 20 引脚。这两个引脚分别接到了 LED3 和 LED4 引脚,当 OUT[0]任务输出为翻转电平时,可以使 LED3 灯翻转;当 OUT[1]任务输出为低电平时,可以点亮 LED4 灯。通过这种方式验证任务输出模式。

主函数中,需要配置 TASKS_OUT[n]寄存器,使能 CONFIG. POLARITY 域的设置。具体代码如下:

```
01 /******************(C) COPYRIGHT 2019  青风电子 ********************
02  * 文件名    :main
03  * 出品论坛:www.qfv8.com
04  * 实验平台:青风 nRF52xx 蓝牙开发板
05  * 描述      :寄存器方式 GPIOTE 输出模式
06  * 作者      :青风
07  ********************************************************************/
08 # include "nrf52.h"
09 # include "nrf_gpio.h"
10 # include "GPIOTE.h"
11 # include "led.h"
12 # include "nrf_delay.h"
13
14 int main(void)
15 {
16
17     /* 配置按键中断 */
18     GPIOTE_TASK_Init();
19     while(1)
20     {
21         //触发输出任务模式
22         NRF_GPIOTE ->TASKS_OUT[0] = 1;
23         NRF_GPIOTE ->TASKS_OUT[1] = 1;
24         nrf_delay_ms(500);
25     }
26 }
```

代码编译后,下载到青风 nRF52832 开发板后的实验现象为:LED3 灯会对应 500 ms 的时间翻转闪烁,LED4 灯会保持常亮。

6.4.2　组件方式的任务配置

本小节将探讨驱动库如何实现任务的配置。驱动库的实现步骤应与寄存器方式对应,关键就是如何调用驱动库的函数。本小节的组件库工程与 6.2.2 小节中的工程目录树相同,配置 sdk_config.h 时使能选项相同。组件库工程目录树如图 6.11 所示。

图 6.11　组件库工程目录树

本例设置两路的 GPIOTE 任务输出,其中,一路设置为输出翻转,另一路设置为输出低电平。与 GPIOTE 事件相反,初始化任务应是输出,同时需要使能任务和触发任务的驱动库函数。下面将介绍两个组件库函数。

1. nrf_drv_gpiote_out_init 函数

nrf_drv_gpiote_out_init 函数等同于函数 nrfx_gpiote_out_init,该函数介绍如表 6.9 所列。

表 6.9　任务输出配置函数

函　数	nrfx_err_t nrfx_gpiote_out_init(nrfx_gpiote_pin_t　　　　　　pin, 　　　　　　　　　　nrfx_gpiote_out_config_t const * p_config);
功　能	用于初始化 GPIOTE 输出引脚。输出引脚可以由 CPU 或 PPI 控制。最初的配置指定使用哪种模式。如果使用 PPI 模式,则驱动程序尝试分配一个可用的 GPIOTE 通道;如果没有可用通道,则返回一个错误

续表 6.9

参　数	pin：对应的引脚
	p_config：初始化配置
返回值	NRFX_SUCCESS：表示初始化成功
	NRFX_ERROR_INVALID_STATE：表示没有初始化驱动或者引脚已经被使用
	NRFX_ERROR_NO_MEM：表示没有 GPIOTE 通道是可用的

2. nrf_drv_gpiote_out_task_enable 函数

nrf_drv_gpiote_out_task_enable 函数等同于函数 nrfx_gpiote_out_task_enable，该函数介绍如表 6.10 所列。

表 6.10　任务输出使能函数

函　数	void nrfx_gpiote_out_task_enable(nrfx_gpiote_pin_t pin)；
功　能	用于启用 GPIOTE 输出 pin 任务
参　数	pin：对应的引脚

任务初始化函数需要遵循 6.1 节讲解的配置任务的步骤，同时需要调用以上两个配置函数。

首先设置绑定 I/O 引脚，同时设置 OUT[n]任务输出模式，然后启动 GPIOTE 为任务模式，最后在主函数中触发输出。具体代码如下：

```
01 / *******************(C) COPYRIGHT 2019 青风电子 *******************
02  * 文件名  ：main
03  * 出品论坛：www.qfv8.com
04  * 实验平台：青风 nRF528xx 蓝牙开发板
05  * 描述    ：GPIOTE 任务组件库编程
06  * 作者    ：青风
07  ************************************************************/
08
09 # include <stdbool.h>
10 # include "nrf.h"
11 # include "nrf_drv_gpiote.h"
12 # include "app_error.h"
13 # include "nrf_delay.h"
14
15 # define GPIOTE0        19
16 # define GPIOTE1        20
17
18
19    void GPIOTE_TASK_Init(void)
20    {
```

```
21
22      ret_code_t err_code;
23      //初始化 GPIOTE 程序模块
24      err_code = nrf_drv_gpiote_init();
25      APP_ERROR_CHECK(err_code);
26
27      //定义 GPIOTE 输出初始化结构体,主要是配置为翻转模式
28      nrf_drv_gpiote_out_config_t config1 = GPIOTE_CONFIG_OUT_TASK_TOGGLE(true);
29      //绑定 GPIOTE0 引脚 19 为输出引脚
30      err_code = nrf_drv_gpiote_out_init(GPIOTE0, &config1);
31      APP_ERROR_CHECK(err_code);
32      //配置为引脚 LED_3 所在 GPIOTE 通道的任务模式
33      nrf_drv_gpiote_out_task_enable(GPIOTE0);
34
35
36      //定义 GPIOTE 输出初始化结构体,主要是配置为低电平输出
37      nrf_drv_gpiote_out_config_t config2 = GPIOTE_CONFIG_OUT_TASK_LOW;
38      //绑定 GPIOTE1 引脚 20 为输出引脚
39      err_code = nrf_drv_gpiote_out_init(GPIOTE1, &config2);
40      APP_ERROR_CHECK(err_code);
41      //配置为引脚 LED_4 所在 GPIOTE 通道的任务模式
42      nrf_drv_gpiote_out_task_enable(GPIOTE1);
43
44  }
```

主函数中,只需要每隔 500 ms 使能一次任务输出即可。具体代码如下:

```
01  int main(void)
02  {
03
04      GPIOTE_TASK_Init();
05      while(true)
06          { //触发输出,即指示 LED3 灯和 LED4 灯翻转状态
07      nrf_drv_gpiote_out_task_trigger(GPIOTE0);
08      nrf_drv_gpiote_out_task_trigger(GPIOTE1);
09      nrf_delay_ms(500);
10          }
11  }
```

代码编译后,下载到青风 nRF52832 开发板后的实验现象为:LED3 灯会对应 500 ms 的时间翻转闪烁,LED4 会保持常亮。

第7章

串口 UART 和 UARTE 外设的应用

7.1 UART 和 UARTE 原理

7.1.1 UART 功能描述

串口 UART 也称为通用异步收发器,是各种处理器中常用的通信接口,在 nRF52 芯片中,UART 具有以下特点:

- 全双工操作;
- 自动流控;
- 奇偶校验产生第 9 位数据。

串口 UART 的数据发送与接收流程如下:

(1) 硬件配置

根据 PSELRXD、PSELCTS、PSELRTS 和 PSELTXD 寄存器的配置,可以相应地将 RXD、CTS(发送清除、低有效)、TXD、RTS(发送请求、低有效)映射到物理的引脚上。如果这些寄存器的任意一个设为 0xFFFFFFFF,则相关的 UART 信号就不会连接到任务物理引脚上。这 4 个寄存器及其配置只能在 UART 使能时可用,可以在芯片为系统 ON 模式时保持。为了在系统处于 OFF 模式时通过 UART 确保引脚上的信号电平正确,必须按照 GPIO 外设中的说明在 GPIO 外设中配置引脚,如表 7.1 所列。

表 7.1　UART 引脚状态

引　脚	系统 ON 模式下使能 UART	系统 OFF 模式下配置 GPIO
PSELRXD	RXD 串口接收端	输入,无输出值
PSELCTS	流量控制发送清除、低有效	输入,无输出值
PSELRTS	流量控制发送请求、低有效	输出,高电平输出 1
PSELTXD	TXD 串口发送端	输出,高电平输出 1

(2) UART 发送

如图 7.1 所示,通过触发 STARTTX 任务启动 UART 传输序列,然后通过写入 TXD 寄存器来发送字节。成功发送一个字节后,UART 将产生一个 TXDRDY 事件,之后可以将一个新字节写入 TXD 寄存器。通过触发 STOPTX 任务立即停止 UART

传输序列。如果启用了流量控制,则在 CTS 取消激活时自动暂停传输,并在再次激活 CTS 时恢复。在 CTS 停用时,正在传输的字节将在传输暂停之前被完全传输。

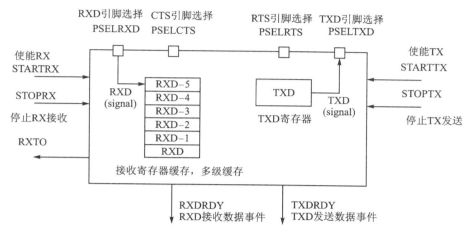

图 7.1　UART 模块内部结构

(3) UART 接收

通过触发 STARTRX 任务启动 UART 接收序列。UART 接收器连接一个 FIFO,能够在数据被覆盖之前存储 6 个传入的 RXD 字节。通过读取 RXD 寄存器从该 FIFO 中提取字节。当从 FIFO 中提取一个字节时,FIFO 中待处理的新字节将被移动到 RXD 寄存器。每次将新字节移入 RXD 寄存器时,UART 都会产生 RXDRDY 事件。

当启用流量控制时,如果接收器 FIFO 中只有 4 个字节的空间,则 UART 将禁用 RTS 信号。在启用流量控制状态下重写数据之前,发送器能够在 RTS 信号激活之后发送多达 4 个字节。因此,为防止覆盖 FIFO 中的数据,对应的 UART 发送器必须确保在 RTS 线停用后在 4 个字节时间内停止发送数据。当 FIFO 清空时,再次激活 RTS 信号,当 CPU 读取 FIFO 中的所有字节后,接收器通过 STOPRX 任务停止时,RTS 信号也将被禁用。

为防止输入数据丢失,必须在每次 RXDRDY 事件后读取一次 RXD 寄存器。为了确保 CPU 可以通过 RXDRDY 事件寄存器检测所有输入的 RXDRDY 事件,必须在读取 RXD 寄存器之前清零 RXDRDY 事件寄存器。这样做的原因是,允许 UART 将新字节写入 RXD 寄存器,在 CPU 读取(清空)RXD 寄存器后立即生成新事件。

(4) UART 挂起

UART 串口可以通过触发 SUPSPEND 任务来挂起。SUPSPEND 任务会影响 UART 发送器和 UART 接收器,设置后使 UART 发生器停止发送,UART 接收器停止接收。在 UART 挂起后,通过相应地触发 STARTTX 和 STARTRX 就可以重新开启发送和接收功能。

当触发 SUPSPEND 任务时,UART 接收器与触发 STOPRX 任务一样的工作。

在触发 SUPSPEND 任务后,正在进行的 TXD 字节传输将在 UART 挂起前完成。

(5) 错误条件

在出现一个错误帧的情况下,如果在此帧中没有检测到有效的停止位,则会产生一个 ERROR 事件。另外,在中断时,如果 RXD 保持低电平超过一个数据帧长度,也会产生一个 ERROR 事件。

(6) 流量控制

nRF52 芯片的 UART 可以分为带流量控制和不带流量控制两种方式。若不带流量控制,则不需要连接 CTS 和 RTS 两个引脚,可以视为两个引脚一直有效;若带流量控制,则 RTS 引脚作为输出,由 UART 硬件模块自动控制,与接收寄存器的多级硬件缓冲 Buff 协调工作。比如当硬件缓冲已经接收满 6 个字节时,RTS 引脚就输出高电平的终止信号,在缓冲中的数据都被读出后则恢复有效信号(低电平)。

CTS 作为输入由外部输入。当 CTS 有效时(低电平)模块可以发送,当无效时模块将自动暂停发送,并在 CTS 恢复有效时继续发送。

当 UART 模块的 RTS 与 CTS 交叉相接时,如果发送方发送太快,则当接收方的接收硬件 Buff 已经存满字节时,接收方自动视 RTS 引脚信号为无效信号,表示不能接收了。因为接收方 RTS 与发送方 CTS 相接,使得发送方的 CTS 引脚信号也为无效信号,于是发送方自动停止发送。这样就保证接收方不会发生接收溢出的现象。流量控制就体现在这里。

7.1.2 UARTE 功能介绍

UARTE 就是带有 EasyDMA 的通用异步接收器/发送器 UART,提供快速、全双工、异步的串行通信,内置流量控制(CTS,RTS)支持硬件,速率高达 1 Mbps。这里列出的是 UARTE 的主要功能:

- 全双工操作;
- 自动硬件流控制;
- 生成 9 位数据带奇偶校验;
- EasyDMA;
- 波特率高达 1 Mbps;
- 在支持的事务之间返回 IDLE(使用 HW 流控制时);
- 一个停止位;
- 最低有效位(LSB)优先。

用于每个 UART 接口的 GPIO 可以从设备上的任何 GPIO 中选择并且可独立配置。这使得该芯片使用串口时,在引脚的选择以及有效利用电路板空间方面具有很大的灵活性。UARTE 的内部结构如图 7.2 所示,对 UARTE 寄存器的说明如表 7.2 所列。

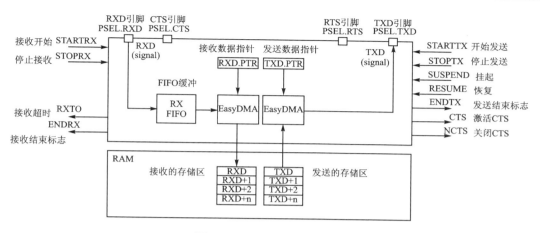

图 7.2　UARTE 的内部结构

表 7.2　UARTE 寄存器列表

寄存器	说　明	寄存器	说　明
PSEL. RXD	RXD 引脚选择	ENDTX	最后一个 TX 字节传输完成
PSEL. CTS	CTS 引脚选择	CTS	激活 CTS(设置低),清除发送
PSEL. RTS	RTS 引脚选择	NCTS	CTS 被停用(设置高),不清除发送
PSEL. TXD	TXD 引脚选择	RXTO	接收超时
STARTRX	开始串口接收	ENDRX	接收缓冲区被填满
STOPRX	停止串口接收	RX FIFO	接收 FIFO 缓冲
STARTTX	开始串口发送	RXD. PTR	接收的数据指针
STOPTX	停止串口发送	TXD. PTR	发送的数据指针
SUSPEND	挂起	TXD. MAXCNT	发送缓冲最大的存储字节
RESUME	恢复	RXD. MAXCNT	接收缓冲最大的存储字节

　　UARTE 实现 EasyDMA 的读取和写入,并存入 RAM。如果 TXD. PTR 和 RXD. PTR 没有指向数据 RAM 区,则 EasyDMA 传递可能导致 HardFault 或 RAM 损坏。

　　.PTR 和 .MAXCNT 寄存器是双缓冲的,它们可以在收到 RXSTARTED/TX-STARTED 事件后立即进行更新,并为接下来的 RX/TX 传送做准备。ENDRX/ENDTX 事件表示 EasyDMA 已分别完成在 RAM 中的 RX/TX 缓冲器的访问。

1. UARTE 发送

　　UARTE 发送的第一个步骤是将字节存储到发送缓冲器中并配置 EasyDMA。这个过程是通过写起始地址到指针 TXD. PTR,并在 RAM 缓冲器中放置 TXD. MAXC-NT 大小的字节数来实现的。串口 UARTE 的发送是通过触发 STARTTX 任务开始的,之后的每个字节在 TXD 线上发送时都会产生一个 TXDRDY 事件。当在 TXD 缓冲器中的所有字节(在 TXD. MAXCNT 寄存器中指定数目)都已被传送时,UARTE 传输将自动结束,并且产生一个 ENDTX 事件。

通过触发 STOPTX 任务来停止 UARTE 发送序列,当 UARTE 发射机停止时,将产生一个 TXSTOPPED 事件。如果在 UARTE 发射机已经停下来但尚未产生 ENDTX 事件时,UARTE 将明确产生一个 ENDTX 事件,即使 TXD 缓冲区中的所有字节(在 TXD. MAXCNT 寄存器中指定的)还没有被发送完。

如果启用了流量控制,则在 CTS 取消激活时将自动暂停传输,并在再次激活 CTS 时恢复。在 CTS 被停用时,正在传输的字节将在传输暂停之前被完全传输。

2. UARTE 接收

通过触发 STARTRX 任务启动 UARTE 接收器。UARTE 接收器使用 EasyDMA 将输入数据存储到 RAM 中的 RX 缓冲区中。RX 缓冲区位于 RXD. PTR 寄存器中指定的地址。RXD. PTR 寄存器是双缓冲的,可以在生成 RXSTARTED 事件后立即更新并为下一个 STARTRX 任务做好准备。RX 缓冲区的大小在 RXD. MAXCNT 寄存器中指定,UARTE 在填充 RX 缓冲区时将生成 ENDRX 事件。

对于通过 RXD 端口接收的每个字节,都将生成 RXDRDY 事件。在将相应的数据传输到数据 RAM 之前,可能会发生此事件。在 ENDRX 事件之后可以查询 RXD. AMOUNT 寄存器,以查看自上一次 ENDRX 事件以来有多少新字节已传输到 RAM 中的 RX 缓冲区。

通过触发 STOPRX 任务来停止 UARTE 接收器。UARTE 停止时会生成 RXTO 事件。UARTE 将确保在生成 RXTO 事件之前生成即将发生的 ENDRX 事件。这意味着 UARTE 将保证在 RXTO 之后不会生成 ENDRX 事件,除非重新启动 UARTE 或在生成 RXTO 事件后发出 FLUSHRX 命令。

重要提示:如果在 UARTE 接收器停止时尚未生成 ENDRX 事件,这意味着 RX FIFO 中的所有待处理内容都已移至 RX 缓冲区,那么 UARTE 将显式生成 ENDRX 事件,即使 RX 缓冲区未满。在这种情况下,将在生成 RXTO 事件之前生成 ENDRX 事件。

为了能够知道实际接收到 RX 缓冲区的字节数,CPU 可以在 ENDRX 事件或 RXTO 事件之后读取 RXD. AMOUNT 寄存器。只要在 RTS 信号被禁用后立即连续发送,UARTE 就可以在 STOPRX 任务被触发后接收最多 4 个字节。这是可能的,因为在 RTS 取消激活后,UARTE 能够在一段延长的时间内接收字节,该时间等于在配置的波特率上发送 4 个字节所需的时间。生成 RXTO 事件后,内部 RX FIFO 可能仍包含数据,要将此数据移至 RAM,必须触发 FLUSHRX 任务。

为确保此数据不会覆盖 RX 缓冲区中的数据,应在 FLUSHRX 任务被触发之前清空 RX 缓冲区或更新 RXD. PTR。为确保 RX FIFO 中的所有数据都移至 RX 缓冲区,RXD. MAXCNT 寄存器必须设置为 RXD. MAXCNT > 4,通过 STOPRX 强制停止 UARTE 接收。即使 RX FIFO 为空或 RX 缓冲区未填满,UARTE 也会在完成

FLUSHRX 任务后生成 ENDRX 事件。为了能够知道在这种情况下实际接收到的 RX 缓冲区的字节数,CPU 可以在 ENDRX 事件之后读取 RXD. AMOUNT 寄存器。

如果启用了 HW 流量控制,则当接收器通过 STOPRX 任务停止或 UARTE 只能在其内部 RX FIFO 中接收 4 个字节时,RTS 信号将被禁用。禁用流量控制后,UARTE 将以与启用流量控制时相同的方式运行,但不会使用 RTS 线路。这意味着,当 UARTE 达到只能在其内部 RX FIFO 接收 4 个字节的点时,不会产生任何信号。当内部 RX FIFO 填满时,接收的数据将丢失。UARTE 接收器将处于最低活动水平,并在停止时消耗最少的能量,即在通过 STARTRX 启动之前或通过 STOPRX 停止并且已生成 RXTO 事件之后。

7.2　应用实例编程

7.2.1　串口 printf 输出

在硬件连接方面,通过高质量芯片 CH340T 把串口信号转换成 USB 输出,TXD 接端口 P0.09,RXD 接端口 P0.11,CTS 接端口 P0.08, RTS 接端口 P0.10,其中数据口 TXD 和 RXD 分别接 1 kΩ 上拉电阻,提高驱动能力,如图 7.3 所示。

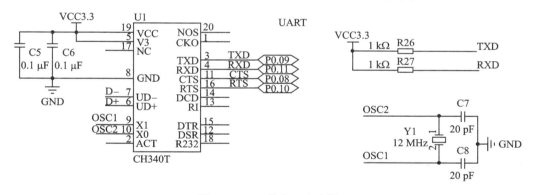

图 7.3　USB 转串口电路图

在代码文件中建立了一个演示历程,我们还是采用分层思想,直接通过官方提供的组件库进行编程。打开文件夹中的 uart 工程,添加 UART 的组件库工程,如图 7.4 所示。图中方框内的文件是在建立串口工程时需要添加的库文件,对这几个库文件的说明如表 7.3 所列。其中,nrf_drv_uart. c 文件和 app_uart_fifo. c 文件是官方编写好的驱动库文件,这两个文件在后面编写带协议栈的 BLE 应用时,可以直接用于配置串口功能。因此,理解这两个文件提供的 API 函数是利用组件编写串口的必由之路。

在 app_uart. h 文件中提供了两个关键的 UART 的初始化函数,即 APP_UART_ FIFO_INIT 和 APP_UART_INIT,一个是带 FIFO 缓冲的初始化串口函数,一个是不带 FIFO 缓冲的初始化串口函数。一般情况下,使用带 FIFO 缓冲的初始化串口函数,

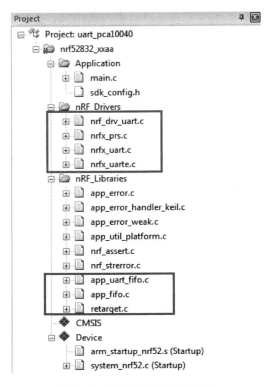

图 7.4　UART 的组件库工程

表 7.3　添加的库文件

新增文件名称	功能描述
nrf_drv_uart. c	旧版本串口驱动库
nrfx_prs. c	外设资源共享库
nrfx_uart. c	新版本 UART 串口兼容库
nrfx_uarte. c	新版本 UATRE 串口兼容库
app_uart_fifo. c	UART 应用 FIFO 的驱动库
app_fifo. c	应用 FIFO 的驱动库
retarget. c	串口重定义文件

以减小数据溢出错误的发生率。配置代码具体如下：

```
01    APP_UART_FIFO_INIT(&comm_params,              //串口参数
02                    UART_RX_BUF_SIZE,             //RX 缓冲大小
03                    UART_TX_BUF_SIZE,             //TX 缓冲大小
04                    uart_error_handle,            //错误处理
05                    APP_IRQ_PRIORITY_LOW,         //中断优先级
06                    err_code);                    //配置串口
```

这个函数配置参数较多,首先是 &comm_params 参数,该参数配置了串口引脚、流量控制、波特率等关键参数。这些参数通过一个结构体进行定义,参数作为结构体的内容,代码如下:

```
01    const app_uart_comm_params_t comm_params =
02    {
03        RX_PIN_NUMBER,
04        TX_PIN_NUMBER,
05        RTS_PIN_NUMBER,
06        CTS_PIN_NUMBER,                              //串口引脚配置
07        APP_UART_FLOW_CONTROL_DISABLED,              //流控设置
08        false,
09        UART_BAUDRATE_BAUDRATE_Baud115200            //波特率
10    };                                               //设置串口参数
11
```

第 3～6 行:RX_PIN_NUMBER、TX_PIN_NUMBER、RTS_PIN_NUMBER 和 CTS_PIN_NUMBER 4 个配置串口的硬件引脚,带流控制状态下这 4 个引脚都需要宏定义 I/O 端口。如果是不带流控的模式,则只需要配置 RX_PIN_NUMBER 和 TX_PIN_NUMBER 两个引脚。

第 7 行:设置 APP_UART_FLOW_CONTROL_DISABLED,关掉流控。

第 8 行:设置中断优先级为低。

第 9 行:设置 UART_BAUDRATE_BAUDRATE_Baud115200 波特率为 115 200。

那么这些参数如何赋值给串口的寄存器呢? 这就需要深入研究 APP_UART_FIFO_INIT 的函数内部。下面进入该函数内部:

```
01  #define APP_UART_FIFO_INIT(P_COMM_PARAMS, RX_BUF_SIZE, TX_BUF_SIZE, EVT_HANDLER, IRQ_
       PRIO, ERR_CODE) \
02      do
03      {
04          app_uart_buffers_t buffers;
05          static uint8_t      rx_buf[RX_BUF_SIZE];
06          static uint8_t      tx_buf[TX_BUF_SIZE];
07          buffers.rx_buf       = rx_buf;
08          buffers.rx_buf_size = sizeof (rx_buf);
09          buffers.tx_buf       = tx_buf;
10          buffers.tx_buf_size = sizeof (tx_buf);
11          ERR_CODE = app_uart_init(P_COMM_PARAMS, &buffers, EVT_HANDLER, IRQ_PRIO);
12      }
```

函数内部申请两个软件 BUF 缓冲空间提供给 RX 和 TX,然后调用函数 app_uart_init 进行串口的初始化。继续深入函数 app_uart_init 内部,这段函数是官方给的驱动组件库,读者不需要单独配置或者修改,只需要直接调用即可,具体代码如下:

```
01  uint32_t app_uart_init(const app_uart_comm_params_t * p_comm_params,
02                                    app_uart_buffers_t *        p_buffers,
03                                    app_uart_event_handler_t event_handler,
04                                    app_irq_priority_t        irq_priority)
05  {
06      uint32_t err_code;
07
08      m_event_handler = event_handler;
09
10      if (p_buffers == NULL)
11      {
12          return NRF_ERROR_INVALID_PARAM;
13      }
14
15      //配置 RX buffer 缓冲
16      err_code = app_fifo_init(&m_rx_fifo, p_buffers ->rx_buf, p_buffers ->rx_buf_size);
17      if (err_code != NRF_SUCCESS)
18      {
19      // Propagate error code.
20          return err_code;
21      }
22
23      //配置 TX buffer 缓冲
24      err_code = app_fifo_init(&m_tx_fifo, p_buffers ->tx_buf, p_buffers ->tx_buf_size);
25      if (err_code != NRF_SUCCESS)
26      {
27      // Propagate error code.
28          return err_code;
29      }
30  //配置串口的引脚、波特率、流控等特性
31      nrf_drv_uart_config_t config = NRF_DRV_UART_DEFAULT_CONFIG;
32      config.baudrate = (nrf_uart_baudrate_t)p_comm_params ->baud_rate;
33      config.hwfc = (p_comm_params ->flow_control
34      == APP_UART_FLOW_CONTROL_DISABLED) ?
35              NRF_UART_HWFC_DISABLED : NRF_UART_HWFC_ENABLED;
36      config.interrupt_priority = irq_priority;
37      config.parity = p_comm_params ->use_parity ? NRF_UART_PARITY_INCLUDED : NRF_UART_
         PARITY_EXCLUDED;
38      config.pselcts = p_comm_params ->cts_pin_no;
39      config.pselrts = p_comm_params ->rts_pin_no;
40      config.pselrxd = p_comm_params ->rx_pin_no;
41      config.pseltxd = p_comm_params ->tx_pin_no;
```

```
42
43      err_code = nrf_drv_uart_init(&config, uart_event_handler);
44
45      if (err_code != NRF_SUCCESS)
46      {
47          return err_code;
48      }
49      nrf_drv_uart_rx_enable();
50      return nrf_drv_uart_rx(rx_buffer,1);
51  }
```

app_uart_init 函数的介绍如表 7.4 所列。

表 7.4　串口初始化库函数

函　数	uint32_t app_uart_init(const app_uart_comm_params_t * p_comm_params, 　　　　　　　　　　　app_uart_buffers_t *　　　　　　　p_buffers, 　　　　　　　　　　　app_uart_event_handler_t　　　 error_handler, 　　　　　　　　　　　app_irq_priority_t　　　　 irq_priority);
功　能	用于初始化 UART 模块的函数。当需要 UART 模块实例时,使用此初始化。 **注意**:通常应使用 APP_UART_INIT() 或 APP_UART_INIT_FIFO() 宏执行单个初始化,这取决于 UART 是否应使用 FIFO,因为这将分配 UART 模块所需的缓冲区(包括正确对齐缓冲区)
参　数	p_comm_params:pin 和通信参数
	p_buffers:RX 和 TX 缓冲区,NULL 是 FIFO 不使用
	error_handler:错误处理函数,以便在发生错误时调用
	irq_priority:中断优先级
返回值	NRFX_SUCCESS:表示初始化成功
	NRF_ERROR_INVALID_LENGTH:表示所提供的缓冲区不是 2 的幂
	NRF_ERROR_NULL:表示提供的缓冲区之一是空指针
	当启用硬件流控制时,UART 模块在注册时将以下错误传播给调用者;当不使用硬件流控制时,就不会发生这些错误。 ● NRF_ERROR_INVALID_STATE:表示在将 UART 模块注册为用户时,GPIOTE 模块没有处于有效状态。 ● NRF_ERROR_INVALID_PARAM:表示在将 UART 模块注册为用户时,UART 模块提供了一个无效的回调函数,或者 p_uart_uid 指向的值不是有效的 GPIOTE 号。 NRF_ERROR_NO_MEM GPIOTE:表示模块已达到最大用户数

　　工程建立后,在工程编译之前,还需要在 sdk_config.h 文件中配置使能下面几个功能:外设共用源、新串口驱动、老串口驱动、串口 FIFO 缓冲库、串口驱动库、错误检测以及重定位库。可以直接打开 sdk_config.h 文件中的 Configuration Wizard 向导进行设置,如图 7.5 所示。如果 sdk_config.h 文件中没有相关配置,则可以复制例程中的

库使能的对应源码到配置文件中。

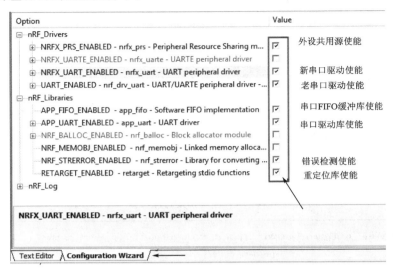

图 7.5　选择串口工程配置文件

　　本例使用的 printf() 函数是格式化输出函数,一般用于向标准输出设备按规定格式输出信息。这种输出函数是 C 语言中格式化输出的函数(在 stdio.h 中定义),用于向终端(显示器、控制台等)输出字符。格式控制由要输出的文字和数据格式说明组成。要输出的文字除了可以使用字母、数字、空格和一些数字符号以外,还可以使用一些转义字符表示特殊的含义。因此,使用之前除了要使能重定向以外,还需要在 Options for Target 对话框中切换到 Target 选项卡,在该选项卡中选中 Use MicroLIB 复选框,如图 7.6 所示。

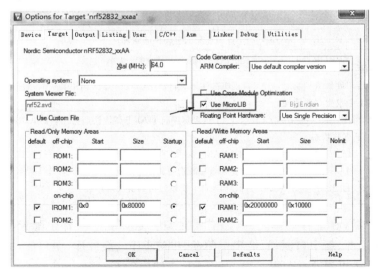

图 7.6　选中 Use MicroLIB 复选框

主函数可以直接调用串口的驱动库函数进行配置,输出采用 printf 函数,代码如下:

```
01  / *********************(C) COPYRIGHT 2019 青风电子 *********************
02  *  文件名    :main
03  *  实验平台:青风 nRF52832 开发板
04  *  描述      :串口 printf 输出
05  *  作者      :青风
06  *  论坛      :www.qfv8.com
07  ********************************************************************** /
08  int main(void)
09  {
10      LEDS_CONFIGURE(LEDS_MASK);
11      LEDS_OFF(LEDS_MASK);
12      uint32_t err_code;
13      const app_uart_comm_params_t comm_params =
14          {
15              RX_PIN_NUMBER,
16              TX_PIN_NUMBER,
17              RTS_PIN_NUMBER,
18              CTS_PIN_NUMBER,                          //串口引脚配置
19              APP_UART_FLOW_CONTROL_DISABLED,          //流控设置
20              false,
21              UART_BAUDRATE_BAUDRATE_Baud115200        //波特率设置
22          };                                           //设置串口参数
23
24      APP_UART_FIFO_INIT(&comm_params,                 //串口参数
25                      UART_RX_BUF_SIZE,                //RX 缓冲大小
26                      UART_TX_BUF_SIZE,                //TX 缓冲大小
27                      uart_error_handle,               //错误处理
28                      APP_IRQ_PRIORITY_LOW,            //中断优先级
29                      err_code);                       //配置串口
30
31      APP_ERROR_CHECK(err_code);
32
33      while (1)
34      {
35          LEDS_INVERT(LEDS_MASK);
36          printf(" 2018.10.1  青风! \r\n");             //答应输出
37          nrf_delay_ms(500);
38      }
39  }
```

　　代码编译后,下载到青风 nRF52832 开发板后连接 USB 转串口端,然后打开串口

调试助手,指示灯闪亮表示串口输出进行中,输出内容如图 7.7 所示。

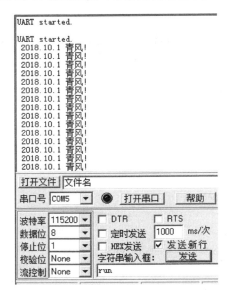

图 7.7 printf 函数输出

7.2.2 串口输入与回环

7.2.1 小节通过 printf 函数打印输出数据,本小节将讲解官方组件库输入和回环实验。对应串口输出和输入,官方组件库提供了两个组件函数,分别如下:

1. app_uart_get 函数

app_uart_get 函数的介绍如表 7.5 所列。

表 7.5 串口接收函数

函　　数	uint32_t app_uart_get(uint8_t * p_byte);
功　　能	用于从 UART 串口获取数据。该函数将从 RX 缓冲区获取下一个字节。如果 RX 缓冲区为空,则返回一个错误代码,app_uart 模块将在接收添加到 RX 缓冲区的第一个字节时生成一个事件
参　　数	p_byte:指针指向下一个接收字节存放的地址
返回值	NRF_SUCCESS:表示收到成功字节,则返回成功
	NRF_ERROR_NOT_FOUND:表示在 RX buffer 中没有发现收到的数据,返回 NRF_ERROR_NOT_FOUND

2. app_uart_put 函数

app_uart_put 函数的介绍如表 7.6 所列。

表 7.6　串口输出函数

函　　数	uint32_t app_uart_put(uint8_t　byte);	
功　　能	通过串口输出字节	
参数［输入］	byte:串口传输的字节	
返回值	NRF_SUCCESS:表示成功通过 TX 缓冲把字节发送出去	
	NRF_ERROR_NO_MEM:表示在 TX 缓冲中没有更多的空间,常用在流控控制中	
	NRF_ERROR_INTERNAL:表示串口驱动报错	

　　使用上面两个函数编写一个串口回环测试程序,通过串口助手发送数据,在通过串口接收后,发回串口助手。这里的工程目录树与 7.2.1 小节一样,不需要修改。串口回环测试代码如下:

```
01  static void uart_loopback_test()
02  {
03      while (true)
04      {
05          uint8_t cr;
06          while(app_uart_get(&cr) != NRF_SUCCESS);    //接收数据
07          while(app_uart_put(cr) != NRF_SUCCESS);     //把接收的数据再发出
08
09          if (cr == 'q'||cr == 'Q')                   //输入 q 或 Q 表示结束
10          {
11              printf(" \n\rExit! \n\r");              //结束
12              while (true)
13              {
14                  // Do nothing.
15              }
16          }
17      }
18
19  }
```

　　主函数主要就是配置串口参数,如串口引脚、比特率、流控等,具体代码如下:

```
01  int main(void)
02  {
03      LEDS_CONFIGURE(LEDS_MASK);
04      LEDS_OFF(LEDS_MASK);
05      uint32_t err_code;
06      const app_uart_comm_params_t comm_params =
07          {
08              RX_PIN_NUMBER,                          //RX 引脚
09              TX_PIN_NUMBER,                          //TX 引脚
10              RTS_PIN_NUMBER,                         //RTS 引脚
11              CTS_PIN_NUMBER,                         //CTS 引脚
```

```
12              APP_UART_FLOW_CONTROL_DISABLED,        //关掉流控
13              false,
14              UART_BAUDRATE_BAUDRATE_Baud115200      //设置比特率
15          };
16
17      APP_UART_FIFO_INIT(&comm_params,
18                         UART_RX_BUF_SIZE,            //设置 RX 缓冲
19                         UART_TX_BUF_SIZE,            //设置 TX 缓冲
20                         uart_error_handle,
21                         APP_IRQ_PRIORITY_LOW,
22                         err_code);
23
24      APP_ERROR_CHECK(err_code);
25      while (1)
26      {
27          uart_loopback_test();                      //调用回环
28      }
29  }
```

代码编译后,下载到青风 nRF52832 开发板内。打开串口调试助手,选择开发板串口端号,设置波特率为 115 200,数据位为 8,停止位为 1,如图 7.8 所示。在发送区写入任何字符或者字符串,比如发送"run",单击"发送"按钮后,接收端会接收到相同的字符或者字符串,如图 7.8 所示,接收到了"run"。当输入字符"q"或者"Q"时,会输出"Exit!"结束测试。

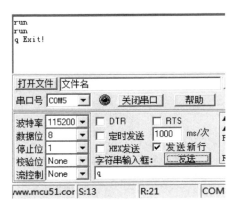

图 7.8 串口输出与回环实验现象

7.2.3 UARTE 模式串口中断

UART 和 UARTE 共享大部分寄存器设备,区别就是 UARTE 可以通过 EasyD-MA 参与到数据的收发上(DMA,Direct Memory Access,直接内存存取),不需要 CPU 参与。在普通传输中,CPU 需要从源位置把每一片段的数据复制到目的寄存器,然后

把它们再次写回到新的地方。在这段时间内，对于其他的工作来说，CPU 就无法使用。

　　EasyDMA 使得外围设备可以通过 DMA 控制器直接访问内存，与此同时，CPU 可以继续执行程序。EasyDMA 传输将数据从一个地址空间复制到另外一个地址空间，当 CPU 初始化这个传输动作时，传输动作本是由 EasyDMA 来实行和完成的。因此，我们需要在 sdk_config.h 文件中选中 NRFX_UARTE_ENABLED 复选框，如图 7.9 所示。

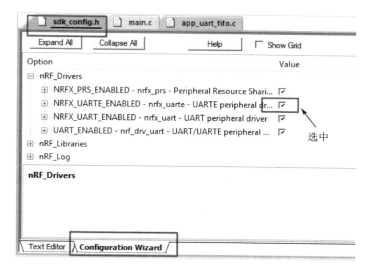

图 7.9　选中 NRFX_UARTE_ENABLED 复选框

　　在初始化串口时设置带 FIFO 缓冲的串口，在 APP_UART_FIFO_INIT 函数中申请一个 uart_Interrupt_handle 中断回调处理函数，具体代码如下：

```
01 int main(void)
02 {
03    uint32_t err_code;
04    const app_uart_comm_params_t comm_params =
05        {
06            RX_PIN_NUMBER,
07            TX_PIN_NUMBER,
08            RTS_PIN_NUMBER,
09            CTS_PIN_NUMBER,                        //配置串口端口
10            APP_UART_FLOW_CONTROL_DISABLED,        //关闭流量控制
11            false,
12            UART_BAUDRATE_BAUDRATE_Baud115200      //设置波特率
13        };
14
15    APP_UART_FIFO_INIT(&comm_params,
16                    UART_RX_BUF_SIZE,
```

```
17                          UART_TX_BUF_SIZE,
18                          uart_Interrupt_handle,          //声明一个中断处理函数
19                          APP_IRQ_PRIORITY_LOW,
20                          err_code);
21      APP_ERROR_CHECK(err_code);
22      while (1)
23      {
24      }
25  }
```

注意：uart_Interrupt_handle 仅仅是中断回调处理函数，并不是中断子函数。我们需要进入代码深入了解中断函数和中断回调函数之间的关系。在后面的外设代码中，库函数的编程中常用到中断回调处理函数，基本原理也是类似的。

首先，在开启中断前，需要对中断进行使能。进入 APP_UART_FIFO_INIT 函数，带FIFO 和不带 FIFO 的串口初始化唯一的区别就是有无 FIFO 缓冲，这个在 7.2.1 小节已经讲述，在函数中调用了 app_uart_init 函数，如图 7.10 所示。

```
147  #define APP_UART_FIFO_INIT(P_COMM_PARAMS, RX_BUF_SIZE, TX_BUF_SIZE, EVT_HANDLER, IRQ_PRIO, ERR_CODE) \
148      do
149      {
150          app_uart_buffers_t buffers;
151          static uint8_t     rx_buf[RX_BUF_SIZE];
152          static uint8_t     tx_buf[TX_BUF_SIZE];
153
154          buffers.rx_buf      = rx_buf;
155          buffers.rx_buf_size = sizeof (rx_buf);
156          buffers.tx_buf      = tx_buf;
157          buffers.tx_buf_size = sizeof (tx_buf);
158          ERR_CODE = app_uart_init(P_COMM_PARAMS, &buffers, EVT_HANDLER, IRQ_PRIO); \
159      } while (0)
```

图 7.10　APP_UART_FIFO_INIT 函数内部

继续将 app_uart_init 函数展开，函数内部调用了 nrf_drv_uart_init 函数，该函数会触发一个 uart_event_handler 事件派发函数，这个派发函数会在后面用于中断事件的分配，如图 7.11 所示。

```
160      config.pseltxd - p_comm_params->tx_pin_no;
161
162      err_code = nrf_drv_uart_init(&app_uart_inst, &config, uart_event_handler);
163      VERIFY_SUCCESS(err_code);
164      m_rx_ovf = false;
165
166      // Turn on receiver if RX pin is connected
167      if (p_comm_params->rx_pin_no != UART_PIN_DISCONNECTED)
168      {
169          return nrf_drv_uart_rx(&app_uart_inst, rx_buffer,1);
170      }
171      else
172      {
173          return NRF_SUCCESS;
174      }
175  }
```

图 7.11　app_uart_init 函数内部

继续将 nrf_drv_uart_init 函数展开，这里通过配置函数使能 UARTE 和 UART，

来区分是使用 UARTE 还是 UART 功能。如果同时选中 UARTE 和 UART 功能,则默认使用 UARTE 功能,这时会调用 nrfx_uarte_init 初始化函数对 UARTE 进行初始化,代码如图 7.12 所示。

```
104   #endif // defined(NRF_DRV_UART_WITH_UART)
105
106   ret_code_t nrf_drv_uart_init(nrf_drv_uart_t const *      p_instance,
107                                nrf_drv_uart_config_t const * p_config,
108                                nrf_uart_event_handler_t      event_handler)
109   {
110       uint32_t inst_idx = p_instance->inst_idx;
111       m_handlers[inst_idx] = event_handler;
112       m_contexts[inst_idx] = p_config->p_context;
113
114   #if defined(NRF_DRV_UART_WITH_UARTE) && defined(NRF_DRV_UART_WITH_UART)
115       nrf_drv_uart_use_easy_dma[inst_idx] = p_config->use_easy_dma;
116   #endif
117
118       nrf_drv_uart_config_t config = *p_config;
119       config.p_context = (void *)inst_idx;
120
121       ret_code_t result = 0;
122       if (NRF_DRV_UART_USE_UARTE)
123       {
124           result = nrfx_uarte_init(&p_instance->uarte,
125                                    (nrfx_uarte_config_t const *)&config,
126                                    event_handler ? uarte_evt_handler : NULL);
127       }
128       else if (NRF_DRV_UART_USE_UART)
129       {
130           result = nrfx_uart_init(&p_instance->uart,
131                                   (nrfx_uart_config_t const *)&config,
132                                   event_handler ? uart_evt_handler : NULL);
133       }
134       return result;
135   }
136
```

图 7.12　nrf_drv_uart_init 函数内部

继续将 nrfx_uarte_init 函数展开,通过调用函数 interrupts_enable 和 nrf_uarte_enable 对串口中断进行使能,也就是打开了串口中断,代码如图 7.13 所示。

```
225
226       if (p_cb->handler)
227       {
228           interrupts_enable(p_instance, p_config->interrupt_priority);
229       }
230
231       nrf_uarte_enable(p_instance->p_reg);
232       p_cb->rx_buffer_length           = 0;
233       p_cb->rx_secondary_buffer_length = 0;
234       p_cb->tx_buffer_length           = 0;
235       p_cb->state                      = NRFX_DRV_STATE_INITIALIZED;
236       NRFX_LOG_WARNING("Function: %s, error code: %s.",
237                        __func__,
238                        NRFX_LOG_ERROR_STRING_GET(err_code));
239       return err_code;
240   }
```

图 7.13　nrfx_uarte_init 函数内部

打开中断后,就等待中断处理的发生,一旦出现串口中断,就会进入串口中断处理函数 uart_irq_handler。在中断处理函数中,首先通过检测事件类型来分配事件类型,如图 7.14 所示。

图 7.14　uart_irq_handler 中断处理函数内部

在串口初始化 uart_event_handler 中断事件派发函数时,这个派发函数根据分配的事件类型来分配中断事件处理类型,如图 7.15 所示。

在 uart_Interrupt_handle 中断回调处理函数中,触发对应的事件做响应处理。本例将演示使用 UARTE 功能触发一个串口中断事件,实现串口的接收和发送中断功能。在组件库中,对应串口中断事件处理的类型使用了 app_uart_evt_type_t 结构体进行定义,该结构体定义如下:

```
01 typedef enum
02 {
03    APP_UART_DATA_READY,        /* 表示已接收到 UART 数据的事件。数据在 FIFO
```

图 7.15 uart_event_handler 中断事件派发函数内部

```
04                                         中可用,可以使用函数 app_uart_get 获取数据 * /
05    APP_UART_FIFO_ERROR,                  /* app_uart 模块使用的 FIFO 模块出现错误。FIFO 错误
06                                          代码存储在 app_uart_evt_t.data 中的 error_code 字段。* /
07    APP_UART_COMMUNICATION_ERROR,         /* 接收过程中发生通信错误。错误存储在
08                                          app_uart_evt_t.data 中的 error_communication 字段中 * /
09    APP_UART_TX_EMPTY,                     /* 一个发送事件,指示 UART 已完成 TX FIFO 中所有可用
10                                          数据的传输 * /
11    APP_UART_DATA,                        /* 一个接收事件指示 UART 数据已被接收,数据出现
12                                          在 data 数据字段中。此事件只在未配置 FIFO 时使用 * /
13  } app_uart_evt_type_t;
```

其中,对应发送中断事件:中断事件处理类型为 APP_UART_TX_EMPTY,表示 UART 已完成 TX FIFO 中所有可用数据的传输。

对应接收中断事件:使用 RX FIFO 缓冲,中断事件类型为 APP_UART_DATA_READY;不使用 RX FIFO 缓冲,中断事件类型为 APP_UART_DATA。

因为初始化的是带 FIFO 缓冲的串口,所以引出触发的接收和发送中断事件分别

为 APP_UART_DATA_READY 事件和 APP_UART_TX_EMPTY 事件。

通过串口助手发送一个数据给处理器,当芯片接收完成后,会产生接收事件,在该事件中,我们把接收缓冲中的数据放入 &rx 数组,然后通过串口 printf 函数打印该数组内的数据。printf 函数打印是串口发送,会产生发送事件,这时点亮一个 LED 灯表示发送成功,同时串口助手也会收到对应的数据。具体代码如下:

```
01  void uart_Interrupt_handle(app_uart_evt_t * p_event)
02  {
03      uint8_t RX;
04      if (p_event ->evt_type == APP_UART_COMMUNICATION_ERROR)
05      {
06          APP_ERROR_HANDLER(p_event ->data.error_communication);
07      }
08      else if (p_event ->evt_type == APP_UART_FIFO_ERROR)
09      {
10          APP_ERROR_HANDLER(p_event ->data.error_code);
11      }
12      //串口接收事件
13      else if (p_event ->evt_type == APP_UART_DATA_READY)
14      {
15      //从 FIFO 中读取数据
16      app_uart_get(&RX);
17      //串口发送输出数据
18      printf(" % c",RX);
19      }
20      //串口发送完成事件,当 printf 函数发送成功后
21      else if (p_event ->evt_type == APP_UART_TX_EMPTY)
22      {
23          nrf_gpio_pin_toggle(LED_1);
24      }
25  }
```

代码编译后,下载到青风 nRF52832 开发板内。打开串口调试助手,选择开发板串口端号,设置波特率为 115 200,数据位为 8,停止位为 1。在发送区写入任何字符或者字符串,比如发送"qfv8.com",单击"发送"按钮后,接收端会接收到相同的字符或者字符串,如图 7.16 所示。如果正确接收到数据,LED1 灯也会点亮。

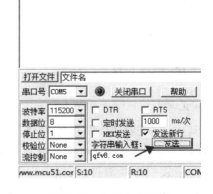

图 7.16　串口中断现象

第 **8** 章

唯一 ID 与加密解密

任何处理器芯片都有自己的唯一的身份标识,也称为唯一 ID,其广泛作用于各种安全应用场合。设备唯一 ID,简单来说,就是一串符号(或者数字)映射到现实中的硬件设备上。如果这些符号和设备是一一对应的,则称之为"唯一设备 ID(Unique Device Identifier)"。

8.1　唯一 ID 的概念

8.1.1　唯一 ID 的作用

nRF52xx 微控制器提供一组 64 位的唯一 ID,这个唯一身份标识所提供的 ID 值对任意一个 nRF52xx 微控制器,在任何情况下都是唯一的。在任何情况下,用户都不能修改这个身份标识。按照用户不同的用法,可以以字节(8 位)为单位读取,也可以以半字(16 位)或者全字(32 位)为单位读取。对应唯一 ID,常见的应用场合有以下几种:

- 作为序列号;
- 作为密码,在编写闪存时,将此唯一标识与软件加解密算法结合使用,提高代码在闪存内的安全性;
- 激活带安全机制的自举过程。

8.1.2　读取唯一 ID

设备唯一 ID 保存在工厂信息配置寄存器(FICR)中,该寄存器是在工厂中预先编写的,用户不能删除。其包含特定芯片的信息和配置,具体如表 8.1 所列。

表 8.1　DEVICE ID 寄存器

寄存器名称	偏移地址	描　述
DEVICE ID[0]	0x060	设备标识符
DEVICE ID[1]	0x064	设备标识符

因此,识别芯片中唯一 ID 的方式就是读取寄存器 DEVICE ID 内的值,因为该参数值是不能修改的,出厂时由厂家固化。所以,寄存器 DEVICE ID 为只读寄存器。我

们在 7.2 节的串口工程例子的基础上进行修改，因此本小节的工程结构不需要修改。
读取唯一 ID 的寄存器值后，通过串口打印输出来进行演示，具体代码如下：

```
01  int main(void)
02  {
03      uint32_t err_code;
04      uint32_t id1,id2;                    //定义读取 ID 的变量
05      id1 = NRF_FICR->DEVICEID[0];         //读取 ID 低 31 位
06      id2 = NRF_FICR->DEVICEID[1];         //读取 ID 高 31 位
07      //初始化串口参数
08      const app_uart_comm_params_t comm_params =
09          {
10              RX_PIN_NUMBER,
11              TX_PIN_NUMBER,
12              RTS_PIN_NUMBER,
13              CTS_PIN_NUMBER,
14              UART_HWFC,
15              false,
16  #if defined (UART_PRESENT)
17              NRF_UART_BAUDRATE_115200
18  #else
19              NRF_UARTE_BAUDRATE_115200
20  #endif
21          };
22      //初始化串口
23      APP_UART_FIFO_INIT(&comm_params,
24                         UART_RX_BUF_SIZE,
25                         UART_TX_BUF_SIZE,
26                         uart_error_handle,
27                         APP_IRQ_PRIORITY_LOWEST,
28                         err_code);
29      APP_ERROR_CHECK(err_code);
30
31      while (1)
32      {
33      //打印输出 ID 号
34      printf("打印 id:%lx%lx\r\n",id1,id2);
35      nrf_delay_ms(1000);
36      }
37  }
```

代码编译后，采用串口进行输出。设置串口调试助手波特率为 115 200，数据位为
8，停止位为 1，如图 8.1 所示，打印输出唯一 ID。

图 8.1　读取唯一 ID 并输出

8.2　唯一 ID 用于加密

8.2.1　TEA 加密算法

　　唯一 ID 常用的场合就是加密,我们可以采用一个简单的加密算法对唯一 ID 进行加密。因此,如果要正确运行程序,就需要对唯一 ID 进行正确解密。

　　常用的代码加密方法一般有两种:

　　方法 1:通过某种硬件手段防止单片机 Flash 中的代码被读出,比如禁止读取,或者关闭下载接口。

　　方法 2:就算代码能被读出来,把它烧写到另一个芯片中也无法正常运行(与特定芯片紧紧绑定)。

　　以目前的技术水平来说,不论如何禁止,似乎都有人可以把程序从芯片内部读取出来。那么,如何使窃取者即使读取了程序的二进制文件,并烧写到另一个同型号的处理器芯片中也无法运行呢? 要达到这一目的,就需要有一个与单片机唯一绑定的东西,那就是唯一 ID,每一片芯片的 ID 都不相同,并且全世界保持唯一。

　　研发者由唯一 ID 通过加密算法计算得到校验码,然后发给使用者。使用者可将此码通过专用编写的上位机把校验码烧写到芯片的 EEPROM 中。

　　在代码中,可以在多个位置对 EEPROM 中的校验码进行比对,一致则正常运行,否则停机。比如在程序最前面,一开始就进行鉴权,如果失败,则向用户显示"无权限"等信息,停止程序运行;或是在程序中比较关键的条件分支中进行鉴权,这样如果程序被人破译,比如通过反汇编修改一些条件判断强行使其正常运行,也可以通过鉴权而使程序停止运行。因为程序中需要鉴权的地方越多,就越会让破解者费一些周折,但是也不能在过多的地方出现校验码,避免被统计识别。

　　唯一 ID 的加密原理如图 8.2 所示。

　　本节将采用在安全学领域中常见的 TEA 加密算法进行加密和解密。所谓 TEA

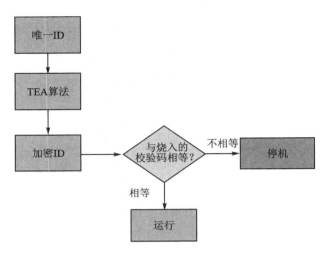

图 8.2　唯一 ID 的加密原理

(Tiny Encryption Algorithm),就是一种分组加密算法,实现起来非常简单,通常只需要很简短的几行代码,因此非常适用于单片机的加密中。

　　TEA 算法最初是由剑桥计算机实验室的 David Wheeler 和 Roger Needham 在 1994 年设计的,它使用 64 位的明文分组和 128 位的密钥,使用 Feistel 分组加密框架,需要进行 64 轮迭代。该算法使用了一个神秘常数 δ 作为倍数,它来源于黄金比率,以保证每一轮加密都不相同。但 δ 的精确值似乎并不重要,这里 TEA 把它定义为 $\delta=(\sqrt{5}-1)\times231$(也就是程序中的 $0\times9E3779B9$)。

　　TEA 算法的密钥为 16 字节,每次分块处理的数据是 8 字节,两个 32 位数据。加密过程中,加法运算和减法运算用作可逆的操作,算法轮流使用异或运算提供非线性特性,双移位操作使密钥和数据的所有比特重复混合,最多 16 轮循环就能使数据或密钥的单个比特的变化扩展到接近 32 比特。因此,当循环轮数达到 16 轮以上时,该算法具有很强的抗差分攻击能力,128 比特密钥长度可以抗击穷举搜索攻击。该算法设计者推荐算法的迭代次数为 32 轮。

8.2.2　唯一 ID 的加密与解密

　　下面将简单地演示如何对唯一 ID 进行加密,搭建加密工程,如图 8.3 所示。在串口工程的基础上添加 tea.c 加密算法文件,同时添加工程文件路径。

　　对于加密文件 tea.c,可以编写加密函数 encrypt(uint32_t * v, uint32_t * k)和解密函数 decrypt(uint32_t * v, uint32_t * k)。实际使用过程中常常只需要使用加密函数,但是本例为了方便演示加密算法的正确性,还加入了解密算法。编写的加密代码如下所示,算法的迭代次数为 32 轮:

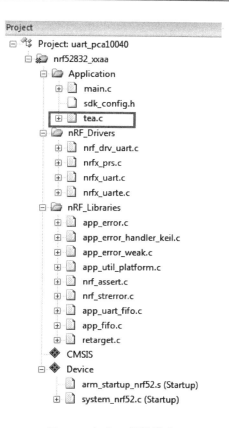

图 8.3　加密工程的搭建

```
01  //TEA 加密函数
02  void encrypt (uint32_t * v, uint32_t * k)
03  {
04      uint32_t v0 = v[0], v1 = v[1], sum = 0, i;          /* 建立 */
05      uint32_t delta = 0x9e3779b9;                        /* 一个关键的调度常数 */
06      uint32_t k0 = k[0], k1 = k[1], k2 = k[2], k3 = k[3];  /*  缓存 key */
07      for (i = 0; i < 32; i++) {                          /* 开始基础循环 */
08          sum += delta;
09          v0 += ((v1 << 4) + k0)^(v1 + sum)^((v1 >> 5) + k1);
10          v1 += ((v0 << 4) + k2)^(v0 + sum)^((v0 >> 5) + k3);
11      }                                                   /* 结束循环 */
12      v[0] = v0; v[1] = v1;
13  }
```

编写解密算法,算法的迭代次数为 32 轮,具体代码如下:

```
14  //TEA 解密函数
```

```
15 void decrypt (uint32_t * v, uint32_t * k)
16 {
17     uint32_t v0 = v[0], v1 = v[1], sum = 0xC6EF3720, i;        / * 建立 * /
18     uint32_t delta = 0x9e3779b9;                               / * 一个关键的调度常数 * /
19     uint32_t k0 = k[0], k1 = k[1], k2 = k[2], k3 = k[3];       / * 缓存 key * /
20     for ( i = 0; i<32; i++) {                                  / * 开始基础循环 * /
21         v1 -= ((v0 << 4) + k2) ^ (v0 + sum) ^ ((v0 >> 5) + k3);
22         v0 -= ((v1 << 4) + k0) ^ (v1 + sum) ^ ((v1 >> 5) + k1);
23         sum -= delta;
24     }                                                          / * 结束循环 * /
25     v[0] = v0; v[1] = v1;
26 }
```

主函数中，设置一组加密密码 key，本例简单地设置为 0x1234 作为密码，然后读取设备的唯一 ID，对唯一 ID 进行 TEA 加密。加密完成后的 ID 可以作为程序加密的校验码。为了验证加密是否成功，再对加密后的唯一 ID 进行解密。对比读取的唯一 ID 和解密后的唯一 ID，如果两者相同，则证明加密算法正确。具体代码如下：

```
01 int main(void)
02 {
03 uint32_t err_code;
04 uint32_t id[2];
05 //密码
06 uint32_t key[] = {0x1234,0x1234,0x1234,0x1234};        //密码
07 //唯一 ID
08 id[0] = NRF_FICR->DEVICEID[0];                          //读取 ID 低 31 位
09 id[1] = NRF_FICR->DEVICEID[1];                          //读取 ID 高 31 位
10
11     const app_uart_comm_params_t comm_params =
12         {
13             RX_PIN_NUMBER,
14             TX_PIN_NUMBER,
15             RTS_PIN_NUMBER,
16             CTS_PIN_NUMBER,
17             UART_HWFC,
18             false,
19 # if defined (UART_PRESENT)
20             NRF_UART_BAUDRATE_115200
21 # else
22             NRF_UARTE_BAUDRATE_115200
23 # endif
24         };
25
```

```
26        APP_UART_FIFO_INIT(&comm_params,
27                           UART_RX_BUF_SIZE,
28                           UART_TX_BUF_SIZE,
29                           uart_error_handle,
30                           APP_IRQ_PRIORITY_LOWEST,
31                           err_code);
32        APP_ERROR_CHECK(err_code);
33
34            while(1)
35        {
36        printf("打印 id:%lx%lx\r\n",id[0],id[1]);
37        encrypt(id,key);                      //开始加密
38        printf("加密 id:%lx%lx\r\n",id[0],id[1]);
39        decrypt(id,key);                           //如果接收方指定密码,就可以进行解密
40        printf("解密 id:%lx%lx\r\n",id[0],id[1]);//如果密码正确,那么解密之后的 ID
                                                   //应该与加密之前的 ID 一致
41        printf("-------------------\r\n");
42        nrf_delay_ms(1000);
43        }
44
45 }
```

　　代码编译后,采用串口进行输出。设置串口调试助手波特率为 115 200,数据位为 8,停止位为 1,如图 8.4 所示。打印输出唯一 ID、加密后的 ID 和解密后的 ID,如果整个加密过程正确,那么读取的唯一 ID 应与解密后的 ID 一致。

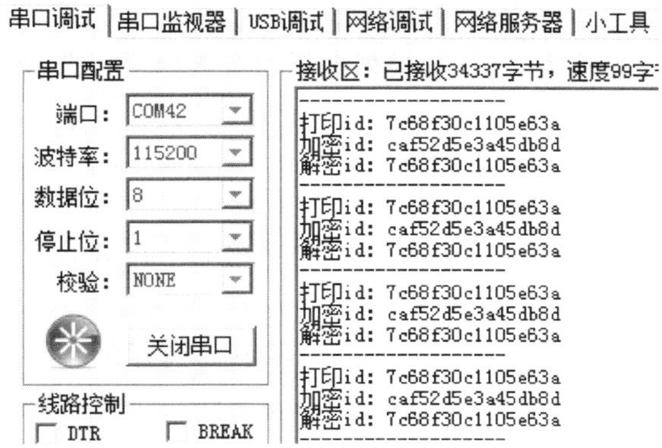

图 8.4　加密与解密 ID

第**9**章

内部温度传感器与随机数发生器

9.1 内部温度传感器

在 nRF52xx 系列芯片内部包含一个内部温度传感器。在一些恶劣的应用环境下，可以通过检测芯片内部温度而感知设备的工作环境温度，如果温度过高或者过低，则马上睡眠或者停止运转，以保证设备工作的可靠性。

内部温度传感器的主要功能是测量芯片温度，但是，如果外部应用需要测量温度也可以使用。因为在芯片外接负载一定的情况下，芯片的发热基本稳定，相对于外界的温度，这个偏差值也是基本稳定的，这时可以通过线性补偿来实现应用。

这里列出的是内部温度传感器的主要特性：

● 温度范围大于或等于设备的工作温度范围；

● 分辨率为 0.25 ℃。

通过触发 START 任务启动 TEMP 温度传感器，温度测量完成后，将生成 DA-TARDY 事件，并可从 TEMP 寄存器读取测量结果。要达到电气规范中规定的测量精度，必须选择外部晶体振荡器作为 HFCLK 源。

温度测量完成后，TEMP 这部分模拟电子设备将掉电以节省电力。TEMP 仅支持一次性操作，这意味着必须使用 START 任务显式启动每个 TEMP 测量。

9.1.1 内部温度传感器寄存器

内部温度传感器作为外部设备，基础地址为 0x4000C000，其寄存器描述如表 9.1 所列。

表 9.1 内部温度传感器寄存器列表

寄存器名称	地址偏移	功能描述
TASKS_START	0x000	开始测量温度
TASKS_STOP	0x004	停止温度测量
EVENTS_DATARDY	0x100	温度测量完成，数据准备就绪
INTENSET	0x304	启用中断
INTENCLR	0x308	禁用中断

续表 9.1

寄存器名称	地址偏移	功能描述
TEMP	0x508	温度单位为℃(0.25 ℃步长)
A0	0x520	第 1 块斜率线性函数的斜率
A1	0x524	第 2 块斜率线性函数的斜率
A2	0x528	第 3 块斜率线性函数的斜率
A3	0x52C	第 4 块斜率线性函数的斜率
A4	0x530	第 5 块斜率线性函数的斜率
A5	0x534	第 6 块斜率线性函数的斜率
B0	0x540	第 1 段线性函数的 y 轴截距
B1	0x544	第 2 段线性函数的 y 轴截距
B2	0x548	第 3 段线性函数的 y 轴截距
B3	0x54C	第 4 段线性函数的 y 轴截距
B4	0x550	第 5 段线性函数的 y 轴截距
B5	0x554	第 6 段线性函数的 y 轴截距
T0	0x560	第 1 段线性函数的终点
T1	0x564	第 2 段线性函数的终点
T2	0x568	第 3 段线性函数的终点
T3	0x56C	第 4 段线性函数的终点
T4	0x570	第 5 段线性函数的终点

对应表 9.1 中的寄存器,具体介绍以下几个寄存器:

① INTENSET 寄存器:写"1"使能 DATARDY 事件的中断,具体说明如表 9.2 所列。

表 9.2　INTENSET 寄存器

位　数	域	ID　值	值	描　述
第 0 位	DATARDY	Set	1	写:使能中断
		Event	0	读:判断中断已关闭
		Task	1	读:判断中断已使能

② INTENCLR 寄存器:写"1"禁止 DATARDY 事件的中断,具体说明如表 9.3 所列。

表 9.3　INTENCLR 寄存器

位　数	域	ID　值	值	描　述
第 0 位	DATARDY	Set	1	写:关闭中断
		Event	0	读:判断中断已关闭
		Task	1	读:判断中断已使能

③ TEMP 寄存器:具体说明如表 9.4 所列。

表 9.4   TEMP 寄存器

位　数	域	ID 值	值	描　述
第 0~31 位	TEMP	—	—	温度单位:℃; 测温结果:2 的补码格式,0.25 ℃ 为一个进位; 判决点:DATARDY 域

④ A[n](n＝0~5)寄存器:线性函数的斜率,具体说明如表 9.5 所列。

表 9.5   A[n]寄存器

位　数	域	ID 值	值	描　述
第 0~11 位	TEMP	—	—	第 n+1 段线性函数的斜率

⑤ B[n](n＝0~5)寄存器:线性函数的 y 轴截距,具体说明如表 9.6 所列。

表 9.6   B[n]寄存器

位　数	域	ID 值	值	描　述
第 0~13 位	TEMP	—	—	第 n+1 段线性函数的 y 轴截距

⑥ T[n](n＝0~4)寄存器:分段线性函数的端点,具体说明如表 9.7 所列。

表 9.7   T[n]寄存器

位　数	域	ID 值	值	描　述
第 0~7 位	TEMP	—	—	第 n+1 个分段线性函数的端点

9.1.2   内部温度传感器的电气特性

任何内部温度传感器都有电气特性,也就是说,有采集温度的范围和转换时间、精度等参数。nRF52 处理器的内部温度传感器的电气特性如表 9.8 所列,表中标注了温度测量所需时间、内部温度传感器范围、内部温度传感器精度、内部温度传感器分辨率、样品在恒定器件温度下的稳定性、在 25 ℃时的样品偏移等参数,这在测量温度以及校正参数时需要参考。

表 9.8   内部温度传感器的电气特性

功能描述	最小值	典型值	最大值
温度测量所需时间/μs	—	36	—
内部温度传感器范围/℃	−40		85
内部温度传感器精度/℃	−5	—	5
内部温度传感器分辨率/℃	—	0.25	
样品在恒定器件温度下的稳定性/℃	—	+/−0.25	—
在 25 ℃时的样品偏移	−2.5		2.5

9.1.3　内部温度传感器库函数编程

对于温度采集的工程搭建,我们可以采用前面串口组件库的工程例子进行修改。由于组件库中提供了一个 nrf_temp.h 驱动文件,因此我们需要在 Options for Target 文本框中的"C/C++"选项卡中的 Include Paths 下拉列表框中选择"\modules\nrfx\hal"路径,nrf_temp.h 驱动文件位于 modules\nrfx\hal 文件夹内,具体如图 9.1 所示。

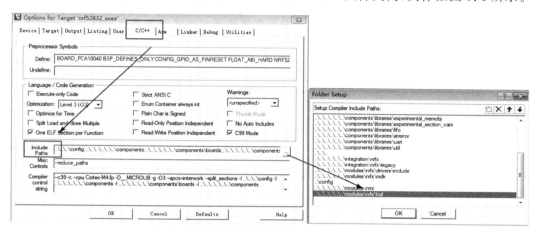

图 9.1　添加内部温度传感器驱动库文件路径

在 main.c 文件最开头的文件中,需要添加 nrf_temp.h 头文件以包含内部温度传感器函数库,如图 9.2 所示。

```
11  #include <stdbool.h>
12  #include <stdint.h>
13  #include <stdio.h>
14  #include "app_uart.h"
15  #include "app_error.h"
16  #include "nrf_delay.h"
17  #include "nrf.h"
18  #include "bsp.h"
19  #if defined (UART_PRESENT)
20  #include "nrf_uart.h"
21  #endif
22  #if defined (UARTE_PRESENT)
23  #include "nrf_uarte.h"
24  #endif
25  #include "nrf_temp.h"//添加内部温度传感器驱动库
26
```

图 9.2　主函数头文件的引用

本例中,我们主要实现测试内部温度的功能,然后通过串口输出这样一个过程。对于内部温度采样配置总结如下:

① 初始化温度采集,官方在 nrf_temp.h 文件中提供了一个初始化函数,如表 9.9 所列。

表 9.9 nrf_temp_init 温度初始化函数

函　数	static __INLINE void nrf_temp_init(void)
功　能	用于准备温度测量的临时模块。此函数初始化临时模块并将其写入隐藏的配置寄存器中
参　数	无

温度偏移值必须手动加载到临时模块,可以采用该函数实现。

② 启动温度采集,等待采集过程完成。这里提供 TASKS_START 寄存器来启动温度采集,当对该寄存器置位时,就可以启动内部温度采集模块进行温度采集了。

NRF_TEMP->TASKS_START = 1;

采集需要时间,而且这个过程不能被立即打断,因此需要等待 EVENTS_DATARDY 事件是否被置位,如果置位了,则表明临时缓冲中温度数据已经采集存储就绪;或者在 IN-TENSET 寄存器中使能 DATARDY 事件的中断,采用中断方式进行判断。

③ 读出采集温度的值,并且停止温度采集。当临时缓冲中温度数据已经准备就绪时,就可以读出数据。官方在 nrf_temp.h 文件中提供了一个读取函数,如表 9.10 所列。

表 9.10 nrf_temp_read 温度读取函数

函　数	static __INLINE int32_t nrf_temp_read(void)
功　能	用于读取温度测量值。该函数读取 10 位 2 的补码值并将其转换为 32 位 2 的补码值
参　数	无

该函数从 TEMP 寄存器中读取 10 位 2 的补码值并将其转换为 32 位 2 的补码值,注意 TEMP 寄存器中存储的值是以 0.25 ℃ 为一个进位级的,如果要转换为以℃为单位,则实际的温度值应乘以 0.25 或者除以 4。当温度读取成功后,对 TASKS_STOP 寄存器置位以停止温度采集。

对上面的温度采集步骤进行总结,如图 9.3 所示。

根据总结的设计步骤,主函数编写程序如下。程序中采用查询方式等待温度采集成功,成功后读取温度值,并且转换为以℃为单位,通过串口打印输出,进行观察。

```
01  int main(void)
02  {
03
04      int32_t volatile temp;
05      //初始化 LED 灯
06      LEDS_CONFIGURE(LEDS_MASK);
07      LEDS_OFF(LEDS_MASK);
08      //初始化串口
09      uart_init();
10      //初始化内部温度传感器
```

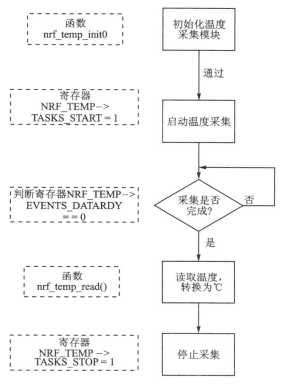

图 9.3 温度采集步骤

```
11    nrf_temp_init();
12    printf("Temperature example started.");
13    //循环测试内部温度
14    while (true)
15    {   //开始温度测量
16        NRF_TEMP->TASKS_START = 1;
17        /* 当温度测量尚未完成时,如果为 DATARDY 事件启用中断并在中断中读取结果,则
18        可以跳过等待 */
19        while (NRF_TEMP->EVENTS_DATARDY == 0)
20        {
21            //不做任何事
22        }
23        NRF_TEMP->EVENTS_DATARDY = 0;
24
25        //停止任务清除临时寄存器
26        temp = (nrf_temp_read() / 4);
27
28        /* TEMP:当 DATARDY 事件发生时,Temp 模块模拟前端不断电 */
29        NRF_TEMP->TASKS_STOP = 1; /**停止温度测量 */
```

```
30
31          printf("温度采样: % u\n\r",(uint8_t)(temp));
32          nrf_gpio_pin_toggle(LED_1);
33          nrf_delay_ms(500);
34
35      }
```

代码编译后,下载到青风 nRF52832 开发板内。打开串口调试助手,选择开发板串口端号,设置波特率为 115 200,数据位为 8,停止位为 1。每隔 500 ms 会输出一次温度值(见图 9.4),如果串口正确收到温度值,则 LED1 灯翻转。

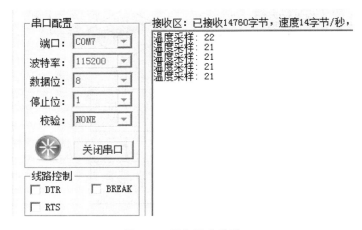

图 9.4　采集温度输出

9.2　随机数发生器

9.2.1　随机数发生器原理

随机数发生器(RNG)是一种基于内部热噪声产生非确定性随机数的发生器。经常用于通信加密等场合。

该随机数发生器通过触发 START 任务启动,通过触发 STOP 任务停止运行。在启动时,新的随机数连续产生,并在准备好时写入 VALUE 寄存器中。随着每次新的随机数写入 VALUE 寄存器,都会触发一个 VALRDY 事件。这意味着生成 VALRDY 事件后,直到下一个 VALRDY 事件之前这段时间,CPU 有足够的时间在新随机数覆盖旧随机数之前,从 VALUE 寄存器中读出旧随机数的值。

1. 随机数发生器的应用场合

随机数发生器常用于处理器和设备之间的通信中,进行信息加密和身份认证,其应用场合如下:

① 某设备发送操作请求给 MCU，MCU 利用随机数发生器产生一段随机序列（明文），MCU 采用加密方式对明文进行加密产生一段密文（明文＋用户密码＝密文），然后 MCU 发送密文给某设备。

② 某设备利用用户密码，采用相同的解密方式对密文进行解密，还原出明文，并发送给 MCU。MCU 在 100 ms 内等待设备端解密出来的明文，并与随机数发生器随机产生的明文做比较，若比较正确则认为设备端输入了正确的密码，若错误则终止通信。

在整个通信过程中，明文都是随机序列。如果设备端无正确的密码，则通信过程是无法正确进行的，因此实现了安全的密码验证授权。这种方式常见的应用如 AES 算法加密。

2. 偏差校正

在内部比特流上采用偏差校正算法以消除对"1"或"0"的任何偏差，然后将这些位排队到一个 8 位寄存器，以便从 VALUE 寄存器中并行读出。我们可以在 CONFIG 寄存器中启用偏差校正，但这会导致值的生成较慢，不过却可以确保随机值的统计均匀分布。

生成速度：生成一个随机字节数据所需的时间是不可预测的，并且可能在一个字节到下一个字节之间发生变化，启用偏差校正时尤其如此。

9.2.2　随机数发生器寄存器

内部温度传感器作为外部设备，基础地址为 0x4000D000，其寄存器描述如表 9.11 所列。

表 9.11　随机数发生器寄存器列表

寄存器名称	地址偏移	功能描述
TASKS_START	0x000	任务启动随机数生成器
TASKS_STOP	0x004	任务停止随机数生成器
EVENTS_VALRDY	0x100	为写入 VALUE 寄存器的每个新随机数生成事件
SHORTS	0x200	快捷方式登记
INTENSET	0x304	启用中断
INTENCLR	0x308	禁用中断
CONFIG	0x504	配置寄存器
VALUE	0x508	输出随机数

以上部分寄存器的详细介绍如下：

① SHORTS 寄存器：可读可写寄存器，用于快速通过 VALRDY 事件触发 STOP 任务，具体如表 9.12 所列。

表 9.12　SHORTS 寄存器

位　数	复位值	域	ID 值	值	描　述
第 0 位	0x00000000	VALRDY_STOP	Disabled	0	禁用快捷方式
			Enabled	1	启用快捷方式

② INTENSET 寄存器:可读可写寄存器,使能随机数中断,具体如表 9.13 所列。

表 9.13　INTENSET 寄存器

位　数	复位值	域	ID 值	值	描　述
第 0 位	0x00000000	VALRDY	Set	1	使能 VALRDY 事件中断
			Disabled	0	读:中断禁止
			Enabled	1	读:中断使能

③ INTENCLR 寄存器:可读可写寄存器,禁止随机数中断,具体如表 9.14 所列。

表 9.14　INTENCLR 寄存器

位　数	复位值	域	ID 值	值	描　述
第 0 位	0x00000000	VALRDY	Clear	1	禁止 VALRDY 事件中断
			Disabled	0	读:中断禁止
			Enabled	1	读:中断使能

④ CONFIG 寄存器:可读可写寄存器,配置是否开启偏差校正,具体如表 9.15 所列。

表 9.15　CONFIG 寄存器

位　数	复位值	域	ID 值	值	描　述
第 0 位	0x00000000	DERCEN	Disabled	0	关闭偏差校正
			Enabled	1	使能偏差校正

⑤ VALUE 寄存器:可读可写寄存器,随机数的存储寄存器,具体如表 9.16 所列。

表 9.16　VALUE 寄存器

位　数	复位值	域	ID 值	值	描　述
第 0~7 位	0x00000000	VALUE	—	[0..255]	生成随机数的值

9.2.3　随机数发生器库函数编程

1. 组件库的编写流程

随机数发生器采用组件库编程会大大降低编程难度,优化数据处理过程。下面将详细讲解组件库编写随机数发生器的过程,并且进入库函数内部,探讨整个随机数产生以及读取的过程。

第一步:使用 RNG 模块之前,先初始化 RNG 发生器模块。在 SDK 的组件库中提供了 nrf_drv_rng.c 库文件,该文件提供了一个 nrf_drv_rng_init 函数,用于初始化 RNG 模块功能,如表 9.17 所列。

表 9.17 随机数初始化函数

函　　数	ret_code_t nrf_drv_rng_init(nrf_drv_rng_config_t const * p_config);
功　　能	用于初始化 nrf_drv_rng 模块
参　　数	p_config:初始配置
返回值	NRF_SUCCESS:表示驱动程序初始化成功
	NRF_ERROR_MODULE_ALREADY_INITIALIZED:表示驱动程序已经初始化

该函数的形参为 nrf_drv_rng_config_t const * p_config,也就是提供了一个结构体对初始化参数进行定义,该结构体如下:

```
01 typedef struct
02 {
03     bool     error_correction : 1;          /*误差修正的帧*/
04     uint8_t  interrupt_priority;            /*中断优先级*/
05 } nrfx_rng_config_t;
```

这个结构体定义的配置参数有两个:一个用于帧标注,表示是否有数据修正;另一个用于设置中断优先级。nrf_drv_rng_init 函数的结构看起来非常简单,但是我们应关注其函数内部到底做了哪些工作。下面将进入该函数内部,具体代码如下:

```
01 ret_code_t nrf_drv_rng_init(nrf_drv_rng_config_t const * p_config)
02 {
03     ret_code_t err_code = NRF_SUCCESS;
04     if(m_rng_cb.state != NRFX_DRV_STATE_UNINITIALIZED)  //RNC 状态,如果不等于则未初始化
05     {
06         return NRF_ERROR_MODULE_ALREADY_INITIALIZED;       //返回已经初始化模块
07     }
08     if(p_config == NULL)
09     {
10         p_config = &m_default_config;                      //如果是 NULL,则使用默认配置
11     }
12     m_rng_cb.config = * p_config;                          //如果有配置,则复制给配置参数
13
14     NRF_DRV_RNG_LOCK();                                    //RNC 锁定
15
16     if(!NRF_DRV_RNG_SD_IS_ENABLED())
17     {
18         err_code = nrfx_rng_init(&m_rng_cb.config, nrfx_rng_handler);
                                                //初始化 RNC 配置,并且触发 RNC 事件
```

```
19        if（err_code ! = NRF_SUCCESS）
20        {
21            return err_code;
22        }
23        nrfx_rng_start();                          //开始 RNC
24    }
25    m_rng_cb.state = NRFX_DRV_STATE_INITIALIZED;
26    NRF_DRV_RNG_RELEASE();                          //RNC 释放
27    return err_code;
28 }
```

第 08～10 行：如果配置参数为 NULL，则配置使用默认配置 &m_default_config。
如下：

```
29 #define NRFX_RNG_DEFAULT_CONFIG
30     {
31         .error_correction = NRFX_RNG_CONFIG_ERROR_CORRECTION,
32         .interrupt_priority = NRFX_RNG_CONFIG_IRQ_PRIORITY,
33     }
```

默认配置参数在 sdk_config.h 文件中，具体配置如下：

```
34 //错误修正，是否启动错误修正，启动就设置为 1
35 #ifndef NRFX_RNG_CONFIG_ERROR_CORRECTION
36 #define NRFX_RNG_CONFIG_ERROR_CORRECTION 1
37 #endif
38
39 // RNG 的中断优先级设置
40 // <0 => 0 (highest)
41 // <1 => 1
42 // <2 => 2
43 // <3 => 3
44 // <4 => 4
45 // <5 => 5
46 // <6 => 6
47 // <7 => 7
48 #ifndef NRFX_RNG_CONFIG_IRQ_PRIORITY
49 #define NRFX_RNG_CONFIG_IRQ_PRIORITY 6
50 #endif
```

第 18 行，调用函数 nrfx_rng_init 初始化 RNC 配置，初始化配置中的两个参数。
如图 9.5 所示，首先开启错误修正功能，然后配置 RNC 中断优先级，开启 RNC 中断。
这个中断执行后，会触发一个 nrfx_rng_evt_handler 的回调事件。在第 18 行中把这个
事件定义为 nrfx_rng_handler。

第 23 行：调用函数 nrfx_rng_start，开始运行 RNC 随机数发生器。一旦开始运行，

```
60   nrfx_err_t nrfx_rng_init(nrfx_rng_config_t const * p_config, nrfx_rng_evt_handler_t handler)
61 ┌ {
62       NRFX_ASSERT(p_config);
63       NRFX_ASSERT(handler);
64       if (m_rng_state != NRFX_DRV_STATE_UNINITIALIZED)
65 ┌   {
66           return NRFX_ERROR_ALREADY_INITIALIZED;
67       }
68
69       m_rng_hndl = handler;
70
71       if (p_config->error_correction)                            开启错误修正
72 ┌   {
73           nrf_rng_error_correction_enable();
74       }
75       nrf_rng_shorts_disable(NRF_RNG_SHORT_VALRDY_STOP_MASK);
76       NRFX_IRQ_PRIORITY_SET(RNG_IRQn, p_config->interrupt_priority);//优先级设置    设置中断优先级,
77       NRFX_IRQ_ENABLE(RNG_IRQn);//使能RNC中断                                       并且开启中断
78
79       m_rng_state = NRFX_DRV_STATE_INITIALIZED;
80
81       return NRFX_SUCCESS;
82   }
83
```

图 9.5 nrfx_rng_init 函数内部

新的随机数就连续产生,并在准备好时写入 VALUE 寄存器中。随着每次新的随机数写入 VALUE 寄存器,都会触发一个 VALRDY 中断事件。中断函数在 nrfx_rng.c 中进行定义,前面已经使能了中断,当中断事件发生后,进入中断。中断中首先清除 VALRDY 事件标志,然后通过 nrf_rng_random_value_get 函数读出 VALUE 寄存器中的值,最后执行 nrfx_rng_evt_handler 的回调事件。

```
01    void nrfx_rng_irq_handler(void)
02   {
03    nrf_rng_event_clear(NRF_RNG_EVENT_VALRDY);        //清除中断标志
04    uint8_t rng_value = nrf_rng_random_value_get();  //读出 VALUE 寄存器中的值
05    m_rng_hndl(rng_value);                            //执行 nrfx_rng_evt_handler 的回调事件
06    NRFX_LOG_DEBUG("Event: NRF_RNG_EVENT_VALRDY.");
07   }
```

nrfx_rng_evt_handler 的回调事件主要是把从 VALUE 寄存器中读出的值放入队列文件声明的一个专用放置随机数的 m_rand_pool 池中,如果这个队列池放满了,为避免溢出,则停止 RNC 模块的运行,具体代码如下:

```
01 static void nrfx_rng_handler(uint8_t rng_val)
02 {
03    NRF_DRV_RNG_LOCK();
04    if (! NRF_DRV_RNG_SD_IS_ENABLED())
05    {        //把从 VALUE 寄存器中读出的值放入 m_rand_pool 池中
06        UNUSED_RETURN_VALUE(nrf_queue_push(&m_rand_pool, &rng_val));
07
08        if (nrf_queue_is_full(&m_rand_pool))
09        {    //如果队列池已经满了,则停止 RNG 模块的运行
10            nrfx_rng_stop();
11        }
```

```
12              NRF_LOG_DEBUG("Event: NRF_RNG_EVENT_VALRDY.");
13      }
14      NRF_DRV_RNG_RELEASE();
15 }
```

执行完回调后,在 m_rand_pool 池中就有 RNC 模块参数的随机数。

关于 m_rand_pool 池的说明:

在 SDK 中提供了一个 nrf_queue.c 文件,专门用来提供类似堆栈的缓冲区,相当于一个存储池。在生成随机数的工程中,需要调用 nrf_drv_rng.c 库文件。该文件包含一个队列的定义,该定义声明了一个 m_rand_pool 池,代码如下:

```
NRF_QUEUE_DEF(uint8_t,m_rand_pool,RNG_CONFIG_POOL_SIZE,NRF_QUEUE_MODE_OVERFLOW);
```

两个参数:一个是池子的大小,单位为字节数,最大可以声明为 64 字节:

```
01 #define RNG_CONFIG_POOL_SIZE 64
```

另一个是队列的模式:溢出模式或者覆盖模式,如下:

```
01 typedef enum
02 {
03     NRF_QUEUE_MODE_OVERFLOW,         //如果队列已满,新数据将覆盖旧数据
04     NRF_QUEUE_MODE_NO_OVERFLOW,      //如果队列已满,则不接收新数据
05 } nrf_queue_mode_t;
```

默认配置为覆盖模式,新数据覆盖旧数据。因此,前面会判断 m_rand_pool 池是否已满,如果已满就停止 RNG 产生新的随机数,以避免数据被覆盖。

第二步:从 m_rand_pool 池中读出对应字节的随机数,并且把读出的随机数放入一个缓冲向量中,然后通过串口在 PC 上打印进行观察。这时可以调用两个库函数:nrf_drv_rng_bytes_available 和 nrf_drv_rng_rand,分别如表 9.18 和表 9.19 所列。

表 9.18   nrf_drv_rng_bytes_available 函数

函 数	void nrf_drv_rng_bytes_available(uint8_t * p_bytes_available);
功 能	用于获取当前可用的随机字节数
参 数	p_bytes_available:表示当前随机数存储池中可用的字节数

表 9.19   nrf_drv_rng_rand 函数

函 数	ret_code_t nrf_drv_rng_rand(uint8_t * p_buff, uint8_t length);
功 能	用于把随机数放入对应的缓冲向量中
参 数	p_buff:指向存储字节的 uint8_t 缓冲区的指针
	length:从随机数存储池中取出并放入 p_buff 中的字节数
返回值	NRF_SUCCESS:表示请求的字节被写入 p_buff 中
	NRF_ERROR_NOT_FOUND:表示没有向缓冲区写入字节,因为池中没有足够的可用字节

编写代码如下,首先获取 m_rand_pool 池中随机数的大小,与设置的 buff 缓冲的大小比较,选择最小的值作为存入 buff 的长度,以避免数据丢失。

```
01      //获取随机数发生器 m_rand_pool 池中产生的随机数字节大小
02      nrf_drv_rng_bytes_available(&available);
03      //将设置的存放空间与随机数发送池中随机数的大小进行比较,取最小的作为写入长度
04      uint8_t length = MIN(size, available);
05      //把对应长度的随机数写入缓冲中
06      err_code = nrf_drv_rng_rand(p_buff, length);
```

　　整个随机数的获取及读出过程如图 9.6 所示。主程序和中断程序相互独立。如果使能 RNG 中断,当 RNG 启动后,CPU 就会把新产生的随机数放入 VALUE 寄存器中,此时就会触发对应中断,在中断中完成把 VALUE 寄存器中的随机数放入 m_rand_pool 池的过程。当 m_rand_pool 池满时,会停止 RNG 模块运行,退出中断。主函数则是以循环扫描的方式读取 m_rand_pool 池中的随机数,放入缓冲数组中,通过串口打印输出进行观察。

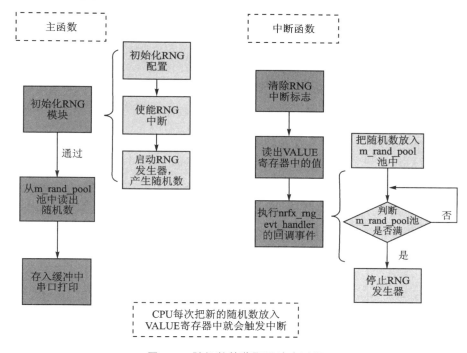

图 9.6　随机数的获取及读出过程

2. 随机数发生器工程的搭建

　　首先搭建随机数发生器工程目录,随机数发生器的演示工程可以在串口例程上进行修改,如图 9.7 所示。需要添加 3 个驱动库函数,分别为 nrfx_rng.c、nrf_drv_rng.c 和 nrf_queue.c 函数。

图 9.7　随机数发生器工程目录

添加驱动文件库后,这些文件库的路径也需要进行链接,路径如表 9.20 所列。在 Options for Target 对话框中的"C/C++"选项卡中的 Include Paths 下拉列表框中选择,具体的添加位置如图 9.8 所示。

表 9.20　添加的文件以及文件路径

添加的文件	路　径
nrf_queue. c	\components\libraries\queue
nrf_drv_rng. c	\integration\nrfx
nrfx_rng. c	\modules\nrfx\drivers

由于 nrf_queue. h 的头文件在 nrf_drv_rng. c 文件中引用,nrfx_rng. h 的头文件在 nrf_drv_rng. h 文件中引用,所以主函数中只需要引用一个头文件 nrf_drv_rng. h 就可以对这 3 个函数进行调用。代码如下:

```
07  # include "nrf_drv_rng.h"
```

同时需要在 sdk_config. h 文件中添加随机数发生器相关的配置,注意串口的 sdk_config. h 文件中是没有随机数发生器相关的配置的,需要自己手动添加,具体添加内容请参考相关代码。如果添加成功,则切换到配置导航的 Configuration Wizard 上,相应

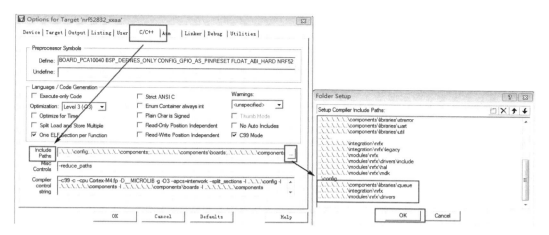

图 9.8　随机数文件路径的添加

配置已被选中,如图 9.9 所示。

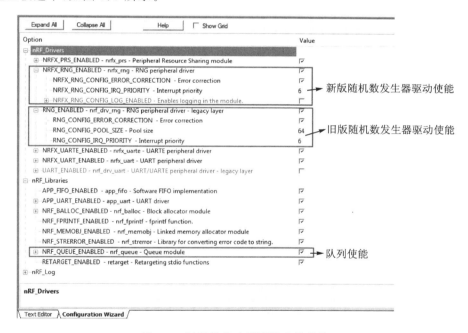

图 9.9　随机数发生器配置文件使能

　　配置完成后,开始编写代码。首先在 main.c 文件中编写一个将获取数据放入缓冲向量的子函数,调用库函数 nrf_drv_rng_bytes_available() 获取 m_rand_pool 池的大小,同时设置 buff 缓冲大小为 16 字节,比较 m_rand_pool 池与 buff 缓冲的大小,把最小值作为实际存入 buff 的随机数长度。具体代码如下:

```
08   # define RANDOM_BUFF_SIZE      16          /* 存放随机数的缓冲大小 */
09
```

```
10  /** 函数功能是用于获取随机数,把随机数放入缓冲向量。
11   * 参数 p_buff        指向 unit8_t 缓冲区的指针,用于存储随机数。
12   * 参数 length        从 m_rand_pool 池中取出并放入 p_buff 中的字节数。
13   * 返回值             实际放置在 p_buff 中的字节数。
14   */
15  static uint8_t random_vector_generate(uint8_t * p_buff, uint8_t size)
16  {
17      uint32_t err_code;
18      uint8_t  available;
19      //获取随机数发生器 m_rand_pool 池中产生的随机数字节大小
20      nrf_drv_rng_bytes_available(&available);
21      //比较设置的存放空间和随机数发送池中随机数的大小,取最小的作为写入长度
22      uint8_t length = MIN(size, available);
23      //把对应长度的随机数写入缓冲
24      err_code = nrf_drv_rng_rand(p_buff, length);
25      APP_ERROR_CHECK(err_code);
26
27      return length;
28  }
```

主函数中,首先初始化串口,然后调用随机数发生器初始化库函数。根据上面的分析,初始化库函数里包含初始化随机数发生器配置、使能随机数发生器中断、开启随机数发生器等功能。当随机数生成后,会产生随机数发生器中断,中断中把产生的随机数放入 m_rand_pool 池中。

最后就是调用 random_vector_generat 函数,配合串口打印功能,把 m_rand_pool 池中的随机数放入 p_buff 缓冲数组中,然后在 PC 的串口助手上打印出来并进行观察。

```
01  /** 主函数:循环输出随机数 */
02  int main(void)
03  {
04      LEDS_CONFIGURE(LEDS_MASK);
05      LEDS_OFF(LEDS_MASK);
06      uint32_t err_code;
07      const app_uart_comm_params_t comm_params =
08          {
09              RX_PIN_NUMBER,
10              TX_PIN_NUMBER,
11              RTS_PIN_NUMBER,
12              CTS_PIN_NUMBER,
13              APP_UART_FLOW_CONTROL_DISABLED,
14              false,
15              UART_BAUDRATE_BAUDRATE_Baud115200
16          };
17      //初始化串口
```

```
18    APP_UART_FIFO_INIT(&comm_params,
19                           UART_RX_BUF_SIZE,
20                           UART_TX_BUF_SIZE,
21                           uart_Interrupt_handle,
22                           APP_IRQ_PRIORITY_LOW,
23                           err_code);
24
25    APP_ERROR_CHECK(err_code);
26    //初始化 RNG 模块,并且打开 RNG 模块,使能中断
27    err_code = nrf_drv_rng_init(NULL);
28    APP_ERROR_CHECK(err_code);
29    printf("RNG example started.");
30
31    while (true)
32    {//配置一个缓冲,把 m_rand_pool 池中的随机数放入缓冲数组
33        uint8_t p_buff[RANDOM_BUFF_SIZE];
34    //获取随机数,把随机数放入缓冲向量
35        uint8_t length = random_vector_generate(p_buff,RANDOM_BUFF_SIZE);
36        printf("Random Vector:");
37    //串口打印该数组
38        for(uint8_t i = 0; i < length; i++)
39        {
40            printf(" %2x",(int)p_buff[i]);
41        }
42        printf("\n\r");
43        nrf_gpio_pin_toggle(LED_1);
44        nrf_delay_ms(1000);
45    }
46 }
```

　　工程编译后,下载到青风 nRF52832 开发板内。打开串口调试助手,选择开发板串口端号,设置波特率为 115 200,数据位为 8,停止位为 1。每隔 500 ms 会输出一次随机数,如果串口正确打印随机数,则 LED1 灯翻转。串口输出如图 9.10 所示,输出 16 字节的随机数。

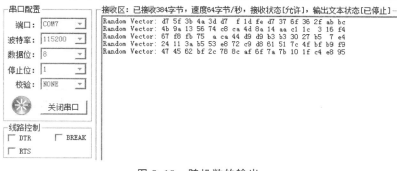

图 9.10　随机数的输出

第 **10** 章

定时器 TIMER

10.1 原理分析

与其他 MCU 处理器一样,在 nRF52832 中定时器的功能也是十分强大的。其内部包含 5 个定时器 TIMER 模块:TIMER0、TIMER1、TIMER2、TIMER3 和 TIMER4,如表 10.1 所列。

表 10.1 定时器模块

地址偏移	寄存器名称	功能描述
0x40008000	定时器 0(TIMER0)	该定时器实例有 4 个 CC 寄存器(CC[0..3])
0x40009000	定时器 1(TIMER1)	该定时器实例有 4 个 CC 寄存器(CC[0..3])
0x4000A000	定时器 2(TIMER2)	该定时器实例有 4 个 CC 寄存器(CC[0..3])
0x4001A000	定时器 3(TIMER3)	该定时器实例有 6 个 CC 寄存器(CC[0..5])
0x4001B000	定时器 4(TIMER4)	该定时器实例有 6 个 CC 寄存器(CC[0..5])

定时器有着不同的位宽选择,位宽的大小直接决定定时器的最大溢出时间。处理器可以通过 BITMODE 寄存器选择不同的位宽,该寄存器位于定时器内部。

BITMODE 寄存器:配置计时器使用的位宽数,可选位宽为 8 bit、16 bit、24 bit 和 32 bit,具体如表 10.2 所列。

表 10.2 位宽设置寄存器

位 数	域	ID 值	值	描 述
第 0~1 位	BITMODE	16 bit	0	16 bit 宽度定时器
		8 bit	1	8 bit 宽度定时器
		24 bit	2	24 bit 宽度定时器
		32 bit	3	32 bit 宽度定时器

图 10.1 所示为定时器内部结构图,下面结合结构图来详细分析其基本工作原理以及相关概念。

1. 时钟源

首先定时器 TIMER 工作在高频时钟源(HFLCK)下,同时包含一个 4 bit(1/2X)

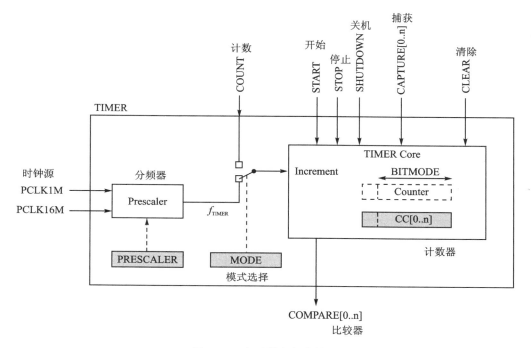

图 10.1 定时器内部结构图

的分频器(PRESCALER),可以对高频时钟源(HFLCK)进行分频。框图入口处(见图 10.1)给了两个时钟源,表示两种时钟输入模式:1 MHz 模式(PCLK1M)和 16 MHz 模式(PCLK16M)。时钟源通过分频器分频后输出一个频率 f_{TIMER},系统将通过这个参数来自动选择时钟源,而不需要工程师设置寄存器。

当 $f_{\text{TIMER}} > 1$ MHz 时,系统自动选择 PCLK16M 作为时钟源。

当 $f_{\text{TIMER}} \leqslant 1$ MHz 时,系统会自动用 PCLK1M 替代 PCLK16M 作为时钟源,以降低功耗。

2. 分频器

分频器对输入的时钟源进行分频,输出的频率计算公式如下:

$$f_{\text{TIMER}} = \frac{\text{HFCLK}}{2^{\text{PRESCALER}}}$$

其中,HFLCK 不管是使用哪种时钟源输入,计算分频值时都使用 16 MHz。PRES-CALER 为一个 4 bit 的分频器,分频值为 0~15。当 PRESCALER 的值大于 9 时,其计算值仍然为 9,即 f_{TIMER} 的最小值为 $16/2^9$。通过设置寄存器 PRESCALER 可以控制定时器的频率。

PRESCALER 寄存器:预分频寄存器,具体说明如表 10.3 所列。

表 10.3　预分频寄存器

位　数	域	ID　值	值	描　述
第 0～3 位	PRESCALER	—	[0..9]	预分频的值

3. 工作模式

定时器 TIMER 可以工作在两种模式下：定时器（Timer）模式和计数器（Counter）模式。工作模式通过寄存器 MODE 进行选择，当 MODE 设置为 0 时为定时器模式；设置为 1 时为计数器模式；设置为 2 时，选择低功耗的计数器模式。

MODE 寄存器：定时器模式设置寄存器，具体说明如表 10.4 所列。

表 10.4　MODE 寄存器

位　数	域	ID　值	值	描　述
第 0～1 位	MODE	Timer	0	选择定时器模式
		Counter	1	选择计数器模式
		LowPowerCounter	2	选择低功耗计数器模式

定时器模式下，为递增计数（Increment），每一个时钟频率下计数器都自动加 1。

计数器模式下，每触发一次寄存器计数事件，定时器内部的计数器寄存器就会加 1。

4. 比较/捕获功能

定时器模式下设定比较（Compare）/捕获（Capture）寄存器（CC[n]）的值，可以设置定时的时间（Timer Value）。CC[n] 寄存器的具体说明如表 10.5 所列。

表 10.5　CC[n] 寄存器

位　数	域	ID　值	值	描　述
第 0～32 位	CC	—	—	捕获比较值。 该寄存器的有限位数与 BITMODE 寄存器的设置一致，比如设置为 8 位定时器，那么 CC[n] 寄存器只有 0～7 位有效

当定时时间的值跟 CC[n] 寄存器的值相等时，将触发一个 COMPARE[n] 事件，COMPARE[n] 事件可以触发中断。如果是周期性触发，则需要在触发后清除计数值，否则会一直计数，直到溢出。

计数器模式下，每次触发 COUNT 任务时，TIMER 的内部计数器 Counter 寄存器都会递增 1；同时，该模式下是不使用定时器的频率和预分频器的。COUNT 任务在定时器模式下无效。通过设定一个 CAPTURE 任务，捕获的计数器的值将存储到 CC[n] 寄存器内，然后对 CC[n] 寄存器读取计数的值。

5. 任务延迟和优先级

任务延迟：TIMER 启动后，CLEAR 任务、COUNT 任务和 STOP 任务将保证在

PCLK16M 的一个时钟周期内生效。

　　任务优先级：如果同时触发 START 任务和 STOP 任务，即在 PCLK16M 的同一时段内，则优先执行 STOP 任务。

　　表 10.6 所列是定时器的寄存器列表。

表 10.6　定时器的寄存器列表

寄存器名称	地址偏移	功能描述
TASKS_START	0x000	启动定时/计数器
TASKS_STOP	0x004	停止定时/计数器
TASKS_COUNT	0x008	计数器递增(仅限计数器模式)
TASKS_CLEAR	0x00C	清除计数器
TASKS_SHUTDOWN	0x010	关闭定时/计数器
TASKS_CAPTURE[0]	0x040	将 Counter 值捕获到 CC [0]寄存器
TASKS_CAPTURE[1]	0x044	将 Counter 值捕获到 CC [1]寄存器
TASKS_CAPTURE[2]	0x048	将 Counter 值捕获到 CC [2]寄存器
TASKS_CAPTURE[3]	0x04C	将 Counter 值捕获到 CC [3]寄存器
TASKS_CAPTURE[4]	0x050	将 Counter 值捕获到 CC [4]寄存器
TASKS_CAPTURE[5]	0x054	将 Counter 值捕获到 CC [5]寄存器
EVENTS_COMPARE[0]	0x140	比较 CC [0]匹配的事件
EVENTS_COMPARE[1]	0x144	比较 CC [1]匹配的事件
EVENTS_COMPARE[2]	0x148	比较 CC [2]匹配的事件
EVENTS_COMPARE[3]	0x14C	比较 CC [3]匹配的事件
EVENTS_COMPARE[4]	0x150	比较 CC [4]匹配的事件
EVENTS_COMPARE[5]	0x154	比较 CC [5]匹配的事件
SHORTS	0x200	快捷方式注册
INTENSET	0x304	启用中断
INTENCLR	0x308	禁用中断
MODE	0x504	定时器模式选择
BITMODE	0x508	配置 TIMER 使用的位数
PRESCALER 预分频器	0x510	定时器预分频器寄存器
CC[n](n=0~5)	0x540~0x554	比较寄存器[n],n=0~5

10.2　定时器定时功能

10.2.1　定时器寄存器编程

　　在代码文件中建立了一个演示例程，我们打开看看需要编写哪些文件。打开

pca10040 文件夹中的 time 工程,如图 10.2 所示,只需编写方框中的两个文件就可以了。因为采用子函数的方式,而 led.c 已在第 5 章编写好,所以这里就来讨论如何编写 time.c 这个驱动子文件和主函数 main.c 文件。

图 10.2　定时器寄存器方式工程

time.c 文件主要有两个作用:一是初始化定时器参数;二是设置定时时间函数。实现这两个功能后就可以在 main.c 文件中直接调用本驱动了。

下面就结合寄存器来详细分析定时器的设置步骤,如图 10.3 所示。

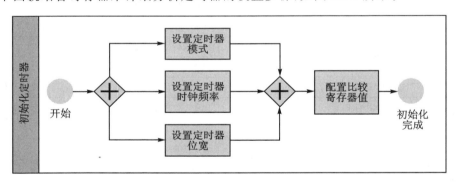

图 10.3　定时器配置步骤

定时器首先需要设置 3 个参数,分别为定时器的模式、定时器的位宽和定时器的时钟频率。本例中需要进行定时操作,因此还需要设置比较寄存器里的值。初始化完成后,定时器就开始定时,当定时时间的值与 CC[n] 寄存器的值相等时,将触发一个 COMPARE[n] 事件,这时停止定时器定时。这样根据 CC[n] 寄存器的值就实现了一个指定的时间长度。

根据前面的分析过程,并且参考 10.1 节的寄存器列表(见表 10.6),来配置一个定时器,代码如下所示:

```
01    p_timer ->MODE = TIMER_MODE_MODE_Timer;            //设置为定时器模式
```

```
02    p_timer->PRESCALER = 9;                              //9 分频
03    p_timer->BITMODE = TIMER_BITMODE_BITMODE_16Bit;      //16 bit 模式
04    p_timer->TASKS_CLEAR = 1;                            //清空定时器
05    //分频后的时钟乘以 31.25 后为 1 ms
06    p_timer->CC[0] = number_of_ms * 31;
07    p_timer->CC[0] += number_of_ms / 4;                  //设置比较寄存器的值
08    p_timer->TASKS_START = 1;                            //开启定时器
09     while(p_timer->EVENTS_COMPARE[0] == 0)              //触发后把比较事件置为 1
10    {
11    }
12    p_timer->EVENTS_COMPARE[0] = 0;                      //将比较事件寄存器清 0
13    p_timer->TASKS_STOP = 1;                             //停止定时
```

上面一段代码的编写是严格按照寄存器的要求进行的：

第 01 行：MODE 设置，也就是模式设置，这里设置为定时器模式。

第 02 行：设置预分频值，PRESCALER 寄存器设置预分频计数器，前面原理中已经讲过，要产生 Ftimer 时钟，就必须把外部提供的高速时钟源 HFCLK 进行分频。

代码中设置为 9 分频，按照分频计算公式，Ftimer 定时器的频率时钟为 31 250 Hz。

第 03 行：是 BITMODE 寄存器，即定时器的位宽。定时器的位宽就是定时器计满需要的次数，也就是最大的计算次数。

例如：设置为 16 bit，则计数次数最大应是 2^{16}。假设定时器频率时钟为 1 kHz，则定时器 1 ms 计数一次。那么最大定时时间为

最大定时时间＝最大的计数次数×计数一次的时间＝65 535×1 ms＝65 535 ms
因此，位宽与定时器频率共同决定了定时器可以定时的最大时间。

第 04 行：表示定时器开始计数之前需要清空，从 0 开始计算。

第 06~07 行：设定定时比较的值，也就是比较/捕获功能，当定时时间的值与 CC[n] 寄存器的值相等时，将触发一个 COMPARE [n] 事件。由于分频后的 Ftimer 时钟下定时器(1/31 250) s 计数一次，1 ms 需要计 31.25 次，所以 CC[n] 存放的计数次数等于定时时间（单位 ms）乘以 31.25。

第 08 行：设置好后就开始启动定时器。

第 09 行：判断比较事件寄存器是否被置为 1，如果置 1，则表示定时器的值与 CC[n] 寄存器的值相等，跳出循环。

第 12 行：把置为 1 的比较事件寄存器清 0。

第 13 行：定时时间到了停止定时器。

把这段代码进行封装，声明为一个 ms 定时的函数：void nrf_timer_delay_ms(timer_t timer, uint_fast16_t volatile number_of_ms)，后面主函数中就可以直接调用该函数进行定时了。

定时器初始化时，定时器的时钟由外部的高速时钟提供，我们必须首先开启 HFCLK 时钟，代码如下：

```
01  //开始 32 MHz 晶振
02    NRF_CLOCK ->EVENTS_HFCLKSTARTED = 0;
03    NRF_CLOCK ->TASKS_HFCLKSTART = 1;
04  //等待外部振荡器启动
05    while (NRF_CLOCK ->EVENTS_HFCLKSTARTED == 0)
06    {
07        // Do nothing.
08    }
```

同时加入定时器选择的功能。

```
01  switch (timer)
02    {
03        case TIMER0：
04            p_timer = NRF_TIMER0;
05            break;
06
07        case TIMER1：
08            p_timer = NRF_TIMER1;
09            break;
10
11        case TIMER2：
12            p_timer = NRF_TIMER2;
13            break;
14
15        default：
16            p_timer = 0;
17            break;
18    }
```

主函数可直接调用已编写好的驱动函数，定时器定时的时间可以通过 LED 灯闪烁的频率进行观察。代码如下：

```
01  // *******************(C) COPYRIGHT 2019 青风电子 *******************
02  * 文件名   :main
03
04  * 实验平台:青风 nRF52832 开发板
05  * 描述    :定时器定时
06  * 作者    :青风
07  * 店铺    :qfv5.taobao.com
08  *******************************************************************/
09  # include "nrf52.h"
10  # include   "led.h"
11  # include   "time.h"
12
```

```
13  #define TIMER_DELAY_MS          (1000UL)    //定义延迟 1 000 ms
14
15  int main(void)
16  {
17      //
18      LED_Init();
19      while (1)
20      {
21          LED1_Toggle();
22          //使用定时器 0 产生 1 s 定时
23          nrf_timer_delay_ms(TIMER0, TIMER_DELAY_MS);
24
25          LED1_Toggle();
26          //使用定时器 1 产生 1 s 定时
27          nrf_timer_delay_ms(TIMER1, TIMER_DELAY_MS);
28
29          LED1_Toggle();
30          //使用定时器 2 产生 1 s 定时
31          nrf_timer_delay_ms(TIMER2, TIMER_DELAY_MS);
32      }
33  }
```

代码编译后,用 Keil 把工程下载到青风 QY - nRF52832 蓝牙开发板上,LED 灯会以 1 s 的定时时间进行闪烁。

10.2.2　定时器组件的应用

为了以后方便结合协议栈一起编程,学习使用官方定时器库函数的组件进行编程也是需要读者进一步做的工作。寄存器编程相比于组件库函数编程,优点是便于理解整个定时器的工作原理,可以简单直观地设置寄存器;缺点是程序编写功能没有库函数完整。组件库编程的核心就是理解组件库函数的 API,在调用组件库函数时首先需要弄清楚其函数定义。

工程的建立可以以前面 GPIOTE 的组件库函数工程为模板,这里只需要改动框中的几个地方即可,如图 10.4 所示。

主函数 main.c 文件和 sdk_config.h 配置文件需要我们编写和修改,nrfx_timer.c 文件是需要我们添加的库文件,其中,nrfx_timer.c 文件的路径在 SDK 的 //modules/nrfx/drivers/include 中。添加完成后,注意在 Options for Target 对话框中的 C/C++ 选项卡中的 Include Paths 中选择硬件驱动库的文件路径,如图 10.5 所示。

图 10.4　定时器组件库工程

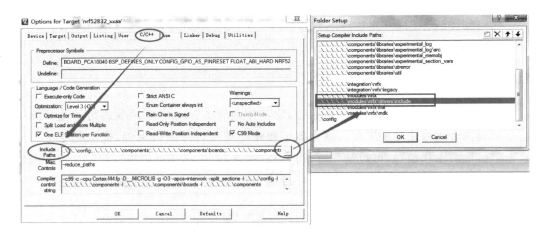

图 10.5　库文件路径的添加

工程搭建完毕后,首先需要修改 sdk_config.h 配置文件。使用库函数需要使能库功能,因此需要在 sdk_config.h 配置文件中设置对应模块的使能选项。关于定时器的配置代码选项较多,这里就不一一展开了,大家可以直接把对应的配置代码复制到自己建立的工程中的 sdk_config.h 文件里。复制代码后,在 sdk_config.h 配置文件的 Configuration Wizard 配置导航卡中将看见如下两个参数被选中(见图 10.6),表明配置修改成功。

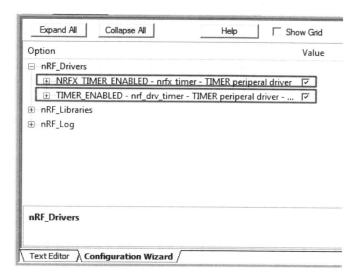

图 10.6　使能配置文件

定时器使用组件库编程的基本原理与寄存器的基本一致。下面将介绍需要调用的几个定时器的相关设置函数。

首先需要在主函数前定义使用哪个定时器,使用 NRF_DRV_TIMER_IN-STANCE(ID)中的 ID 来定义。按照前面的原理,该 ID 值可以为 0、1、2 三个值,如果设置定时器 0,则代码如下:

```
const nrf_drv_timer_t TIMER_LED = NRF_DRV_TIMER_INSTANCE(0);      //设置使用的定时器
```

然后配置定时器 0,对定时器初始化,使用库中的 nrf_timer_init 函数。该函数用于定义定时器的相关配置以及中断回调的函数,如表 10.7 所列。

表 10.7　定时器初始化函数

函　数	ret_code_t　nrfx_timer_init(nrf_drv_timer_t const * const p_instance, nrf_drv_timer_config_t　const * p_config, nrf_timer_event_handler_t　timer_event_handler);
功　能	用于初始化计时器
参　数	p_instance:前面选择的定时器 0 或者 1、2
	p_config:初始化配置,如果没有配置,则默认下设置为 NULL
	timer_event_handler:定时器回调中断声明
返回值	NRFX_SUCCESS:表示驱动程序初始化成功
	NRFX_ERROR_INVALID_STATE:表示驱动程序已经初始化

这里重点说明参数 p_config,该参数是 nrfx_timer_config_t 结构体类型,该结构体内给了定时器的相关配置函数:

```
01 typedef struct
02 {
03     nrf_timer_frequency_t  frequency;              /**<频率*/
04     nrf_timer_mode_t       mode;                   /**<模式选择*/
05     nrf_timer_bit_width_t  bit_width;              /**<位宽*/
06     uint8_t                interrupt_priority;     /**<定时器中断优先级*/
07     void *                 p_context;              /**<上下文传递参数*/
08 } nrfx_timer_config_t;
```

如果结构体设置为 NULL,则默认为初始设置。在 nrfx_time.h 文件中定义默认配置的结构体,具有代码如下:

```
09 # define NRFX_TIMER_DEFAULT_CONFIG
10 {
11     .frequency   = (nrf_timer_frequency_t)NRFX_TIMER_DEFAULT_CONFIG_FREQUENCY,
12     .mode        = (nrf_timer_mode_t)NRFX_TIMER_DEFAULT_CONFIG_MODE,
13     .bit_width = (nrf_timer_bit_width_t)NRFX_TIMER_DEFAULT_CONFIG_BIT_WIDTH,
14     .interrupt_priority = NRFX_TIMER_DEFAULT_CONFIG_IRQ_PRIORITY,
15     .p_context = NULL
16 }
```

上述结构体代码中定义的参数均要在 sdk_config.h 配置文件中进行赋值,因此 NRFX_TIMER_DEFAULT_CONFIG 这个默认配置参数值是可以自由修改的,具体代码如下:

```
17 // <o> NRFX_TIMER_DEFAULT_CONFIG_FREQUENCY   - Timer frequency if in Timer mode
18 //定时器的主频
19 // <0 => 16 MHz
20 // <1 => 8 MHz
21 // <2 => 4 MHz
22 // <3 => 2 MHz
23 // <4 => 1 MHz
24 // <5 => 500 kHz
25 // <6 => 250 kHz
26 // <7 => 125 kHz
27 // <8 => 62.5 kHz
28 // <9 => 31.25 kHz
29
30 # ifndef NRFX_TIMER_DEFAULT_CONFIG_FREQUENCY
31 # define NRFX_TIMER_DEFAULT_CONFIG_FREQUENCY 9
32 # endif
33 //定时器的模式
34 // <o> NRFX_TIMER_DEFAULT_CONFIG_MODE   - Timer mode or operation
35
```

```
36 // <0 => Timer
37 // <1 => Counter
38
39 # ifndef NRFX_TIMER_DEFAULT_CONFIG_MODE
40 # define NRFX_TIMER_DEFAULT_CONFIG_MODE 0
41 # endif
42 //定时器的位宽
43 // <o> NRFX_TIMER_DEFAULT_CONFIG_BIT_WIDTH    - Timer counter bit width
44
45 // <0 => 16 bit
46 // <1 => 8 bit
47 // <2 => 24 bit
48 // <3 => 32 bit
49
50 # ifndef NRFX_TIMER_DEFAULT_CONFIG_BIT_WIDTH
51 # define NRFX_TIMER_DEFAULT_CONFIG_BIT_WIDTH 0
52 # endif
53 //定时器中断的优先级
54 // <o> NRFX_TIMER_DEFAULT_CONFIG_IRQ_PRIORITY    - Interrupt priority
55
56 // <0 => 0 (highest)
57 // <1 => 1
58 // <2 => 2
59 // <3 => 3
60 // <4 => 4
61 // <5 => 5
62 // <6 => 6
63 // <7 => 7
64
65 # ifndef NRFX_TIMER_DEFAULT_CONFIG_IRQ_PRIORITY
66 # define NRFX_TIMER_DEFAULT_CONFIG_IRQ_PRIORITY 7
67 # endif
```

读者可以直接在 Text Editor 中修改,或者在 Configuration Wizard 配置导航卡中进行修改,修改后如图 10.7 所示。

默认设置为 31.25 kHz 时钟,定时器模式,16 bit 位宽,中断优先级为低。这个参数可以根据自己的要求进行修改。

采用库函数实现定时器定时的基本原理与寄存器方式的相同,就是将定时器的值与 CC[n] 寄存器的值进行比较,如果相等就触发比较事件,停止定时器或者触发比较事件中断。本例采用中断方式来处理定时,那么首先介绍下面两个组件库函数的 API。

① nrfx_timer_ms_to_ticks 函数用于计算指定定时时间下 CC[n] 寄存器的值,用于比较事件的触发。该函数可以方便地算出 CC[n] 寄存器的值,方便编程,具体说明

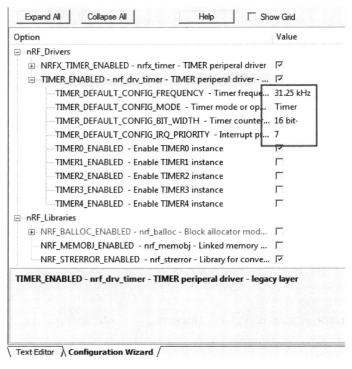

图 10.7　配置函数的设置

如表 10.8 所列。

表 10.8　nrfx_timer_ms_to_ticks 函数

函　数	uint32_t nrfx_timer_ms_to_ticks(nrfx_timer_t const * const p_instance, 　　　　　　　　　　　　　　uint32_t　　　time_ms);
功　能	将时间(以毫秒为单位)转换为计时器滴答
参　数	p_instance:前面选择的定时器 0 或者 1、2
	timer_ms:定时多少毫秒
返回值	定时器滴答的次数

② nrfx_timer_extended_compare 函数用于使能定时器比较通道,使能比较中断,设置触发比较寄存器 CC[n]等,具体说明如表 10.9 所列。

表 10.9　nrfx_timer_extended_compare 函数

函　数	void nrfx_timer_extended_compare(nrfx_timer_t const * const p_instance, 　　　　　　　　　　nrf_timer_cc_channel_t　　　cc_channel, 　　　　　　　　　　uint32_t　　　　　　　　cc_value, 　　　　　　　　　　nrf_timer_short_mask_t　　　timer_short_mask, 　　　　　　　　　　bool　　　　　　　　　　enable_int);

功　能	用于在扩展比较模式下设置计时器通道
参　数	p_instance:前面选择的定时器 0 或者 1、2
	cc_channel:捕获/比较寄存器通道
	cc_value:比较的值
	timer_short_mask:停止或者清除比较事件和定时器任务
	enable_int:使能或者关掉比较器中断
返回值	无

　　该函数中的参数都比较好理解,其中,停止或者清除比较事件和定时器任务的快捷方式 timer_short_mask,就是在 SHORTS 寄存器中设置的内容,具体代码如下:

```
01    typedef enum
02    {
03        NRF_TIMER_SHORT_COMPARE0_STOP_MASK =
04        TIMER_SHORTS_COMPARE0_STOP_Msk,    //基于比较事件 0 来停止定时器的快捷方式
05        …
06
07        NRF_TIMER_SHORT_COMPARE3_STOP_MASK =
08        TIMER_SHORTS_COMPARE3_STOP_Msk,    //基于比较事件 3 来停止定时器的快捷方式
09
10 # if defined(TIMER_INTENSET_COMPARE4_Msk) || defined(__NRFX_DOXYGEN__)
11        //仅适用于定时器 4 和 5
12        NRF_TIMER_SHORT_COMPARE4_STOP_MASK =
13        TIMER_SHORTS_COMPARE4_STOP_Msk,    //基于比较事件 4 来停止定时器的快捷方式
14 # endif
15 # if defined(TIMER_INTENSET_COMPARE5_Msk) || defined(__NRFX_DOXYGEN__)
16
17        NRF_TIMER_SHORT_COMPARE5_STOP_MASK =
18        TIMER_SHORTS_COMPARE5_STOP_Msk,    //基于比较事件 5 来停止定时器的快捷方式
19 # endif
20        NRF_TIMER_SHORT_COMPARE0_CLEAR_MASK =
21        TIMER_SHORTS_COMPARE0_CLEAR_Msk,   //基于比较事件 0 来清除定时器计数的快捷方式
22 …
23
24        NRF_TIMER_SHORT_COMPARE3_CLEAR_MASK =
25        TIMER_SHORTS_COMPARE3_CLEAR_Msk,   //基于比较事件 3 来清除定时器计数的快捷方式
26
27 # if defined(TIMER_INTENSET_COMPARE4_Msk) || defined(__NRFX_DOXYGEN__)
28        //仅适用于定时器 4 和 5
29        NRF_TIMER_SHORT_COMPARE4_CLEAR_MASK =
30        TIMER_SHORTS_COMPARE4_CLEAR_Msk,   //基于比较事件 4 来清除定时器计数的快捷方式
```

```
31
32 # endif
33 # if defined(TIMER_INTENSET_COMPARE5_Msk) || defined(__NRFX_DOXYGEN__)
34     NRF_TIMER_SHORT_COMPARE5_CLEAR_MASK =
35     TIMER_SHORTS_COMPARE5_CLEAR_Msk,    //基于比较事件 5 来清除定时器计数的快捷方式
36
37 # endif
38 } nrf_timer_short_mask_t;
```

也就是说，存在两种快捷方式：

第一种：停止定时器。当定时器计数的值与比较寄存器 CC[n]的值相等时，触发 COMPARE[n]事件，可以用该事件快捷地停止定时器。也就是说，一旦发生 COMPARE[n]事件，定时器就会被停止运行。

第二种：清零定时器的计数值。当定时器计数的值与比较寄存器 CC[n]的值相等时，触发 COMPARE[n]事件，可以用该事件快捷地清零定时器。这就导致定时器从 0 重新开始计数。我们可以用这种方式实现定时器的快捷定时。

实例代码：定时器的配置代码如下，可以设置定时器/比较通道、使能比较中断以及配置滴答时间等参数。

```
01    uint32_t time_ms = 1000;            //定时器比较事件的时间为 1 s
02    uint32_t time_ticks;
03    //初始化定时器为默认配置
04    nrf_drv_timer_config_t timer_cfg = NRF_DRV_TIMER_DEFAULT_CONFIG;
05    //配置定时器，同时注册定时器的回调函数
06    err_code = nrf_drv_timer_init(&TIMER_LED, NULL, timer_led_event_handler);
07    APP_ERROR_CHECK(err_code);
08    //设置定时器的滴答时间，算出 CC[n]比较寄存器的值
09    time_ticks = nrf_drv_timer_ms_to_ticks(&TIMER_LED, time_ms);
10    //设置定时器/比较通道、使能比较中断以及配置滴答时间
11    nrf_drv_timer_extended_compare(
12                             &TIMER_LED, NRF_TIMER_CC_CHANNEL0, time_ticks,
13                             NRF_TIMER_SHORT_COMPARE0_CLEAR_MASK, true);
```

注意：nrf_drv_timer_extended_compare 函数中的 cc_value 的值也可以直接计算。比如，1 s 定时下 CC[n]寄存器的值为 31 250，代码如下：

```
14 nrf_drv_timer_extended_compare( &TIMER_LED, NRF_TIMER_CC_CHANNEL0, 31250,
15                             NRF_TIMER_SHORT_COMPARE0_CLEAR_MASK, true);
```

最后使能定时器 0，打开定时器开始计时。组件库中提供两个库函数 API 来实现打开和关闭定时器，分别如表 10.10 和表 10.11 所列。

表 10.10　定时器使能函数

函　　数	void nrfx_timer_enable(nrfx_timer_t const * const p_instance);
功　　能	用于使能定时器
参　　数	p_instance:前面选择指向的定时器 0 或者 1、2 的指针
返回值	无

表 10.11　定时器关闭函数

函　　数	void nrfx_timer_disable(nrfx_timer_t const * const p_instance);
功　　能	用于关闭定时器。 注意:只有在调用该函数后,计时器才能在 SYSTEM_ON 状态有尽可能低的功耗
参　　数	p_instance:前面选择指向的定时器 0 或者 1、2 的指针
返回值	无

注意:nrfx_timer_disable 函数内部是调用触发处理寄存器 TASKS_SHUTDOWN 来实现关闭计时器的任务的。因为一旦定时器被开启,就会有消耗电流,在这种情况下,如果采用 TASKS_SHUTDOWN 方式关闭定时器,就能够最大限度地减小电流消耗,而采用 TASKS_STOP 停止定时器的方式则不会。

本例只需要使能定时器,在主函数最后循环等待定时器中断的发生,代码如下:

```
01    //使能定时器
02    nrf_drv_timer_enable(&TIMER_LED);
03
04    while(1)   //等待中断的发生
05    {
06    }
```

当定时器定时时间到了,定时时间的值与 CC[n] 寄存器的值相等时,将触发一个 COMPARE[n] 事件,产生一个 NRF_TIMER_EVENT_COMPARE0 事件。在中断回调操作函数中,当触发该事件时,就执行翻转 LED 灯的操作。代码如下:

```
01 /* 定时器中断回调操作 */
02 void timer_led_event_handler(nrf_timer_event_t event_type, void * p_context)
03 {
04    static uint32_t i;
05    uint32_t led_to_invert = (1 << leds_list[(i++) % LEDS_NUMBER]);
06
07    switch(event_type)
08    {
09        case NRF_TIMER_EVENT_COMPARE0:
10            LEDS_INVERT(led_to_invert);
11            break;
```

```
12
13        default：
14            break；
15    }
16 }
```

NRF_TIMER_EVENT_COMPARE0 回调处理事件是在定时器中断中进行判断，在回调中进行处理的。库函数 nrf_time.h 文件提供了 nrf_timer_event_t 结构体，并对应定义了 6 个中断事件，读者可以根据自己的设置进行选择，代码如下：

```
01 typedef enum
02 {
03     //来自比较通道 0 的事件
04     NRF_TIMER_EVENT_COMPARE0 = offsetof(NRF_TIMER_Type, EVENTS_COMPARE[0]),
05     //来自比较通道 1 的事件
06     NRF_TIMER_EVENT_COMPARE1 = offsetof(NRF_TIMER_Type, EVENTS_COMPARE[1]),
07     //来自比较通道 2 的事件
08     NRF_TIMER_EVENT_COMPARE2 = offsetof(NRF_TIMER_Type, EVENTS_COMPARE[2]),
09     //来自比较通道 3 的事件
10     NRF_TIMER_EVENT_COMPARE3 = offsetof(NRF_TIMER_Type, EVENTS_COMPARE[3]),
11     //下面两种情况仅限于定时器 4 和定时器 5
12 #if defined(TIMER_INTENSET_COMPARE4_Msk) || defined(__NRFX_DOXYGEN__)
13     //来自比较通道 4 的事件
14     NRF_TIMER_EVENT_COMPARE4 = offsetof(NRF_TIMER_Type, EVENTS_COMPARE[4]),
15 #endif
16 #if defined(TIMER_INTENSET_COMPARE5_Msk) || defined(__NRFX_DOXYGEN__)
17     //来自比较通道 5 的事件
18     NRF_TIMER_EVENT_COMPARE5 = offsetof(NRF_TIMER_Type, EVENTS_COMPARE[5]),
19 #endif
20     } nrf_timer_event_t;
```

因此，当定时器库函数进行定时时，整体的思路与寄存器配置方式的相同。代码编译后，把实验程序下载到青风 nRF52832 开发板后的实验现象为：LED1～LED4 灯以 1 s 时间定时轮流闪烁。

10.3   定时器计数功能

10.3.1   计数器寄存器编程

计数模式下，每次触发 COUNT 任务，TIMER 的内部计数器都会递增 1。但是，计数器内的值是无法读取的。这时，需要通过设定一个 CAPTURE 任务，将捕获的计数器的值存储到 CC[n]寄存器内，然后再对 CC[n]寄存器进行读取操作，读取的值就是计数器的值,如图 10.8 所示。

　　下面就开始搭建工程,本例中需要使用串口打印计数值,因此工程可以直接采用串口 UART 的例程框架。同时,寄存器方式下不需要添加库文件,因此工程目录与串口例程相比没有任何变化。

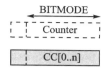

图 10.8　计数器计数

　　在 main.c 主函数中,首先编写定时器初始化函数。由于计数器模式下不使用定时器的频率和预分频器,同样 COUNT 任务在定时器模式下无效,因此初始化时,只需要初始化两项:计数器模式以及定时器的位宽。具体代码如下:

```
01  void timer0_init(void)
02  {
03  NRF_TIMER0 ->MODE = TIMER_MODE_MODE_Counter;          //设置定时器为计数器模式
04  NRF_TIMER0 ->BITMODE = TIMER_BITMODE_BITMODE_24Bit;   //设为 24 bit 位宽
05  }
```

　　然后通过置位 TASKS_START 寄存器启动定时器。设置寄存器 TASKS_COUNT 为 1,触发 COUNT 任务,这时才能开始计数。

　　计数器的触发有两种方式:

　　第一种:通过 TASKS_COUNT 计数任务寄存器手动赋值,赋值为 1,计数器就计数一次。赋值 N 次,就计数 N 次,相当于对手动触发的次数进行计数。实际上,这样是毫无意义的,本例仅仅演示这种方式而已。

　　第二种:通过 PPI 一端的事件,去触发 PPI 另外一端 TASKS_COUNT 任务,那么事件触发的次数就是计数器计数的次数。这种方式可用于对外部信号进行捕获计数,常用于实现脉宽的测量。第 11 章将对这种用法进行举例说明。

　　当把 TASKS_CAPTURE[0]寄存器置 1 时,启动捕获功能,这时就可以捕获计数器的值,并且存储到 CC[n]寄存器中,然后再对 CC[n]寄存器进行读取操作即可。具体代码如下:

```
06      //启动定时器
07      NRF_TIMER0 ->TASKS_START = 1;
08
09      while (1)
10      {
11      printf(" 2019.5.1  青风! \r\n");
12      NRF_TIMER0 ->TASKS_COUNT = 1;    /* 计数器加 1 */
13      /* 启动捕获任务,捕获计数的值并放入 CC[n]寄存器中 */
14      NRF_TIMER0 ->TASKS_CAPTURE[0] = 1;
15      //获取计数值
16      timVal = NRF_TIMER0 ->CC[0];
17      //串口打印计数值
18      printf("conut value:  %d\r\n", timVal);
```

```
19        nrf_delay_ms(1000);      //每隔 1 s 计数一次
20     }
```

代码编译后，下载到青风 nRF52832 开发板内。打开串口调试助手，选择开发板串口端号，设置波特率为 115 200，数据位为 8，停止位为 1。因为程序设置计数器会 1 s 计数一次，所以通过串口 1 s 打印一次计数值，打印的计数值应是 1，2，3，…，依次输出，如图 10.9 所示。

图 10.9　定时器计数

10.3.2　计数器组件库编程

计数器库函数组件工程的建立可以以前面 UARTE 的组件库函数工程为模板，这里只需要改动图 10.10 中方框中的几个地方。其中，nrfx_timer.c 文件需要我们添加库文件，其路径在 SDK 的//modules/nrfx/drivers/include 中。添加完成后，在 Include Paths 中添加硬件驱动库的文件路径。同时，需要修改 sdk_config.h 配置文件。由于使用库函数需要使能库功能，因此需要在 sdk_config.h 配置文件中设置对应模块的使能选项。这两个过程与 10.2.1 小节的定时器组件例程的工程搭建方法相同，这里不再赘述。

工程主函数 main.c 文件需要编写，下面就讨论如何编写该文件。其编写过程与计数器的寄存器方式相同，具体如下：

首先需要定义一个定时器的实例结构体，声明为 TIMER_COUNTER，如下：

```
const nrfx_timer_t TIMER_COUNTER = NRFX_TIMER_INSTANCE(0);
```

这个声明需要在配置文件 sdk_config.h 中使能对应的定时器模块。例如：如果声明为 NRFX_TIMER_INSTANCE(1)，则需要选中图 10.11 中方框所示的选项。然后对该

图 10.10　定时器计数库函数工程

定时器进行初始化,初始化调用的函数为 nrfx_timer_init。这里采用计数器方式,只需把默认配置中的模式改为计数器模式,位宽采用默认位宽就可以了。把这个过程封装成一个定时器初始化函数 timer0_init,代码如下:

```
01  void timer0_init(void)
02  {
03      uint32_t err_code = NRF_SUCCESS;
04      //定义定时器配置结构体,并使用默认配置参数初始化结构体
05      nrfx_timer_config_t timer_cfg = NRFX_TIMER_DEFAULT_CONFIG;
06      //TIMER0 配置为计数器模式
07      timer_cfg.mode = NRF_TIMER_MODE_COUNTER;
08
09      //初始化定时器,定时器工作于计数器模式时没有事件,所以无需回调函数
10      err_code = nrfx_timer_init(&TIMER_COUNTER, &timer_cfg, my_timer_event_handler);
11      APP_ERROR_CHECK(err_code);
12  }
```

在主函数中,直接调用封装的计数器初始化函数 timer0_init,然后采用 nrfx_timer_enable 函数打开计数器,该函数已在 10.2.2 小节介绍过。与寄存器计数器方式相同,本

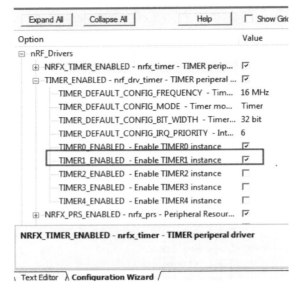

图 10.11　使能定时器模块

例采用 1 s 触发一次计数,然后启动捕获,捕获 CC[n]寄存器中的值并且读出来,用串口助手进行打印。这个过程需要调用下面两个函数:

① nrfx_timer_increment 函数,用于触发一次计数,具体说明如表 10.12 所列。

表 10.12　nrfx_timer_increment 函数

函　数	void nrfx_timer_increment(nrfx_timer_t const * const p_instance);
功　能	用于递增计数器
参　数	p_instance:指向驱动程序实例结构的指针
返回值	无

② nrfx_timer_capture 函数,用于启动捕获,把捕获的值放入 CC[n]寄存器并读出来,具体说明如表 10.13 所列。

表 10.13　nrfx_timer_capture 函数

函　数	uint32_t nrfx_timer_capture(nrfx_timer_t const * const p_instance, 　　　　　　　　　　nrf_timer_cc_channel_t　　cc_channel);
功　能	用于捕获计数器值
参　数	p_instance:指向驱动程序实例结构的指针
	cc_channel:捕获的通道数
返回值	捕获的值

最后,主函数的代码编写如下:

```
01    timer0_init();                              //计数器初始化
```

```
02      nrfx_timer_enable(&TIMER_COUNTER);                    //使能计数器
03
04          while(1)
05      {
06      printf(" 2019.5.1 青风！\r\n");
07      //定时器计数值加1
08      nrfx_timer_increment(&TIMER_COUNTER);
09      //获取计数值
10      timVal = nrfx_timer_capture(&TIMER_COUNTER,NRF_TIMER_CC_CHANNEL0);
11      //串口打印计数值
12      printf("conut value： %d\r\n", timVal);
13          nrf_delay_ms(1000);
14  }
```

代码编译后,下载到青风 nRF52832 开发板上。打开串口调试助手,选择开发板串口端号,设置波特率为 115 200,数据位为 8,停止位为 1。程序设置计数器会 1 s 计数一次,我们通过串口 1 s 打印一次计数值,那么打印的计数值应是 1,2,3,…,依次输出,如图 10.12 所示。

图 10.12　计数器输出

第 11 章

PPI 模块的使用

nRF52832 处理器是 Cortex – M4 内核,内部设置了 PPI 方式。PPI 与 DMA 的功能有些类似,也是用于不同外设之间进行互连而不需要 CPU 参与。PPI 主要的连接对象是任务和事件。

11.1 原理分析

11.1.1   PPI 的结构

PPI 称为可编程外设接口,可以使不同外设自动通过任务和事件来连接,不需要 CPU 参与,可以有效地降低功耗,提高处理器的处理效率。

PPI 两端中的一端连接事件端点(EEP),另一端连接任务端点(TEP)。因此,PPI 可以通过一个外设上发生的事件自动地触发另一个外设上的任务。外设事件需要通过与事件相关的寄存器地址连接到一个事件端点,另一端外设任务需要通过此任务相关的任务寄存器地址连接到一个任务端点,当两端连接好后就可以通过 PPI 自动触发了。

连通事件端点和任务端点的通道称为 PPI 通道。一般有两种方法打开和关闭 PPI 通道:

第一种:通过 groups 的 ENABLE 和 DISABLE 任务来使能或者关闭 PPI 通道组中的 PPI 通道。在触发这些任务前,必须配置哪些 PPI 通道属于哪个 PPI group。

第二种:使用 CHEN、CHENSET、CHENSET 和 CHENCLR 寄存器配置单独打开或关掉 PPI 通道。

PPI 任务(比如 CHG0EN)可以像其他任务一样被 PPI 触发,也就是说,PPI 任务可以作为 PPI 通道上的一个 TEP。其中,一个事件可使用多个通道来触发多个任务。同样的,一个任务可以被多个事件触发。PPI 的内部结构如图 11.1 所示。

除了完全可编程的外围互连之外,PPI 系统还具有一组通道,其事件端点和任务端点在硬件中是固定的。这些固定信道可以与普通 PPI 信道相同的方式单独启用、禁用或添加到 PPI 信道组。如表 11.1 所列,PPI 一共有 32 个通道,编号为 0~31,其中通道20~31,为固定通道,也称为预编程通道;通道 0~19,为可编程通道,其中,可编程通道

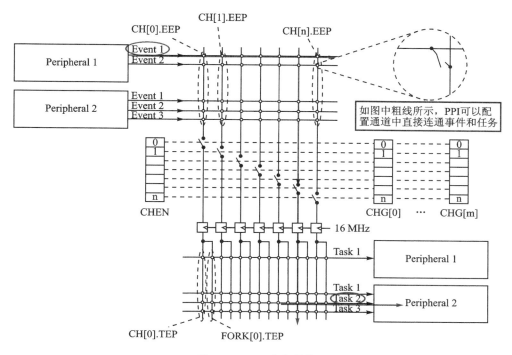

图 11.1　PPI 内部结构

可以通过程序配置事件端点和任务端点。

表 11.1　PPI 通道

实　例	通　道	通道数量	组的数量
PPI	0～19	20	6
PPI(固定)	20～31	12	任意组内

表 11.2 所列为预编程通道,这些通道不能通过 CPU 配置,但是可以添加到组,可以像其他通用的 PPI 通道一样使能打开或者关闭。预编程通道事件端点和任务端点是固定配置的硬件外设事件或者任务。

表 11.2　预编程通道

通　道	EEP	TEP
20	TIMER0→EVENTS_COMPARE[0]	RADIO→TASKS_TXEN
21	TIMER0→EVENTS_COMPARE[0]	RADIO→TASKS_RXEN
22	TIMER0→EVENTS_COMPARE[1]	RADIO→TASKS_DISABIE
23	RADIO→EVENTS_BCMATCH	AAR→TASKS_START
24	RADIO→EVENTS_READY	CCM→TASKS_KSGFN
25	RADIO→EVENTS_ADDRESS	CCM→TASKS_CRYPT

续表 11.2

通 道	EEP	TEP
26	RADIO→EVENTS_ADDRESS	TIMER0→TASKS_CAPTURE[1]
27	RADIO→EVENTS_END	TIMER0→TASKS_CAPTURE[2]
28	RTC0→EVENTS_COMPARE[0]	RADIO→TASKS_TXEN
29	RTC0→EVENTS_COMPARE[0]	RADIO→TASKS_RXEN
30	RTC0→EVENTS_COMPARE[0]	TIMER0→TASKS_CLEAR
31	RTC0→EVENTS_COMPARE[0]	TIMER0→TASKS_START

在每个 PPI 通道上,信号都与 16 MHz 时钟同步,以避免违反任何内部设置,以便保持时序。因此,与 16 MHz 时钟同步的事件将延迟一个时钟周期,而其他异步事件将延迟最多一个 16 MHz 的时钟周期。注意,快捷方式(在每个外设中的 SHORTS 寄存器中定义)不受此 16 MHz 时钟同步的影响,因此不会延迟。

11.1.2 fork 从任务机制

fork 从任务机制也称为 fork 机制。每个任务端点都实现一个 fork 从任务机制,可以在触发任务端点中指定任务的同时触发第二个任务。第二个任务配置在 fork 寄存器的任务端点寄存器中,例如 FORK.TEP[0],与 PPI 通道 CH[0] 相关联。详细使用方法请参见 11.3 节的相关内容。

11.1.3 group 分组机制

PPI 通道可以进行分组,多个 PPI 通道可以分为一组,那么该组内的 PPI 通道就可以统一进行管理,同时打开或者关闭 group 分组内所有的 PPI 通道。

当一个通道属于两个组 m 和 n,并且 CHG[m].EN 和 CHG[n].DIS 同时发生时(m 和 n 可以相等或不同),该通道上的 EN 具有优先权。PPI 任务(例如,CHG[0].EN)可以像其他任务一样通过 PPI 触发,这意味着它们可以作为任务端点连接到 PPI 通道。一个事件可以通过使用多个通道触发多个任务,并且一个任务可以以相同的方式由多个事件触发。

关于 PPI 的基本原理就讲到这里,为了深入理解 PPI 的应用,下面将通过一个实例进行分析。

11.2 PPI 之 GPIOTE 的应用

11.2.1 寄存器编程

PPI 作为触发通道,两端分别连接任务和事件,通过任务来触发事件的发生,可以不通过 CPU 进行处理,这样大大节省了系统资源。本例将演示 GPIOTE 的 PPI 应用。通过 GPIOTE 事件来触发 GPIOTE 任务。表 11.3 所列为 PPI 的寄存器列表。

表 11.3　PPI 寄存器列表

寄存器名称	地址偏移	功能描述
TASKS_CHG[n]. EN　（n＝0～5）	0x000～0x028	启用通道组 n,(n=0～5)
TASKS_CHG[n]. DIS　（n＝0～5）	0x004 ～0x02C	禁用通道组 n,(n=0～5)
CHEN	0x500	通道使能寄存器
CHENSET	0x504	通道使能设置寄存器
CHENCLR	0x508	通道启用清除寄存器
CH[n]. EEP　（n＝0～19）	0x510 ～0x5A8	通道 n 事件端点,n=0～19
CH[n]. TEP　（n＝0～19）	0x514～0x5AC	通道 n 任务端点,n=0～19
CHG[n]. TEP　（n＝0～5）	0x800～0x814	通道组 n,n=0～5
FORK[n]. TEP (n＝0～31)	0x910～0x98C	通道 n 任务端点,n=0～31

下面将详细介绍其中的几个寄存器。

① CHEN 寄存器:该寄存器用于使能或者禁止 PPI 通道,一共有 32 个通道,一个位设置对应一个 PPI 通道,具体说明如表 11.4 所列。

表 11.4　CHEN 寄存器

位　数	域	ID　值	值	描　述
第 0～31 位	CHn（n=0～31）	Disabled	0	禁止 PPI 通道 n
		Enabled	1	使能 PPI 通道 n

② CHENSET 寄存器:该寄存器为可读可写寄存器,用于使能 PPI 通道。一共有 32 个通道,一个位设置对应一个 PPI 通道,写 1 使能 PPI 通道,写 0 无效。具体说明如表 11.5 所列。

表 11.5　CHENSET 寄存器

位　数	域	ID　值	值	描　述
第 0～31 位	CHn（n=0～31）	Disabled	0	读:判断 PPI 通道 n 被禁止
		Enabled	1	读:判断 PPI 通道 n 被使能
		Set	1	写:使能 PPI 通道 n,写 0 无效

③ CHENCLR 寄存器:该寄存器为可读可写寄存器,用于禁止 PPI 通道。一共有 32 个通道,一个位设置对应一个 PPI 通道,写 1 禁止 PPI 通道,写 0 无效。具体说明如表 11.6 所列。

表 11.6　CHENCLR 寄存器

位　数	域	ID　值	值	描　述
第 0～31 位	CHn（n=0～31）	Disabled	0	读:判断 PPI 通道 n 被禁止
		Enabled	1	读:判断 PPI 通道 n 被使能
		Set	1	写:禁止 PPI 通道 n,写 0 无效

④ CH[n]. EEP 寄存器:对该寄存器赋值事件寄存器地址,一共有 20 个可编程通道,一个位设置对应一个 PPI 通道。具体说明如表 11.7 所列。

表 11.7　CH[n]. EEP(n=0～19)寄存器

位　数	域	ID　值	值	描　述
第 0～31 位	EEP	—	—	赋值事件寄存器地址。只能赋值事件寄存器地址,不能写入其他寄存器地址

⑤ CH[n]. TEP 寄存器:对该寄存器赋值任务寄存器地址,一共有 20 个可编程通道,一个位设置对应一个 PPI 通道。具体说明如表 11.8 所列。

表 11.8　CH[n]. TEP(n=0～19)寄存器

位　数	域	ID　值	值	描　述
第 0～31 位	EEP	—	—	赋值任务寄存器地址。只能赋值任务寄存器地址,不能写入其他寄存器地址

⑥ FORK[n]. TEP 寄存器:该寄存器是从级任务的端点寄存器,赋值外设寄存器的地址。一共有 32 个通道,一个位设置对应一个 PPI 通道,写 1 禁止 PPI 通道,写 0 无效。具体说明如表 11.9 所列。

表 11.9　FORK[n]. TEP(n=0～31)寄存器

位　数	域	ID　值	值	描　述
第 0～31 位	TEP	—	—	赋值任务寄存器地址

⑦ CHG[n]. TEP 寄存器:该寄存器是把 PPI 通道绑定到通道组上。通道组一共有 5 组,可以绑定 32 个通道,一个位设置对应一个 PPI 通道,写 1 绑定该 PPI 通道组,写 0 无效,解除通道组对该 PPI 的绑定,具体说明如表 11.10 所列。

表 11.10　CHG[n]. TEP(n=0～5)寄存器

位　数	域	ID　值	值	描　述
第 0～31 位	CHn (n=0～31)	Exclude	0	该通道组不包含 PPI 通道 n(n=0～31)
		Include	1	该通道组包含 PPI 通道 n(n=0～31)

下面将介绍如何使用寄存器方式进行编程。首先来配置 GPIOTE 的任务和事件。GPIOTE 的任务和事件在前面的 GPIOTE 章节中详细讲述过。本实验需要把按键 1 绑定到 GPIOTE 通道 0 上作为事件,把 LED1 灯绑定到 GPIOTE 通道 1 上作为任务。具体代码如下:

```
01 /**
02  * 初始化 GPIO 端口,设置 PIN_IN 为输入引脚,PIN_OUT 为输出引脚
03  */
04 static void gpiote_init(void)
```

```
05 {
06     nrf_gpio_cfg_input(BSP_BUTTON_0,NRF_GPIO_PIN_PULLUP);        //设置引脚为上拉输入
07
08     NRF_GPIOTE ->CONFIG[0] =
09     //绑定 GPIOTE 通道 0,极性为高电平到低电平
10     (GPIOTE_CONFIG_POLARITY_HiToLo << GPIOTE_CONFIG_POLARITY_Pos)
11     | (BSP_BUTTON_0 >> GPIOTE_CONFIG_PSEL_Pos)                    //配置任务输入状态
12     | (GPIOTE_CONFIG_MODE_Event << GPIOTE_CONFIG_MODE_Pos);      //事件模式
13
14     NRF_GPIOTE ->CONFIG[1] =
15     //绑定 GPIOTE 通道 1,极性为翻转
16     (GPIOTE_CONFIG_POLARITY_Toggle << GPIOTE_CONFIG_POLARITY_Pos)
17     | (BSP_LED_0 << GPIOTE_CONFIG_PSEL_Pos)                       //配置任务输出状态
18     | (GPIOTE_CONFIG_MODE_Task << GPIOTE_CONFIG_MODE_Pos);       //任务模式
19 }
```

配置完 GPIOTE 任务和事件后,再设置 PPI 的端点。PPI 的 CH[n].EEP 寄存器作为通道 n 的事件端点接到 GPIOTE 的输入事件上;CH[n].TEP 寄存器作为通道 n 的任务端点接到 GPIOTE 的输出任务上。

然后使能 PPI 的通道,通过配置 CHEN 寄存器实现。当发送 GPIOTE 的输入事件,也就是按下按键时,会触发另一端的输出任务,输出的任务为翻转电平,会实现 LED 灯的亮灭控制。具体代码如下:

```
01 nrf_ppi_channel_t my_ppi_channel;
02 void ppi_init(void)
03 {
04     //配置 PPI 的端口,通道 0 一端接按键任务,另一端接输出事件
05     NRF_PPI ->CH[0].EEP = (uint32_t)(&NRF_GPIOTE ->EVENTS_IN[0]);
06     NRF_PPI ->CH[0].TEP = (uint32_t)(&NRF_GPIOTE ->TASKS_OUT[1]);
07
08     //使能 PPI 的通道 0
09     NRF_PPI ->CHEN = (PPI_CHEN_CH0_Enabled << PPI_CHEN_CH0_Pos);
10 }
```

最后,在主函数中,调用 PPI 配置函数和 GPIOTE 配置函数,此时 CPU 什么也不做,一直等待循环,所有的操作都交给 PPI 通道执行。

```
01 / **
02  * 主函数,配置 PPI 的通道
03  */
04 int main(void)
05 {
06     gpiote_init();
07     ppi_init();
```

```
08    while (true)
09    {
10        //循环等待
11    }
12 }
```

把该例子的代码编译后下载到青风 nRF52832 开发板上。按下按键 1 后,触发 GPIOTE 事件,事件通过 PPI 触发 GPIOTE 任务,可以使 LED1 灯翻转。

11.2.2 组件库函数介绍

SDK 的库函数提供了 PPI 的编程组件库,本小节将通过 PPI 的库函数 API 来实现一个 GPIOTE 的应用。PPI 的编程组件库函数主要使用如下几个函数,这些函数可以方便地配置 PPI 的应用。

① nrf_drv_ppi_init 函数:主要用于初始化 PPI 模块,判断 PPI 当前的状态,具体说明如表 11.11 所列。

表 11.11　nrf_drv_ppi_init 函数

函　　数	ret_code_t nrf_drv_ppi_init(void);
功　　能	用于初始化 PPI 模块
返回值	NRF_SUCCESS:表示模块被成功初始化
	NRF_ERROR_MODULE_ALREADY_INITIALIZED:表示模块已经被初始化

② nrfx_ppi_channel_alloc 函数:主要用于分配未使用的 PPI 通道,具体说明如表 11.12 所列。

表 11.12　nrfx_ppi_channel_alloc 函数

函　　数	nrfx_err_t nrfx_ppi_channel_alloc(nrf_ppi_channel_t * p_channel);
功　　能	用于分配第一个未使用的 PPI 通道
参数[输出]	p_channel:指向已分配的 PPI 通道的指针
返回值	NRFX_SUCCESS:表示成功分配了通道
	NRFX_ERROR_NO_MEM:表示没有可用的通道

③ nrfx_ppi_channel_enable 函数:用于使能 PPI 通道,开启 PPI,具体说明如表 11.13 所列。

表 11.13　nrfx_ppi_channel_enable 函数

函　　数	nrfx_err_t nrfx_ppi_channel_enable(nrf_ppi_channel_t channel);
功　　能	启用 PPI 通道的功能
参数[输入]	channel:启用 PPI 通道

续表 11.13

返回值	NRFX_SUCCESS：表示通道已成功启用
	NRFX_ERROR_INVALID_STATE：表示没有分配用户可配置的通道
	NRFX_ERROR_INVALID_PARAM：表示用户无法启用通道

④ nrfx_ppi_channel_assign 函数：主要用于分配 EEP 事件端点和 TEP 任务端点，具体说明如表 11.14 所列。

表 11.14　nrfx_ppi_channel_assign 函数

函　　数	nrfx_err_t nrfx_ppi_channel_assign(nrf_ppi_channel_t channel，uint32_t eep，uint32_t tep);
功　　能	启用 PPI 通道的功能
参数［输入］	channel：要分配端点的 PPI 通道
	eep：事件的端点地址
	tep：任务的端点地址
返回值	NRFX_SUCCESS：表示成功分配了通道
	NRFX_ERROR_INVALID_STATE：表示没有为用户分配通道
	NRFX_ERROR_INVALID_PARAM：表示用户无法配置通道

下面的工程实例将采用上述 PPI 函数进行配置编程。

11.2.3　组件库函数编程

PPI 的 GPIOTE 应用工程可以使用前面介绍的 GPIOTE 的组件库函数工程为模板，这里只需要改动如图 11.2 所示框中的内容。

图 11.2　PPI 之 GPIOTE 应用工程

主函数 main.c 文件和 sdk_config.h 配置文件需要编写和修改,而 nrfx_ppi.c 文件和 nrf_drv_ppi.c 则是需要添加的库文件。

nrfx_ppi.c 文件的路径在 SDK 的 \modules\nrfx\drivers\include 文件夹中,nrf_drv_ppi 文件的路径在 SDK 的 \integration\nrfx\legacy 文件夹中。添加库文件完成后,注意在 Options for Target 对话框中的 C++选项卡中的 Include Paths 下拉列表框中选择硬件驱动库的文件路径,如图 11.3 所示。

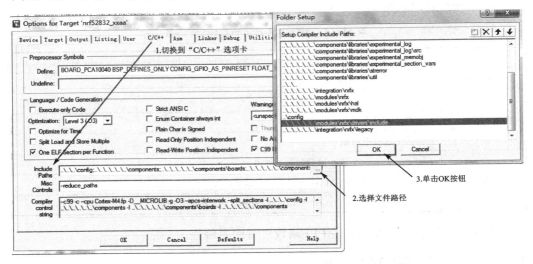

图 11.3　PPI 之 GPIOTE 应用工程文件路径添加

工程搭建完后,首先需要修改 sdk_config.h 配置文件,使用库函数时需要使能库功能,因此需要在 sdk_config.h 配置文件中设置对应模块的使能选项。关于定时器的配置代码选项较多,这里就不一一展开了,大家可以直接把对应的配置代码复制到自己建立的工程中的 sdk_config.h 文件里。如果复制代码后,在 sdk_config.h 配置文件的 Configuration Wizard 配置导航卡中看见如图 11.4 所示的几个参数选项被选中,则表明配置修改成功。

同时,在主函数 main.c 中,需要调用头文件 nrf_drv_gpiote.h 和 nrf_drv_ppi.h。

工程搭建完后,首先编写 GPIOTE 的初始化函数,初始化 GPIOTE 端口,设置 PIN_IN 为输入任务引脚,PIN_OUT 为输出任务引脚。这方面的相关配置在第 6 章 GPIOTE 的相关内容中已详细讲解过,这里不再赘述,具体代码如下:

```
01  /**初始化 GPIOTE 端口,设置 PIN_IN 为输入引脚,PIN_OUT 为输出引脚 */
02  static void gpiote_init(void)
03  {
04      ret_code_t err_code;
05      //初始化 GPIOTE
06      err_code = nrf_drv_gpiote_init();
07      APP_ERROR_CHECK(err_code);
```

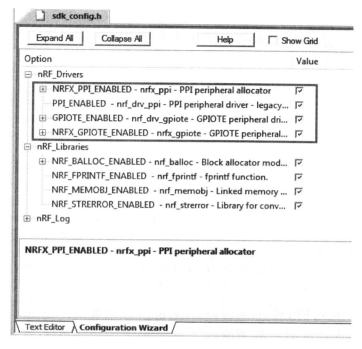

图 11.4　PPI 之 GPIOTE 应用工程配置文件使能项

```
08    //配置输出为翻转电平
09    nrf_drv_gpiote_out_config_t out_config =  GPIOTE_CONFIG_OUT_TASK_TOGGLE(true);
10    //绑定输出端口
11    err_code = nrf_drv_gpiote_out_init(PIN_OUT, &out_config);
12    APP_ERROR_CHECK(err_code);
13    //配置为输出任务模式使能
14    nrf_drv_gpiote_out_task_enable(PIN_OUT);
15
16    //配置输入为高电平到低电平
17    nrf_drv_gpiote_in_config_t in_config = GPIOTE_CONFIG_IN_SENSE_HITOLO(true);
18    in_config.pull = NRF_GPIO_PIN_PULLUP;
19    //绑定输入端口
20    err_code = nrf_drv_gpiote_in_init(PIN_IN, &in_config, NULL);
21    APP_ERROR_CHECK(err_code);
22    //配置输入事件使能
23    nrf_drv_gpiote_in_event_enable(PIN_IN, true);
24 }
```

　　下面具体讨论如何使用库函数来配置 PPI 的功能,具体代码如下:

```
01 void ppi_init(void)
02 {
```

```
03      ret_code_t err_code;
04      //初始化 PPI 的模块
05      err_code = nrf_drv_ppi_init();
06      APP_ERROR_CHECK(err_code);
07
08      //配置 PPI 的频道
09      err_code = nrfx_ppi_channel_alloc(&my_ppi_channel);
10      APP_ERROR_CHECK(err_code);
11
12      //设置 PPI 通道 my_ppi_channel 的 EEP 和 TEP 两端对应的硬件
13      err_code = nrfx_ppi_channel_assign(my_ppi_channel,
14                                  nrfx_gpiote_in_event_addr_get(PIN_IN),
15                                  nrfx_gpiote_out_task_addr_get(PIN_OUT));
16      APP_ERROR_CHECK(err_code);
17      //使能 PPI 通道
18      err_code = nrfx_ppi_channel_enable(my_ppi_channel);
19      APP_ERROR_CHECK(err_code);
```

第 05 行:初始化 PPI 模块,调用 nrf_drv_ppi_init 函数。

第 09 行:配置 PPI 的通道,调用 nrfx_ppi_channel_alloc 函数,注册一个 nrf_ppi_channel_t 结构类型的 PPI 通道,命名为 my_ppi_channel。

第 13 行:设置 PPI 通道 my_ppi_channel 的 EEP 事件端点和 TEP 任务端点两端对应的硬件地址。

对应事件地址:通过调用 API 函数 nrfx_gpiote_in_event_addr_get(PIN_IN)来获取,并绑定到 PPI 的事件端点上。对应任务地址:调用 API 函数 nrfx_gpiote_out_task_addr_get(PIN_OUT)来实现获取,并绑定到 PPI 的任务端点上。

第 18 行:使能 PPI 通道,调用函数 nrfx_ppi_channel_enable,对之前申请的 PPI 通道 my_ppi_channel 进行使能。

最后,在主函数中,调用 PPI 配置函数和 GPIOTE 配置函数,此时 CPU 什么也不做,一直等待循环,所有的操作都交给 PPI 通道执行。代码如下:

```
01  }
02  /**
03   * 主函数,配置 PPI 的通道
04   */
05  int main(void)
06  {
07      gpiote_init();
08      ppi_init();
09      while (true)
10      {
11          //什么都不做
```

```
12      }
13 }
```

　　把该例子的代码编译后下载到青风 nRF52832 开发板上。按下按键 1,触发 GPI-OTE 事件,事件通过 PPI 触发 GPIOTE 任务,可以使 LED1 灯翻转。

11.3　fork 从任务的应用

11.3.1　PPI fork 从任务寄存器的应用

　　fork 机制也称为从任务机制。如图 11.5 所示,可以采用一个事件触发两个任务:一个主任务,一个从任务。

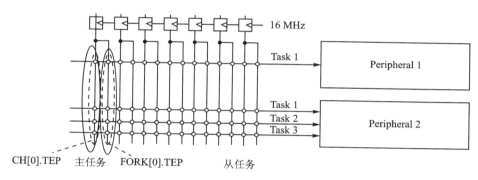

图 11.5　fork 从任务机制结构图

　　如图 11.5 所示,当某个事件触发 CH[n].TEP 时,如果配置 FORK[n].TEP 端点连接一个从任务,那么从任务也可以同时被这个事件触发。所有编程步骤如下:

　　第一步:配置一个事件端点、一个 CH[n].TEP 任务端点和 FORK[n].TEP 从任务端点。本例采用 GPIOTE 按键输入作为事件,两个 GPIOTE 输出作为任务,配置代码如下:

```
01 /**
02  * 初始化 GPIO 端口,设置 PIN_IN 为输入引脚,PIN_OUT 为输出引脚
03  */
04 static void gpiote_init(void)
05 {
06     nrf_gpio_cfg_input(BUTTON_1,NRF_GPIO_PIN_PULLUP);          //设置引脚为上拉输入
07     //配置一个 GPIOTE 输入任务
08     NRF_GPIOTE ->CONFIG[0] =
09     //绑定 GPIOTE 通道 0
10     (GPIOTE_CONFIG_POLARITY_HiToLo << GPIOTE_CONFIG_POLARITY_Pos)
11     |(BUTTON_1 << GPIOTE_CONFIG_PSEL_Pos)                      //配置事件输入
12     |(GPIOTE_CONFIG_MODE_Event << GPIOTE_CONFIG_MODE_Pos);     //设置实际模式
```

```
13      //配置一个 GPIOTE 输出
14      NRF_GPIOTE ->CONFIG[1] =
15      //绑定 GPIOTE 通道 1
16      (GPIOTE_CONFIG_POLARITY_Toggle << GPIOTE_CONFIG_POLARITY_Pos)
17      | (LED_1 << GPIOTE_CONFIG_PSEL_Pos)                          //配置任务输出状态
18      | (GPIOTE_CONFIG_MODE_Task << GPIOTE_CONFIG_MODE_Pos);       //任务模式
19      //配置一个 GPIOTE 输出作为分支端
20      NRF_GPIOTE ->CONFIG[2] =
21      //绑定 GPIOTE 通道 2
22      (GPIOTE_CONFIG_POLARITY_Toggle << GPIOTE_CONFIG_POLARITY_Pos)
23      | (LED_2 << GPIOTE_CONFIG_PSEL_Pos)                          //配置任务输出状态
24      | (GPIOTE_CONFIG_MODE_Task << GPIOTE_CONFIG_MODE_Pos);       //任务模式
25  }
```

第二步:在 PPI 中,除了赋值 CH[n].EEP 端点和 CH[n].TEP 中断外,还需要再赋值一个 FORK[n].TEP 从任务端点地址。赋值完成后,通过寄存器 CHEN 对 PPI 通道使能。

```
01  void ppi_init(void)
02  {
03      //配置 PPI 一端接输入事件 0,另一端接输出任务 1
04      NRF_PPI ->CH[0].EEP = (uint32_t)(&NRF_GPIOTE ->EVENTS_IN[0]);
05      NRF_PPI ->CH[0].TEP = (uint32_t)(&NRF_GPIOTE ->TASKS_OUT[1]);
06      //输出端接通道 0 的 fork 分支端
07      NRF_PPI ->FORK[0].TEP = (uint32_t)(&NRF_GPIOTE ->TASKS_OUT[2]);
08      //使能通道 0
09      NRF_PPI ->CHEN = (PPI_CHEN_CH0_Enabled << PPI_CHEN_CH0_Pos);
10  }
```

第三步:主函数里只需要调用 GPIOTE 初始化函数和 PPI 初始化函数,其他的相关操作交给 PPI 来实现。主函数代码如下:

```
01  /** 主函数,配置 PPI 的通道 */
02  int main(void)
03  {
04      gpiote_init();
05      ppi_init();
06      while (true)
07      {
08          //什么都不做
09      }
10  }
```

把该例子的代码编译后下载到青风 nRF52832 开发板上。按下按键 1,触发 GPI-

OTE 事件,事件通过 PPI 触发 GPIOTE 主任务和从任务,就可以使 LED1 灯翻转,同时 LED2 灯也会翻转。

11.3.2　PPI fork 从任务组件库的实现

库函数下 fork 从任务的编程需要使用库函数 API,介绍如下:

nrfx_ppi_channel_fork_assign 函数:分配从任务 fork 端点到 PPI 通道上,具体说明如表 11.15 所列。

表 11.15　**nrfx_ppi_channel_fork_assign** 函数

函　数	nrfx_err_t nrfx_ppi_channel_fork_assign(nrf_ppi_channel_t channel, uint32_t fork_tep);
功　能	用于为 PPI 通道分配或清除 fork 端点
参数[输入]	channel:要分配端点的 PPI 通道
	fork_tep:fork 任务端点地址或清除为 0
返回值	NRFX_SUCCESS:表示成功分配了通道
	NRFX_ERROR_INVALID_STATE:表示没有为用户分配通道
	NRFX_ERROR_INVALID_PARAM:表示用户不可配置通道
	NRFX_ERROR_NOT_SUPPORTED:表示不支持该功能

库函数编写过程:

第一步:通过库函数配置对应的 GPIOTE 任务和事件。该配置在第 6 章 GPIOTE 的相关内容中已经详细讲述过,这里不再赘述,具体代码如下:

```
01 /**
02  * 初始化 GPIO 端口,设置 PIN_IN 为输入引脚,PIN_OUT 为输出引脚
03  */
04 static void gpiote_init(void)
05 {
06     ret_code_t err_code;
07
08     err_code = nrf_drv_gpiote_init();
09     APP_ERROR_CHECK(err_code);
10     //配置一个 GPIOTE 输出
11     nrf_drv_gpiote_out_config_t out_config = GPIOTE_CONFIG_OUT_TASK_TOGGLE(true);
12     err_code = nrf_drv_gpiote_out_init(BSP_LED_0, &out_config);
13     APP_ERROR_CHECK(err_code);
14     nrf_drv_gpiote_out_task_enable(BSP_LED_0);
15
16     //配置一个 GPIOTE 输出作为分支端
17     nrf_drv_gpiote_out_config_t out_config2 = GPIOTE_CONFIG_OUT_TASK_TOGGLE(true);
18     err_code = nrf_drv_gpiote_out_init(BSP_LED_1, &out_config2);
19     APP_ERROR_CHECK(err_code);
```

```
20      nrf_drv_gpiote_out_task_enable(BSP_LED_1);
21
22      //配置一个 GPIOTE 输入任务
23      nrf_drv_gpiote_in_config_t in_config = GPIOTE_CONFIG_IN_SENSE_HITOLO(true);
24      in_config.pull = NRF_GPIO_PIN_PULLUP;
25      err_code = nrf_drv_gpiote_in_init(BSP_BUTTON_0, &in_config, NULL);
26      APP_ERROR_CHECK(err_code);
27      nrf_drv_gpiote_in_event_enable(BSP_BUTTON_0, true);
28 }
```

第二步:对 PPI 初始化。首先需要分配 PPI 通道的 EEP 端点和 TEP 端点,将其分别对应事件和任务,同时还需要调用函数 nrfx_ppi_channel_fork_assign 来分配从任务的 fork 端点到 PPI 通道上。具体代码如下:

```
01 void ppi_init(void)
02 {
03      ret_code_t err_code;
04      //初始化 PPI 的模块
05      err_code = nrf_drv_ppi_init();
06      APP_ERROR_CHECK(err_code);
07
08      //配置 PPI 的频道
09      err_code = nrfx_ppi_channel_alloc(&my_ppi_channel);
10      APP_ERROR_CHECK(err_code);
11
12      //设置 PPI 通道 my_ppi_channel 的 EEP 和 TEP 两端对应的硬件
13      err_code = nrfx_ppi_channel_assign(my_ppi_channel,
14                          nrfx_gpiote_in_event_addr_get(BSP_BUTTON_0),
15                          nrfx_gpiote_out_task_addr_get(BSP_LED_0));
16      APP_ERROR_CHECK(err_code);
17
18      //配置 PPI 通道 0 的分支任务端点
19      err_code = nrfx_ppi_channel_fork_assign(my_ppi_channel,
20                          nrf_drv_gpiote_out_task_addr_get(BSP_LED_1));
21      //使能 PPI 通道
22      err_code = nrfx_ppi_channel_enable(my_ppi_channel);
23      APP_ERROR_CHECK(err_code);
24 }
```

第三步:主函数里只需要调用 GPIOTE 初始化函数和 PPI 初始化函数,触发操作交给 PPI 执行,因此主函数代码如下:

```
01 /* 主函数,配置 PPI 的通道 */
02 int main(void)
```

```
03 {
04     gpiote_init();
05     ppi_init();
06     while(true)
07     {
08         //什么都不做
09     }
10 }
```

把该例子的代码编译后下载到青风 nRF52832 开发板上。按下按键 1,触发 GPI-OTE 事件,事件通过 PPI 触发 GPIOTE 主任务和从任务,就可以使 LED1 灯翻转,同时 LED2 灯也会翻转。

11.4　PPI 之 group 分组的应用

11.4.1　PPI group 分组原理及寄存器的应用

1. 基本原理

PPI 通道可以进行分组,多个 PPI 通道可以分为一组。PPI 具有 6 个 group,每个 group 都可以包含多个 PPI 通道,如图 11.6 所示。

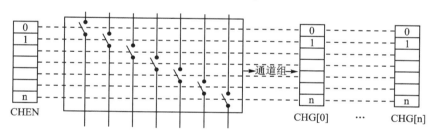

图 11.6　PPI 通道组结构

在图 11.6 中,n=5。一共 6 个 group,每个 group 都可以把 0~n(n=31)个 PPI 通道包含到其中,那么包含到一个 group 内的 PPI 通道就可以进行统一的管理与操作。比如打开或者关掉 PPI 通道,通过寄存器 CHG[n].EN 和 CHG[n].DIS 来打开或者关掉包含在组里的所有 PPI 通道。

PPI 组事件 CHG [0].EN 也可以像其他任务一样通过 PPI 触发,这意味着它们可以作为 TEP 连接到 PPI 通道,因此可以通过 PPI 事件来管理一个 group。

2. 按键扫描方式管理 group

这里通过两种方式探讨对 group 的管理:第一种,通过验证按键扫描方式来使能 group 和禁止 group;第二种,采用 PPI 通道触发组事件 CHG [0].EN 来使能 group 和禁止 group。

代码工程搭建如图 11.7 所示,由于采用寄存器方式编写工程比较简单,因此只需要加入 5.4 节编写的按键驱动函数就可以了。

图 11.7 PPI 通道组寄存器工程

主函数文件配置代码如下:首先配置 GPIOTE 事件和任务,由于要使用 PPI-group,这里配置两组 GPIOTE 事件和任务。将按键 1 和按键 2 分别配置为 GPIOTE 输入事件,LED1 和 LED2 配置为 GPIOTE 输出任务,具体配置如下:

```
01 / **
02   * 初始化 GPIO 端口,设置 PIN_IN 为输入引脚,PIN_OUT 为输出引脚
03   */
04 static void gpiote_init(void)
05 {
06     nrf_gpio_cfg_input(KEY_1,NRF_GPIO_PIN_PULLUP);          //设置引脚为上拉输入
07     nrf_gpio_cfg_input(KEY_2,NRF_GPIO_PIN_PULLUP);          //设置引脚为上拉输入
08     /////////////////////////////////////////
09         NRF_GPIOTE ->CONFIG[0] =
10     //绑定 GPIOTE 通道 0,输入电平高到低
11     (GPIOTE_CONFIG_POLARITY_HiToLo << GPIOTE_CONFIG_POLARITY_Pos)
12     | (KEY_1 << GPIOTE_CONFIG_PSEL_Pos)                     //配置任务输入状态
13     | (GPIOTE_CONFIG_MODE_Event << GPIOTE_CONFIG_MODE_Pos);  //事件模式
14
15     NRF_GPIOTE ->CONFIG[1] =
16     //绑定 GPIOTE 通道 1,输出电平翻转
17     (GPIOTE_CONFIG_POLARITY_Toggle << GPIOTE_CONFIG_POLARITY_Pos)
18     | (LED_0 << GPIOTE_CONFIG_PSEL_Pos)                     //配置任务输出状态
19     | (GPIOTE_CONFIG_MODE_Task << GPIOTE_CONFIG_MODE_Pos);   //任务模式
20
21     /////////////////////////////////////////
22         NRF_GPIOTE ->CONFIG[2] =
23     //绑定 GPIOTE 通道 2,输入电平高到低
24     (GPIOTE_CONFIG_POLARITY_HiToLo << GPIOTE_CONFIG_POLARITY_Pos)
```

```
25      | (KEY_2 << GPIOTE_CONFIG_PSEL_Pos)                          //配置任务输入状态
26      | (GPIOTE_CONFIG_MODE_Event << GPIOTE_CONFIG_MODE_Pos);      //事件模式
27
28      NRF_GPIOTE ->CONFIG[3] =
29      //绑定 GPIOTE 通道 3,输出电平翻转
30      (GPIOTE_CONFIG_POLARITY_Toggle << GPIOTE_CONFIG_POLARITY_Pos)
31      | (LED_1 << GPIOTE_CONFIG_PSEL_Pos)                          //配置任务输出状态
32      | (GPIOTE_CONFIG_MODE_Task << GPIOTE_CONFIG_MODE_Pos);       //任务模式
33  }
```

再来分配 PPI 的组。本例使用两个 PPI 通道,分别为 PPI 通道 0 和 PPI 通道 1。PPI 通道 0 的一端事件端点接 GPIOTE 事件 0,另一端任务端点接 GPIOTE 任务 1。PPI 通道 1 的一端事件端点接 GPIOTE 事件 2,另一端任务端点接 GPIOTE 任务 3。最后把 PPI 通道 0 和 PPI 通道 1 同时配置到 group0 上去,通过 CHG[0]赋值 0x03,绑定 PPI 通道 0 和 PPI 通道 1 到 group0 上。具体代码如下:

```
01 void ppi_init(void)
02 {
03      //配置 PPI 通道 0,一端接 GPIOTE 事件 0,另一端接 GPIOTE 任务 1
04      NRF_PPI ->CH[0].EEP = (uint32_t)(&NRF_GPIOTE ->EVENTS_IN[0]);
05      NRF_PPI ->CH[0].TEP = (uint32_t)(&NRF_GPIOTE ->TASKS_OUT[1]);
06      //配置 PPI 通道 1,一端接 GPIOTE 事件 2,另一端接 GPIOTE 任务 3
07      NRF_PPI ->CH[1].EEP = (uint32_t)(&NRF_GPIOTE ->EVENTS_IN[2]);
08      NRF_PPI ->CH[1].TEP = (uint32_t)(&NRF_GPIOTE ->TASKS_OUT[3]);
09      //把通道 0 和通道 1 绑定到 PPI group0 上
10      NRF_PPI ->CHG[0] = 0x03;
11 }
```

如果采用按键扫描的方式对 PPI group 进行管理,则需要在主函数中通过判断按键是否按下来使能或者禁止组。因此,参考按键扫描的方式,在按键 3 按下后使能 PPI group,在按键 4 按下后关闭 PPI group,具体代码如下:

```
01 / ** 主函数,配置 PPI 的组使能或者关闭 * /
02 int main(void)
03 {
04      gpiote_init();                  //初始化 GPIOTE
05      ppi_init();                     //初始化 PPI
06      KEY_Init();                     //按键初始化
07      LED_Init();                     //LED 灯初始化
08      LED3_Close();
09      LED4_Close();
10      while (true)
11      {
```

```
12          if( KEY3_Down() == 0)                    //判定按键是否按下
13      {
14          LED4_Close();
15          NRF_PPI ->TASKS_CHG[0].EN = 1;            //使能 PPI group0
16          LED3_Toggle();
17      }
18          if( KEY4_Down() == 0)                    //判定按键是否按下
19      {   LED3_Close();
20          NRF_PPI ->TASKS_CHG[0].DIS  = 0;          //关闭 PPI group0
21          LED4_Toggle();
22      }
23  }
24          }
```

把该例子的代码编译后下载到青风 nRF52832 开发板上。默认 PPI group 是关闭的，此时按下按键 1 或者按键 2，LED1 灯或者 LED2 灯不会发生变化。如果按下按键 3，使能了 PPI group，则此时再按下按键 1，可以使 LED1 灯翻转；按下按键 2，可以使 LED2 灯翻转。如果想关闭 PPI group，则可通过按下按键 4 实现。

3. 事件 CHG[0].EN 或者 CHG[0].DIS 任务管理 group

事件 CHG[0].EN 或者 CHG[0].DIS 都可以作为 PPI 的任务端点，因此可以采用任何事件作为 PPI 的事件端点来触发 group 的管理。下面采用一个简单的 GPIOTE 按键输入事件来触发 group 的使能。在 PPI 初始化中，增加一个 PPI 通道 2，该通道的 EEP 端接按键 0 的 GPIOTE 输入事件，另外一个 TEP 端接 CHG[0].EN 通道使能任务，最后单独使能 PPI 通道 2。具体代码如下：

```
01  void ppi_init(void)
02  {   //配置按键 1 作为触发事件,连接 PPI 通道 2 的一端
03      NRF_PPI ->CH[2].EEP  = (uint32_t)(&NRF_GPIOTE ->EVENTS_IN[0]);
04      //触发 group 的使能
05      NRF_PPI ->CH[2].TEP  = (uint32_t)(&NRF_PPI ->TASKS_CHG[0].EN);
06      //使能 PPI 的通道 2
07      NRF_PPI ->CHEN = (PPI_CHEN_CH2_Enabled << PPI_CHEN_CH2_Pos);
08
09      //配置 PPI 通道 0,一端接 GPIOTE 事件 0,另一端接 GPIOTE 任务 1
10      NRF_PPI ->CH[0].EEP  = (uint32_t)(&NRF_GPIOTE ->EVENTS_IN[0]);
11      NRF_PPI ->CH[0].TEP  = (uint32_t)(&NRF_GPIOTE ->TASKS_OUT[1]);
12      //配置 PPI 通道 1,一端接 GPIOTE 事件 2,另一端接 GPIOTE 任务 3
13      NRF_PPI ->CH[1].EEP  = (uint32_t)(&NRF_GPIOTE ->EVENTS_IN[2]);
14      NRF_PPI ->CH[1].TEP  = (uint32_t)(&NRF_GPIOTE ->TASKS_OUT[3]);
15      //把通道 0 和通道 1 绑定到 PPI group0 上
16      NRF_PPI ->CHG[0] = 0x03;
17  }
```

这种状态下,如果第一次按键 1 没有按下,则按键 1 和按键 2 都不能触发 LED1 灯和 LED2 灯的翻转。只有当按键 1 按下后,使能了 group0,按键 1 和按键 2 才能通过 PPI 分别触发 LED1 灯和 LED2 灯翻转。那么主函数中就可以什么都不做,只需把相关操作交给 PPI 实现即可。主函数代码如下:

```
01 /**
02  *  主函数,配置 PPI 的通道
03  */
04 int main(void)
05 {
06      gpiote_init();
07      ppi_init();
08      KEY_Init();
09      while (true)
10      {
11      }
12 }
```

把该例子的代码编译后下载到青风 nRF52832 开发板上。默认 PPI group 是关闭的,此时按下按键 2,LED2 灯不会发生变化。如果按下按键 1,使能了 PPI group,此时再按下按键 1,则可以使 LED1 灯翻转;按下按键 2,可以使 LED2 灯翻转。

11.4.2　PPI group 组件库函数介绍

① nrfx_ppi_channel_include_in_group 函数:将指定的 PPI 通道包含到通道组中,具体说明如表 11.16 所列。

表 11.16　nrfx_ppi_channel_include_in_group 函数

函　　数	nrfx_err_t nrfx_ppi_channel_include_in_group(nrf_ppi_channel_t channel, nrf_ppi_channel_group_t group)	
功　　能	在通道组中包含 PPI 通道的函数	
参数[输入]	channel:要添加的通道	
	group:包含该通道的通道组	
返回值	NRFX_SUCCESS:表示成功包含通道	
	NRFX_ERROR_INVALID_STATE:表示组不是已分配的组	
	NRFX_ERROR_INVALID_PARAM:表示组不是应用程序组或通道不是应用程序通道	

② nrfx_ppi_group_alloc 函数:用于分配一个未被使用的 PPI group,并且分配对应的 PPI 通道组指针,具体说明如表 11.17 所列。

表 11.17　nrfx_ppi_group_alloc 函数

函　　数	nrfx_err_t nrfx_ppi_group_alloc(nrf_ppi_channel_group_t * p_group);
功　　能	用于分配 PPI 通道组的函数。该函数分配第一个未使用的 PPI group
参数[输入]	p_group:指向已分配的 PPI 通道组的指针
返回值	NRFX_SUCCESS:表示成功分配了通道组
	NRFX_ERROR_NO_MEM:表示没有可用的通道组

③ nrfx_ppi_group_enable 函数:用于使能 PPI 通道组,可以统一打开包含的 PPI 通道,具体说明如表 11.18 所列。

表 11.18　nrfx_ppi_group_enable 函数

函　　数	nrfx_err_t nrfx_ppi_group_enable(nrf_ppi_channel_group_t group);
功　　能	启用 PPI 通道组的功能
参数[输入]	group:要启用的通道组
返回值	NRFX_SUCCESS:表示成功启用了组
	NRFX_ERROR_INVALID_STATE:表示组不是已分配的组
	NRFX_ERROR_INVALID_PARAM:表示组不是应用程序组

④ nrfx_ppi_group_disable 函数:用于关闭 PPI 通道组,可以统一禁止包含的 PPI 通道,具体说明如表 11.19 所列。

表 11.19　nrfx_ppi_group_disable 函数

函　　数	nrfx_err_t nrfx_ppi_group_disable(nrf_ppi_channel_group_t group);
功　　能	用于禁用 PPI 通道组的函数
参数[输入]	group:要禁止的通道组
返回值	NRFX_SUCCESS:表示成功禁止了组
	NRFX_ERROR_INVALID_STATE:表示组不是已分配的组
	NRFX_ERROR_INVALID_PARAM:表示组不是应用程序组

11.4.3　组件库工程编程

库函数的工程采用 11.2.3 小节中的 PPI 的 GPIOTE 应用的库函数工程,sdk_config.h 的配置相同。

首先配置 2 个 GPIOTE 输入任务和 2 个 GPIOTE 输出事件。2 个输入任务分别接按键 1 和按键 2,2 个输出事件分别接 LED1 灯和 LED2 灯,关于 GPIOTE 的配置这里就不再赘述了。具体代码如下:

```
01 nrf_ppi_channel_t my_ppi_channel1;
02 nrf_ppi_channel_t my_ppi_channel2;
03 nrf_ppi_channel_group_t qf_ppi_group;
```

```
04 / **
05  * 初始化 GPIO 端口,设置 PIN_IN 为输入引脚,PIN_OUT 为输出引脚
06  * /
07 static void gpiote_init(void)
08 {
09     ret_code_t err_code;
10
11     err_code = nrf_drv_gpiote_init();
12     APP_ERROR_CHECK(err_code);
13     ////////////////////////////
14     //配置输出任务 1
15     nrf_drv_gpiote_out_config_t out_config1 = GPIOTE_CONFIG_OUT_TASK_TOGGLE(true);
16     err_code = nrf_drv_gpiote_out_init(LED_1, &out_config1);
17     APP_ERROR_CHECK(err_code);
18     nrf_drv_gpiote_out_task_enable(LED_1);
19
20     //配置输出任务 2
21     nrf_drv_gpiote_out_config_t out_config2 =  GPIOTE_CONFIG_OUT_TASK_TOGGLE(true);
22     err_code = nrf_drv_gpiote_out_init(LED_2, &out_config2);
23     APP_ERROR_CHECK(err_code);
24      nrf_drv_gpiote_out_task_enable(LED_2);
25
26     //配置输入事件 3
27     nrf_drv_gpiote_in_config_t in_config1 = GPIOTE_CONFIG_IN_SENSE_HITOLO (true);
28     in_config1.pull = NRF_GPIO_PIN_PULLUP;
29     err_code = nrf_drv_gpiote_in_init(BSP_BUTTON_0, &in_config1, NULL);
30     APP_ERROR_CHECK(err_code);
31     nrf_drv_gpiote_in_event_enable(BSP_BUTTON_0, true);
32
33     //配置输入事件 4
34     nrf_drv_gpiote_in_config_t in_config2 = GPIOTE_CONFIG_IN_SENSE_HITOLO (true);
35     in_config2.pull = NRF_GPIO_PIN_PULLUP;
36     err_code = nrf_drv_gpiote_in_init(BSP_BUTTON_1, &in_config2, NULL);
37     APP_ERROR_CHECK(err_code);
38     nrf_drv_gpiote_in_event_enable(BSP_BUTTON_1, true);
39 }
```

　　这里主要探讨如何使用库函数把 PPI 通道包含到通道 group 中,在 PPI 初始化函数中把配置好的 PPI 通道加入到 group 中。具体代码如下:

```
01 void ppi_init(void)
02 {
03  ret_code_t err_code;
04
05     //初始化 PPI 的模块
06     err_code = nrf_drv_ppi_init();
07     APP_ERROR_CHECK(err_code);
```

```
08
09        //配置 PPI 的频道
10        err_code = nrfx_ppi_channel_alloc(&my_ppi_channel1);
11        APP_ERROR_CHECK(err_code);
12        //设置 PPI 通道 my_ppi_channel1 的 EEP 和 TEP 两端对应输出任务 1 和输入事件 3
13        err_code = nrfx_ppi_channel_assign(my_ppi_channel1,
14                                    nrfx_gpiote_in_event_addr_get(BSP_BUTTON_0),
15                                    nrfx_gpiote_out_task_addr_get(LED_1));
16        APP_ERROR_CHECK(err_code);
17        //配置 PPI 的频道
18        err_code = nrfx_ppi_channel_alloc(&my_ppi_channel2);
19        APP_ERROR_CHECK(err_code);
20        //设置 PPI 通道 my_ppi_channel2 的 EEP 和 TEP 两端对应输出任务 2 和输入事件 4
21        err_code = nrfx_ppi_channel_assign(my_ppi_channel2,
22                                    nrfx_gpiote_in_event_addr_get(BSP_BUTTON_1),
23                                    nrfx_gpiote_out_task_addr_get(LED_2));
24        APP_ERROR_CHECK(err_code);
25
26        //申请 PPI group,分配的组号保存到 qf_ppi_group
27        err_code = nrfx_ppi_group_alloc(&qf_ppi_group);
28        APP_ERROR_CHECK(err_code);
29
30        //PPI 通道 qf_ppi_channel1 加入到 PPI group my_ppi_group
31        err_code = nrfx_ppi_channel_include_in_group(my_ppi_channel1,qf_ppi_group);
32        APP_ERROR_CHECK(err_code);
33        //PPI 通道 my_ppi_channel2 加入到 PPI group qf_ppi_group
34        err_code = nrfx_ppi_channel_include_in_group(my_ppi_channel2,qf_ppi_group);
35        APP_ERROR_CHECK(err_code);
36 }
```

第 06 行:调用函数 nrf_drv_ppi_init 对 PPI 进行初始化。

第 10～13 行:首先调用函数 nrfx_ppi_channel_alloc 对 PPI 通道 my_ppi_channel1 进行声明,然后调用函数 nrfx_ppi_channel_assign 设置 PPI 通道 my_ppi_channel1 的 EEP 和 TEP 两端对应输出任务 1 和输入事件 3。

第 16～21 行:首先调用函数 nrfx_ppi_channel_alloc 对 PPI 通道 my_ppi_channel2 进行声明,然后调用函数 nrfx_ppi_channel_assign 设置 PPI 通道 my_ppi_channel2 的 EEP 和 TEP 两端对应输出任务 2 和输入事件 4。

第 27 行:调用函数 nrfx_ppi_group_alloc 申请 PPI group,分配的组号保存并命名为 qf_ppi_group。

第 31～35 行:调用函数 nrfx_ppi_channel_include_in_group 分别把 PPI 通道 my_ppi_channel1 和 PPI 通道 my_ppi_channel2 加入到 PPI group qf_ppi_group 中。

主函数采用按键扫描的方式来管理 PPI group。当按键 3 按下后,调用函数 nrfx_ppi_group_enable 对 PPI group 进行使能;当按键 4 按下后,调用函数 nrfx_ppi_group_ disable 对 PPI group 进行禁止。具体代码如下：

```
01 /**
02  * 主函数,配置 PPI 的通道
03  */
04 int main(void)
05 {   ret_code_t err_code;
06     gpiote_init();
07     ppi_init();
08     qf_led_key_init();
09     while (true)
10     {
11         //检测按键 3 是否按下
12         if(nrf_gpio_pin_read(BUTTON_3) == 0)
13         {
14             //LED3 灯点亮,LED4 灯熄灭,指示:PPI group 使能
15             nrf_gpio_pin_clear(LED_3);
16             nrf_gpio_pin_set(LED_4);
17             while(nrf_gpio_pin_read(BUTTON_3) == 0){}        //等待按键释放
18             //使能 PPI group qf_ppi_group
19             err_code = nrfx_ppi_group_enable(qf_ppi_group);
20             APP_ERROR_CHECK(err_code);
21         }
22         //检测按键 4 是否按下
23         if(nrf_gpio_pin_read(BUTTON_4) == 0)
24         {
25             //LED4 灯点亮,LED3 灯熄灭,指示:PPI group 禁止
26             nrf_gpio_pin_clear(LED_4);
27             nrf_gpio_pin_set(LED_3);
28             while(nrf_gpio_pin_read(BUTTON_4) == 0){}        //等待按键释放
29             //禁止 PPI group qf_ppi_group
30             err_code = nrfx_ppi_group_disable(qf_ppi_group);
31             APP_ERROR_CHECK(err_code);
32         }
33     }
34 }
```

把该例子的代码编译后下载到青风 nRF52832 开发板上。默认 PPI group 是关闭的,此时按下按键 1 或者按键 2,LED1 灯或者 LED2 灯不会发生变化。如果按下按键 3,使能了 PPI group,则再按下按键 1,可以使 LED1 灯翻转;按下按键 2,可以使 LED2 灯翻转。如果按下按键 4,则禁止 PPI group,此时按下按键 1 或者按键 2,LED1 灯或者 LED2 灯不会发生变化。

第 12 章

定时器和 PPI 的联合应用

12.1 PPI 之定时器计数

12.1.1 PPI 定时器计数寄存器编程

　　PPI 不仅适用于 GPIOTE 的事件触发,还可以用于其他事件来触发任务,其中定时器的应用较为广泛。本章将同时演示几种 PPI 与定时器的综合应用。本小节首先讨论如何采用 PPI 来启动和关闭定时器的应用。定时器 2 和定时器 1 通过 PPI 控制定时器 0 的开启和关闭,那么定时器 0 的开启和关闭就可以进行精确控制,具体流程如图 12.1 所示。

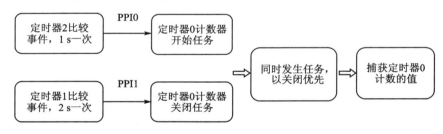

图 12.1　定时器计数的过程

　　具体代码分析如下:

　　(1) 配置 PPI 通道

　　具体代码如下:

```
01 static void ppi_init(void)
02 {
03     //配置 PPI 通道 0,一端接定时器 1 的比较事件,触发另外一端的定时器 0 停止任务
04     NRF_PPI ->CH[1].EEP = (uint32_t)(&NRF_TIMER1 ->EVENTS_COMPARE[0]);
05     NRF_PPI ->CH[0].TEP = (uint32_t)(&NRF_TIMER0 ->TASKS_STOP);
06
07     //配置 PPI 通道 1,一端接定时器 2 的比较事件,触发另外一端的定时器 0 开始任务
08     NRF_PPI ->CH[1].EEP = (uint32_t)(&NRF_TIMER2 ->EVENTS_COMPARE[0]);
09     NRF_PPI ->CH[1].TEP = (uint32_t)(&NRF_TIMER0 ->TASKS_START);
10
```

```
11    //使能 PPI 通道 0 和通道 1
12    NRF_PPI->CHEN = (PPI_CHEN_CH0_Enabled << PPI_CHEN_CH0_Pos)|
13                    (PPI_CHEN_CH1_Enabled << PPI_CHEN_CH1_Pos);
14  }
```

第 04～05 行:配置 PPI 通道 0,一端 EEP 端点接定时器 1 的比较事件,触发另外一端 TEP 端点的定时器 0 停止任务。当定时器 1 发送比较事件时,就会触发定时器 0 关闭。

第 08～09 行:配置 PPI 通道 1,一端 EEP 端点接定时器 2 的比较事件,触发另外一端 TEP 端点的定时器 0 启动任务。当定时器 2 发送比较事件时,就会触发定时器 0 启动。

第 12 行:最后使能 PPI 通道 0 和 PPI 通道 1。

（2）配置定时器 0

定时器 0 作为被触发开启和关闭的任务,把定时器 0 设置为计数模式。定时器分频值为 9 分频,定时器位宽为 16 bit。具体代码如下:

```
01  void timer0_init(void)
02  {   //设置定时器 0 为计数器模式
03    NRF_TIMER0->MODE = TIMER_MODE_MODE_Counter;
04    NRF_TIMER0->PRESCALER = 9;                           //设置定时器 0 的分频
05    NRF_TIMER0->BITMODE = TIMER_BITMODE_BITMODE_16Bit;   //设置定时器 0 的位宽
06  }
```

（3）配置定时器 1 和定时器 2

代码如下:

```
01  / **
02   初始化定时器 1
03   * /
04  static void timer1_init(void)
05  {
06      //配置定时器 1 每 2 s 触发一次
07      //BITMODE = 16 bit,模式
08      //PRESCALER = 9,分频值
09      //触发时间 = 0xFFFF/(SysClk/2^PRESCALER) = 65535/31250 = 2.097 sec
10      NRF_TIMER1->BITMODE = (TIMER_BITMODE_BITMODE_16Bit <<
11                               TIMER_BITMODE_BITMODE_Pos);
12      NRF_TIMER1->PRESCALER = 9;
13      NRF_TIMER1->SHORTS = (TIMER_SHORTS_COMPARE0_CLEAR_Enabled <<
14                               TIMER_SHORTS_COMPARE0_CLEAR_Pos);
15      //触发比较中断事件
16      NRF_TIMER1->MODE = TIMER_MODE_MODE_Timer;
17      NRF_TIMER1->CC[0] = 0xFFFFUL;                    //设置比较寄存器
```

```
18 }
19
20 /** 初始化定时器 2
21  */
22 static void timer2_init(void)
23 {
24     //设置定时器 2 每 1 s 触发一次
25     //BITMODE = 16 bit,模式
26     //PRESCALER = 9,分频值
27     //触发时间 = 0x7FFF/(SysClk/2^PRESCALER) = 32 767/31 250 = 1.048 s */
28     NRF_TIMER2->BITMODE = (TIMER_BITMODE_BITMODE_16Bit <<
29                            TIMER_BITMODE_BITMODE_Pos);
30     NRF_TIMER2->PRESCALER = 9;
31     NRF_TIMER2->SHORTS = (TIMER_SHORTS_COMPARE0_CLEAR_Enabled <<
32                            TIMER_SHORTS_COMPARE0_CLEAR_Pos);
33     //触发比较中断事件
34     NRF_TIMER2->MODE = TIMER_MODE_MODE_Timer;
35     NRF_TIMER2->CC[0] = 0x7FFFUL;              //设置比较寄存器
36 }
```

第 09~17 行:配置定时器 1 为定时器模式,位宽 BITMODE = 16 bit,分频值 PRESCALER=9,设置比较寄存器 CC[0]的值为 0xFFFF,那么触发定时器比较事件的时间为

$$触发时间=0xFFFF/(SysClk/2^{PRESCALER})= 65\ 535\ s/31\ 250=2.097\ s$$

第 28~35 行:配置定时器 2 为定时器模式,位宽 BITMODE = 16 bit,分频值 PRESCALER=9,设置比较寄存器 CC[0]的值为 0x7FFF,那么触发定时器比较事件的时间为

$$触发时间=0x7FFF/(SysClk/2^{PRESCALER})= 32\ 767\ s/31\ 250 = 1.048\ s$$

(4) 编写主函数

主函数的功能就是启动定时器 1 和定时器 2 开始运行。定时器 1 每 2 s 会触发一次比较事件,触发关闭定时器 0 任务;定时器 2 每 1 s 会触发一次比较事件,触发启动定时器 0 任务。当同时出现启动和关闭定时器操作时,以关闭定时器为准。因此,定时器 0 会出现 1 s,3 s,5 s,…启动计数,2 s,4 s,6 s,…关闭计数的状态。那么定时器 0 计数时会出现每隔 1 s 停止计数 1 次的现象,计数值保持 1 s 不变。具体代码如下:

```
01 /* 主函数,定时器 0 设置为计数器模式,通过捕获定时器 0 计数的值在串口输出显示 */
02 int main(void)
03 {
04     uint32_t err_code;
05     uint32_t timVal = 0;
06
07     timer0_init();                           //定时器 0 的初始化
```

```
08      timer1_init();                        //定时器 1 的初始化
09      timer2_init();                        //定时器 2 的初始化
10      ppi_init();                           //PPI 的配置
11      const app_uart_comm_params_t comm_params =
12          {
13              RX_PIN_NUMBER,
14              TX_PIN_NUMBER,
15              RTS_PIN_NUMBER,
16              CTS_PIN_NUMBER,
17              UART_HWFC,
18              false,
19  # if defined (UART_PRESENT)
20              NRF_UART_BAUDRATE_115200
21  # else
22              NRF_UARTE_BAUDRATE_115200
23  # endif
24          };
25
26      APP_UART_FIFO_INIT(&comm_params,
27                          UART_RX_BUF_SIZE,
28                          UART_TX_BUF_SIZE,
29                          uart_error_handle,
30                          APP_IRQ_PRIORITY_LOWEST,
31                          err_code);
32      APP_ERROR_CHECK(err_code);
33
34      //启动定时器
35      NRF_TIMER1 ->TASKS_START = 1;
36      NRF_TIMER2 ->TASKS_START = 1;
37      while (1)
38      {
39          printf(" 2019.5.1 青风! \r\n");
40          /* 计数器加 1 */
41          NRF_TIMER0 ->TASKS_COUNT = 1;
42          /* 捕获定时器 0 计数的值 */
43          NRF_TIMER0 ->TASKS_CAPTURE[0] = 1;
44          //获取计数值
45          timVal = NRF_TIMER0 ->CC[0];
46          //串口打印计数值
47          printf("conut value: %d\r\n", timVal);
48          nrf_delay_ms(1048);
49      }
50  }
```

　　把该例的代码编译后下载到青风 nRF52832 开发板上。连接开发板串口,打开串口调试助手,设置波特率为 115 200,数据位为 8,停止位为 1,如图 12.2 所示。这时串口调试助手输出的计数器的计数值会保持 1 s 不变。

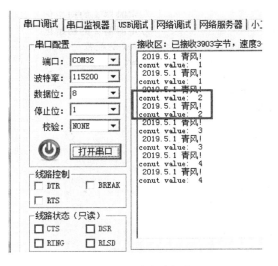

图 12.2 串口输出计数值(1)

12.1.2 PPI 定时器计数器库函数编程

本小节将讲解如何采用组件库的方式来实现 PPI 启动定时器的功能。组件库的应用涉及定时器、PPI 和 UARTE 的库函数 API 的调用。库函数调用方式和配置与第 7 章的 UART 串口、第 10 章的定时器和第 11 章的 PPI 的相关内容相同。具体的搭建工程如图 12.3 所示。

图 12.3 PPI 触发定时器计数库函数工程

然后添加工程路径,这里就不再讲述,可以参考前面几章的相关内容。同时需要在 sdk_config. h 配置文件的 Configuration Wizard 配置导航卡中看见如图 12.4 所示的参数选项被选中,才表明配置修改成功。

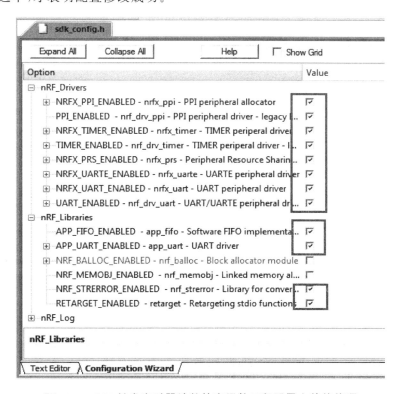

图 12.4 PPI 触发定时器计数的库函数工程配置文件使能项

代码中,对 PPI 通道进行配置,具体如下:

```
01 / * * @brief  初始化 PPI 外设 * /
02 static void ppi_init(void)
03 {
04     uint32_t err_code = NRF_SUCCESS;
05
06     err_code = nrf_drv_ppi_init();
07     APP_ERROR_CHECK(err_code);
08
09     //配置 PPIT 通道 0,一端接定时器 1 的比较事件,触发另一端的定时器 0 停止任务
10     err_code = nrf_drv_ppi_channel_alloc(&my_ppi_channel1);
11     APP_ERROR_CHECK(err_code);
12     err_code = nrf_drv_ppi_channel_assign(my_ppi_channel1,
13             nrf_drv_timer_event_address_get(&timer2, NRF_TIMER_EVENT_COMPARE0),
14                 nrf_drv_timer_task_address_get(&timer0, NRF_TIMER_TASK_START));
```

```
15        APP_ERROR_CHECK(err_code);
16        //使能 PPI 通道
17        err_code = nrf_drv_ppi_channel_enable(my_ppi_channel1);
18        APP_ERROR_CHECK(err_code);
19
20        //配置 PPIT 通道 1，一端接定时器 2 的比较事件，触发另一端的定时器 0 开始任务
21        err_code = nrf_drv_ppi_channel_alloc(&my_ppi_channel2);
22        APP_ERROR_CHECK(err_code);
23        err_code = nrf_drv_ppi_channel_assign(my_ppi_channel2,
24                 nrf_drv_timer_event_address_get(&timer1, NRF_TIMER_EVENT_COMPARE0),
25                    nrf_drv_timer_task_address_get(&timer0, NRF_TIMER_TASK_STOP));
26        APP_ERROR_CHECK(err_code);
27        //使能 PPI 通道
28        err_code = nrf_drv_ppi_channel_enable(my_ppi_channel2);
29        APP_ERROR_CHECK(err_code);
30    }
```

第 10～14 行：调用函数 nrf_drv_ppi_channel_alloc 注册 PPI 通道 my_ppi_channel1。调用 nrf_drv_ppi_channel_assign 函数在一端 EEP 端点接定时器 2 的比较事件，触发另一端 TEP 端点的定时器 0 开始任务。当定时器 2 发送比较事件时，就会触发定时器 0 使能。

第 17 行：使能注册的 PPI 通道 my_ppi_channel1。

第 21～25 行：调用函数 nrf_drv_ppi_channel_alloc 注册 PPI 通道 my_ppi_channel2。调用 nrf_drv_ppi_channel_assign 函数在一端 EEP 端点接定时器 1 的比较事件，触发另一端 TEP 端点的定时器 0 停止任务。当定时器 1 发送比较事件时，就会触发定时器 0 关闭。

第 28 行：使能注册的 PPI 通道 my_ppi_channel2。

接着配置定时器 0，具体代码如下：

```
01  void timer0_init(void)
02  {
03        uint32_t err_code = NRF_SUCCESS;
04        //定义定时器配置结构体，并使用默认配置参数初始化结构体
05      nrfx_timer_config_t timer_cfg = NRFX_TIMER_DEFAULT_CONFIG;
06      //Timer0 配置为计数模式
07      timer_cfg.mode = NRF_TIMER_MODE_COUNTER;
08
09      //初始化定时器，定时器工作于计数模式时没有事件，所以无需回调函数
10      err_code = nrfx_timer_init(&timer0, &timer_cfg, my_timer_event_handler);
11      APP_ERROR_CHECK(err_code);
12  }
```

第 05 行：采用默认定时器的配置，在 sdk_config.h 文件中，定时器分频值为 9，定

时器位宽为 16bit。

第 07 行:单独对定时器 0 模式进行配置,设置为 NRF_TIMER_MODE_COUNT-ER 计数模式。

第 10 行:调用函数 nrfx_timer_init,设置定时器 0。

最后配置定时器 1 和定时器 2,具体代码如下:

```
01 static void timer1_init(void)
02 {
03     uint32_t time_ticks1;
04     ret_code_t err_code;
05
06     //配置定时器比较事件
07     nrf_drv_timer_config_t timer_cfg = NRF_DRV_TIMER_DEFAULT_CONFIG;
08     err_code = nrf_drv_timer_init(&timer1, &timer_cfg, NULL);
09     APP_ERROR_CHECK(err_code);
10     nrf_drv_timer_extended_compare(&timer1, NRF_TIMER_CC_CHANNEL0, 0xFFFFUL,
11                         NRF_TIMER_SHORT_COMPARE0_CLEAR_MASK, false);
12     //使能定时器 1
13     nrf_drv_timer_enable(&timer1);
14 }
15
16 static void timer2_init(void)
17 {
18     uint32_t time_ticks;
19     ret_code_t err_code;
20     //配置定时器比较事件
21     nrf_drv_timer_config_t timer_cfg = NRF_DRV_TIMER_DEFAULT_CONFIG;
22     err_code = nrf_drv_timer_init(&timer2, &timer_cfg,  NULL);
23     APP_ERROR_CHECK(err_code);
24     nrf_drv_timer_extended_compare(&timer2, NRF_TIMER_CC_CHANNEL0, 0x7FFFUL,
25                         NRF_TIMER_SHORT_COMPARE0_CLEAR_MASK, false);
26     //使能定时器 2
27     nrf_drv_timer_enable(&timer2);
28 }
```

第 07～08 行:调用函数 nrf_drv_timer_init,采用配置 NRF_DRV_TIMER_DE-FAULT_CONFIG 设置定时器 1 为定时器模式、位宽 BITMODE=16 bit、分频值 PRESCALER=9。

第 10 行:调用函数 nrf_drv_timer_extended_compare,设置比较寄存器 CC 的值为 0xFFFF,那么触发定时器 1 比较事件的时间为

触发时间$=0\text{xFFFF}/(\text{SysClk}/2\text{-PRESCALER})=$ 65 535 s/31 250$=2.097$ s

第 13 行:调用函数 nrf_drv_timer_enable 使能定时器 1。

第 21~22 行:调用函数 nrf_drv_timer_init,采用配置 NRF_DRV_TIMER_DE-FAULT_CONFIG 设置定时器 2 为定时器模式、位宽 BITMODE = 16 bit、分频值 PRESCALER=9。

第 24 行:调用函数 nrf_drv_timer_extended_compare 设置比较寄存器 CC 的值为 0x7FFF,那么触发定时器 2 比较事件的时间为

触发时间=0x7FFF/(SysClk/2·PRESCALER)=32 767 s/31 250=1.048 s

第 27 行:调用函数 nrf_drv_timer_enable 使能定时器 2。

主函数的功能就是调用前面编写的定时器 0、定时器 1 和定时器 2 初始化函数。定时器 1 每 2 s 会触发一次比较事件,触发关闭定时器 0 任务;定时器 2 每 1 s 会触发一次比较事件,触发启动定时器 0 任务。当同时出现启动和关闭定时器操作时,以关闭定时器为准。因此,定时器 0 会出现 1 s、3 s、5 s、…启动计数,2 s、4 s、6 s、…关闭计数的状态。那么定时器 0 计数时会出现每隔 1 s 停止计数 1 次的现象,计数值会保持 1 s 不变。具体代码如下:

```
01 /** 主函数 */
02 int main(void)
03 {
04     uint32_t err_code;
05     uint32_t timVal = 0;
06     timer0_init();                              //定时器 0 的初始化
07     timer1_init();                              //定时器 1 的初始化
08     timer2_init();                              //定时器 2 的初始化
09     ppi_init();                                 //初始化 PPI
10     const app_uart_comm_params_t comm_params =
11         {
12             RX_PIN_NUMBER,
13             TX_PIN_NUMBER,
14             RTS_PIN_NUMBER,
15             CTS_PIN_NUMBER,
16             UART_HWFC,
17             false,
18 #if defined (UART_PRESENT)
19             NRF_UART_BAUDRATE_115200
20 #else
21             NRF_UARTE_BAUDRATE_115200
22 #endif
23         };                                      //配置串口
24
25     APP_UART_FIFO_INIT(&comm_params,
26                        UART_RX_BUF_SIZE,
27                        UART_TX_BUF_SIZE,
```

```
28                        uart_error_handle,
29                        APP_IRQ_PRIORITY_LOWEST,
30                        err_code);//初始化串口
31    APP_ERROR_CHECK(err_code);
32        nrf_drv_timer_enable(&timer0);
33        while (1)
34    {
35        printf(" 2019.5.1  青风! \r\n");
36        nrfx_timer_increment(&timer0);
37        //获取计数值
38        timVal = nrfx_timer_capture(&timer0,NRF_TIMER_CC_CHANNEL0);
39        //串口打印计数值
40        printf("conut value:  % d\r\n", timVal);
41        nrf_delay_ms(1048);
42    }
43 }
```

　　把该例的代码编译后下载到青风 nRF52832 开发板上。连接开发板串口,打开串口调试助手,设置波特率为 115 200,数据位为 8,停止位为 1,如图 12.5 所示。这时串口调试助手输出的计数器的计数值会保持 1 s 不变。

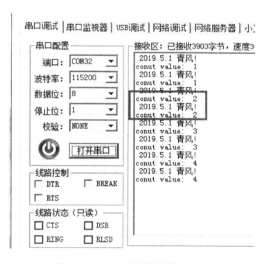

图 12.5　串口输出计数值(2)

12.2　定时器与 PPI 之软件 PWM

12.2.1　软件 PWM 寄存器方式

　　在代码文件中建立了一个演示历程,打开 user 文件夹中的工程,如图 12.6 所示。

本小节将使用寄存器直接编程,只需在主函数 main.c 的文件中编写 PPI 的驱动即可。

图 12.6   软件 PWM 寄存器工程

根据前面讲解的原理,PPI 的结构其实非常简单。PPI 实际上提供了一种直连的机制,这种机制可以把一个外设发生的事件触发另一个外设的任务,而整个过程都不需要 CPU 参与。因此,一个任务通过 PPI 通道与事件互连。PPI 通道由两个端点寄存器组成,分别为事件端点寄存器和任务端点寄存器。我们可以通过任务寄存器的地址与任务端点寄存器对外设任务进行赋值;同理,也可以通过事件寄存器的地址与事件终点寄存器对外设事件赋值。

PPI 输出软件 PWM 实际上是由定时器触发 GPIOTE 的输出电平变化来实现的。那么,PPI 的作用就是连接定时器作为任务,触发 GPIOTE 的输出作为事件。例子中编写两路 PWM 输出,所以需要使用 4 路 PPI 通道。每两路 PPI 通道产生一个 PWM 输出,其中一路作为占空比的输出控制,另一路作为 PWM 周期的控制。CPU 不参与整个过程。

按照上面的分析,首先来配置 PPI 通道,代码如下:

```
01   void ppi_set(void)
02   {
03     //PPI 通道 0 的 EFP 和 TEP 设置 PWM1 占空比的时间
04     //把定时器 0 的比较事件作为事件,GPIOTE0 的输出作为任务
05     //通过定时器 0 比较事件来触发 GPIOTE0 的输出
06     NRF_PPI ->CH[0].EEP = (uint32_t)(&NRF_TIMER0 ->EVENTS_COMPARE[0]);
07     NRF_PPI ->CH[0].TEP = (uint32_t)(&NRF_GPIOTE ->TASKS_OUT[0]);
08
09     //PPI 通道 1 的 EFP 和 TEP 设置 PWM2 周期的时间
10     //把定时器 0 的比较事件作为事件,GPIOTE0 的输出作为任务
11     //通过定时器 0 比较事件来触发 GPIOTE0 的输出
12     NRF_PPI ->CH[1].EEP = (uint32_t)(&NRF_TIMER0 ->EVENTS_COMPARE[1]);
13     NRF_PPI ->CH[1].TEP = (uint32_t)(&NRF_GPIOTE ->TASKS_OUT[0]);
14
```

```
15    NRF_PPI->CH[2].EEP = (uint32_t)(&NRF_TIMER0->EVENTS_COMPARE[2]);
16    NRF_PPI->CH[2].TEP = (uint32_t)(&NRF_GPIOTE->TASKS_OUT[1]);
17
18    NRF_PPI->CH[3].EEP = (uint32_t)(&NRF_TIMER0->EVENTS_COMPARE[3]);
19    NRF_PPI->CH[3].TEP = (uint32_t)(&NRF_GPIOTE->TASKS_OUT[1]);
20
21    //使能 PPI 通道 1 和通道 0,2,3
22    NRF_PPI->CHENSET = 0x0f;
23 }
```

上述代码实际上完成了两件事：

第一件事：第 03~19 行，配置 PPI 通道实际上就是设置 CH[n].EEP 和 CH[n].TEP 的地址。一旦连接好任务和事件，整个过程就不需要 CPU 参与了，这与 DMA 有点相似。把定时器 0 的比较事件作为事件，GPIOTE0 的输出作为任务，当比较寄存器 EVENTS_COMPARE[n] 被置为 1 时，将触发 TASKS_OUT[n] 事件。

第二件事：第 22 行，使能通道。实际上开通道和关通道有两种方式：

方法 1：通过独立设置 CHEN、CHENSET 和 CHENCLR 寄存器来实现。

方法 2：通过 PPI 通道组的使能和关断任务来实现。

这里选择方法 1，通过 CHENSET 设置来使能通道。

然后再来配置定时器，在 PPI 中把定时器的寄存器 COMPARE[n] 接到 EEP（事件端点），那么当定时器计数器计数到预设值 CC[n] 寄存器的值时，将启动比较事件把 COMPARE[n] 置为 1，所以在定时器的配置中，通过配置 CC[n] 寄存器的值来触发 COMPARE[n]。代码如下：

```
01 void timer0_init(void)
02 {
03    NRF_TIMER0->PRESCALER  = 4;              //2^4,16 分频成 1 MHz 时钟源
04    NRF_TIMER0->MODE = TIMER_MODE_MODE_Timer;//设置为定时模式
05    NRF_TIMER0->BITMODE = 3;       //32 bit
06    NRF_TIMER0->CC[1] = 5000;      //CC[1]的值是 5 ms,相当于方波的周期为 5 ms
07    NRF_TIMER0->CC[0] = 100;       //调节占空比
08
09    NRF_TIMER0->CC[2] = 5000;      //CC[2]的值是 5 ms,相当于方波的周期为 5 ms
10    NRF_TIMER0->CC[3] = 4900;      //调节占空比
11
12    NRF_TIMER0->SHORTS = 1 << 1;   //设置当计数到 CC[1]中的值时,自动清 0 重新开始计数
13    NRF_TIMER0->SHORTS = 1 << 2;   //设置当计数到 CC[2]中的值时,自动清 0 重新开始计数
14
15    NRF_TIMER0->TASKS_START = 1;   //启动 TIMER0
16 }
```

第 03 行:设置定时器的预分频寄存器的值,根据 10.1 节中的计算公式,预分频后定时器的频率为 1 MHz。

第 04 行:设置定时器的模式为定时模式。

第 05 行:设置定时器的位宽为 32 bit。

第 06~07 行:分别设置定时器的两个预设寄存器的值,其中 CC[1]作为最后输出 PWM 波的周期,CC[0]作为占空比的时间。

第 09~10 行:设置第二个 PWM 波的对应周期 CC[2]和占空比的值 CC[3]。

第 12~13 行:由于前面 CC[1]和 CC[2]作为周期值,所以需要在计数到对应设置值时,清 0 定时器重新计数。

第 15 行:启动 TIMER0。

上面就把定时器一端设置完了,PPI 的另一端 GPIOTE 输出也需要设置。设置两个输出引脚连接到 LED 灯,代码如下:

```
01  #define PWM_OUT1              LED_0
02  #define PWM_OUT2              LED_1
03
04  void gpiote_init(void){
05      NRF_GPIOTE->CONFIG[0] = ( 3 << 0 )            //作为任务模式
06                            | ( PWM_OUT1 << 8)       //设置 PWM 输出引脚
07                            | ( 3 << 16 )            //设置任务为翻转 PWM 引脚的电平
08                            | ( 1 << 20);            //初始输出电平为高
09      NRF_GPIOTE->CONFIG[1] = ( 3 << 0 )            //作为任务模式
10                            | ( PWM_OUT2 << 8)       //设置 PWM 输出引脚
11                            | ( 3 << 16 )            //设置任务为翻转 PWM 引脚的电平
12                            | ( 1 << 20);            //初始输出电平为高
13  }
```

GPIOTE 输出主要是配置模式、输出引脚、设置任务为翻转 PWM 引脚的电平、初始化输出的电平。主函数直接调用编写好的驱动函数即可。初始化 PPI、定时器、GPIOTE 后,循环等待。PWM 波通过 I/O 引脚输出到 LED 灯上,通过两类 PWM 波的输出对比,不同占空比的 LED 灯的亮度也不同,代码如下:

```
01  int main(void)
02  {
03      gpiote_init();
04      ppi_set();
05      timer0_init();
06      while(1);
07  }
```

把该例的代码编译后下载到青风 nRF52832 开发板上。PWM 波就会通过 I/O 引脚输出到 LED1 灯和 LED2 灯上,通过两个 PWM 波的输出对比,不同占空比的 LED1 灯和 LED2 灯的亮度也不同。

用示波器测试 PWM 的波形,如图 12.7 所示。

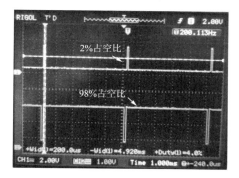

图 12.7　用示波器测试的 PWM 波形

12.2.2　软件 PWM 组件库编程

通过上述寄存器编程,读者已经深入了解定时器 PWM 输出的编写方法与过程,那么在这个基础上,再来理解组件库的编程就变得十分容易了。用组件库实现输出 PWM 的过程,实际上与寄存器一样,只是官方提供了很多基础的库函数,库函数为了照顾所有的功能,其内容比较繁杂,学习时需要深入到基础代码中。组件库的函数工程如下,需要添加如图 12.8 所示框图中的驱动库。

图 12.8　软件 PWM 库函数工程

工程中需要添加的库函数文件如表 12.1 所列。

表 12.1 库函数文件及说明

新增文件名称	功能描述
nrfx_gpiote.c	新版本 GPIOTE 串口兼容库
nrfx_drv_ppi.c	新版本 PPI 兼容库
nrf_ppi.c	旧版本 PPI 驱动库
nrfx_timer.c	新版本 TIMER 定时器兼容库
app_pwm.c	应用软件 PWM 的驱动库

文件添加到工程后,需要添加对应文件的路径。在 Options for Target 对话框中的 C/C++选项卡中的 Include Paths 下拉列表框中选择硬件驱动库的文件路径,如图 12.9 所示。

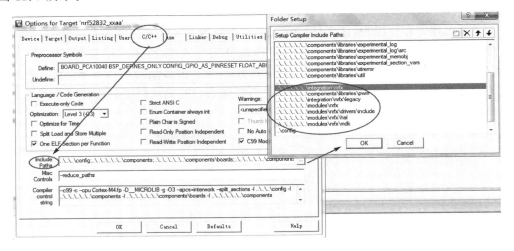

图 12.9 软件 pwm 工程库函数文件路径的添加

工程搭建完毕后,首先需要修改 sdk_config.h 配置文件,使用库函数时需要使能库功能,因此需要在 sdk_config.h 配置文件中设置对应模块的使能选项。关于定时器的配置代码选项较多,这里就不一一展开了,大家可以直接把对应的配置代码复制到自己建立的工程中的 sdk_config.h 文件中。如果复制代码后,在 sdk_config.h 配置文件的 Configuration Wizard 配置导航卡中看见如图 12.10 所示的几个参数选项被选中,则表明配置修改成功。

组件库在实现输出 PWM 的功能时提供了两个关键函数,这两个函数介绍如下:

① app_pwm_init 函数:用于对软件 PWM 的初始化,并且声明回调函数,具体说明如表 12.2 所列。

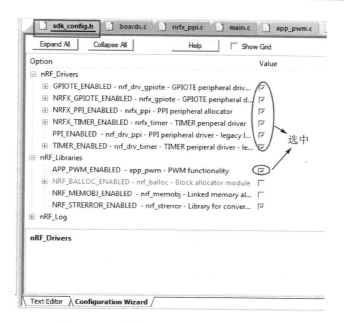

图 12.10　软件 pwm 工程配置文件使能项

表 12.2　app_pwm_init 函数

函　数	ret_code_t app_pwm_init(app_pwm_t const * const p_instance, 　　　　　　　　　　app_pwm_config_t const * const p_config, 　　　　　　　　　　app_pwm_callback_t p_ready_callback);
功　能	初始化 PWM 输出
参　数	p_instance：创建的 PWM 使用实例
	p_config：PWM 参数的初始化
	p_ready_callback：执行回调函数
返回值	NRF_SUCCESS：表示初始化成功
	NRF_ERROR_NO_MEM：表示没有足够的资源
	NRF_ERROR_INVALID_PARAM：表示给的是一个无效的结构体配置
	NRF_ERROR_INVALID_STATE：表示 TIMER/PWM 正在使用或者初始化失败

② app_pwm_channel_duty_set 函数：用于设置软件 PWM 的占空比的值，具体说明如表 12.3 所列。

表 12.3　app_pwm_channel_duty_set 函数

函　数	ret_code_t app_pwm_channel_duty_set(app_pwm_t const * const p_instance, 　　　　　　　　　　uint8_t channel, app_pwm_duty_t duty);
功　能	设置 PWM 的占空比的值

功 能	说明：占空比的改变需要一个完整的 PWM 时钟周期来完成。如果在当前更改完成之前尝试对给定实例的任何通道进行其他更改，则新尝试将导致错误 NRF_ERROR_BUSY
参 数	p_instance：创建的 PWM 使用实例
	channel：控制占空比的 PPI 频道
	duty：占空比（0～100）
返回值	NRF_SUCCESS：表示操作成功
	NRF_ERROR_BUSY：表示 PWM 还没准备好
	NRF_ERROR_INVALID_STATE：表示给定的 PWM 实例没有初始化

上述两个函数是实现 PWM 输出的关键，首先来看如何配置 app_pwm_init 函数。该函数主要需要配置第二个参数：app_pwm_config_t const * const p_config，这个参数是一个结构体形式。官方给出了单 PWM 输出和双 PWM 输出的定义：APP_PWM_DEFAULT_CONFIG_1CH 和 APP_PWM_DEFAULT_CONFIG_2CH。

比如双通道定义：

```
01 :#define APP_PWM_DEFAULT_CONFIG_2CH(period_in_us, pin0, pin1)
02     {
03     .pins = {pin0, pin1},
04     .pin_polarity = {APP_PWM_POLARITY_ACTIVE_LOW,APP_PWM_POLARITY_ACTIVE_LO
05               W},
06     .num_of_channels = 2,
07     .period_us = period_in_us
08     }
```

这个结构体主要包括：

① .pins 为引脚；

② .pin_polarity 为引脚极性；

③ .num_of_channels 为通道数量；

④ .period_us 为 PWM 的周期。

配置好后就可以把配置参数导入 app_pwm_init 函数中使用。这个函数相当于寄存器配置中配置 PWM 周期的定时器比较事件。深入 app_pwm_ini 函数内部，可以找到如下配置定时器初始化参数的代码：

```
01     //初始化定时器，估算定时器频率
02     nrf_timer_frequency_t  timer_freq = pwm_calculate_timer_frequency(p_config->period_us);
03     nrf_drv_timer_config_t timer_cfg  = {
04         .frequency          = timer_freq,
05         .mode               = NRF_TIMER_MODE_TIMER,      //定时器模式
06         .bit_width          = NRF_TIMER_BIT_WIDTH_16,    //16 位宽
07         .interrupt_priority = APP_IRQ_PRIORITY_LOW,      //低优先级
```

```
08          .p_context = (void *) (uint32_t) p_instance ->p_timer ->instance_id//例子 ID
09      };
10      err_code = nrf_drv_timer_init(p_instance ->p_timer, &timer_cfg,
11                                    pwm_ready_tick);        //代入注册参数
```

同时,函数内部采用 nrf_drv_ppi_channel_assign 分配 PPI 通道。

再看 app_pwm_channel_duty_set 函数的设置。该函数用于设置占空比,同时需要给出占空比触发时使用的 PPI 通道,双通道默认使用的 PPI 通道 0 和通道 1 作为占空比触发的 PPI 通道,代表两个通道,代码设置如下:

```
01      app_pwm_channel_duty_set(&PWM1, 0, value)
02      app_pwm_channel_duty_set(&PWM1, 1, value)
```

主函数可以直接调用库函数。首先创建一个 PWM 使用实例,然后对 PWM 初始化,再使能 PWM。通过一个 for 循环不停地改变 PWM 占空比,此时,我们可以通过 LED 灯亮度的变化来观察占空比的变化,具体代码如下:

```
01  APP_PWM_INSTANCE(PWM1,1);                    //创建一个使用定时器 1 产生 PWM 波的实例
02  static volatile bool ready_flag;            //使用一个标志位表示 PWM 状态
03
04  void pwm_ready_callback(uint32_t pwm_id)    //PWM 回调功能
05  {
06      ready_flag = true;
07  }
08
09  int main(void)
10  {
11      ret_code_t err_code;
12
13      /* 2 个通道的 PWM 参数定义为 200 Hz(5 000 μs = 5 ms),通过开发板 LED 引脚输出 */
14      app_pwm_config_t  pwm1_cfg = APP_PWM_DEFAULT_CONFIG_2CH(5000L, BSP_LED_0, BSP_LED_1);
15
16      /* 切换两个通道的极性 */
17      pwm1_cfg.pin_polarity[1] = APP_PWM_POLARITY_ACTIVE_HIGH;
18
19      /* 初始化和使能 PWM */
20      err_code = app_pwm_init(&PWM1,&pwm1_cfg,pwm_ready_callback);
21      APP_ERROR_CHECK(err_code);
22      app_pwm_enable(&PWM1);                      //使能 PWM
23
24      uint32_t value;
25      while(true)
26      {
27          for (uint8_t i = 0; i < 40; ++i)
```

```
28              {
29                  value = (i < 20) ? (i * 5) : (100 - (i - 20) * 5);
30                  ready_flag = false;
31                  /* 设置占空比:不停地设置,直到 PWM 准备好 */
32                  while (app_pwm_channel_duty_set(&PWM1, 0, value) == NRF_ERROR_BUSY);
33                  /* 等待回调 */
34                  while(! ready_flag);
35                  //设置第 2 通道的 PWM
36                  APP_ERROR_CHECK(app_pwm_channel_duty_set(&PWM1, 1, value));
37                  nrf_delay_ms(25);
38              }
39          }
40
41  }
```

　　由于在代码中设置的引脚极性相反,输出 PWM 占空比相反,所以两个 LED 灯的亮度变化正好相反,一个不停地变亮,到达最亮后开始反方向变暗;另一个不停地变暗,到达熄灭后开始反方向不停地变亮。用示波器测试 PWM 的波形,如图 12.11 所示,PWM 占空比不断变化,且占空比相反。

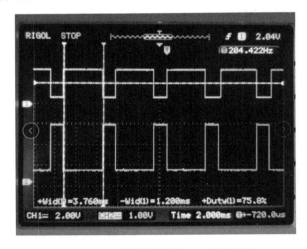

图 12.11　组件库软件 PWM 的输出

12.3　PPI 之输入捕获

12.3.1　原理分析

　　本例通过 PPI 来实现定时器的输入捕获功能。本例 PPI 的功能就是通过一端的 GPIOTE 的输入脉冲信号作为事件,触发 PPI 另一端的定时器捕获功能作为任务,并且把定时器捕获到的脉冲计数值通过串口输出,过程如图 12.12 所示,而输入脉冲信号则通过 12.2 节的软件 PWM 来提供。因此,本例综合了 GPIOTE、定时器和软件 PWM 的多项功能的应用。

图 12.12　输入捕获过程

工程文件中需要调用几个关键的组件库:PPI 的组件库、定时器的组件库、GPIOTE 的组件库、串口的组件库,然后根据这几个组件库来编写主函数 main。输入捕获工程目录树,如图 12.13 所示。

图 12.13　输入捕获工程目录树

关于工程路径的添加、sdk_cofig.h 配置文件的配置,具体可以参考配套的工程代码。

12.3.2 应用实例编程

程序设计按照下面几步实现：

第一步：设置一个脉冲输入，使用 PWM 方式输出信号。为了方便串口输出观察，我们把 PWM 的频率定为 5 Hz。PWM 波的设置在 12.2 节已经讲过，这里不再赘述，这里只需要一路 PWM 输出，具体代码如下：

```
01 void PWM_OUT(uint32_t value)
02 {
03   ret_code_t err_code;
04
05   /* 两个通道的 PWM, 0.5 Hz(2 000 000 μs = 2 000 ms),通过开发板 LED 灯引脚输出 */
06   app_pwm_config_t pwm1_cfg = APP_PWM_DEFAULT_CONFIG_2CH(2000000L, OUTPUT, BSP_LED_1);
07   /* 切换两个通道的极性 */
08   pwm1_cfg.pin_polarity[1] = APP_PWM_POLARITY_ACTIVE_HIGH;
09   /* 初始化和使能 PWM */
10   err_code = app_pwm_init(&PWM1,&pwm1_cfg,pwm_ready_callback);
11   APP_ERROR_CHECK(err_code);
12   app_pwm_enable(&PWM1);                          //使能 PWM
13   /* 只采用其中一路 PWM 输出 */
14   while (app_pwm_channel_duty_set(&PWM1, 0, value) == NRF_ERROR_BUSY);
15 }
```

第二步：设置好的 PWM 脉冲信号需要被采样，采样引脚可以使用 GPIOTE 输入作为事件来触发 PPI，因此这一步用于设置 GPIOTE 输入，具体代码如下：

```
01 static void gpio_init(void)
02 {
03    ret_code_t err_code;
04    //GPIOTE 驱动初始化
05    err_code = nrf_drv_gpiote_init();
06    APP_ERROR_CHECK(err_code);
07    //设置 GPIOTE 输入参数
08    nrf_drv_gpiote_in_config_t in_config = GPIOTE_CONFIG_IN_SENSE_HITOLO(1);
09    in_config.pull = NRF_GPIO_PIN_PULLUP;
10    //初始化 GPIOTE 输入,设置触发输入中断
11    err_code = nrf_drv_gpiote_in_init(INPUT, &in_config, NULL);
12    APP_ERROR_CHECK(err_code);
13    //设置 GPIOTE 输入事件使能
14    //nrf_drv_gpiote_in_event_enable(INPUT, 1);
15 }
```

第 03 行：对 GPIOTE 模块进行初始化。

第 07~11 行：配置 GPIOTE 输入事件。参数设置输入引脚为 INPUT，可以在程

序前将 INPUT 定义为任何端口。实验时需要把 PWM 输出引脚和 INPUT 引脚通过杜邦线进行短接。

引脚配置采用"nrf_drv_gpiote_in_config_t in_config = GPIOTE_CONFIG_IN_SENSE_HITOLO(1)"进行定义。nrf_drv_gpiote_in_config_t 作为一个 GPIOTE 结构体,定义了输入引脚如下几个参数:

```
typedef struct
{
    nrf_gpiote_polarity_t   sense;          /* 中断触发的方式 */
    nrf_gpio_pin_pull_t     pull;           /* 下拉上拉模式 */
    bool        is_watcher;                 /* 当设置为 1 时,输入引脚被输出引脚跟踪 */
    bool        hi_accuracy;                /* 当设置为 1 时,输入事件设置为高电平感应 */
    bool        skip_gpio_setup : 1;        /* GPIO 配置不改变 */
} nrf_drv_gpiote_in_config_t;
```

本例将输入引脚类型配置为:NRF_GPIO_PIN_PULLUP,高电平感应,触发中断类型为高电平到低电平。

第三步:配置 PPI 外设。设置 PPI 的输入捕获,以 GPIOTE 输入作为事件,以定时器计数器计数作为任务。捕获到的脉冲个数通过计数器计数,具体代码如下:

```
01 static void ppi_init(void)
02 {
03     uint32_t err_code = NRF_SUCCESS;
04     err_code = nrf_drv_ppi_init();                              //PPI 驱动初始化
05     APP_ERROR_CHECK(err_code);
06
07     //配置 PPI 通道 2 触发事件和发起的任务
08     err_code = nrf_drv_ppi_channel_alloc(&ppi_channel2);        //分频通道
09     APP_ERROR_CHECK(err_code);
10     err_code = nrf_drv_ppi_channel_assign(ppi_channel2.
11                         nrf_drv_gpiote_in_event_addr_get(INPUT),
12
13     nrf_drv_timer_task_address_get(&timer0,NRF_TIMER_TASK_COUNT));
14     APP_ERROR_CHECK(err_code);
15
16     err_code = nrf_drv_ppi_channel_enable(ppi_channel2);        //PPI 通道使能
17     APP_ERROR_CHECK(err_code);
18 }
```

第 04 行:对 PPI 驱动进行初始化、这个函数比较简单,实际上只设置了 PPI 的状态标志位,表明当前 PPI 的工作状态。工作状态分配了一个结构体,如下:

```
typedef enum
{
```

```
NRF_DRV_STATE_UNINITIALIZED,          /* 没有初始化 */
NRF_DRV_STATE_INITIALIZED,            /* 初始化了,但是电源未打开 */
NRF_DRV_STATE_POWERED_ON              /* 初始化了,同时电源打开了 */
} nrf_drv_state_t;
```

第 08 行:分配 PPI 通道,设置 PPI 使用第几个通道。

第 10 行:分配前面 PPI 通道两端的地址,这也是设置 PPI 的关键。对应各个外设,SDK 的库函数都分配了地址的获取函数,比如本例中使用的:

● GPIOTE 的事件地址获取函数:nrf_drv_gpiote_in_event_addr_get;

● TIMER 的任务地址获取函数: nrf_drv_timer_task_address_get。

第 16 行:使能前面分配的 PPI 通道。

第四步:PPI 设置好后,作为 TASK 的定时器也需要进行配置,对使用的定时器 0 进行初始化,配置为计数模式。关于定时器的初始化在 10.2.2 小节中有具体介绍,这里就不赘述了。具体代码如下:

```
01 static void timer0_init(void)
02 {
03     nrf_drv_timer_config_t TIME_config = NRF_DRV_TIMER_DEFAULT_CONFIG;
04     TIME_config.mode = NRF_TIMER_MODE_COUNTER;
05     ret_code_t err_code = nrf_drv_timer_init(&timer0, &TIME_config, timer_event_handler);
06     APP_ERROR_CHECK(err_code);
07 }
```

第五步:主函数调用之前初始化函数,同时需要使用串口输出计数值,因此还需要对串口进行配置;当 GPIOTE 输入事件通过 PPI 触发定时器计数任务时,定时器开始计数;主函数中调用定时器比较器捕获函数来捕获计数值:nrf_drv_timer_capture(&timer0,NRF_TIMER_CC_CHANNEL2)。该函数触发一个捕获任务,把计数器 COUNT 内的值,通过 CHANNEL 通道复制到 CC[N]寄存器中,函数返回该寄存器的值作为捕获的值,然后把捕获的值通过串口输出。主函数的具体代码如下:

```
01 int main(void)
02 {
03     timer0_init();                    //初始化定时器 0
04     gpio_init();
05     ppi_init();                       //PPI 的初始化
06     PWM_OUT(10);
07     uint32_t err_code;
08     const app_uart_comm_params_t comm_params =
09     {
10         RX_PIN_NUMBER,
11         TX_PIN_NUMBER,
12         RTS_PIN_NUMBER,
13         CTS_PIN_NUMBER,
14         APP_UART_FLOW_CONTROL_ENABLED,
```

```
15          false,
16          UART_BAUDRATE_BAUDRATE_Baud38400
17      };
18      APP_UART_FIFO_INIT(&comm_params,
19                      UART_RX_BUF_SIZE,
20                      UART_TX_BUF_SIZE,
21                      uart_error_handle,
22                      APP_IRQ_PRIORITY_LOW,
23                      err_code);
24      APP_ERROR_CHECK(err_code);
25      //开启定时器
26      nrf_drv_timer_enable(&timer0);
27      //定时器计数器捕获的值输出
28      while(true)
29      {
30          printf("Current cout: %d\n\r",
             (int)nrf_drv_timer_capture(&timer0,NRF_TIMER_CC_CHANNEL2));
31          nrf_delay_ms(1000);              //延迟 1 s
32      }
33 }
```

　　代码编译后下载到青风 nRF52832 开发板上,同时把 I/O 端口 P0.02 和 P0.03 用杜邦线短接。打开串口调试助手,选择开发板串口端号,设置波特率为 115 200,数据位为 8,停止位为 1。由于 while 循环中设置了 1 s 的延迟,而脉冲信号为 2 s 一个周期,一个下降沿通过 PPI 触发一次计数,所以捕获值要用串口输出两次才发生一次变化,如图 12.14 所示。

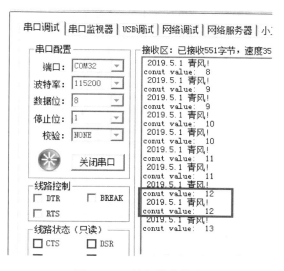

图 12.14　输入捕获输出

第 13 章

RTC 实时计数器

nRF52xx 处理器内部的 RTC(Real-Time Counter)是实时计数器,是在低频时钟源 LFCLK 上提供一个通用的低功耗定时器,其有别于单片机中常使用的实时时钟。实时时钟的缩写也是 RTC(Real-Time Clock),它为人们提供精确的实时时间或者为电子系统提供精确的时间基准。本章讲述的 RTC 为实时计数器。

13.1 原理分析

13.1.1 RTC 的内部结构

nRF52xx 处理器内部的 RTC 模块具有 RTC0、RTC1 和 RTC2 三个,每个模块内部都有一个 24 位计数器、一个 12 位预分频器、一个捕获/比较寄存器和一个滴答事件生成器,用于低功耗、无滴答 RTOS 的实现。RTC 模块需要低频时钟源提供运行时钟,因此在使用 RTC 之前,软件必须明确启动 LFCLK 时钟。RTC 模块的内部结构如图 13.1 所示。

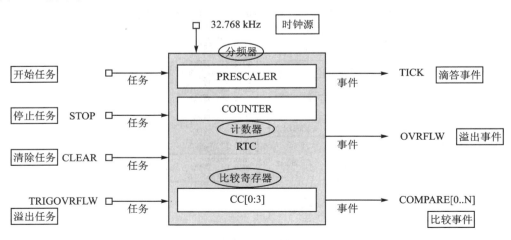

图 13.1 RTC 内部结构图

RTC 是一个 24 位的低频时钟,带分频、TICK、比较和溢出事件。

（1）RTC 时钟源

RTC 运行于 LFCLK 下，COUNTER 的分辨率为 30.517 μs。当 HFCLK 关闭和 PCLK16M 不可用时，RTC 也可运行。

（2）分频器溢出时间和分辨率

RTC 的计数器 COUNTER 增量的计数频率按照下面的公式计算：

$$f_{\mathrm{RTC}} = \frac{32.768 \text{ kHz}}{\mathrm{PRESCALER} + 1}$$

其中，PRESCALER 为分频寄存器的值，该寄存器在 RTC 停止时可读可写。在 RTC 开启时，PRESCALER 寄存器只能读溢出，写无效。PRESCALER 在发生 START、CLEAR 和 TRIGOVRFLW 事件时都会重新启动，分频值被锁存在这些任务的内部寄存器（<< PRESC >>）中。

（3）COUNTER 计数器寄存器

当内部 PRESCALER 寄存器（<< PRESC >>）为 0x000 时，COUNTER 在 LF-CLK 上递增。<< PRESC >> 在 PRESCALER 寄存器中重新加载。如果启用，TICK 事件将在 COUNTER 的每个增量处发生。默认情况下禁用 TICK 事件。

例如：若 PRESCALER 寄存器分频值为 0，则计数时钟频率为 LFCLK 的频率。当一个周期内部 PRESCALER 寄存器（<< PRESC >>）保存为 0x000 时，COUNTER 递增计数一次，同时触发一次 TICK 事件，如图 13.2 所示。

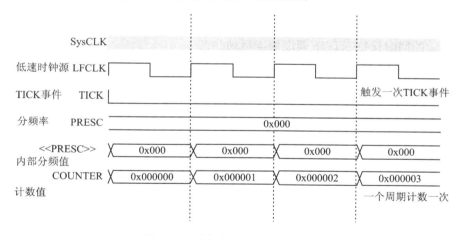

图 13.2　分频值为 0 的 RTC 时序

若 PRESCALER 寄存器分频值为 1，则计数时钟频率为 LFCLK/2 的频率，那么两个时钟周期为一个计数周期。在一个计数周期中，当内部 PRESCALER 寄存器（<< PRESC >>）为 0x000 时，COUNTER 递增计数一次，同时触发一次 TICK 事件，如图 13.3 所示。

13.1.2　RTC 的事件

RTC 输出会产生三种事件类型，如下：

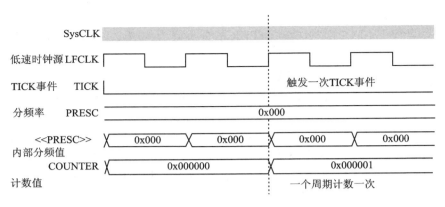

图 13.3　分频值为 1 的 RTC 时序

(1) 溢出事件

RTC 提供一个溢出事件。在模块输入端通过 TRIGOVRFLW 溢出任务将 COUNTER 的值设置为 0xFFFFF0。计数器计数 16 次,COUNTER 计数到 0xFFFFFF,从 0xFFFFFF 溢出到 0 时就发生 OVRFLW 溢出事件。

重要说明:默认情况下,禁用 OVRFLW 事件。

(2) TICK 事件

TICK 事件可实现低功耗"无滴答"RTOS,因为它可以选择为 RTOS 提供常规中断源,而无需使用 ARM SysTick 功能。使用 RTC TICK 事件而不是 SysTick,可以在关闭 CPU 的同时保持 RTOS 调度处于活动状态。

(3) 比较事件

RTC 模块提供 COMPARE 事件的输出,当 COUNTER 中的值与 CC[n]比较寄存器内存的值相等时,就会触发 COMPARE 事件。但是,设置 CC[n]比较寄存器时,应注意以下 RTC COMPARE 事件的行为:

● 如果在设置 CLEAR 任务时 CC[n]寄存器值为 0,则不会触发 COMPARE 事件,如图 13.4 所示。

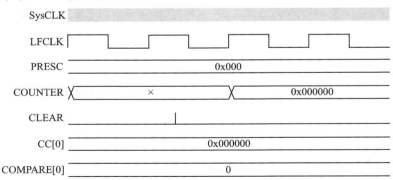

图 13.4　CC[n]寄存器的值为 0

- 如果 CC[n] 寄存器的值为 N 且设置 START 任务时 COUNTER 值为 N，则不会触发 COMPARE 事件，如图 13.5 所示。

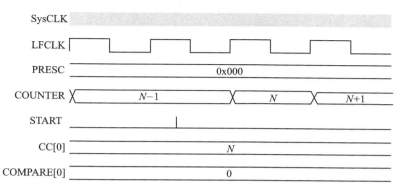

图 13.5　CC[n] 寄存器的值为 N

- 当 CC[n] 寄存器的值为 N 且 COUNTER 的值从 $N-1$ 转换为 N 时，发生 COMPARE 事件，如图 13.6 所示。

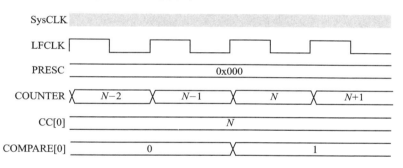

图 13.6　COUNTER 的值从 $N-1$ 转换为 N

- 如果 COUNTER 的值为 N，则将 $N+2$ 写入 CC[n] 寄存器可保证在 $N+2$ 处触发 COMPARE 事件，如图 13.7 所示。

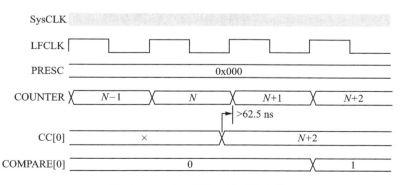

图 13.7　$N+2$ 写入 CC[n] 寄存器

● 如果 COUNTER 的值为 N,则将 N 或 $N+1$ 写入 CC 寄存器可能不会触发 COMPARE 事件,如图 13.8 所示。

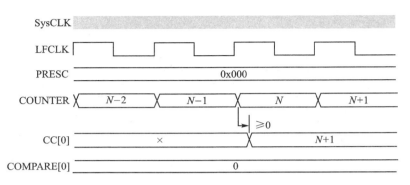

图 13.8 将 N 或 $N+1$ 写入 CC 寄存器

● 如果 COUNTER 为 N 且当写入新的 CC 寄存器值时当前 CC[n]寄存器的值为 $N+1$ 或 $N+2$,则在新值生效之前,将会采用先前 CC[n]寄存器的值触发 COMPARE 事件;如果在写入新值时当前 CC[n]寄存器的值大于 $N+2$,则旧 值将不会发生事件,如图 13.9 所示。

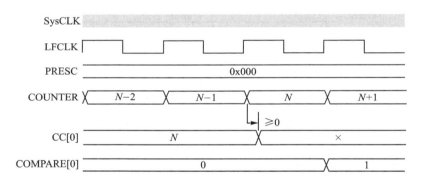

图 13.9 写入新的 CC[n]寄存器值时当前 CC[n]寄存器的值为 $N+1$ 或 $N+2$

上面总结了 RTC 的 3 个事件类型。为了优化 RTC 功耗,RTC 不需要使用的事件 可以单独禁用该事件,以防止在触发这些事件时请求 PCLK16M 和 HFCLK 时钟,消 耗电流增加功耗。这种功能称为事件控制,RTC 模块提供 EVTEN 寄存器来实现 管理。

例如,如果应用程序不需要 TICK 事件,则应禁用该事件。如果 TICK 事件经常发 生,而 HFCLK 时钟长期处于关闭状态,则会增加电力功耗。

采用 EVTEN 寄存器进行控制:该寄存器地址偏移量为 0x340,启用或禁用事件, 具体说明如表 13.1 所列。

表 13.1　EVTEN 寄存器

位 数	域	ID 值	值	描 述
第 1 位	TICK	Disabled	0	禁用 TICK 事件
		Enabled	1	启用 TICK 事件
第 2 位	OVRFLW	Disabled	0	禁用溢出事件
		Enabled	1	启用溢出事件
第 16 位	COMPARE0	Disabled	0	禁用比较事件 0
		Enabled	1	启用比较事件 0
第 17 位	COMPARE1	Disabled	0	禁用比较事件 1
		Enabled	1	启用比较事件 1
第 18 位	COMPARE2	Disabled	0	禁用比较事件 2
		Enabled	1	启用比较事件 2
第 19 位	COMPARE3	Disabled	0	禁用比较事件 3
		Enabled	1	启用 比较事件 3

RTC 中的抖动或延迟是由于外设时钟是低频时钟（LFCLK），它与更快的 PCLK16M 不同步。外设接口（PCLK16M 域的一部分）中的寄存器在 LFCLK 域中具有一组镜像寄存器，例如，可从 CPU 访问的 COUNTER 值位于 PCLK16M 域中，并在从 LFCLK 域中名为 COUNTER 的内部寄存器读取时锁存。COUNTER 是每次 RTC 滴答时实际修改的寄存器，这些寄存器必须在时钟域（PCLK16M 和 LFCLK）之间同步，因此会出现任务和事件抖动/延迟的现象，具体可参考相关的数据手册。

13.2　TICK 事件与比较事件的应用

硬件方面，RTC 的时钟使用内部低速时钟或者外部低速时钟，为了降低功耗，本例采用外部低速晶振。如图 13.10 所示，在青风 QY－nRF52832 开发板上，通过引脚 P0.27 和引脚 P0.26 连接低速外部晶振，晶振频率为 32.768 kHz。

在代码文件中建立了一个演示历程。打开 user 文件夹中的 RTC 工程，如图 13.11 所示。

如图 13.11 所示，我们只需要编写方框中的 rtc.c 文件就可以了。因为采用子函数的方式，而 led.c 在控制 LED 灯时已经编写好，所以现在就只讨论如何利用寄存器方式编写 rtc.c 这个驱动子文件。

rtc.c 文件主要起到两个作用：第一，初始化使能 RTC 相关参数；第二，设置 RTC 匹配和比较中断。实现了这两个功能就可以在 main.c 文件中直接调用本驱动了。

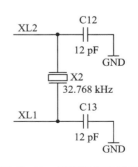

图 13.10　低速晶振电路图

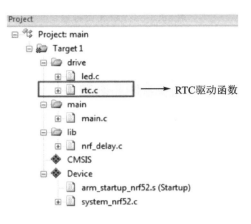

图 13.11　RTC 工程

　　下面就结合寄存器来详细分析 RTC 的设置：nRF52832 的 RTC 实际上定义的就是一个独立的定时器，因此其寄存器的设置应与 TIMER 定时器的设置相似，这可以从 nRF52832 的寄存器定义很明显地看出来。表 13.2 所列为 RTC 模块的寄存器列表（注：本章不单独讲解寄存器，均与代码结合进行讲解）。

表 13.2　RTC 模块的寄存器列表

寄存器名称	地址偏移	功能描述
TASKS_START	0x000	启动 RTC COUNTER
TASKS_STOP	0x004	停止 RTC 计数器
TASKS_CLEAR	0x008	清除 RTC 计数器
TASKS_TRIGOVRFLW	0x00C	将 COUNTER 设置为 0xFFFFF0
EVENTS_TICK	0x100	COUNTER 增量的事件
EVENTS_OVRFLW	0x104	COUNTER 上的事件溢出
EVENTS_COMPARE[0]	0x140	比较 CC[0]匹配的事件
EVENTS_COMPARE[1]	0x144	比较 CC[1]匹配的事件
EVENTS_COMPARE[2]	0x148	比较 CC[2]匹配的事件
EVENTS_COMPARE[3]	0x14C	比较 CC[3]匹配的事件
INTENSET	0x304	启用中断
INTENCLR	0x308	禁用中断
EVTEN	0x340	启用或禁用事件路由
EVTENSET	0x344	启用事件路由
EVTENCLR	0x348	禁用事件路由
计数器	0x504	当前 COUNTER 值
预分频器	0x508	COUNTER 频率的 12 位预分频器（32 768/(PRESCALER＋1)），当 RTC 停止时必须被写入

续表 13.2

寄存器名称	地址偏移	功能描述
CC[0]	0x540	比较寄存器 0
CC[1]	0x544	比较寄存器 1
CC[2]	0x548	比较寄存器 2
CC[3]	0x54C	比较寄存器 3

寄存器的编程可以按照以下步骤进行：

第一步：时钟源的选择与配置。

对比之前 TIMER 定时器的内容，TIMER 是由高速时钟 HFCLK 提供时钟，而 RTC 则是由 LFCLK 提供时钟。下面配置时钟源，代码如下：

```
01  /** 启动 LFCLK 晶振功能 */
02  void lfclk_config(void)
03  {
04      NRF_CLOCK->LFCLKSRC = (CLOCK_LFCLKSRC_SRC_Xtal <<
05                            CLOCK_LFCLKSRC_SRC_Pos);   //设置 32 kHz 时钟为时钟源
06      NRF_CLOCK->EVENTS_LFCLKSTARTED  = 0;             //关闭 32 kHz 振荡事件
07      NRF_CLOCK->TASKS_LFCLKSTART     = 1;             //打开 32 kHz 振荡任务
08      while (NRF_CLOCK->EVENTS_LFCLKSTARTED == 0)      //等待 32 kHz 振荡事件发生
09      {
10          //等待循环
11      }
12      NRF_CLOCK->EVENTS_LFCLKSTARTED = 0;
13  }
```

上述代码首先配置时钟源的选择寄存器 NRF_CLOCK->LFCLKSRC 为低速时钟，其中低速时钟有 3 种选择，如下：

```
01  #define CLOCK_LFCLKSRC_SRC_RC (0UL)        /* 内部 32 kHz RC 时钟 */
02  #define CLOCK_LFCLKSRC_SRC_Xtal (1UL)      /* 外部 32 kHz 晶振振荡 */
03  #define CLOCK_LFCLKSRC_SRC_Synth (2UL)     /* 内部 32 kHz 从 HFCLK 系统时钟产生 */
```

内部 32 kHz RC 时钟模块：内部包含的 RC 模块，不需要外接任何晶振。

外部 32 kHz 晶振振荡：外部外接的 32.768 kHz 的低速晶振产生的振荡时钟。

内部 32 kHz 从 HFCLK 系统时钟产生：通过高速时钟分频参数的 32 kHz 时钟，依赖外接高速晶振。

然后配置寄存器开启低速时钟。首先用寄存器 TASKS_LFCLKSTART 开启低速时钟振荡任务，打开后就会触发低速时钟开始事件，一旦低速时钟开始事件 EVENTS_LFCLKSTARTED 被置位，就开启了低速时钟，这时就可以跳出等待循环。

我们选择外部低速时钟振荡作为时钟源。至此，就把低速时钟源设置完了。

第二步：RTC 模块的配置。

本例的要求是实现在 8 Hz 的计数频率下,计数时间 125 ms 产生一次 RTC TICK,TICK 后产生一次中断控制 LED1 灯翻转一次。当翻转 24 次接近 3 000 ms,也就是 3 s 时,进行模拟比较报警,报警控制另一个 LED2 灯点亮报警,来实现 TICK 事件和比较事件的应用。

关于寄存器,解释很容易,但关键是要知道如何使用,下面直接对代码进行分析:

```
01 void rtc_config(void)
02 {
03     NVIC_EnableIRQ(RTC0_IRQn);          .          //使能 RTC 中断
04     NRF_RTC0 ->PRESCALER = COUNTER_PRESCALER;
05     //12 位预分频器的计数器频率(32 768/(预分频器 + 1))
06     //当 RTC 停止时才能设置
07     //设置预分频值 PRESCALER
08     NRF_RTC0 ->CC[0]    = COMPARE_COUNTERTIME * RTC_FREQUENCY;
09     //设置比较寄存器的值
10
11     //启用 TICK 事件和节拍中断
12     NRF_RTC0 ->EVTENSET        = RTC_EVTENSET_TICK_Msk;
13     NRF_RTC0 ->INTENSET        = RTC_INTENSET_TICK_Msk;
14
15     //启用比较匹配事件和比较匹配中断
16     NRF_RTC0 ->EVTENSET        = RTC_EVTENSET_COMPARE0_Msk;
17     NRF_RTC0 ->INTENSET        = RTC_INTENSET_COMPARE0_Msk;
18 }
19
```

第 03 行:使能 RTC 嵌套中断,该 NVIC 是 Cortex 系列处理器通用的中断方式。

第 04~08 行:设计 RTC 的计数频率,根据手册给出的公式计算:

$$f_{RTC} = \frac{32.768 \text{ kHz}}{\text{PRESCALER} + 1}$$

例如:

① 设置计数频率为 100 Hz(10 ms 一个计数周期),代入上述公式,PRESCALER= 32.768 kHz /100 Hz−1=327,RTC 的时钟频率 f_{RTC}=99.9 Hz,10 009.576 μs 一个计数周期。

② 设置计数频率为 8 Hz (125 ms 一个计数周期);代入上述公式 PRESCALER= 32.768 kHz/8 Hz−1=4 095,RTC 的时钟频率 f_{RTC}=8 Hz,125 ms 一个计数周期。

表 13.3 所列为不同分频值下的 RTC 计数周期和溢出时间。关于溢出事件将在 13.4 节探讨。

表 13.3　不同分频值下的 RTC 计数周期和溢出时间

预分频值	计数器周期	溢出时间
0	30.517 μs	512 s
$2^8 - 1$	7 812.5 μs	131 072 s
$2^{12} - 1$	125 ms	582.542 h

　　PRESCALER 寄存器设置 RTC 预分频计数器,在代码中根据要求的参数值进行设置,如下:

```
01  #define LFCLK_FREQUENCY (32768UL)                                //低速时钟频率
02  #define RTC_FREQUENCY (8UL)                                      //计数频率
03  #define COMPARE_COUNTERTIME (3UL)                                //设置比较次数
04  #define  COUNTER_PRESCALER ((LFCLK_FREQUENCY/RTC_FREQUENCY) - 1)   //分频值
05  NRF_RTC0 ->PRESCALER = COUNTER_PRESCALER;                        //分频值赋值给分频寄存器
06   NRF_RTC0 ->CC[0]   = COMPARE_COUNTERTIME * RTC_FREQUENCY;       //设置比较的值
```

　　这个参数是根据上面的例子②得到的,即 PRESCALER=32.768 kHz/8 Hz−1=4 095,利用该值来设置 RTC 预分频计数器,也就是 125 ms 一个计数周期产生一次 TICK 事件。
　　然后设置比较的值,根据分析需要翻转 24 次才能接近 3 000 ms,因此比较次数也是 24 次。设置 CC[0] 寄存器的值为 24,CC[n](n=0～3)寄存器如表 13.4 所列。

表 13.4　CC[n](n=0～3)寄存器

位　数	域	ID 值	值	描　述
第 1～23 位	COMPARE	—	—	RTC 比较的值

　　设置完成后,使能计数器和比较事件,使能计数器和比较中断。配置寄存器分别如表 13.5 和表 13.6 所列。

表 13.5　EVTENSET 寄存器

位　数	域	ID 值	值	描　述
第 1 位	TICK	Set	1	使能 TICK 事件通道
		Disabled	0	读:禁用
		Enabled	1	写:启用
第 2 位	OVRFLW	Set	1	使能溢出事件通道
		Disabled	0	读:禁用
		Enabled	1	写:启用
第 16 位	COMPARE0	Set	1	使能比较事件 0 通道
		Disabled	0	读:禁用
		Enabled	1	写:启用

续表 13.5

位　数	域	ID　值	值	描　述
第 17 位	COMPARE1	Set	1	使能比较事件 1 通道
		Disabled	0	读:禁用
		Enabled	1	写:启用
第 18 位	COMPARE2	Set	1	使能比较事件 2 通道
		Disabled	0	读:禁用
		Enabled	1	写:启用
第 19 位	COMPARE3	Set	1	使能比较事件 3 通道
		Disabled	0	读:禁用
		Enabled	1	写:启用

表 13.6　INTENSET 寄存器

位　数	域	ID　值	值	描　述
第 1 位	TICK	Set	1	使能 TICK 事件中断
		Disabled	0	读:禁用
		Enabled	1	写:启用
第 2 位	OVRFLW	Set	1	使能溢出事件中断
		Disabled	0	读:禁用
		Enabled	1	写:启用
第 16 位	COMPARE0	Set	1	使能比较事件 0 中断
		Disabled	0	读:禁用
		Enabled	1	写:启用
第 17 位	COMPARE1	Set	1	使能比较事件 1 中断
		Disabled	0	读:禁用
		Enabled	1	写:启用
第 18 位	COMPARE2	Set	1	使能比较事件 2 中断
		Disabled	0	读:禁用
		Enabled	1	写:启用
第 19 位	COMPARE3	Set	1	使能比较事件 3 中断
		Disabled	0	读:禁用
		Enabled	1	写:启用

具体寄存器配置代码如下:

```
01    //启用 TICK 事件和 TICK 中断
02    NRF_RTC0 ->EVTENSET = RTC_EVTENSET_TICK_Msk;        //使能 TICK 事件
03    NRF_RTC0 ->INTENSET = RTC_INTENSET_TICK_Msk;        //使能 TICK 中断
```

```
04
05      //启用比较匹配事件和比较匹配中断
06      NRF_RTC0 ->EVTENSET = RTC_EVTENSET_COMPARE0_Msk;        //使能比较匹配事件
07      NRF_RTC0 ->INTENSET = RTC_INTENSET_COMPARE0_Msk;       //使能比较匹配中断
```

设置中断功能后,中断做的事情就比较简单了,判断中断发生后翻转 LED 灯。这里有两种中断事件,即一个是 RTC TICK 事件,另一个是 RTC 比较事件。

```
01   void RTC0_IRQHandler()
02   {   //判断 TICK 事件
03       if ((NRF_RTC0 ->EVENTS_TICK ! = 0) &&
04           ((NRF_RTC0 ->INTENSET & RTC_INTENSET_TICK_Msk) ! = 0))
05       {
06           NRF_RTC0 ->EVENTS_TICK = 0;                        //清除 TICK 事件
07           LED1_Toggle();                                     //翻转 LED1 灯
08       }
09       //判断比较事件
10       if ((NRF_RTC0 ->EVENTS_COMPARE[0] ! = 0) &&
11           ((NRF_RTC0 ->INTENSET & RTC_INTENSET_COMPARE0_Msk) ! = 0))
12       {
13           NRF_RTC0 ->EVENTS_COMPARE[0] = 0;                  //清除比较事件
14           LED2_Toggle();                                     //翻转 LED2 灯
15       }
16   }
```

主函数可直接调用已编写好的驱动函数,LED 灯指示定时器相应的变化。函数代码如下:

```
01 / *******************(C) COPYRIGHT 2019 青风电子 *******************
02   * 文件名   :main
03
04   * 实验平台:青风 nRF52832 开发板
05   * 描述      :RTC TICK 中断和比较中断
06   * 作者      :青风
07   * 店铺      :qfv5.taobao.com
08 ******************************************************************** /
09 # include "nRF52.h"
10 # include   "led.h"
11 # include   "rtc.h"
12
13 int main(void)
14 {
15     LED_Init();
16     LED1_Close();
17     LED2_Close();
18     lfclk_config();                   //启动内部 LFCLK 晶振功能
19     rtc_config();                     //配置 RTC
```

```
20
21    NRF_RTC0->TASKS_START = 1;    //开启 RTC
22    while(1)
23    {
24        //什么都不做
25    }
26 }
```

代码编译后下载到青风 nRF52832 开发板后的实验现象为:LED1 灯 125 ms 后翻转,LED2 灯 3 s 后报警点亮。

13.3　RTC 组件库的使用

13.3.1　RTC 组件库函数工程的搭建

官方 SDK 提供了关于 RTC 的驱动组件库文件,下面将演示如果采用 RTC 组件库编写工程。首先建立工程,在工程中加入两类关键的库文件:

一类为 nrf_drv_clock.c、nrfx_clock.c 和 nrfx_power_clock.c 这三个驱动文件,为时钟的驱动库。其中 nrf 开头的为旧版本时钟驱动,nrfx 开头的为新版本兼容的驱动库,SDK15 之后的库函数编程都必须进行调用。

另一类为 nrf_drv_rtc.c,这是 RTC 实时计数器的驱动库。

我们只需要在 main.c 主函数中编写自己的应用,添加驱动文件后,工程目录树如图 13.12 所示。

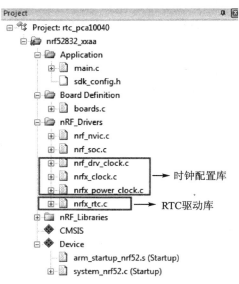

图 13.12　库函数工程目录树

nrfx_clock.c 和 nrfx_power_clock.c 文件的路径在 SDK 的\modules\nrfx\drivers\include 文件夹中,nrf_drv_clock.c 和 nrf_drv_rtc.c 文件的路径在 SDK 的\integration\nrfx\legacy 文件夹中。添加库文件后,注意在 Options for Target 对话框中的 C/C++选项卡中的 Include Paths 下拉列表框中选择硬件驱动库的文件路径,如图 13.13 所示。

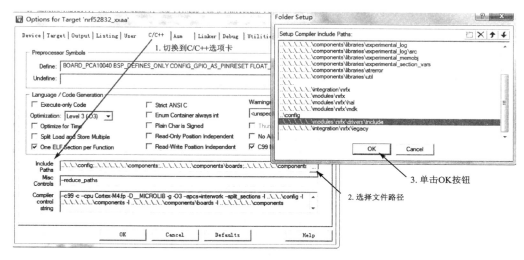

图 13.13　RTC 工程库函数路径的添加

同时需要在 sdk_config.h 文件中配置时钟和使能 RTC,可以把关于时钟和 RTC 的配置代码直接复制到 sdk_config.h 的 Text Editor 文本中。如果复制成功,打开 Configuration Wizard 配置导航卡会观察到如图 13.14 所示的选项被选中。

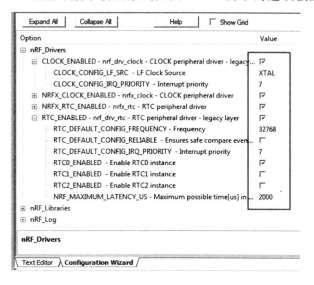

图 13.14　RTC 组件库配置文件使能项

13.3.2　RTC 组件库函数 API 介绍

在编写应用前,先介绍几个比较重要的 RTC 驱动组件库函数,弄清楚函数的意义和用法。

(1) nrfx_rtc_init 函数

nrfx_rtc_init 函数:RTC 初始化函数,具体说明如表 13.7 所列。

表 13.7　nrfx_rtc_init 函数

函　数	nrfx_rtc_init(nrfx_rtc_t const * const p_instance, 　　　　　　nrfx_rtc_config_t const * p_config, 　　　　　　nrfx_rtc_handler_t　　　handler);
功　能	初始化 RTC 驱动。初始化后,实例处于电源关闭状态
参　数	p_instance:指向本实例的指针
	p_config:指向初始化配置的指针
	handler:用户的事件处理程序
返回值	NRF_SUCCESS:表示初始化成功
	NRF_ERROR_INVALID_STATE:表示实例已经初始化了

该函数中配置 RTC 的参数 p_config 采用结构体形式,结构体中定义了 RTC 的几个关键参数:分频值、中断优先级、滴答下中断处理程序的最大时间长度和标记。其中,配置 p_config 是初始化 RTC 模块的关键。定义该参数的结构体的代码如下:

```
/* RTC 驱动实例配置结构体 */
typedef struct
{
    uint16_t  prescaler;              /* 分频值 */
    uint8_t   interrupt_priority;     /* 中断优先级 */
    uint8_t   tick_latency;           /* 滴答下中断处理程序的最大长度 (最大 7.7 ms) */
    bool      reliable;               /* 标记 */
} nrfx_rtc_config_t;
```

(2) nrfx_rtc_tick_enable 函数

nrfx_rtc_tick_enable 函数:RTC 使能滴答函数,具体说明如表 13.8 所列。

表 13.8　nrfx_rtc_tick_enable 函数

函　数	void nrfx_rtc_tick_enable(nrfx_rtc_t const * const p_instance, bool enable_irq);
功　能	使能 RTC 的滴答功能
参　数	p_instance:指向本实例的指针
	enable_irq:True 使能中断,False 关闭中断
返回值	无

（3）nrfx_rtc_enable 函数

nrfx_rtc_enable 函数：RTC 使能驱动函数，具体说明如表 13.9 所列。

表 13.9　nrfx_rtc_enable 函数

函　数	void nrfx_rtc_enable(nrfx_rtc_t const * const p_instance);
功　能	使能 RTC 驱动实例
参　数	p_instance：指向实例的指针
返回值	无

（4）nrfx_rtc_cc_set 函数

nrfx_rtc_cc_set 函数：RTC 比较事件设置，具体说明如表 13.10 所列。

表 13.10　nrfx_rtc_cc_set 函数

函　数	nrfx_err_t nrfx_rtc_cc_set(nrfx_rtc_t const * const p_instance, 　　　　　　　　uint32_t channel, 　　　　　　　　uint32_t val, 　　　　　　　　bool enable_irq);
功　能	选择 RTC 比较通道
参　数	p_instance：指向实例的指针
	channel：实例使用的通道
	val：比较寄存器里设置的值
	enable_irq：True 使能中断，False 关闭中断
返回值	NRF_SUCCESS：表示设置成功
	NRF_ERROR_TIMEOUT：表示超时错误

在 RTC 比较事件函数中，如果 RTC 模块未初始化或通道参数错误，则该函数将发回错误超时；如果 RTC 模块处于关机状态，则该函数将实现 RTC 模块的启动。在配置 RTC 时，驱动程序没有进入临界区，这意味着在一定时间内它可以被抢占。当驱动程序被抢占，同时设置的值对应的时间很短时，将出现这样的风险：驱动程序设置的比较值要小于当前的计数值。为了避免发生这种风险，RTC 模块提供一种可靠模式，通过在给定 RTC 模块的宏定义中设置 RTCN_CONFIG_RELIABLE 为 1 来实现可靠模式。可靠模式通过判断设置的 RTC 比较值是否要小于当前的计数值来提出以下要求：

- 以节拍（8 位值）为单位的最大抢占时间要小于 7.7 ms（对于 PRECALER＝0，RTC 频率为 32 kHz）。
- 请求的绝对比较值不大于（0x00FFFFFF）－tick_latency，其中 tick_latency 表示中断处理程序的最大时间（节拍为单位）。确保这一点是用户的责任。

如果在可靠模式下，驱动程序请求的比较值要小于，当期计数值，则这个比较值不会被设置生效，同时会返回一个 NRF_ERROR_TIMEOUT 错误超时。

13.3.3　RTC 组件库编程

介绍完基本函数后,下面开始编写程序。

第一步:配置时钟,RTC 选取的时钟为低速时钟,调用函数 nrf_drv_clock_init 进行时钟配置。该函数内部调用了 nrfx_clock_enable 时钟使能函数,该时钟使能函数初始化了两个参数:一个是时钟选择,另一个是中断优先级设置。

在 sdk_config.h 的 Text Editor 文本中,有如下的代码设置:

```
01 // <e> NRFX_CLOCK_ENABLED - nrfx_clock - CLOCK peripheral driver
02 // ==========================================================
03 #ifndef NRFX_CLOCK_ENABLED
04 #define NRFX_CLOCK_ENABLED 1
05 #endif
06 // <o> NRFX_CLOCK_CONFIG_LF_SRC    - 设置低速时钟源来源
07
08 // <0 => RC
09 // <1 => XTAL
10 // <2 => Synth
11
12 #ifndef NRFX_CLOCK_CONFIG_LF_SRC
13 #define NRFX_CLOCK_CONFIG_LF_SRC 1
14 #endif
15
16 // <o> NRFX_CLOCK_CONFIG_IRQ_PRIORITY    - 设置中断优先级
17 // <0 => 0 (highest)
18 // <1 => 1
19 // <2 => 2
20 // <3 => 3
21 // <4 => 4
22 // <5 => 5
23 // <6 => 6
24 // <7 => 7
25
26 #ifndef NRFX_CLOCK_CONFIG_IRQ_PRIORITY
27 #define NRFX_CLOCK_CONFIG_IRQ_PRIORITY 7
28 #endif
```

打开 Configuration Wizard 配置导航卡,将观察到如图 13.15 所示的选项被选中。低速时钟配置完成后,发出低速时钟请求,具体代码如下:

```
01 static void lfclk_config(void)                    //低速时钟配置
02 {
03     ret_code_t err_code = nrf_drv_clock_init();   //时钟驱动初始化
04     APP_ERROR_CHECK(err_code);
05     nrf_drv_clock_lfclk_request(NULL);            //请求低速时钟
06 }
```

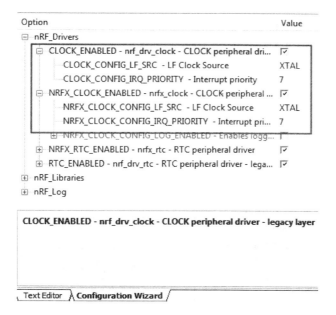

图 13.15　配置文件以及优先级的设置

　　第二步：时钟配置好后，再来设置 RTC，主要就是初始化 RTC，设置 RTC 中断，最后对 RTC 进行使能。本例主要实现两个中断：一个是 RTC 常用的 TICK 中断，另一个是 RTC 比较中断。

```
01 static void rtc_config(void)
02 {
03     uint32_t err_code;
04
05     //初始化 RTC 实例
06     nrf_drv_rtc_config_t config = NRF_DRV_RTC_DEFAULT_CONFIG;
07     config.prescaler = 4095;
08     err_code = nrf_drv_rtc_init(&rtc, &config, rtc_handler);
09     APP_ERROR_CHECK(err_code);
10
11     //启用 TICK 事件和中断
12     nrf_drv_rtc_tick_enable(&rtc,true);
13
14     //将比较通道设置为在 COMPARE_COUNTERTIME 秒后触发中断
15     err_code = nrf_drv_rtc_cc_set(&rtc,0,COMPARE_COUNTERTIME * 8,true);
16     APP_ERROR_CHECK(err_code);
17
18     //启动 RTC 实例
19     nrf_drv_rtc_enable(&rtc);
20 }
```

第 06 行:对 RTC 初始化,在程序开头首先注册声明一个 RTC 模块,然后初始化该模块。初始化函数 nrf_drv_rtc_init()实现 RTC 模块的配置,该函数使用库组件中的默认参数进行配置。RTC 中断回调操作为 rtc_handler。库组件中给出的默认配置如下:

```
#define NRFX_RTC_DEFAULT_CONFIG
{       //计数频率
    .prescaler = RTC_FREQ_TO_PRESCALER(NRFX_RTC_DEFAULT_CONFIG_FREQUENCY),
    //中断优先级
    .interrupt_priority = NRFX_RTC_DEFAULT_CONFIG_IRQ_PRIORITY,
    //标记
    .reliable = NRFX_RTC_DEFAULT_CONFIG_RELIABLE,
    //TICK 下中断处理程序的最大长度
    .tick_latency = NRFX_RTC_US_TO_TICKS(NRFX_RTC_MAXIMUM_LATENCY_US,
                                         NRFX_RTC_DEFAULT_CONFIG_FREQUENCY),
}
```

其中,.prescaler:是根据 RTC 的计数频率公式 $PRESCALER = 32.768 \text{ kHz}/f_{RTC} - 1$,在 nrf_rtc.h 文件中设置宏定义得到的,如下:

```
#define   RTC_FREQ_TO_PRESCALER(FREQ)   (uint16_t)(((RTC_INPUT_FREQ)/(FREQ)) - 1)
```

其中,RTC_INPUT_FREQ 为 32 768,通过设置配置文件 sdk_config.h 中的 FREQ 的大小来计算分配值,例如默认设置为 32 768,则计数频率值为 1 Hz。重新配置为 4 095,则计数频率值为 8 Hz。

.interrupt_priority:设置的 RTC 的 IRQ 中断的优先级。

.reliable:设置的是否使能比较事件的可靠模式。

.tick_latency:中断处理程序的最大时间长度(以 TICK 为单位)。

第 08 行:调用 nrfx_drv_rtc_init 函数初始化 RTC 计数器。其中,第二个形参 &config 指向前面定义的 RTC 配置参数;第三个形参定义一个中断回调处理事件 rtc_handler;而第一个形参 &rtc 指向自定义的 RTC 模块,因为 RTC 有 3 个模块:RTC0、RTC1 和 RTC2。比如在例子中定义:

```
21 const nrf_drv_rtc_t rtc = NRF_DRV_RTC_INSTANCE(0);
22
23 #define NRFX_RTC_INSTANCE(id)
24 {
25     .p_reg              = NRFX_CONCAT_2(NRF_RTC, id),
26     .irq                = NRFX_CONCAT_3(RTC, id, _IRQn),
27     .instance_id        = NRFX_CONCAT_3(NRFX_RTC, id, _INST_IDX),
28     .cc_channel_count   = NRF_RTC_CC_CHANNEL_COUNT(id),
29 }
```

NRFX_CONCAT_n 函数的功能就是把其包含的 n 个参数连接在一起定义,所有上面的定义可看成:

```
30 #define NRFX_RTC_INSTANCE(0)
31 {
32    .p_reg    = NRF_RTC0,                              //使用的 RTC0 模块,指向其基础地址
33    .irq      = RTC0 _IRQn,                            //使用的 RTC0 模块的中断优先级
34    .instance_id = NRFX_RTC0_INST_IDX                  //使用的 RTC0 模块的索引标志
35    .cc_channel_count = NRF_RTC_CC_CHANNEL_COUNT(0),   //使用的 RTC0 模块的 CC 通道数
36 }
```

第 12 行:启动 RTC TICK,并且使能 TICK 中断,那么在 RTC 的计数频率下,计数一次就发生一次中断,因此 125 ms 触发一次中断。

第 15 行:设置 RTC 比较中断,当 RTC 的计数值达到比较寄存器内的值时,触发 RTC 比较中断,其中比较值设置为:COMPARE_COUNTERTIME×8=3×8,相当于计数 24 次触发一次比较中断,时间为 125 ms×24=3 s。

第 19 行:使能 RTC,打开 RTC 电源,RTC 开始运行。

第三步:配置好 RTC 时钟后,需要编写 rtc_handler 中断回调操作函数,功能是执行 RTC0 中断。中断中触发 TICK 中断和 COMPARE0 比较中断,代码如下:

```
01 static void rtc_handler(nrf_drv_rtc_int_type_t int_type)   //RTC 中断配置
02 {
03    if (int_type == NRF_DRV_RTC_INT_COMPARE0)               //如果中断类型为比较中断
04    {
05        nrf_gpio_pin_toggle(COMPARE_EVENT_OUTPUT);          //翻转比较事件的引脚
06    }
07    else if (int_type == NRF_DRV_RTC_INT_TICK)              //如果中断类型为 TICK 中断
08    {
09        nrf_gpio_pin_toggle(TICK_EVENT_OUTPUT);             //翻转 TICK 事件的引脚
10    }
11 }
```

第 03 行:判断触发中断类型是不是比较类型,如果是比较类型,则翻转 LED2 灯。

第 07 行:判断触发中断类型是不是 TICK 中断,如果是 TICK 类型,则翻转 LED1 灯。

最后主函数就十分简单了,配置好 LED 灯、系统时钟和 RTC 后循环等待,等待中断触发执行,具体代码如下:

```
01 int main(void)
02 {
03    leds_config();                                          //LED 灯配置
04    lfclk_config();                                         //时钟配置
05    rtc_config();                                           //RTC 配置
```

```
06
07    while(true)
08    {
09
10    }
11 }
```

代码编译后下载到青风 nRF52832 开发板上的实验现象为：LED1 灯 125 ms 翻转，LED2 灯 3 s 后报警点亮。

13.4   RTC 溢出事件

RTC 还提供一个溢出事件。在模块输入端通过 TRIGOVRFLW 溢出任务将 COUNTER 的值设置为 0xFFFFF0，因此，计数器计数 16 次，COUNTER 计数到 0xFFFFFF，从 0xFFFFFF 溢出到 0 时就发生 OVRFLW 溢出中断事件。默认情况下，禁用 OVRFLW 事件，因此，需要使用溢出中断时就使能 OVRFLW 事件。下面通过将寄存器和组件库两种方式对比进行学习。

13.4.1   溢出事件寄存器的应用

溢出事件需要使用的寄存器列表如表 13.11 所列。

表 13.11   溢出事件使用的寄存器列表

寄存器名称	地址偏移	功能描述
TASKS_START	0x000	启动 RTC COUNTER
TASKS_TRIGOVRFLW	0x00C	将 COUNTER 设置为 0xFFFFF0
INTENSET	0x304	启用中断
EVTENSET	0x344	使能事件通道
PRESCALER 预分频器	0x508	COUNTER 频率的 12 位预分频器（32 768/(PRESCALER ＋ 1)）

RTC 溢出代码的基本思路是，首先需要配置 TRIGOVRFLW 溢出任务，每触发一次溢出事件就会开始一次从 0xFFFFF0 到 0xFFFFFF 的计数。工程目录以 RTC TICK 和比较事件的寄存器工程为模板。下面来分析编写代码。

```
01 /**
02    功能,配置 RTC 溢出事件
03 */
04 void rtc_config(void)
05 {
06    NRF_RTC0 ->PRESCALER = COUNTER_PRESCALER;        //设置预分频值
07    NRF_RTC0 ->TASKS_TRIGOVRFLW = 1;                 //触发溢出任务
08
```

```
09      //使能溢出通道和溢出中断
10      NRF_RTC0 ->EVTENSET = RTC_EVTENSET_OVRFLW_Msk;
11      NRF_RTC0 ->INTENSET = RTC_INTENSET_OVRFLW_Msk;
12      NVIC_EnableIRQ(RTC0_IRQn);                         //使能 RTC 中断
13  }
```

　　上面代码中编写 RTC 溢出事件初始化的配置函数 rtc_config,首先设置 RTC 的计数频率,通过设置分频器进行确认,其中计数频率和分频值的公式在前文已经讲述,这里不再赘述;然后设置 TASKS_TRIGOVRFLW 寄存器为 1,触发溢出计数一次;最后使能溢出中断和溢出事件通道,同时使能 RTC 的 IRQ 中断嵌套。

```
14  / ******************(C) COPYRIGHT 2019 青风电子 ******************
15  * 文件名   :main
16  *
17  * 实验平台:青风 nRF52XX 开发板
18  * 描述     :RTC TICK 溢出事件中断
19  * 作者     :青风
20  * 店铺     :qfv5.taobao.com
21  ******************************************************** /
22  # include "nrf52.h"
23  # include   "led.h"
24  # include   "rtc.h"
25
26  int main(void)
27  {
28      LED_Init();
29      lfclk_config();
30      rtc_config();
31      NRF_RTC0 ->TASKS_START = 1;
32
33      while (1)
34      {
35          //什么都不做
36      }
37  }
```

　　主函数中,调用 RTC 溢出事件的初始化函数 rtc_config,同时通过置位寄存器 TASKS_START 来开启 RTC 时钟计数器。最后通过一个 while 循环函数进行等待,等待计数器溢出中断的发生。当 EVENTS_OVRFLW 溢出事件发生后,进入 RTC 中断函数,在该函数中,首先清除溢出标志,同时翻转 LED1 灯。如果再次溢出,则需要在中断中再开启触发一次 TRIGOVRFLW 溢出。具体代码如下:

```
38  void RTC0_IRQHandler()
39  {
```

```
40    if((NRF_RTC0->EVENTS_OVRFLW!=0)&&
41        ((NRF_RTC0->INTENSET & RTC_INTENSET_OVRFLW_Msk)!=0))
42    {
43        NRF_RTC0->EVENTS_OVRFLW = 0;              //清除事件
44        NRF_RTC0->TASKS_TRIGOVRFLW = 1;          //重新触发溢出
45        LED1_Toggle();                            //LED 灯翻转
46    }
47 }
```

因为定义的 RTC 计数器的频率为 8 Hz,计数 16 次大概需要 2 s 的时间触发一次溢出事件中断,因此代码编译后下载到青风 nRF52832 开发板上的实验现象为 LED1 灯 2 s 翻转一次。

13.4.2 组件库下溢出事件的应用

RTC 溢出计数的组件库工程目录树与前面 TICK 和比较库函数的工程目录树一致,可以直接使用前面搭建的工程。库函数下编程需要使用库函数取代寄存器来实现 RTC 的溢出事件和溢出中断的使能,并且触发溢出计数。因此,需要实现下面两个函数 API。

① nrfx_rtc_overflow_enable 函数:使能溢出事件和溢出中断,具体说明如表 13.12 所列。

表 13.12 nrfx_rtc_overflow_enable 函数

函　数	void nrfx_rtc_overflow_enable(nrfx_rtc_t const * const p_instance, bool enable_irq);
功　能	启用溢出。此函数启用溢出事件和中断(可选)。如果模块没有通电,该函数将无效
参　数	p_instance:指向本实例的指针
	enable_irq:True 启用中断,False 禁用中断
返回值	无

② nrf_rtc_task_trigger 函数:使能溢出事件和溢出中断,具体说明如表 13.13 所列。

表 13.13 nrf_rtc_task_trigger 函数

函　数	__STATIC_INLINE void nrf_rtc_task_trigger(NRF_RTC_Type * p_rtc, nrf_rtc_task_t task);
功　能	开始溢出 TICK 计数
参　数	p_rtc:指向外围寄存器结构的指针
	task:要求的任务
返回值	无

首先编写 RTC 溢出配置函数,初始化配置 RTC 计数频率为 8 Hz,因此计数 16 次需要 2 s 的时间;然后调用函数 nrf_drv_rtc_overflow_enable 使能溢出事件和溢出中

断,把函数的 enable_irq 设置为 True,库文件通过宏定义语句 ♯define nrf_drv_rtc_o-overflow_enable nrfx_rtc_overflow_enable 定义于该使能溢出事件和溢出中断函数;再使能 RTC 指定的模块 RTC0,使能完成后,触发溢出计数。具体代码如下:

```
01  static void rtc_config(void)
02  {
03      uint32_t err_code;
04
05      //初始化 RTC 模块
06      nrf_drv_rtc_config_t config = NRF_DRV_RTC_DEFAULT_CONFIG;
07      config.prescaler = 4095;
08      err_code = nrf_drv_rtc_init(&rtc, &config, rtc_handler);
09      APP_ERROR_CHECK(err_code);
10
11      //使能溢出事件和溢出中断
12      nrf_drv_rtc_overflow_enable(&rtc,true);
13      APP_ERROR_CHECK(err_code);
14
15      //使能 RTC
16      nrf_drv_rtc_enable(&rtc);
17      //触发溢出计数
18      nrf_rtc_task_trigger(rtc.p_reg,NRF_RTC_TASK_TRIGGER_OVERFLOW);
19  }
```

主函数中通过一个 while 循环函数进行等待,等待计数器溢出中断的发生。当 EVENTS_OVRFLW 溢出事件发生后,进入 RTC 中断函数,触发 RTC 事件回调函数 rtc_handler。在回调函数中,翻转 LED1 灯。如果再次溢出,则需要在回调函数中再次开启触发 TRIGOVRFLW 溢出。具体代码如下:

```
20  static void rtc_handler(nrf_drv_rtc_int_type_t int_type)
21  {
22      if (int_type == NRF_DRV_RTC_INT_OVERFLOW)
23      {
24          nrf_gpio_pin_toggle(BSP_LED_0);
25              nrf_rtc_task_trigger(rtc.p_reg,NRF_RTC_TASK_TRIGGER_OVERFLOW);
26      }
27
28  }
```

代码编译后下载到青风 nRF52832 开发板上的实验现象为:2 s 后触发溢出中断,LED1 灯翻转一次。

第 14 章

看门狗

14.1 原理分析

14.1.1 看门狗的作用

看门狗定时器(Watch Dog Timer,WDT)是单片机的一个组成部分,它实际上是一个计数器。看门狗定时器是用来防止单片机程序出错造成重大损失的定时器。

防错的原理很简单,在硬件上它就是一个定时器,当它溢出时就会使单片机强制复位,使程序重新开始执行。正常情况下是不能让它溢出的,所以在程序上每隔一段时间就要给它置一次值(俗称"喂狗"),只要程序中正常给它置值,它就不会溢出。因此,可以用看门狗防止程序在跑飞时回不到正常模式。

看门狗可用于受电气噪声、电源故障、静电放电等影响的场合,或需要高可靠性的环境。如果一个应用不需要看门狗功能,则可以将看门狗定时器配置为间隔定时器,这样可以用于在选定的时间间隔内产生中断。

14.1.2 看门狗的运行

1. 看门狗溢出

nRF52xx 系统芯片的看门狗是向下计数的定时器;使用低频时钟源(LFCLK)提供时钟;通过触发 START 任务来启动看门狗定时器;可以在低功耗应用、休眠或者调试时,通过配置 CONFIG 寄存器来运行看门狗或者暂停看门狗。

当看门狗定时器通过 START 任务启动时,看门狗计数器加载 CRV 寄存器中指定的值,然后看门狗向下计数,当向下计数到 0 时,会溢出产生 TIMEOUT 事件。看门狗 TIMEOUT 事件会导致系统重新复位或者 TIMEOUT 超时中断。如果需要喂狗则重新加载计数初值,此计数器将重新加载 CRV 寄存器中指定的值。

看门狗的 TIMEOUT 超时时间由下述公式给出:

$$\text{timeout}[s] = (CRV+1)/32\ 768$$

启动时,只要没有其他 32.768 kHz 时钟源正在运行并产生 32.768 kHz 系统时钟,看门狗就会自动强制启动 32.768 kHz RC 振荡器。

2. 看门狗喂狗

看门狗喂狗实际上就是看门狗定时器重新加载的过程。看门狗有 8 个独立的重载请求寄存器 RR[0]～RR[7],用于将 CRV 寄存器中指定的值重新加载到看门狗,然后计数。如果需要重新加载看门狗计数器,则需要将特殊值 0x6E524635 写入所有使能的重载寄存器 RR[n]。通过 RREN 寄存器决定单独使能哪一个 RR 寄存器或同时使能多个 RR 寄存器。

3. 看门狗复位与 TIMEOUT 中断

如果系统没有按时进行喂狗操作,那么 TIMEOUT 事件就会自动导致看门狗复位。如果通过寄存器 INTENSET 使能了看门狗中断,那么看门狗配置会在 TIME-OUT 事件上产生中断。在产生 TIMEOUT 事件后,看门狗将推迟两个 32.768 kHz 时钟周期再执行看门狗复位。

必须在启动前配置看门狗。启动后,看门狗的配置寄存器(包括寄存器 CRV、RREN 和 CONFIG)将被阻止以进行进一步配置,但当器件复位或从关闭模式唤醒后再次开始运行时,看门狗配置寄存器将再次可用于配置看门狗。看门狗可以从多个复位源复位,但并不是所有的复位都可以复位看门狗定时器,如表 14.1 所列。

表 14.1　看门狗复位源

复位源	看门狗
CPU lockup	不能
Soft reset	不能
Wakeup from System OFF mode reset	不能
Watchdog reset	可以
Pin reset	可以
Brownout reset	可以
Power on reset	可以

4. 临时暂停看门狗

默认情况下,看门狗将在 CPU 处于休眠状态时保持运行以及在调试器停止时暂停运行。但是,通过设置寄存器 CONFIG,可以使看门狗在 CPU 处于休眠状态时以及调试器停止时都进行自动暂停。CONFIG 配置寄存器如表 14.2 所列。

表 14.2　CONFIG 配置寄存器

位　数	域	ID　值	值	描　述
第 0 位	SLEEP	Pause	0	休眠模式下,看门狗暂停
		Run	1	休眠模式下,看门狗保持运行
第 3 位	HALT	Pause	0	CPU 处于调试运行停止模式下,看门狗暂停
		Run	1	CPU 处于调试运行停止模式下,看门狗保持运行

14.2　看门狗寄存器编程

14.2.1　看门狗寄存器介绍

看门狗作为外部设备具有 1 个模块,其基础地址如表 14.3 所列。

表 14.3　看门狗模块

基础地址	外　设	模　块	描　述
0x40010000	WDT	WDT	看门狗定时器

具体的看门狗寄存器描述如表 14.4 所列。

表 14.4　看门狗寄存器列表

寄存器名称	地址偏移	功能描述
TASKS_START	0x000	启动看门狗
EVENTS_TIMEOUT	0x100	看门狗超时
INTENSET	0x304	启用中断
INTENCLR	0x308	禁用中断
RUNSTATUS	0x400	运行状态
REQSTATUS	0x404	请求状态
CRV	0x504	计数器重载值
RREN	0x508	启用重载请求寄存器的寄存器
CONFIG	0x50C	配置寄存器
RR[0]	0x600	重新加载请求 0
RR[1]	0x604	重新加载请求 1
RR[2]	0x608	重新加载请求 2
RR[3]	0x60C	重新加载请求 3
RR[4]	0x610	重新加载请求 4
RR[5]	0x614	重新加载请求 5
RR[6]	0x618	重新加载请求 6
RR[7]	0x61C	重新加载请求 7

下面对表 14.4 中的几个寄存器进行详细说明。

① INTENSET 寄存器:可读可写寄存器,TIMEOUT 事件中断使能寄存器,具体说明如表 14.5 所列。

表 14.5　INTENSET 寄存器

位　数	复位值	域	ID　值	值	描　述
第 0 位	0x00000000	TIMEOUT	Set	1	写:使能 TIMEOUT 事件中断
			Disabled	0	读:事件中断关闭状态
			Enabled	1	读:事件中断使能状态

② INTENCLR 寄存器:可读可写寄存器,TIMEOUT 事件中断禁止寄存器,具体说明如表 14.6 所列。

表 14.6　INTENCLR 寄存器

位　数	复位值	域	ID　值	值	描　述
第 0 位	0x00000000	TIMEOUT	Set	1	写:禁止 TIMEOUT 事件中断
			Disabled	0	读:事件中断关闭状态
			Enabled	1	读:事件中断使能状态

③ RUNSTATUS 寄存器:只读寄存器,看门狗状态寄存器,指示看门狗是否运行,具体说明如表 14.7 所列。

表 14.7　RUNSTATUS 寄存器

位　数	复位值	域	ID　值	值	描　述
第 0 位	0x00000000	RUNSTATUS	NotRunning	0	读:看门狗没有运行
			Running	1	读:看门狗运行中

④ REQSTATUS 寄存器:只读寄存器,请求状态寄存器,具体说明如表 14.8 所列。

表 14.8　REQSTATUS 寄存器

位　数	复位值	域	ID　值	值	描　述
第 0 位	1	RR0	DisabledOrRequested	0	RR[0]寄存器未启用,或者已经请求重新加载
			EnabledAndUnrequested	1	RR[0]寄存器已启用,同时尚未请求重新加载
第 1 位	0	RR1	DisabledOrRequested	0	RR[1]寄存器未启用,或者已经请求重新加载
			EnabledAndUnrequested	1	RR[1]寄存器已启用,同时尚未请求重新加载
第 2 位	0	RR2	DisabledOrRequested	0	RR[2]寄存器未启用,或者已经请求重新加载
			EnabledAndUnrequested	1	RR[2]寄存器已启用,同时尚未请求重新加载
第 3 位	0	RR3	DisabledOrRequested	0	RR[3]寄存器未启用,或者已经请求重新加载
			EnabledAndUnrequested	1	RR[3]寄存器已启用,同时尚未请求重新加载
第 4 位	0	RR4	DisabledOrRequested	0	RR[4]寄存器未启用,或者已经请求重新加载
			EnabledAndUnrequested	1	RR[4]寄存器已启用,同时尚未请求重新加载

续表 14.8

位　数	复位值	域	ID 值	值	描　述
第 5 位	0	RR5	DisabledOrRequested	0	RR［5］寄存器未启用,或者已经请求重新加载
			EnabledAndUnrequested	1	RR［5］寄存器已启用,同时尚未请求重新加载
第 6 位	0	RR6	DisabledOrRequested	0	RR［6］寄存器未启用,或者已经请求重新加载
			EnabledAndUnrequested	1	RR［6］寄存器已启用,同时尚未请求重新加载
第 7 位	0	RR7	DisabledOrRequested	0	RR［7］寄存器未启用,或者已经请求重新加载
			EnabledAndUnrequested	1	RR［7］寄存器已启用,同时尚未请求重新加载

⑤ CRV 寄存器:用于计数器重载值,具体说明如表 14.9 所列。

表 14.9　CRV 寄存器

位　数	复位值	域	值	描　述
第 0～31 位	0xFFFFFFFF	CRV	0x0000000F～0xFFFFFFFF	计数器重新加载 32.768 kHz 时钟周期数的值

⑥ RREN 寄存器:可读可写寄存器,启用重新加载请求寄存器的寄存器,具体说明如表 14.10 所列。

表 14.10　RREN 寄存器

位　数	复位值	域	ID 值	值	描　述
第 0 位	1	RR0	Disabled	0	禁用 RR［0］寄存器
			Enabled	1	启用 RR［0］寄存器
第 1 位	0	RR1	Disabled	0	禁用 RR［1］寄存器
			Enabled	1	启用 RR［1］寄存器
第 2 位	0	RR2	Disabled	0	禁用 RR［2］寄存器
			Enabled	1	启用 RR［2］寄存器
第 3 位	0	RR3	Disabled	0	禁用 RR［3］寄存器
			Enabled	1	启用 RR［3］寄存器
第 4 位	0	RR4	Disabled	0	禁用 RR［4］寄存器
			Enabled	1	启用 RR［4］寄存器
第 5 位	0	RR5	Disabled	0	禁用 RR［5］寄存器
			Enabled	1	启用 RR［5］寄存器
第 6 位	0	RR6	Disabled	0	禁用 RR［6］寄存器
			Enabled	1	启用 RR［6］寄存器
第 7 位	0	RR7	Disabled	0	禁用 RR［7］寄存器
			Enabled	1	启用 RR［7］寄存器

⑦ RR［n］(n＝0～7)寄存器:可写寄存器,重新加载请求寄存器,具体说明如

表 14.11 所列。

表 14.11 RR[n]寄存器

位 数	复位值	域	ID 值	值	描 述
第 0～31 位	0x00000000	RR	Reload	0x6E524635	请求重新加载监视程序计时器的值

14.2.2 看门狗寄存器的配置

看门狗是使用低频时钟源(LFCLK)提供时钟的，因此使用之前，需要配置低速时钟。我们选择外部低速时钟振荡作为时钟源。首先用寄存器 TASKS_LFCLKSTART 开启低速时钟振荡任务，打开后就会触发低速时钟开始事件，一旦低速时钟开始事件 EVENTS_LFCLKSTARTED 被置位，就开启了低速时钟，这时就可以跳出等待循环。这里就把低速时钟源设置完成了，具体代码如下：

```
01  void lfclk_config(void)
02 {    //选择时钟源
03      NRF_CLOCK ->LFCLKSRC = (CLOCK_LFCLKSRC_SRC_Xtal
04                                          << CLOCK_LFCLKSRC_SRC_Pos);
05      //打开低速时钟开始任务,等待触发低速时钟开始事件
06      NRF_CLOCK ->EVENTS_LFCLKSTARTED    = 0;
07      NRF_CLOCK ->TASKS_LFCLKSTART       = 1;
08      while (NRF_CLOCK ->EVENTS_LFCLKSTARTED == 0)
09      {
10          //等待低速时钟事件,如果触发成功则表示配置完成,跳出循环
11      }
12      NRF_CLOCK ->EVENTS_LFCLKSTARTED = 0;
13 }
```

然后是本例的核心代码——初始化看门狗，具体代码如下：

```
14      //*配置看门狗*//
15      //配置看门狗重载值
16      NRF_WDT ->CRV = 65536;
17      //配置看门狗休眠下运行
18      NRF_WDT ->CONFIG = 0x01;
19      //申请喂狗通道,也就是使用哪个 RR[n]
20      NRF_WDT ->RREN = 0x01;
21      //启动看门狗
22      NRF_WDT ->TASKS_START = 1;
```

第 16 行：配置 CRV 计数器重载值。CRV 寄存器的重载值范围为 0x0000000F～0xFFFFFFFF，本例设置为 65 536，根据公式 timeout[s]＝(CRV ＋ 1)/32 768 可知，超时时间 timeout[s] ＝2 s，也就是说，2 s 内不进行喂狗就会产生复位。

第 18 行：CONFIG 配置寄存器。在 CPU 处于休眠状态时保持运行以及在调试器停止时暂停运行，赋值 0x01。其实，CONFIG 配置寄存器默认复位时就为 0x01。

第 20 行：申请喂狗通道，也就是启用哪个 RR[n] 重新加载请求寄存器，使用 RR[0]，则赋值为 0x01。

第 22 行：使能 TASKS_START 寄存器，开启看门狗。

如果需要看门狗超时中断，则需要使能看门狗中断和看门狗超时事件，具体代码如下：

```
23    //使能看门狗定时器超时事件
24      NRF_WDT ->EVENTS_TIMEOUT = 1;
25          //使能看门狗中断
26          NRF_WDT ->INTENSET = 1;
27          //使能看门狗中断嵌套
28          NVIC_EnableIRQ(WDT_IRQn);
```

在系统正常运行下，我们需要进行定时喂狗。如果在超时时间 2 s 内进行喂狗，那么 CPU 就不会重启，也不会触发超时事件中断。正常运行下，LED 灯会依次闪亮一次，然后全部熄灭。下面通过按下按键来触发喂狗。喂狗就是向 RR[n] 重新加载请求寄存器中进行赋值，赋值为 0x6E524635UL 就可以实现喂狗，具体代码如下。因此，如果 2 s 内不停地按下按键 1，那么 CPU 就不会重新启动。

```
29          //初始化后运行状态，LED 灯闪亮一次
30          for (uint32_t i = 0; i < LEDS_NUMBER; i++)
31          {
32              bsp_board_led_on(i);
33                  nrf_delay_ms(200);
34          }
35              bsp_board_leds_off();                    //全部熄灭
36
37          while (1)
38          {                                           //按键按下后
39                  if(nrf_gpio_pin_read(BUTTON_1) == 0)
40                  {
41                      //实现喂狗
42                      NRF_WDT ->RR[0] = 0x6E524635UL;
43                  }
44          }
```

假如没有按下按键，就没有进行喂狗，看门狗超时就会发生参数超时溢出中断。在看门狗超时中断事件回调事件中，看门狗花费的最大时间是两个 32 768 Hz 时钟周期。在此之后，将发生 CPU 复位。在这个时间内点亮全部的 LED 灯，具体代码如下：

```
45 void wdt_event_handler(void)
```

```
46 {
47
48     if ((NRF_WDT ->EVENTS_TIMEOUT! = 0) &&
49        ((NRF_WDT ->INTENSET) ! = 0))
50     {
51         bsp_board_leds_on();                          //点亮所有的 LED 灯。
52     }
53 }
```

代码编译后下载到青风 nRF52832 开发板上的实验现象如下：

首先 LED 灯依次点亮，然后全部熄灭，如果没有按下按键，则首先会触发看门狗超时中断，全部 LED 灯会点亮，然后 CPU 复位。由于点亮的时间是两个 32 768 Hz 时钟周期，到 CPU 复位的时间非常短，所以全部 LED 灯只能微弱地闪一下。复位后，LED 灯依次点亮，重复上面的效果。

如果 2 s 内按下了按键，CPU 就不会发生复位，全部 LED 灯将保持熄灭状态。观察时需要不停地按下按键 1，以实现 2 s 内不停地喂狗，避免 CPU 重新启动。

14.3　看门狗库函数编程

14.3.1　看门狗库函数 API 介绍

官方提供了一套看门狗的库函数，下面将介绍需要使用的看门狗 API 函数。

首先需要初始化看门狗的参数，同时使能看门狗超时中断。配置 wdt_event_handler 看门狗中断回调函数，可以调用 nrf_drv_wdt_init 看门狗初始化函数，API 函数如下：

nrf_drv_wdt_init 函数：看门狗初始化函数，具体说明如表 14.12 所列。

表 14.12　nrf_drv_wdt_init 函数

函　数	ret_code_t nrf_drv_wdt_init(nrf_drv_wdt_config_t const * p_config, nrf_wdt_event_handler_t
功　能	用于初始化看门狗
参　数	p_instance：指向本实例的指针，如果为空，则使用默认配置
	wdt_event_handler：指定用户提供的事件处理程序
返回值	NRF_SUCCESS：表示初始化成功

在看门狗初始化函数中配置了一个 NRFX_WDT_DEAFULT_CONFIG 默认参数，如下：

```
01 __STATIC_INLINE ret_code_t nrf_drv_wdt_init(nrf_drv_wdt_config_t const * p_config,
02                         nrf_wdt_event_handler_t       wdt_event_handler)
```

```
03  {
04      if (p_config == NULL)
05      {
06          static const nrfx_wdt_config_t default_config = NRFX_WDT_DEAFULT_CONFIG;
07          p_config = &default_config;
08      }
09      return nrfx_wdt_init(p_config, wdt_event_handler);
10  }
```

把这个默认配置参数定义如下结构体,其包含 3 个参数:

```
#define NRFX_WDT_DEAFULT_CONFIG
    {        //CPU 的状态
        .behaviour = (nrf_wdt_behaviour_t)NRFX_WDT_CONFIG_BEHAVIOUR,
        .reload_value    = NRFX_WDT_CONFIG_RELOAD_VALUE,          //看门狗重导值
        .interrupt_priority = NRFX_WDT_CONFIG_IRQ_PRIORITY,      //看门狗中断的优先级
    }
```

在 sdk_config.h 文件中定义了看门狗配置的参数,我们可以根据自己的需求进行选择。代码如下:

```
01  //NRFX_WDT_CONFIG_BEHAVIOUR 在 CPU 休眠或停止模式下的看门狗的状态
02  // <1 => 休眠时运行,调试停止时暂停
03  // <8 => 休眠时暂停,调试停止时运行
04  // <9 => 休眠时运行,调试停止时运行
05  // <0 => 休眠时暂停,调试停止时暂停
06
07  #ifndef NRFX_WDT_CONFIG_BEHAVIOUR
08  #define NRFX_WDT_CONFIG_BEHAVIOUR 1
09  #endif
10
11  //   NRFX_WDT_CONFIG_RELOAD_VALUE 重导值,范围为 15~4 294 967 295
12
13
14  #ifndef NRFX_WDT_CONFIG_RELOAD_VALUE
15  #define NRFX_WDT_CONFIG_RELOAD_VALUE 2000
16  #endif
17
18  //NRFX_WDT_CONFIG_IRQ_PRIORITY 中断优先级
19
20  // <0 => 0 (highest)
21  // <1 => 1
22  // <2 => 2
23  // <3 => 3
24  // <4 => 4
```

```
25 // <5 => 5
26 // <6 => 6
27 // <7 => 7
28
29 #ifndef NRFX_WDT_CONFIG_IRQ_PRIORITY
30 #define NRFX_WDT_CONFIG_IRQ_PRIORITY 7
31 #endif
```

看门狗喂狗具有 RR[0]~RR[7] 8 个通道,可以通过 nrfx_wdt_channel_alloc 通道分配函数选择使用哪一个看门狗通道,然后使用 nrfx_wdt_channel_feed 函数在对应的通道内进行喂狗,具体函数 API 如下:

① nrfx_wdt_channel_alloc 函数:看门狗通道分配函数,具体说明如表 14.13 所列。

表 14.13　nrfx_wdt_channel_alloc 函数

函　数	nrfx_err_t nrfx_wdt_channel_alloc(nrfx_wdt_channel_id * p_channel_id);
功　能	用于分配看门狗通道。该函数不能在 nrfx_wdt_start(void)之后调用
参　数	p_channel_id:配置的通道 ID
返回值	NRF_SUCCESS:表示初始化成功

② nrfx_wdt_channel_feed 函数:看门狗喂狗函数,具体说明如表 14.14 所列。

表 14.14　nrfx_wdt_channel_feed 函数

函　数	void nrfx_wdt_channel_feed(nrfx_wdt_channel_id channel_id);
功　能	用于对看门狗通道进行喂狗
参　数	p_channel_id:配置的通道 ID
返回值	无

最后配置完成后,需要启动看门狗,可调用 nrfx_wdt_enable 看门狗使能函数,具体说明如表 14.15 所列。

表 14.15　nrfx_wdt_enable 函数

函　数	void nrfx_wdt_enable(void);
功　能	调用此函数后,看门狗将启动。因此,用户需要对所有分配的看门狗通道进行喂狗,以避免复位。 **注意**:至少要分配一个看门狗通道
参　数	无
返回值	无

14.3.2　看门狗库函数的配置

看门狗的库函数工程目录树可以以 GPIOTE 的工程目录树为基础进行修改,删除

GPIOTE 外设,添加如图 14.1 所示的 3 个驱动库文件:nrf_drv_clock.c、nrfx_clock.c、nrfx_wdt.c。其中,驱动文件 nrf_drv_clock.c 和 nrfx_clock.c 是实钟配置库函数,nrfx_wdt.c 为看门狗的驱动库函数。

图 14.1　看门狗的库函数工程

　　nrfx_clock.c 和 nrfx_wdt.c 文件的路径在 SDK 的\modules\nrfx\drivers\include 文件夹内,nrf_drv_clock.c 文件的路径在 SDK 的\integration\nrfx\legacy 文件夹内。添加库文件完成后,注意在 Options for Target 对话框中的 C/C++选项卡中的 Include Paths 下拉列表框中选择硬件驱动库的文件路径,如图 14.2 所示。

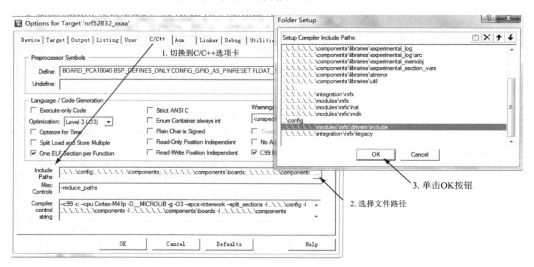

图 14.2　组件库函数路径的添加

同时需要在 sdk_config.h 文件中配置如图 14.3 所示的选项：低速时钟和看门狗的 3 个默认配置参数，如果配置成功，在 sdk_config.h 文件的 Cofiguration Wizard 配置导航卡中将出现如图 14.3 所示方框中的选项被选中。

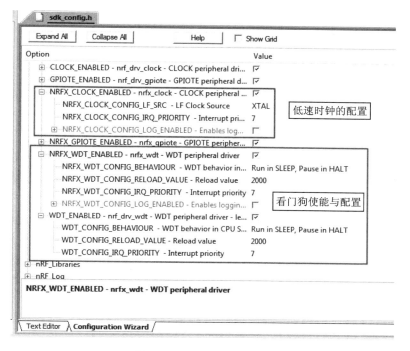

图 14.3　看门狗配置文件

根据 14.2.2 小节寄存器的例子，总结本例看门狗编程流程结构，如图 14.4 所示。

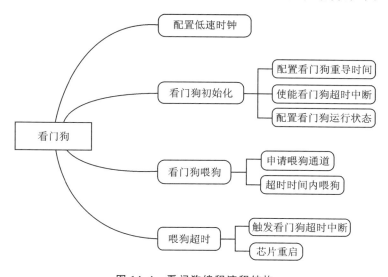

图 14.4　看门狗编程流程结构

首先对看门狗进行初始化,并且使能超时中断,声明超时中断处理回调函数 wdt_event_handler,然后申请看门狗的喂狗通道,最后对看门狗进行使能。具体代码如下:

```
01    //配置看门狗
02    nrf_drv_wdt_config_t config = NRF_DRV_WDT_DEAFULT_CONFIG;
03    //初始化看门狗和看门狗中断
04    err_code = nrf_drv_wdt_init(&config, wdt_event_handler);
05    APP_ERROR_CHECK(err_code);
06     //分配看门狗通道
07    err_code = nrf_drv_wdt_channel_alloc(&m_channel_id);
08    APP_ERROR_CHECK(err_code);
09    //看门狗使能
10    nrf_drv_wdt_enable();
```

注意:配置时把默认重导值 NRFX_WDT_CONFIG_RELOAD_VALUE 配置为 2 000,也就是与配置寄存器 CRV 的值相同,2 s 为喂狗超时时间。

喂狗之前把 LED 灯依次点亮,然后熄灭之前所有点亮的 LED 灯,代码如下:

```
11    //Indicate program start on LEDs.
12    for (uint32_t i = 0; i < LEDS_NUMBER; i++)
13    {
14        bsp_board_led_on(i);
15        nrf_delay_ms(200);
16    }
17        bsp_board_leds_off();
```

在系统正常运行下,需要进行定时喂狗。如果在超时时间 2 s 内进行喂狗,那么 CPU 不会重启,也不会触发超时事件中断。下面通过按下按键来触发喂狗,注意,要在 LED 灯全部熄灭后 2 s 内按下按键才能够实现喂狗。

```
18    while (1)
19    {
20        if(nrf_gpio_pin_read(BUTTON_1) == 0)
21        {
22            //LED1 灯点亮指示按下按键 S1
23            nrf_gpio_pin_clear(LED_2);
24            //喂狗通道喂狗
25            nrfx_wdt_channel_feed(m_channel_id);
26        }
27    }
```

假如没有按下按键,就没有进行喂狗,看门狗超时就会产生超时溢出中断。在看门狗超时中断事件回调事件中,看门狗花费的最大时间是两个 32 768 Hz 时钟周期。在此之后,将发生 CPU 复位。在这个时间内点亮全部的 LED 灯,具体代码如下:

```
28  /**
29   *  看门狗事件回调
30   */
31  void wdt_event_handler(void)
32  {
33      bsp_board_leds_on();
34      nrf_gpio_pin_set(12);
35  }
```

　　代码编译后下载到青风 nRF52832 开发板上的实验现象与寄存器方式的相同：

　　首先 LED 灯依次点亮,然后全部熄灭,如果没有按下按键,则会先触发看门狗超时中断,全部 LED 灯点亮,然后 CPU 复位。由于点亮的时间是两个 32 768 Hz 时钟周期,到 CPU 复位的时间非常短,所以全部 LED 灯只能微弱地闪一下。复位后,LED 灯依次点亮,重复上面的效果。如果 2 s 内按下了按键,CPU 就不会发生复位,LED 灯将全部保持熄灭状态。观察时需要不停地按下按键 1,以实现在 2 s 内不停地喂狗,避免CPU 重新启动。

第 15 章

SAADC 采集

ADC(Analog - to - Digital Converter,模拟/数字转换器)是指将连续变化的模拟信号转换为离散的数字信号的模块。真实世界的模拟信号,如温度、压力、声音或者图像等,都需要转换成处理器可以识别、存储、传输的数字形式,ADC 就是为了实现这个功能而设计的。在 nRF52xx 处理器中,ADC 是一个逐次逼近模拟/数字转换器(Successive Approximation Analog - to - Digital Converter,SAADC)。所有 nRF52xx 系列处理器中的内部 ADC 均称为 SAADC,其具体的属性如下:

① 8/10/12 分辨率,采用过采样可达到 14 位分辨率。

② 多达 8 个输入通道:单端输入时有 1 个通道,2 个通道组成差分输入;单端和差分输入时可以配置成扫描模式。

③ 满量程输入范围为 0 和 VDD。

④ 可以通过软件触发采样任务启动采样,也可以使用低功耗 32.768 kHz 的 RTC 定时器或者更加精确的 1/16 MHz 定时器通过 PPI 来触发采样任务,使得 SAADC 具有非常灵活的采样频率。

⑤ 单次的采集模式只使用一个采集通道。

⑥ 扫描模式是按照顺序采样一系列通道的。通道直接的采样延迟为 tack + tconv。用户通过配置 tack 可以使通道之间的间隔时间不同。

⑦ 可以通过 EasyDMA 直接将采样的结果保存到 RAM 内。

⑧ 中断发生在单次采样和缓冲慢事件时。

⑨ 采样存储格式为 16 位 2 的补码值,用于差分采样和单端采样。

⑩ 无需外部定时器就可以实现连续采样。

⑪ 可以配置通道输入负载电阻。

15.1 SAADC 原理分析

15.1.1 SAADC 属性参数

1. 采样模式

nRF52832 SAADC 的采样信号输入可以通过 8 个外部模拟输入通道进行采集,但是 SAADC 内部实际上有 16 个通道和 VDD,如表 15.1 所列。其中,8 个通道为正端输入(N),另外 8 个通道为负端输入(P)。因此,信号采样的模式可以分为单独输入和差分输入两种方式。SAADC 外部输入引脚与内部结构体如图 15.1 所示。

表 15.1　SAADC 输入通道配置

输入通道(Channel Input)	输入源(Source Input)
CH[n]. PSELP	AIN0、AIN1、AIN2、AIN3、AIN4、AIN5、AIN6、AIN7
CH[n]. PSELP	VDD
CH[n]. PSELN	AIN0、AIN1、AIN2、AIN3、AIN4、AIN5、AIN6、AIN7
CH[n]. PSELN	VDD

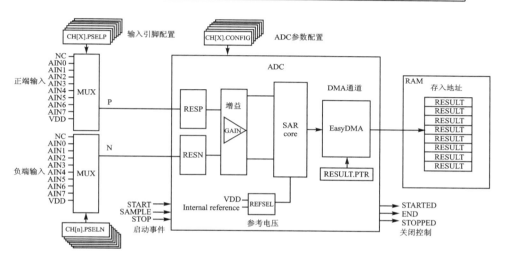

图 15.1　SAADC 外部输入引脚与内部结构体

默认状态下,ADC 的配置模式为单端输入,因为在配置寄存器 CH[n].CONFIG 中设置的 MODE 初始化为 0。当需要配置为差分输入时,把 MODE 设置为 1 即可。单端模式时,ADC 内部把负极接到地,如表 15.2 所列。

表 15.2　CH[n].CONFIG(n=0~7)寄存器的 MODE 位

位　数	域	ID　值	值	描　述
第 20 位	MODE	SE	0	配置为单端模式,PSELN 将被忽略,ADC 的负输入短接地
		Diff	1	配置为差分模式

差分模式将负极通过负向端输入,通过计算两端的差值换算出采样结果。

2. 信号增益

如图 15.1 所示,采样数据通过采集输入端进入后通过一个增益对信号进行放大,这个增益通过设置配置寄存器 CH[n].CONFIG 中的 GAIN 位来实现。如表 15.3 所列,可以设置的增益值有:1/6、1/5、1/4、1/3、1/2、1、2 和 4。

表 15.3　CH[n].CONFIG(n＝0～7)寄存器的 GAIN 位

位　数	域	ID 值	值	描　述
第 8～10 位	GAIN	Gain1_6	0	1/6
		Gain1_5	1	1/5
		Gain1_4	2	1/4
		Gain1_3	3	1/3
		Gain1_2	4	1/2
		Gain1	5	1
		Gain2	6	2
		Gain4	7	4

3. 参考电压

ADC 的参考电压可以采用两种方式:一种是内部参考电压,大小为 0.6 V;另一种采用 VDD/4 作为参考电压。通过设置配置寄存器 CH[n].CONFIG 中的 RESEL 位来配置参考电压,如表 15.4 所列。

表 15.4　CH[n].CONFIG(n＝0～7)寄存器的 RESEL 位

位　数	域	ID 值	值	描　述
第 12 位	RESEL	Internal	0	内部参考(0.6 V)
		VDD1_4	1	VDD/4 作为参考电压

输入采样电压范围:当采样内部电压作为参考时,范围为±0.6 V;当使用 VDD 作为参考电压时,输入范围为±VDD/4。可以用 Gain 增益参数来调整输入范围,如下所示:

$$\text{Input range} = (\pm 0.6 \text{ V 或} \pm \text{VDD}/4)/\text{Gain}$$

比如:如果选择 VDD 作为参考电压,信号输入为单端输入,同时增益为 1/4,那么输入电压范围为

$$\text{Input range} = (\text{VDD}/4)/(1/4) = \text{VDD}$$

如果选择内部电压作为参考电压,信号输入为单端输入,增益为 1/6,那么输入电压范围为

$$\text{Input range} = (0.6 \text{ V})/(1/6) = 3.6 \text{ V}$$

但是要注意,AIN0～AIN7 的输入范围不能超过 VDD,低于 VSS。

4. 采样分辨精度

ADC 的分辨率对采样结果也是至关重要的。nRF52832 SAADC 可以配置为多种分辨率,一般情况下可以配置为 8/10/12 位,采用过采样可达到 14 位分辨率,通过设置 RESOLUTION 寄存器来配置分辨率,如表 15.5 所列。

表 15.5　RESOLUTION 寄存器

位　数	域	ID　值	值	描　述
第 0～4 位	VAL	8 bit	0	8 bit
		10 bit	1	10 bit
		12 bit	2	12 bit
		14 bit	3	14 bit

通过这几个步骤,采集结果就出来了,按照下述公式进行计算:

$$RESULT = [V(P) - V(N)] \times GAIN/REFERENCE \times 2^{RESOLUTION-m}$$

式中:V(P) 为 ADC 正端输入;V(N) 为 ADC 负端输入;GAIN 为增益值;REFERENCE 为参考电压;RESOLUTION 为采样精度;m 为采样模式,单端输入时为 0,差分输入时为 1。

15.1.2　工作模式

SAADC 有 3 种工作模式,分别为:单次转换模式(One - shot Mode)、连续转换模式(Continuous Mode)和扫描模式。

1. 单次转换模式

如果配置 nRF52832 的 SAADC 为单次转换模式,则需要通过配置 CH[n].PSELP、CH[n].PSELN 和 CH[n].CONFIG 寄存器,来使能一个 SAADC 通道,使得 SAADC 工作于单次转换模式。当触发采样任务后,ADC 开始采样输入电压,采样时间通过 CH[n].CONFIG.TACQ 来设置,当 DONE 事件发生时表示一次采集完成。

在没有过采样发生时,RESULTDONE 事件等同于 DONE 事件。在实际采样数据通过 EasyDMA 保存到 RAM 之前,这两个事件都会发生。

2. 连续转换模式

连续转换模式能够通过内部定时器来实现定时采样,或者触发 SAMPLE 任务通过 PPI 连接一个通用寄存器来实现。

SAMPLERATE 寄存器能够用于用本地的定时器代替独立的 SAMPLE 任务的情况。当将 SAMPLERATE. MODE 位设置为 Timers 时,利用单次的 SAMPLE 任务来启动 SAADC。利用一个 STOP 任务停止采样,利用 SAMPLERATE.CC 来控制采样率。回到普通采样,设置 SAMPLERATE.MODE 返回任务。具体说明如表 15.6 所列。

表 15.6　SAMPLERATE 寄存器

位　数	域	ID 值	值	描　述
第 0～10 位	CC	—	[80..2047]	捕获并比较值。采样速率为 16 MHz/CC
第 12 位	MODE	Task	0	选择采样率控制模式,速率由 SAMPLE 任务控制
		Timers	1	选择采样率控制模式,速率由本地定时器控制(使用 CC 来控制速率)

对于采样频率,SAMPLERATE.CC 内定时时间越短,频率越快。同时,这个还与通道数量有关,公式如下:

$$f_{SAMPLE} < 1/[CHANNELS \times (t_{ACQ} + t_{CONV})]$$

在没有过采样发生时,RESULTDONE 事件等同于 DONE 事件。在实际采样数据通过 EasyDMA 保存到 RAM 之前,这两个事件都会发生。

3. 扫描模式

如果 CH[n].PSELP 被设置,则通道被使能。如果超过 1 个通道被使能,则 SAADC 进入扫描模式。与单次转换模式的区别是,通道大于 1。

在扫描模式下,一个 SAMPLE 任务将触发每个被使能的通道进行转换,所有通道转换需要的时间都按下式计算:

$$Total\ time < Sum(CH[x].t_{ACQ} + t_{CONV}),\ x=0,\cdots,enabled\ channels$$

在没有过采样发生时,RESULTDONE 事件等同于 DONE 事件。在实际采样数据通过 EasyDMA 保存到 RAM 之前,这两个事件都会发生。

15.2　SAADC 寄存器介绍

nRF52832 内含一个 SAADC 模块用于 ADC 转换,如表 15.7 所列。

表 15.7　SAADC 模块

基础地址	外　设	模　块	描　述
0x40070000	SAADC	SAADC	模/数转换器

SAADC 内包含的寄存器可以参考表 15.8 所列的寄存器列表。

表 15.8　SAADC 内包含的寄存器

寄存器名称	地址偏移	功能描述
TASKS_START	0x000	启动 ADC 并在 RAM 中准备采样结果存放的缓冲区
TASKS_SAMPLE	0x004	取一个 ADC 样本,如果启用扫描,则对所有通道进行采样
TASKS_STOP	0x008	停止 ADC 并终止任何正在进行的转换
TASKS_CALIBRATEOFFSE	0x00C	启动偏移自动校准
EVENTS_STARTED	0x100	ADC 已经启动
EVENTS_END	0x104	ADC 已填满结果缓冲区
EVENTS_DONE	0x108	转换任务已完成。根据模式,可能会有多次转换结果需要传输到 RAM
EVENTS_RESULTDONE	0x10C	结果准备好转移到 RAM
EVENTS_CALIBRATEDO	0x110	校准完成
EVENTS_STOPPED	0x114	ADC 停了下来

寄存器名称	地址偏移	功能描述
EVENTS_CH[0].LIMITH	0x118	最后的结果等于或高于 CH [0].LIMIT.HIGH
EVENTS_CH[0].LIMITL	0x11C	最后的结果等于或低于 CH [0].LIMIT.LOW
EVENTS_CH[1].LIMITH	0x120	最后的结果等于或高于 CH [1].LIMIT.HIGH
EVENTS_CH[1].LIMITL	0x124	最后的结果等于或低于 CH [1].LIMIT.LOW
EVENTS_CH[2].LIMITH	0x128	最后的结果等于或高于 CH [2].LIMIT.HIGH
EVENTS_CH[2].LIMITL	0x12C	最后的结果等于或低于 CH [2].LIMIT.LOW
EVENTS_CH[3].LIMITH	0x130	最后的结果等于或高于 CH [3].LIMIT.HIGH
EVENTS_CH[3].LIMITL	0x134	最后的结果等于或低于 CH [3].LIMIT.LOW
EVENTS_CH[4].LIMITH	0x138	最后的结果等于或高于 CH [4].LIMIT.HIGH
EVENTS_CH[4].LIMITL	0x13C	最后的结果等于或低于 CH [4].LIMIT.LOW
EVENTS_CH[5].LIMITH	0x140	最后的结果等于或高于 CH [5].LIMIT.HIGH
EVENTS_CH[5].LIMITL	0x144	最后的结果等于或低于 CH [5].LIMIT.LOW
EVENTS_CH[6].LIMITH	0x148	最后的结果等于或高于 CH [6].LIMIT.HIGH
EVENTS_CH[6].LIMITL	0x14C	最后的结果等于或低于 CH [6].LIMIT.LOW
EVENTS_CH[7].LIMITH	0x150	最后的结果等于或高于 CH [7].LIMIT.HIGH
EVENTS_CH[7].LIMITL	0x154	最后的结果等于或低于 CH [7].LIMIT.LOW
INTEN	0x300	启用或禁用中断
INTENSET	0x304	启用中断
INTENCLR	0x308	禁用中断
STATUS	0x400	ADC 状态寄存器
ENABLE	0x500	启用或禁用 ADC
CH[0].PSELP	0x510	输入 CH [0]的正极引脚选择
CH[0].PSELN	0x514	输入 CH [0]的负极引脚选择
CH[0].CONFIG	0x518	通道 CH [0]的输入配置
CH[0].LIMIT	0x51C	通道 CH [0]事件监视通道的上限/下限
CH[1].PSELP	0x520	输入 CH [1]的正极引脚选择
CH[1].PSELN	0x524	输入 CH [1]的负极引脚选择
CH[1].CONFIG	0x528	通道 CH [1]的输入配置
CH[1].LIMIT	0x52C	通道 CH [1]事件监视通道的上限/下限
CH[2].PSELP	0x530	输入 CH [2]的正极引脚选择
CH[2].PSELN	0x534	输入 CH [2]的负极引脚选择
CH[2].CONFIG	0x538	通道 CH [2]的输入配置
CH[2].LIMIT	0x53C	通道 CH [2]事件监视通道的上限/下限
CH[3].PSELP	0x540	输入 CH [3]的正极引脚选择

续表 15.8

寄存器名称	地址偏移	功能描述
CH[3]. PSELN	0x544	输入 CH [3]的负极引脚选择
CH[3]. CONFIG	0x548	通道 CH [3]的输入配置
CH[3]. LIMIT	0x54C	通道 CH [3]事件监视通道的上限/下限
CH[4]. PSELP	0x550	输入 CH [4]的正极引脚选择
CH[4]. PSELN	0x554	输入 CH [4]的负极引脚选择
CH[4]. CONFIG	0x558	通道 CH [4]的输入配置
CH[4]. LIMIT	0x55C	通道 CH [4]事件监视通道的上限/下限
CH[5]. PSELP	0x560	输入 CH [5]的正极引脚选择
CH[5]. PSELN	0x564	输入 CH [5]的负极引脚选择
CH[5]. CONFIG	0x568	通道 CH [5]的输入配置
CH[5]. LIMIT	0x56C	通道 CH [5]事件监视通道的上限/下限
CH[6]. PSELP	0x570	输入 CH [6]的正极引脚选择
CH[6]. PSELN	0x574	输入 CH [6]的负极引脚选择
CH[6]. CONFIG	0x578	通道 CH [6]的输入配置
CH[6]. LIMIT	0x57C	通道 CH [6]事件监视通道的上限/下限
CH[7]. PSELP	0x580	输入 CH [7]的正极引脚选择
CH[7]. PSELN	0x584	输入 CH [7]的负极引脚选择
CH[7]. CONFIG	0x588	通道 CH [7]的输入配置
CH[7]. LIMIT	0x58C	通道 CH [7]事件监视通道的上限/下限
RESOLUTION	0x5F0	ADC 分辨率配置
OVERSAMPLE	0x5F4	过采样配置。OVERSAMPLE 不应与 SCAN 结合使用。RESOLUTION 是在平均之前应用的,因此对于高 OVERSAMPLE,应使用更高的 RESOLUTION
SAMPLERATE	0x5F8	控制正常或连续的采样率
RESULT. PTR	0x62C	数据指针
RESULT. MAXCNT	0x630	要传输的最大缓冲区字数
RESULT. AMOUNT	0x634	自上次 START 以来传输的缓冲字数

下面将对表 15.8 中的几个重要的寄存器进行详细介绍。

(1)中断使能和禁止寄存器 INTEN

该寄存器主要用于使能或者禁止 SAADC 的相关中断,写 0 禁止中断,写 1 使能中断,具体说明如表 15.9 所列。

表 15.9　INTEN 寄存器

位　数	域	ID　值	值	描　述
第 0 位	STARTED	Disabled	0	禁止 STARTED 事件中断
		Enabled	1	使能 STARTED 事件中断
第 1 位	END	Disabled	0	禁止 END 事件中断
		Enabled	1	使能 END 事件中断
第 2 位	DONE	Disabled	0	禁止 DONE 事件中断
		Enabled	1	使能 DONE 事件中断
第 3 位	RESULTDONE	Disabled	0	禁止 RESULTDONE 事件中断
		Enabled	1	使能 RESULTDONE 事件中断
第 4 位	CALIBRATEDONE	Disabled	0	禁止 CALIBRATEDONE 事件中断
		Enabled	1	使能 CALIBRATEDONE 事件中断
第 5 位	STOPPED	Disabled	0	禁止 STOPPED 事件中断
		Enabled	1	使能 STOPPED 事件中断
第 6、8、10、12、14、16、18、20 位	CHnLIMITH	Disabled	0	禁止 CH[n].LIMITH（n 取 0~7）事件中断,其中,CH[0].LIMITH 对应第 6 位,其他依次对应
		Enabled	1	使能 CH[n].LIMITH（n 取 0~7）事件中断,其中,CH[0].LIMITH 对应第 6 位,其他依次对应
第 7、9、11、13、15、17、19、21 位	CHnLIMITL	Disabled	0	禁止 CH[n].LIMITL（n 取 0~7）事件中断,其中,CH[0].LIMITL 对应第 7 位,其他依次对应
		Enabled	1	使能 CH[n].LIMITL（n 取 0~7）事件中断,其中,CH[0].LIMITL 对应第 7 位,其他依次对应

（2）中断使能设置寄存器 INTENSET

该寄存器用于使能 SAADC 的相关中断,写 1 使能,写 0 无效;也可以被读,读取为 0 表示已禁止中断,读取为 1 表示已使能中断。具体说明如表 15.10 所列。

表 15.10　INTENSET 寄存器

位　数	域	ID　值	值	描　述
第 0 位	STARTED	Set	1	使能 STARTED 事件中断
		Disabled	0	读:已禁止
		Enabled	1	读:已使能
第 1 位	END	Set	1	使能 END 事件中断
		Disabled	0	读:已禁止
		Enabled	1	读:已使能

续表 15.10

位 数	域	ID 值	值	描 述
第 2 位	DONE	Set	1	使能 DONE 事件中断
		Disabled	0	读：已禁止
		Enabled	1	读：已使能
第 3 位	RESULTDONE	Set	1	使能 RESULTDONE 事件中断
		Disabled	0	读：已禁止
		Enabled	1	读：已使能
第 4 位	CALIBRATEDONE	Set	1	使能 CALIBRATEDONE 事件中断
		Disabled	0	读：已禁止
		Enabled	1	读：已使能
第 5 位	STOPPED	Set	1	使能 STOPPED 事件中断
		Disabled	0	读：已禁止
		Enabled	1	读：已使能
第 6、8、10、12、14、16、18、20 位	CHnLIMITH	Set	1	使能 CH[n].LIMITH(n 取 0~7)事件中断,其中,CH[0].LIMITH 对应第 6 位,其他依次对应
		Disabled	0	读：已禁止
		Enabled	1	读：已使能
第 7、9、11、13、15、17、19、21 位	CHnLIMITL	Set	1	使能 CH[n].LIMITL(n 取 0~7)事件中断,其中,CH[0].LIMITL 对应第 7 位,其他依次对应
		Disabled	0	读：已禁止
		Enabled	1	读：已使能

(3) 中断禁止设置寄存器 INTENCLR

该寄存器用于禁止 SAADC 的相关中断,写 1 禁止,写 0 无效;也可以被读,读取为 0 表示已禁止中断,读取为 1 表示已使能中断。具体说明如表 15.11 所列。

表 15.11　INTENCLR 寄存器

位 数	域	ID 值	值	描 述
第 0 位	STARTED	Clear	1	禁止 STARTED 事件中断
		Disabled	0	读：已禁止
		Enabled	1	读：已使能
第 1 位	END	Clear	1	禁止 END 事件中断
		Disabled	0	读：已禁止
		Enabled	1	读：已使能

续表 15.11

位　数	域	ID　值	值	描　述
第 2 位	DONE	Clear	1	禁止 DONE 事件中断
		Disabled	0	读:已禁止
		Enabled	1	读:已使能
第 3 位	RESULTDONE	Clear	1	禁止 RESULTDONE 事件中断
		Disabled	0	读:已禁止
		Enabled	1	读:已使能
第 4 位	CALIBRATEDONE	Clear	1	禁止 CALIBRATEDONE 事件中断
		Disabled	0	读:已禁止
		Enabled	1	读:已使能
第 5 位	STOPPED	Clear	1	禁止 STOPPED 事件中断
		Disabled	0	读:已禁止
		Enabled	1	读:已使能
第 6、8、10、12、14、16、18、20 位	CHnLIMITH	Clear	1	禁止 CH[n].LIMITH(n 取 0～7)事件中断,其中,CH[0].LIMITH 对应第 6 位,其他依次对应
		Disabled	0	读:已禁止
		Enabled	1	读:已使能
第 7、9、11、13、15、17、19、21 位	CHnLIMITL	Clear	1	禁止 CH[n].LIMITL(n 取 0～7)事件中断,其中,CH[0].LIMITL 对应第 7 位,其他依次对应
		Disabled	0	读:已禁止
		Enabled	1	读:已使能

（4）ADC 状态寄存器 STATUS

该寄存器是用于判断 ADC 工作状态的寄存器,为只读寄存器。具体说明如表 15.12 所列。

表 15.12　STATUS 寄存器

位　数	域	ID　值	值	描　述
第 0 位	STATUS	Ready	0	ADC 准备好,没有正在进行的 ADC 转换
		Busy	1	ADC 工作中,正在进行 ADC 转换

（5）ADC 使能与禁止寄存器 ENABLE

该寄存器用于使能或者禁止 ADC,写入为 0 时禁止 ADC,写入为 1 时使能 ADC。具体说明如表 15.13 所列。

表 15.13 ENABLE 寄存器

位 数	域	ID 值	值	描 述
第 0 位	ENABLE	Disabled	0	禁止 ADC
		Enabled	1	使能 ADC。使能后,ADC 将通过寄存器 CH[n].PSELP 和 CH[n].PSELN 设置的模拟输入引脚获取输入信号

(6) 通道正极输入配置寄存器 CH[n].PSELP(n=0～7)

该寄存器用于配置正极的采集输入引脚,具体说明如表 15.14 所列。

表 15.14 CH[n].PSELP(n=0～7)寄存器

位 数	域	ID 值	值	描 述
第 0～4 位	PSELP (模拟正极输入通道)	NC	0	不连接
		AnalogInput0	1	AIN0
		AnalogInput1	2	AIN1
		AnalogInput2	3	AIN2
		AnalogInput3	4	AIN3
		AnalogInput4	5	AIN4
		AnalogInput5	6	AIN5
		AnalogInput6	7	AIN6
		AnalogInput7	8	AIN7
		VDD	9	VDD

(7) 通道负极输入配置寄存器 CH[n].PSELN(n=0～7)

该寄存器用于配置负极的采集输入引脚,具体说明如表 15.15 所列。

表 15.15 CH[n].PSELN(n=0～7)寄存器

位 数	域	ID 值	值	描 述
第 0～4 位	PSELN (模拟负极输入通道)	NC	0	不连接
		AnalogInput0	1	AIN0
		AnalogInput1	2	AIN1
		AnalogInput2	3	AIN2
		AnalogInput3	4	AIN3
		AnalogInput4	5	AIN4
		AnalogInput5	6	AIN5
		AnalogInput6	7	AIN6
		AnalogInput7	8	AIN7
		VDD	9	VDD

（8）通道配置寄存器 CH[n].CONFIG(n＝0～7)

该寄存器用于配置 SAADC 的通道参数,具体说明如表 15.16 所列。

表 15.16 CH[n].CONFIG(n＝0～7)寄存器

位　数	域	ID　值	值	描　　述
第 0～1 位	RESP （正通道电阻控制）	Bypass	0	旁路电阻梯
		Pulldown	1	下拉接地
		Pullup	2	上拉接 VDD
		VDD1_2	3	设置输入为 VDD/2
第 4～5 位	RESN （负通道电阻控制）	Bypass	0	旁路电阻梯
		Pulldown	1	下拉接地
		Pullup	2	上拉接 VDD
		VDD1_2	3	设置输入为 VDD/2
第 8～10 位	GAIN （增益控制）	Gain1_6	0	1/6
		Gain1_5	1	1/5
		Gain1_4	2	1/4
		Gain1_3	3	1/3
		Gain1_2	4	1/2
		Gain1	5	1
		Gain2	6	2
		Gain4	7	4
第 12 位	REFSEL （参考电压控制）	Internal	0	内部参考电压(0.6 V)
		VDD1_4	1	VDD/4 作为参考电压
第 16～18 位	TACQ （采集时间, ADC 用来采样 输入电压的时间）	3 μs	0	3 μs
		5 μs	1	5 μs
		10 μs	2	10 μs
		15 μs	3	15 μs
		20 μs	4	20 μs
		40 μs	5	40 μs
第 20 位	MODE （配置单端或 差分模式）	SE	0	单端模式,PSELN 将被忽略,ADC 的负输入内部短接至 GND
		Diff	1	差分模式
第 24 位	BURST （使能冲击性模式）	Disabled	0	禁用冲击模式(常规模式运行)
		Enabled	1	使能冲击模式。SAADC 以最快的速度获取 $2^{OVERSAMPLE}$ 的采样样本数量,并将平均值发送到数据存储器 RAM 中

(9)通道采样值上/下限检测配置寄存器 CH[n].LIMIT(n=0～7)

该寄存器用于配置通道采样值上/下限检测的值,当超过检测值时,产生事件。具体说明如表 15.17 所列。

表 15.17　CH[n].LIMIT(n=0～7)寄存器

位　　数	域	ID　值	值	描　　述
第 0～15 位	LOW	—	−32 768～+32 767	低门限值
第 16～31 位	PSELN	—	−32 768～+32 767	高门限值

(10)分辨率配置寄存器 RESOLUTION

该寄存器用于配置 SAADC 的分辨率,配置的参数对所有的通道有效。具体说明如表 15.18 所列。

表 15.18　RESOLUTION 寄存器

位　　数	域	ID　值	值	描　　述
第 0～2 位	VAL (设置分辨率)	8 bit	0	8 bit
		10 bit	1	10 bit
		12 bit	2	12 bit
		14 bit	3	14 bit

(11)过采样配置寄存器 OVERSAMPLE

该寄存器用于配置过采样的过采样值,过采样不能与扫描模式结合使用,具体说明如表 15.19 所列。

表 15.19　OVERSAMPLE 寄存器

位　　数	域	ID　值	值	描　　述
第 0～3 位	OVERSAMPLE (过采样控制)	Bypass	0	旁路过采样
		Over2x	1	Over2x
		Over4x	2	Over4x
		Over8x	3	Over8x
		Over16x	4	Over16x
		Over32x	5	Over32x
		Over64x	6	Over64x
		Over128x	7	Over128x
		Over256x	8	Over256x

(12)采样速率配置寄存器 SAMPLERATE

该寄存器用于配置 SAADC 采样的采样速率,具体说明如表 15.20 所列。

表 15.20　SAMPLERATE 寄存器

位　数	域	ID　值	值	描　述
第 0～10 位	CC	—	[80..2 047]	捕获并比较值。采样速率为 16 MHz/CC
第 12 位 (选择采样率控制模式)	MODE	Task	0	采样率由 SAMPLE 任务控制
		Timers	1	采样率由本地定时器控制(通过 CC 控制)

(13) EasyDMA 地址指针寄存器 RESULT.PTR

该寄存器用于配置 SAADC 的 EasyDMA 地址指针,具体说明如表 15.21 所列。

表 15.21　RESULT.PTR 寄存器

位　数	域	ID　值	值	描　述
第 0～31 位	PTR	—	—	地址指针

(14) EasyDMA 计数寄存器 RESULT.MAXCNT

该寄存器用于配置 EasyDMA 被传输的最大的缓冲字节大小,具体说明如表 15.22 所列。

表 15.22　RESULT.MAXCNT 寄存器

位　数	域	ID　值	值	描　述
第 0～15 位	MAXCNT	—	—	被传输的最大的缓冲字节大小

(15) AMOUNT 寄存器 RESULT.AMOUNT

该寄存器表示自上次启动以来传输的缓冲区字数,具体说明如表 15.23 所列。

表 15.23　RESULT.AMOUNT 寄存器

位　数	域	ID　值	值	描　述
第 0～14 位	AMOUNT	—	—	自上次启动以来传输的缓冲区字数。可以在结束或停止事件后读取此寄存器

15.3　应用实例编写

15.3.1　ADC 的单次采样

如图 15.2 所示,在青风 QY - nRF52832 开发板上,光敏电阻通过引脚 P0.04 接入到 nRF52832 中,P0.04 作为 ADC 采样引脚。

在代码文件中建立了一个演示历程,我们打开看看需要哪些库文件。打开 pca10040 文件夹中的工程项目,如图 15.3 所示。

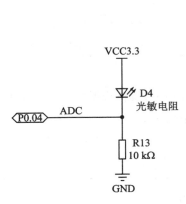

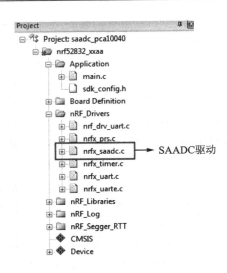

图 15.2 光敏采集电路图   图 15.3 SAADC 采集工程

　　该工程可以在串口例子中进行添加,添加与 SAADC 相关的驱动文件,即 nrfx_saadc.c 驱动文件,同时注意配置驱动路径。

　　添加完 SAADC 的驱动文件后,还需要在 sdk_config.h 文件中选中使能 SAADC。注意,需要选中两个选项,如图 15.4 所示,其中 SAADC_ENBALED 用于使能 SAADC 基础库,NRFX_SAADC_ENABLED 用于使能 SAADC 兼容库,二者缺一不可。

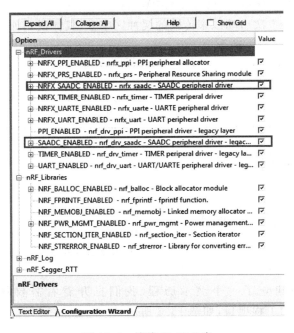

图 15.4 使能 SAADC 库

然后进行 SAADC 的初始化配置。首先需要调用驱动库文件的头文件 nrf_drv_
saadc.h,然后再在主函数 main.c 文件中进行设置,具体代码如下:

```
01   # include "nrf_drv_saadc.h"
02
03   void saadc_init(void)
04   {
05       ret_code_t err_code;
06       //A2C 通道配置
07       nrf_saadc_channel_config_t channel_config =
08       NRF_DRV_SAADC_DEFAULT_CHANNEL_CONFIG_SE(NRF_SAADC_INPUT_AIN2);
09       //A2C 初始化
10       err_code = nrf_drv_saadc_init(NULL, saadc_callback);
11       APP_ERROR_CHECK(err_code);
12       //A2C 通道初始化
13       err_code = nrf_drv_saadc_channel_init(0, &channel_config);
14       APP_ERROR_CHECK(err_code);
15   }
```

　　对上述初始化代码分析如下:

　　第一步:通过设置一个结构体来配置采样通道。官方给了两个结构体来配置单端
输入和差分输入:

- NRF_DRV_SAADC_DEFAULT_CHANNEL_CONFIG_SE:表示单端输入
  配置。
- NRF_DRV_SAADC_DEFAULT_CHANNEL_CONFIG_DIFFERENTIAL:表
  示差分输入配置。

　　比如单端输入配置结构体:

```
01   # define NRF_DRV_SAADC_DEFAULT_CHANNEL_CONFIG_SE(PIN_P)
02   {
03       .resistor_p = NRF_SAADC_RESISTOR_DISABLED,
04       .resistor_n = NRF_SAADC_RESISTOR_DISABLED,
05       .gain       = NRF_SAADC_GAIN1_6,
06       .reference  = NRF_SAADC_REFERENCE_INTERNAL,
07       .acq_time   = NRF_SAADC_ACQTIME_10US,
08       .mode       = NRF_SAADC_MODE_SINGLE_ENDED,
09       .pin_p      = (nrf_saadc_input_t)(PIN_P),
10       .pin_n      = NRF_SAADC_INPUT_DISABLED
11   }
```

　　对上述参数配置代码解释如下:

　　第 03 行:正端输入,SAADC 的旁路电阻关;

　　第 04 行:负端输入,SAADC 的旁路电阻关;

第 05 行:增益,SAADC 的增益为 1/6;

第 06 行:参考电压值,采用芯片内部参考电压;

第 07 行:采样时间,10 μs;

第 08 行:模式,单端输入;

第 09 行:正端输入引脚,配置输入引脚端口;

第 10 行:负端输入引脚,关闭。

根据硬件配置,引脚 P0.04 可以配置为 SAADC 输入引脚 AIN2,可以查看相关数据手册中的引脚配置,如表 15.24 所列。

表 15.24　ADC 对应的引脚

采集信号输入通道	引脚名称	引脚标号
AIN0	P0.02	4
AIN1	P0.03	5
AIN2	P0.04	6
AIN3	P0.05	7
AIN4	P0.28	40
AIN5	P0.29	41
AIN6	P0.30	42
AIN7	P0.31	43
VDD	VDD	—

因此,在配置结构体中,PIN_P 这个参数设置为 NRF_SAADC_INPUT_AIN2,对应的就是 P0.04 引脚。

第二步:对 SAADC 进行初始化。调用 nrf_drv_saadc_init 函数完成默认的配置功能初始化,具体代码如下:

```
16    //ADC 初始化
17    err_code = nrf_drv_saadc_init(NULL, saadc_callback);
```

nrf_drv_saadc_init 函数对 SAADC 进行初始化,第一个形参 NULL 表示使用默认配置参数 NRFX_SAADC_DEFAULT_CONFIG,具体代码如下:

```
01  #define NRFX_SAADC_DEFAULT_CONFIG
02  {
03      .resolution    = (nrf_saadc_resolution_t)NRFX_SAADC_CONFIG_RESOLUTION,  //分辨率
04      .oversample = (nrf_saadc_oversample_t)NRFX_SAADC_CONFIG_OVERSAMPLE,    //过采样
05      .interrupt_priority = NRFX_SAADC_CONFIG_IRQ_PRIORITY,                //SAADC 中断优先级
06      .low_power_mode = NRFX_SAADC_CONFIG_LP_MODE                          //低功耗模式
07  }
```

默认配置参数在 sdk_config.h 文件中,其中 ADC 的分辨率为 10 bit,不发送过采样,中断优先级设为低,不启动低功耗模式。具体配置代码如下:

```
08 // <o> NRFX_SAADC_CONFIG_RESOLUTION    - Resolution
09
10 // <0 => 8 bit
11 // <1 => 10 bit
12 // <2 => 12 bit
13 // <3 => 14 bit
14
15 # ifndef NRFX_SAADC_CONFIG_RESOLUTION
16 # define NRFX_SAADC_CONFIG_RESOLUTION 1
17 # endif
18
19 // <o> NRFX_SAADC_CONFIG_OVERSAMPLE    - Sample period
20
21 // <0 => Disabled
22 // <1 => 2x
23 // <2 => 4x
24 // <3 => 8x
25 // <4 => 16x
26 // <5 => 32x
27 // <6 => 64x
28 // <7 => 128x
29 // <8 => 256x
30
31 # ifndef NRFX_SAADC_CONFIG_OVERSAMPLE
32 # define NRFX_SAADC_CONFIG_OVERSAMPLE 0
33 # endif
34
35 // <q> NRFX_SAADC_CONFIG_LP_MODE   - Enabling low power mode
36
37
38 # ifndef NRFX_SAADC_CONFIG_LP_MODE
39 # define NRFX_SAADC_CONFIG_LP_MODE 0
40 # endif
41
42 // <o> NRFX_SAADC_CONFIG_IRQ_PRIORITY    - Interrupt priority
43
44 // <0 => 0 (highest)
45 // <1 => 1
46 // <2 => 2
47 // <3 => 3
48 // <4 => 4
49 // <5 => 5
50 // <6 => 6
```

```
51  // <7 => 7
52
53  #ifndef NRFX_SAADC_CONFIG_IRQ_PRIORITY
54  #define NRFX_SAADC_CONFIG_IRQ_PRIORITY 7
55  #endif
```

nrf_drv_saadc_init 函数的第二个形参为 saadc_callback,设置为 SAADC 回调中断函数,其中,回调中断函数可以为空,什么都不执行。如果有中断任务需要执行,则可以在 saadc_callback 函数内写中断函数。

```
56  err_code = nrf_drv_saadc_channel_init(0, &channel_config);
57  APP_ERROR_CHECK(err_code);
```

第三步:调用 nrf_drv_saadc_channel_init 函数初始化 ADC 的通道函数,第一个形参设置为通道值,当设置为 0 时,表示选择通道 0;第二个形参为前面配置的通道参数结构体,作为指针调入。

完成上述三步后,SAADC 就配置完成了。配置好后可以直接在主函数中调用,同时采用串口输出,具体代码如下:

```
07  int main(void)
08  { nrf_saadc_value_t  saadc_val;
09    float  val;              //保存 SAADC 采样数据计算的实际电压值
10    uart_config();           //配置串口
11
12    printf("\n\rSAADC HAL simple example.\r\n");
13    saadc_init();            //SAADC 初始化
14    while(1)
15    {
16      //启动一次 ADC 采样
17        nrf_drv_saadc_sample_convert(0,&saadc_val);
18        //串口输出 ADC 采样值
19        val = saadc_val * 3.6/1024;
20        printf(" %.3fV\n",  val);
21        //延时 300 ms,方便观察 SAADC 采样数据
22        nrf_delay_ms(500);
23
24    }
25  }
```

主函数中,没有采用中断采集,而是通过一个循环扫描采集数据,在 while 循环下延迟 500 ms 采集一次电压值。

代码编译后下载到青风 nRF52832 开发板上,通过串口来观察采集的电压大小,为了方便计算,可以根据前面的计算公式计算出电压,即

$$RESULT=[V(P)-V(N)]\times GAIN/REFERENCE\times 2^{RESOLUTION-n}$$

式中：V(P)为要采样的电压；V(N)为 0；GAIN 为 1/6；REFERENCE 为 0.6；RESO-
LUTION 为 10；n 为 0；RESULT 是 saadc_val 结果。

把采样的结果转换为电压，则公式可以转化为

$$val = saadc\_val \times 3.6/1\ 024$$

开发板上 V(P)接光敏电阻。串口输出的实验现象如图 15.5 所示，可以与万用表
的测量结果进行对比。

图 15.5　采集电压输出

15.3.2　ADC 的差分采样

在 ADC 采样中，单端输入容易受到外界信号的干扰，而采样差分输入是将两个输
入信号相减的差值作为最后的结果，这样可以有效地抵消外界干扰。对比上面的单端
输入，改变如下位置：

```
01 void saadc_init(void)
02 {
03     ret_code_t err_code;
04     //配置 ADC 输入通道(要改动的)
05     nrf_saadc_channel_config_t channel_config =
       NRF_DRV_SAADC_DEFAULT_CHANNEL_CONFIG_DIFFERENTIAL
06                       (NRF_SAADC_INPUT_AIN2,NRF_SAADC_INPUT_AIN0);
07     //初始化 ADC
08     err_code = nrf_drv_saadc_init(NULL, saadc_callback);
09     APP_ERROR_CHECK(err_code);
10     //初始化 ADC 通道配置
11     err_code = nrf_drv_saadc_channel_init(0, &channel_config);
12     APP_ERROR_CHECK(err_code);
13 }
```

用结构体 NRF_DRV_SAADC_DEFAULT_CHANNEL_CONFIG_DIFFEREN-TIAL 表示差分输入配置,同时配置两个输入通道 NRF_SAADC_INPUT_AIN2 和 NRF_SAADC_INPUT_AIN0,两个输入引脚根据实际需要进行选择,对照手册查找引脚数。配置结构体如下:

```
01  #define NRF_DRV_SAADC_DEFAULT_CHANNEL_CONFIG_DIFFERENTIAL(PIN_P, PIN_N)
02  {
03      .resistor_p = NRF_SAADC_RESISTOR_DISABLED,
04      .resistor_n = NRF_SAADC_RESISTOR_DISABLED,
05      .gain       = NRF_SAADC_GAIN1_6,
06      .reference  = NRF_SAADC_REFERENCE_INTERNAL,
07      .acq_time   = NRF_SAADC_ACQTIME_10US,
08      .mode       = NRF_SAADC_MODE_DIFFERENTIAL,
09      .pin_p      = (nrf_saadc_input_t)(PIN_P),
10      .pin_n      = (nrf_saadc_input_t)(PIN_N)
11  }
```

解释配置如下:

第 03 行:正端输入,SAADC 的旁路电阻关;

第 04 行:负端输入,SAADC 的旁路电阻关;

第 05 行:增益,SAADC 的增益为 1/6;

第 06 行:参考电压值,采用芯片内部参考电压;

第 07 行:采样时间,10 μs;

第 08 行:模式,单端输入;

第 09 行:正端输入引脚;

第 10 行:负端输入引脚。

根据硬件配置,引脚 P0.04 可以配置为 ADC 输入引脚 AIN2,引脚 P0.02 可以配置为 ADC 输入引脚 AIN0。根据表 15.24,在配置结构体中,将 PIN_P 设置为 NRF_SAADC_INPUT_AIN2,对应的就是 P0.04 引脚;将 PIN_N 设置为 NRF_SAADC_IN-PUT_AIN0,对应的就是 P0.02 引脚。

主函数可以不做任何变化,在主函数里扫描采集数据。代码编译后下载到青风 nRF52832 开发板上,通过串口观察采集的电压大小。为了方便计算,可以根据前面的计算公式计算出电压值。

$$RESULT = [V(P) - V(N)] \times GAIN/RERERENCE \times 2^{RESOLUTION-n}$$

式中:V(P)为正向端采样电压;V(N)为负向端采样电压;GAIN 为 1/6;REFERENCE 为 0.6;RESOLUTION 为 10;n 为 1;RESULT 是 saadc_val 结果。那么上式可以转化为

$$V(P) - V(N) = saadc\_val \times 3.6/512$$

开发板上把 V(P)接光敏电阻,V(N)接 GND。然后打开串口助手,输出的实验现象如图 15.6 所示,可以与万用表的测量结果进行对比。

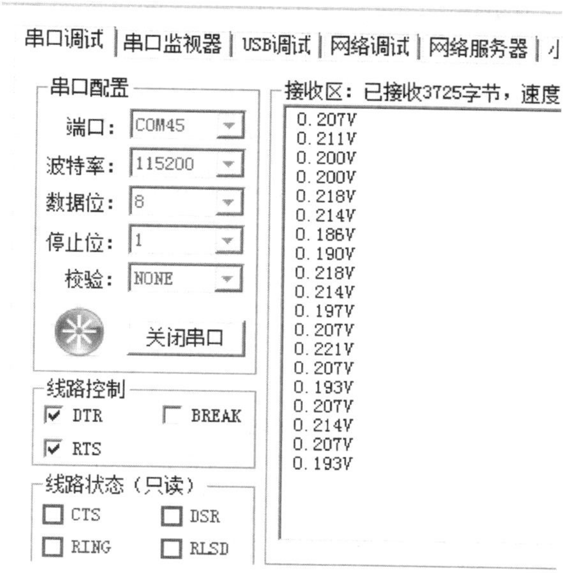

图 15.6　差分采样输出

15.3.3　EasyDMA 的单缓冲中断采样

1. 原理分析

官方 SDK 中对 ADC 采样提供了软件缓冲存放转换,缓冲寄存器满了后就会触发中断,在中断内读取缓冲寄存器的值。这就是 EasyDMA 方式,该方式大大提高了采样速度。当 ADC 的采样任务被触发时,ADC 的转换结果可以通过 EasyDMA 存储到 RAM 内的结果缓冲中。结果缓冲 buffer 的地址位于 RESULT.PTR 寄存器中。RE-SULT.PTR 寄存器是双缓冲,当 STARTED 事件产生时,触发下一个 START 任务,此时结果缓冲能够立即更新和做好数据传送准备。

在官方库函数中,函数 nrf_drv_saadc_buffer_convert 实现上述功能。下面通过对该函数的详细介绍,让大家了解采用 EasyDMA 方式是如何进行配置的。

采用函数 nrf_drv_saadc_buffer_convert 时首先需要在主函数文件中定义几个宏定义参数,分别如下:

```
01 //设置缓冲的数量,决定要填满几个缓冲后启动中断
02 #define   SAMPLES_IN_BUFFER   5
03 //设置缓冲的组数,也就是对应使用的通道的数量,本例是单通道,故只定义一个数值
04 static nrf_saadc_value_t        m_buffer_pool[SAMPLES_IN_BUFFER];
05 //采样转换次数
06 static uint32_t                 m_adc_evt_counter;
```

对于拥有完整定义的函数 ret_code_t nrf_drv_saadc_buffer_convert(nrf_saadc_ value_t * p_buffer,uint16_t size),其中两个形式参数是必须要完全理解的,具体如下:

- 第一形参 nrf_saadc_value_t * p_buffer,在 ADC 初始化设置时,如下:

err_code = nrf_drv_saadc_buffer_convert(m_buffer_pool,SAMPLES_IN_BUFFER);

也就是说,第一个形参用的是 m_buffer_pool,其是一个数组,数组的长度为 SAMPLES_IN_BUFFER。这样一个数组对应一个 ADC 的转换通道,有几个通道,就设置几个数组的长度。例如用两个通道,就把数组设置为

m_buffer_pool[SAMPLES_IN_BUFFER * 2]

这样两个数组长度放置两个通道的数据。

- 第二个形参 uint16_t size,其表示数组大小,也就是在 RAM 内给的缓存大小,如果大小为 N,则表示 N 个字节大小的缓存。当然这个 N 并不是没有限制的,它取决于寄存器 RESULT.MAXCNT 内的设置。

这两个形参在函数内部调用的 SADDC 缓冲初始化函数中进行配置。SADDC 缓冲初始化函数直接配置的是寄存器 RESULT.PTR 和 RESULT.MAXCNT(见表 15.21 和表 15.22),具体代码如下:

```
01  __STATIC_INLINE void nrf_saadc_buffer_init(nrf_saadc_value_t * buffer,uint32_t num)
02  {
03      NRF_SAADC ->RESULT.PTR = (uint32_t)buffer;
04      NRF_SAADC ->RESULT.MAXCNT = num;
05  }
```

对 EasyDMA 采样方式的整个过程可以表述如下:

① EasyDMA 作为 ADC 采样的专用通道,负责把采样的数据发送给 RAM 内的结果寄存器 RESULT。

② 结果寄存器 RESULT 内的 RESULT.PTR 寄存器和 RESULT.MAXCNT 寄存器分别决定了数据指针和该数据指针的大小。

③ 只有填满这个数据指针内所有的空间,才能触发中断把转换数据读出。因此,整个转换次数=通道数×buff 缓冲的大小。

例 15 - 1 单通道采集。

① 假设采样数据缓冲为 1,通道为 1,如图 15.7 所示。

② 假设采样数据缓冲为 5,通道为 1,如图 15.8 所示。

例 15 - 2 多通道采集

假设采样数据缓冲为 3,通道为 2,如图 15.9 所示。

2. 实例编程

例 15 - 3 单通道采集编程。

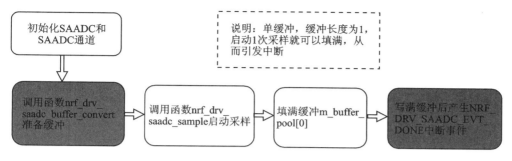

图 15.7　单通道单缓冲

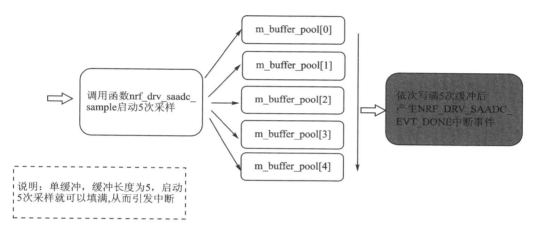

图 15.8　多通道单缓冲

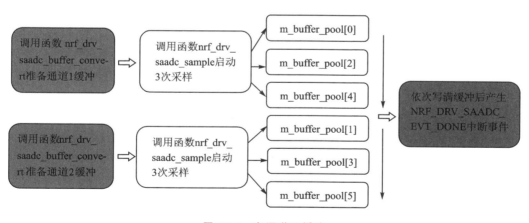

图 15.9　多通道双缓冲

以单端输入为例,文件开头做一个宏定义,具体代码如下:

```
01 //定义缓冲大小为1
02 #define SAMPLES_IN_BUFFER 1
```

```
03  //定义缓冲数值
04  static nrf_saadc_value_t        m_buffer_pool[SAMPLES_IN_BUFFER];
05  //定义采样次数
06  static uint32_t                 m_adc_evt_counter;
```

下面先进行 SAADC 的初始化配置，初始化通道的部分与前面的配置相同，只是需要多添加缓冲配置函数，具体代码如下：

```
07    void saadc_init(void)
08  {
09      ret_code_t err_code;
10      //SAADC 通道配置
11      nrf_saadc_channel_config_t channel_config =
12      NRF_DRV_SAADC_DEFAULT_CHANNEL_CONFIG_SE(NRF_SAADC_INPUT_AIN2);
13      //SAADC 初始化
14      err_code = nrf_drv_saadc_init(NULL, saadc_callback);
15      APP_ERROR_CHECK(err_code);
16      //SAADC 通道初始化
17      err_code = nrf_drv_saadc_channel_init(0, &channel_config);
18      APP_ERROR_CHECK(err_code);
19      //添加缓冲配置函数
20      err_code = nrf_drv_saadc_buffer_convert(m_buffer_pool,SAMPLES_IN_BUFFER);
21      APP_ERROR_CHECK(err_code);
22  }
```

添加单缓冲，如上述第 20 行显示的内容。然后在主函数中启动采样，调用 nrf_drv_saadc_sample 函数开始采样，具体代码如下：

```
23  int main(void)
24  {
25      uart_config();
26      printf("\n\rSAADC HAL simple example.\r\n");
27      saadc_init();
28      while(1)
29      {
30      //启动一次 SAADC 采样
31              nrf_drv_saadc_sample();
32          //启动一次 SAADC 采样
33          //延时 300 ms,方便观察 SAADC 采样数据
34              nrf_delay_ms(300);
35      }
36  }
```

启动后，触发 SAADC 采样中断，在中断中判断缓冲是否填满，缓冲填满后将启动 NRF_DRV_SAADC_EVT_DONE 事件，同时串口输出转换后的采样电压，具体代码如下：

```
01  void saadc_callback(nrf_drv_saadc_evt_t const * p_event)
02  {
```

```
03      float  val;
04          //判断是否发送填满缓冲事件,如何发送表示本次采样完成
05      if (p_event ->type == NRF_DRV_SAADC_EVT_DONE)
06      {
07          ret_code_t err_code;
08          //设置好缓存,为下次转换预备缓冲
09          err_code =  nrf_drv_saadc_buffer_convert(p_event ->data.done.p_buffer,
10                                        SAMPLES_IN_BUFFER);
11          APP_ERROR_CHECK(err_code);
12
13          int i;
14          //打印输出采样次数
15          printf("ADC event number: % d\r\n",(int)m_adc_evt_counter);
16          for (i = 0; i < SAMPLES_IN_BUFFER; i ++ )
17          {
18          //打印输出,通过前面的转换公式进行电压的转换计算
19              val = p_event ->data.done.p_buffer[i] * 3.6 /1024;
20                  printf("Voltage =  % .3fV\r\n", val);
21          }
22          //采样次数加 1
23          m_adc_evt_counter ++ ;
24      }
25 }
```

打开串口助手,输出的实验现象如图 15.10 所示,可以与万用表的测量结果进行对比,同时,采样次数也跟着计数。

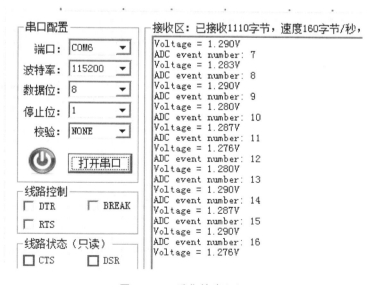

图 15.10　采集输出(1)

如果改变最开始的宏定义,把缓冲大小改成 5,那么根据上述分析,要采样 5 次才

会有事件输出,代码变动如下:

```
37 //定义缓冲大小为 5
38 #define SAMPLES_IN_BUFFER 1
39 //定义缓冲数值
40 static nrf_saadc_value_t      m_buffer_pool[SAMPLES_IN_BUFFER];
41 //定义采样次数
42 static uint32_t               m_adc_evt_counter;
```

打开串口助手,输出的实验现象如图 15.11 所示,每次采样都会依次输出 5 个采样电压值。

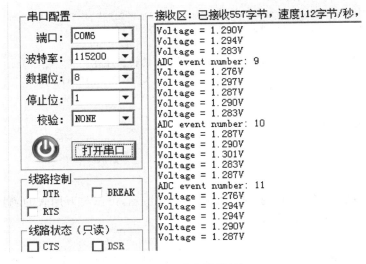

图 15.11　采集输出(2)

例 15 - 4　多通道采集编程。

下面来实现多通道采集。首先假设采用两个输入通道,每个输入通道分配 3 个缓冲大小,首先头文件设置如下:

```
01 //定义缓冲大小为 6
01 #define SAMPLES_IN_BUFFER  6
02 //定义缓冲数值
02 static nrf_saadc_value_t      m_buffer_pool[SAMPLES_IN_BUFFER];
03 //定义采样次数
03 static uint32_t               m_adc_evt_counter;
```

两个通道,每个通道 3 个缓冲,所以定义的缓冲总数为 2×3=6;然后再对 ADC 进行初始化,初始化中需要定义两个通道,配置两个采样的 SAADC 引脚。具体代码如下:

```
01 void saadc_init(void)
```

```
02 {
03     ret_code_t err_code;
04     //配置通道 0,输入引脚为 AIN2
05     nrf_saadc_channel_config_t channel_0_config =
                NRF_DRV_SAADC_DEFAULT_CHANNEL_CONFIG_SE(NRF_SAADC_INPUT_AIN2);
06     //配置通道 1,输入引脚为 AIN0
07     nrf_saadc_channel_config_t channel_1_config =
08                NRF_DRV_SAADC_DEFAULT_CHANNEL_CONFIG_SE(NRF_SAADC_INPUT_AIN0);
09     //SAADC 初始化
10     err_code = nrf_drv_saadc_init(NULL, saadc_callback);
11     APP_ERROR_CHECK(err_code);
12     //SAADC 通道初始化,代入前面的通道配置结构体
13     err_code = nrf_drv_saadc_channel_init(0, &channel_0_config);
14     APP_ERROR_CHECK(err_code);
15     err_code = nrf_drv_saadc_channel_init(1, &channel_1_config);
16     APP_ERROR_CHECK(err_code);
17     //添加缓冲配置函数
18         err_code = nrf_drv_saadc_buffer_convert(m_buffer_pool,SAMPLES_IN_BUFFER);
19         APP_ERROR_CHECK(err_code);
20 }
```

对比单通道配置和多通道配置,区别就是上述加粗部分的内容,需要配置多个通道,对多通道进行初始化。配置好后,主函数的设置没有任何变化,直接调用启动 ADC 采样函数即可,代码如下:

```
01 int main(void)
02 {
03     uart_config();
04     printf("\n\rSAADC HAL simple example.\r\n");
05     saadc_init();                           //调用 ADC 初始化函数
06     while(1)
07     {
08     //启动一次 ADC 采样
09         nrf_drv_saadc_sample();
10         //启动一次 ADC 采样
11         //延时 300 ms,方便观察 SAADC 采样数据
12         nrf_delay_ms(300);
13     }
14 }
```

打开串口助手,输出的实验现象如图 15.12 所示。由于缓冲大小为 6,所以每次采样都会依次输出 6 个采样电压值,并且两个通道的采样值依次交叉输出。

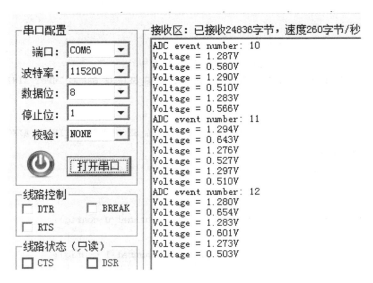

图 15.12　采集输出(3)

15.3.4　PPI 启动双缓冲中断采样

本小节将讨论一个综合应用,该方法结合前面的定时器和 PPI 的功能,减少 CPU 的参与,提高转换效率。前面的几种方法都需要在主函数中启动 SAADC 的采样,实际上占用了 CPU,但为了提高系统的工作效率,因而将启动 SAADC 采样事件的工作交给定时器和 PPI 通道来完成,而不需要 CPU 参与。同时,我们还采用官方推荐的双缓冲方式来存储与输出采样结果。

作为一个综合应用,我们用到了前面讲到的 PPI 和定时器的知识,这里先来温习一下前面的内容。首先是工程目录树,如图 15.13 所示。图中,需要在之前的工程目录中添加 PPI 的驱动文件和定时器的驱动文件,然后在 main 主函数的头文件中调用 nrf_drv_ppi.h 和 nrf_drv_timer.h,再在路径中添加两个启动的路径,如图 15.14 所示。

另外,还需要在 sdk_config.h 文件中选中相关复选框使能 SAADC、PPI 和定时器,如图 15.15 所示,分别选中 NRFX_SAADC_ENABLED 和 SAADC_ENBALED、NRFX_PPI_ENABLED 和 PPI_ENBALED、NRFX_TIMER_ENABLED 和 TIMER_ENABLED。

完成上述工作后就来配置代码,代码要实现以下几个功能:

① SAADC 的初始化,配置好 SAADC 的通道、缓冲大小和缓冲个数。

② 启动 SAADC 采样,核心是将启动工作交给 PPI 和定时器处理。所以,这里要配置定时器定时事件和 PPI 的触发通道。

③ SAADC 采样完成后触发中断,中断中输出采集的数据。

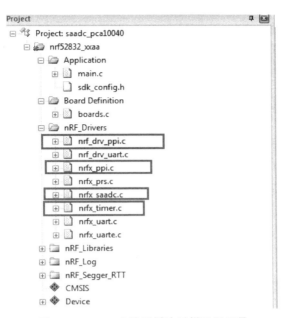

图 15.13　PPI 启动双缓冲采样工程目录

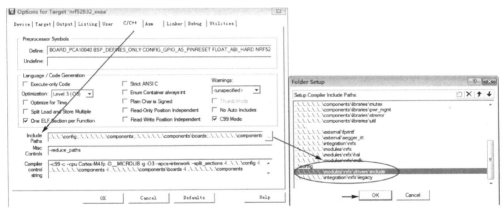

图 15.14　PPI 启动双缓冲采样工程文件路径的添加

下面就按照上述 3 个步骤来配置代码。

首先,设置双缓冲 SAADC。双缓冲是在前面单缓冲的基础上实现的一个工作机制,也就是把缓冲的数组变成两个,数据依次进入缓冲数组 1 和缓冲数组 2,当两个数组内都有数据时就会触发中断事件发生,中断中输出缓冲数组 2 内的内容,如图 15.16所示。

双缓冲的代码配置与单缓冲的区别是多了一个缓冲数组配置,代码如下:

```
01  void saadc_init(void)
02  {
03      ret_code_t err_code;
```

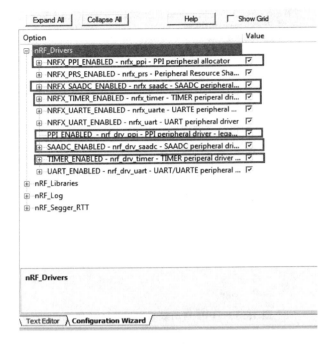

图 15.15　选中相关复选框使能 SAADC、PPI 和定时器

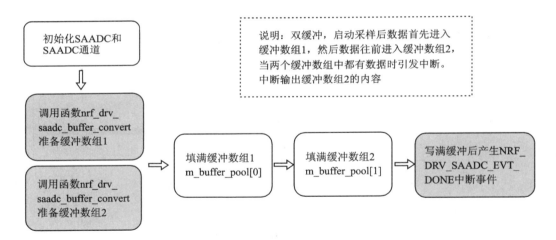

图 15.16　多缓冲单通道

```
04    //配置通道参数
05    nrf_saadc_channel_config_t channel_config =
06    NRF_DRV_SAADC_DEFAULT_CHANNEL_CONFIG_SE(NRF_SAADC_INPUT_AIN2);
07    //ADC 初始化
08    err_code = nrf_drv_saadc_init(NULL, saadc_callback);
09    APP_ERROR_CHECK(err_code);
10    //代入通道配置参数
```

```
11    err_code = nrf_drv_saadc_channel_init(0, &channel_config);
12    APP_ERROR_CHECK(err_code);
13    //配置第一个缓冲
14    err_code = nrf_drv_saadc_buffer_convert(m_buffer_pool[0],SAMPLES_IN_BUFFER);
15    APP_ERROR_CHECK(err_code);
16    //配置第二个缓冲
17    err_code = nrf_drv_saadc_buffer_convert(m_buffer_pool[1],SAMPLES_IN_BUFFER);
18    APP_ERROR_CHECK(err_code);
19  }
```

其次,启动 SAADC 的采样。如何通过 PPI 启动 SAADC 的采样呢? 通过前面的学习可知,PPI 实际上是一个通道,通道不能启动任何外设。打个比方:比如你在马路上,马路不能自动带你走,其只是一个通道,借助车或者步行你才能动。同样,我们要通过其他的外设来启动 SAADC 采集,一般采用定时器来定时启动 SAADC,原理如图 15.17 所示。

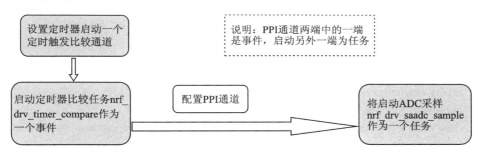

图 15.17　PPI 触发原理

其基本原理还是比较简单的。首先配置一个定时器定一个时间,比如 400 ms,触发一次定时器比较任务;然后设置一个 PPI 通道,把定时器比较作为一个事件,作为PPI 通道的一端,另外,把启动 SAADC 采样作为任务,作为 PPI 的另一端。400 ms后,通过定时器比较事件启动 SAADC 的采样。具体代码如下:

```
01  //使能 PPI 通道
02  void saadc_sampling_event_enable(void)
03  {
04      ret_code_t err_code = nrf_drv_ppi_channel_enable(m_ppi_channel);
05      APP_ERROR_CHECK(err_code);
06  }
07  //采样事件初始化
08  void saadc_sampling_event_init(void)
09  {
10      ret_code_t err_code;
11      err_code = nrf_drv_ppi_init();
12      APP_ERROR_CHECK(err_code);
```

```
13      //定时器初始化
14      err_code = nrf_drv_timer_init(&m_timer, NULL, timer_handler);
15      APP_ERROR_CHECK(err_code);
16
17      //设置每 400 ms 发送一次 m_timer 比较事件
18      uint32_t ticks = nrf_drv_timer_ms_to_ticks(&m_timer, 400);
19      //设置定时、捕获/比较通道、比较值,清除比较任务,关掉比较中断
20      nrf_drv_timer_extended_compare(&m_timer, NRF_TIMER_CC_CHANNEL0,
21                                     ticks,
22                                     NRF_TIMER_SHORT_COMPARE0_CLEAR_MASK, false);
23      nrf_drv_timer_enable(&m_timer);
24
25      //设置 PPI 两端的通道:一个作为任务,另一个作为事件
26      uint32_t timer_compare_event_addr =
27                      nrf_drv_timer_compare_event_address_get(&m_timer,
28                                     NRF_TIMER_CC_CHANNEL0);
29      uint32_t saadc_sample_event_addr = nrf_drv_saadc_sample_task_get();
30
31      //分频一个 PPI 通道
32      err_code = nrf_drv_ppi_channel_alloc(&m_ppi_channel);
33      APP_ERROR_CHECK(err_code);
34      //分频 PPI 通道地址,一端是比较事件,另一端是 SAADC 采样事件
35      err_code = nrf_drv_ppi_channel_assign(m_ppi_channel, timer_compare_event_addr,
36                                     saadc_sample_event_addr);
37      APP_ERROR_CHECK(err_code);
38  }
```

最后,就是 SAADC 中断触发后进行数据输出,这个与前面的 SAADC 中断采集的内容一致,没有做任何变化,代码如下:

```
01  //SAADC 中断输出
02  void saadc_callback(nrf_drv_saadc_evt_t const * p_event)
03  {       float   val;
04      if (p_event ->type == NRF_DRV_SAADC_EVT_DONE)
05      {
06          ret_code_t err_code;
07      //设置好缓存,为下次转换预备缓冲
08          err_code = nrf_drv_saadc_buffer_convert(p_event ->data.done.p_buffer,
09                                     SAMPLES_IN_BUFFER);
10          APP_ERROR_CHECK(err_code);
11          int i;
12      //打印输出采样次数
13          printf("ADC event number: % d\r\n",(int)m_adc_evt_counter);
14      //输出采样值
```

```
15              for (i = 0; i < SAMPLES_IN_BUFFER; i ++ )
16              {
17 //                   printf(" % d\r\n", p_event ->data.done.p_buffer[i]);
18                          val = p_event ->data.done.p_buffer[i]  *  3.6 /1024;
19                   printf("Voltage =  % .3fV\r\n", val);
20              }
21          m_adc_evt_counter ++ ;
22      }
23 }
```

在主函数中,CPU 得到了解放,可以不做任何操作,初始化完成后直接等待结果输出,这种方式比较适合移植到协议栈下,代码如下:

```
24 int main(void)
25 {
26     uart_config();
27     printf("\n\rSAADC HAL simple example. \r\n");
28     saadc_sampling_event_init();
29     //SAADC 初始化
30     saadc_init();
31     saadc_sampling_event_enable();
32
33     while(1)
34     {
35     }
36 }
```

打开串口助手,输出的实验现象如图 15.18 所示,缓冲大小为 5,每次采样都会依次输出 5 个采样值。

图 15.18　采集输出(4)

第 16 章

PWM

16.1　PWM 的基本原理

16.1.1　PWM 模块的特征

PWM 模块可以在 GPIO 上生成 PWM(脉冲宽度调制)信号,其实现了一个向上或向下计数器,带有 4 个 PWM 通道,用于驱动分配的 GPIO。3 个 PWM 模块可提供多达 12 个 PWM 通道,单个频率控制;一个 PWM 模块最多可包含 4 个通道。每个模块的频率都是相同的。此外,内置解码器和 EasyDMA 功能使得 PWM 模块可以在没有 CPU 干预的情况下操纵 PWM 占空比。内置解码器和 EasyDMA 可以从数据存储器 RAM 中读取任意占空比的脉宽序列,也可以连接内置解码器和 EasyDMA 以实现乒乓缓冲或重复进入复杂的循环。

PWM 模块的主要特征如下:
- 固定 PWM 基频,带可编程时钟分频器;
- 最多 4 个 PWM 通道,具有独立的极性和占空比值;
- PWM 通道上的边沿或中心对齐脉冲;
- 数据 RAM 中定义多个占空比数组(序列);
- 通过 EasyDMA 可以直接从存储器中自主且无干扰地更新占空比;
- 每个 PWM 周期都可能会改变极性、占空比和基频;
- 数据 RAM 序列可以重复或连接成循环。

16.1.2　PWM 的计数模式

PWM 模块实际上就是一个计数器,通过 MODE 寄存器来控制计数器是向上计数还是向上向下计数。

向上计数模式:当计数达到 COUNTERTOP 时,计数器自动复位为零,如图 16.1(a)所示。

向上向下计数模式:计数器向上计数到 COUNTERTOP 的值后再开始向下计数,如图 16.1(b)所示。

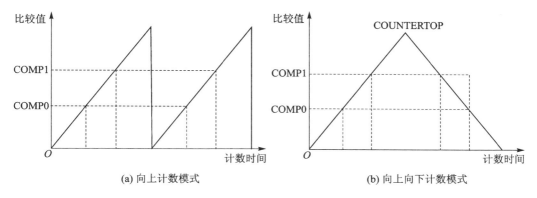

图 16.1　PWM 的计数模式

16.1.3　PWM 的周期和占空比控制

波形计数器负责以占空比产生脉冲,而占空比取决于比较值,并且取决于 COUN-TERTOP 的频率。一个 PWM 模块有一个共用的 15 位计数器,还有 4 个比较通道。因此,这 4 个通道将共享相同的周期(相同的 PWM 频率),但可以具有单独的占空比和极性。其中,周期和占空比由从 RAM 中读取的值设置。定时器最高值由 COUN-TERTOP 寄存器控制,该寄存器值与 PWM_CLK 所选 PRESCALER 一起产生给定的 PWM 周期,基本结构如图 16.2 所示。当 COUNTERTOP 值小于设置的比较值时,将导致不生成 PWM 边沿的状态,如果极性设置为 FallingEdge,那么输出 OUT [n](n=0～3)分别保持高电平。

所有比较寄存器都是内部的,只能通过后面介绍的解码器进行配置。COUNTER-TOP 可以随时安全地进行写入,在 START 任务后会被采用。如果 DECODER. LOAD 不是 WaveForm 模式,它也会在 STARTSEQ [n]任务后采用——当在序列回放期间从 RAM 中加载新值时。如果 DECODER. LOAD 为 WaveForm 模式,则忽略 COUNTERTOP 寄存器的值,而取自 RAM。

图 16.3 所示为 PWM 向上计数示例,显示计数器以向上(MODE ＝ PWM_MODE_Up)计数模式工作。

如图 16.3 所示,当计数到 COMP0 比较值时,触发 OUT[0]的边沿变化;计数到 COMP1 比较值时,触发 OUT[1]的边沿变化;如果比较值为 0,则 OUT[n]保持低电平;如果比较值设置为 COUNTERTOP,则保持高电平,并且极性要设置为 Fall-ingEdge。当计数达到 COUNTERTOP 值时,计数器自动复位为零,OUT[n]将反转,结束一个周期。所以,PWM 周期由 COUNTERTOP 的值和计数频率决定,计数频率由 PWM_CLK 所选的 PRESCALER 来决定。占空比取决于 COMP 比较值,所有 COMP 比较值都是由内部 RAM 进行设置的,只能通过后面 16.1.4 小节介绍的解码器进行配置。

在向上计数模式下,可以使用以下公式计算 PWM 周期和步长:

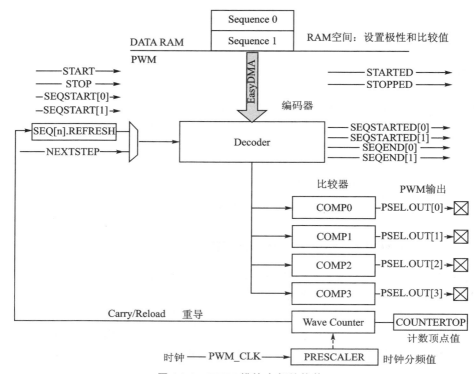

图 16.2 PWM 模块内部结构体

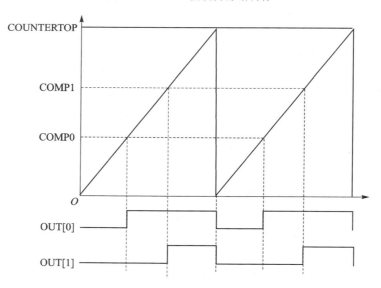

图 16.3 向上计数 PWM 输出

PWM 周期:$T_{PWM(上)} = T_{pwm\_clk} \times COUNTERTOP$

步宽/分辨率:$T_{脚步} = T_{pwm\_clk}$

图 16.4 所示为向上向下计数 PWM 输出。计数到 COMP0 时,触发 OUT[0]的边沿变化;计数到 COMP1 时,触发 OUT[1]的边沿变化。定时器最高值由 COUNTER-TOP 寄存器控制。计数器计数到 COUNTERTOP 的值后再开始向下计数,计数到 COMP1 时,触发 OUT[1]的边沿变化。计数到 COMP0 时,触发 OUT[0]的边沿变化。计数器在上升和下降模式下工作(MODE = PWM_MODE_UpAndDown),其中两个 PWM 通道具有相同的频率但占空比和输出极性不同,这导致产生一组中心对齐的脉冲。

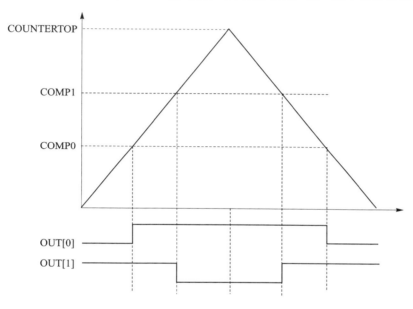

图 16.4　向上向下计数 PWM 输出

在向上向下计数模式下,可以使用以下公式计算 PWM 周期和步长:

$$\text{PWM 周期}:T_{\text{PWM(上下)}} = T_{\text{pwm\_clk}} \times 2 \times \text{COUNTERTOP}$$

$$\text{步宽/分辨率}:T_{\text{脚步}} = T_{\text{pwm\_clk}} \times 2$$

PWM 模块有一个共用的 15 位计数器,带有 4 个比较通道,如图 16.5 所示。

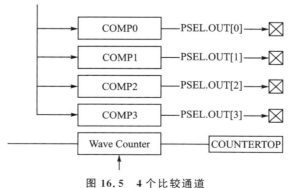

图 16.5　4 个比较通道

16.1.4　EasyDMA 解码器

解码器使用 EasyDMA，通过 EasyDMA 方式来获取存储在数据 RAM 中的 PWM 参数，并根据操作模式更新波形计数器的内部比较寄存器。

所提到的 PWM 参数被组织成包含至少一个半字（16 位）的序列，其最高有效位 [15] 表示 OUT[n] 的极性，而位 [14:0] 表示 15 位比较值。有关这里定义的半字 RAM 空间的详细信息，如表 16.1 所列。

表 16.1　RAM 半字空间分配

位　数	域	ID 值	值	描　述
第 0～14 位	COMPARE	—	—	占空比设置：加载到内部比较寄存器的值
第 15 位	POLARITY（GPIO 的边沿极性）	RisingEdge	0	PWM 周期内的第一个边沿为上升沿
		FallingEdge	1	PWM 周期内的第一个边沿为下降沿

RAM 中 PWM 的参数最终会通过读取 RAM 地址的方式赋值给 SEQ[n].PTR 寄存器。如图 16.6 所示，PWM 的解码器可以有 4 种模式，如下：

Common 模式：称为共用模式，4 个 PWM 输出共用极性和比较值设置。

Grouped 模式：称为分组模式，每组半个字，两个 PWM 共用极性和比较值设置。

Single 模式：称为单信号独立模式，每个通道半个字，每个 PWM 都有独立的极性和比较值设置。

WaveForm 模式：称为波形模式。该模式可以使用特殊操作模式。在此模式下，最多只能使能 3 个 PWM 通道，即 OUT[0]～OUT[2]。在 RAM 中，一次加载 4 个值：第一个、第二个和第三个 RAM 位置用于加载极性和比较值设置，第四个 RAM 位置用于加载 COUNTERTOP 寄存器。这样，最多可以有 3 个 PWM 通道，其频率基在每个 PWM 周期的基础上发生变化。这种操作模式对于在 LED 灯照明等应用中的任意波形生成非常有用。

寄存器 SEQ[n].REFRESH＝N（每个序列 n＝0 或 1），将在每个（$N+1$）PWM 周期后指示新的 RAM 存储脉冲宽度值。只要观察到最小 PWM 周期，将寄存器设置为零就将导致每个 PWM 周期更新一个占空比。注意，当 DECODER.MODE＝NextStep 时，寄存器 SEQ[n].REFRESH 和 SEQ[n].ENDDELAY 将被忽略。而下一个脉冲宽度值将在 PWM 模块接收每个 NEXTSTEP 任务时进行加载。

SEQ[n].PTR 是用于从 RAM 中获取 COMPARE 值的指针。如果 SEQ[n].PTR 未指向数据 RAM 区域，则 EasyDMA 传输可能导致 HardFault 或 RAM 损坏。在将 SEQ[n].PTR 设置为所需的 RAM 位置后，必须将 SEQ[n].CNT 寄存器设置为序列中的 16 位半字的数量。重点是，观察到 Grouped 和 Single 模式分别需要每组半个字或每个通道半个字，因此增大了 RAM 的大小。如果此时 PWM 生成尚未运行，则发送 SEQSTART[n] 任务将从 RAM 加载第一个值，然后启动 PWM 生成。当 EasyDMA

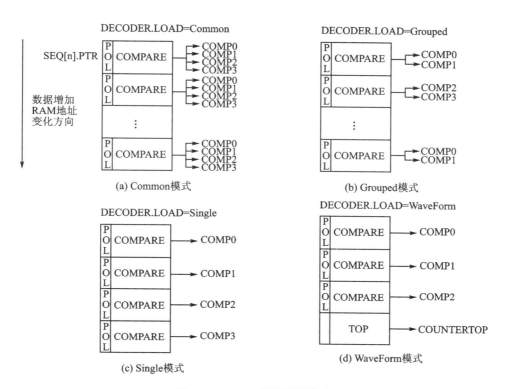

图 16.6　PWM 的解码器模式

已从 RAM 中读取第一个 PWM 参数,并且波形计数器已开始执行这个参数时,就会立即生成 SEQSTARTED[n]事件。

当 LOOP. CNT=0 时,序列 n=0 或 1 播放一次。加载序列中的最后一个值并开始执行后,将生成一个 SEQEND [n]事件,然后 PWM 生成将继续使用上次加载的值。

要完全停止 PWM 生成并强制关联引脚进入定义状态,可以随时触发 STOP 任务。当 PWM 生成在当前运行的 PWM 周期结束时停止,并且当引脚进入 GPIO→OUT 中定义的空闲状态时,会产生 STOPPED 事件,此时只能通过 SEQSTART[n]任务重新启动 PWM 生成。在从 SEQ[n]. PTR 寄存器中定义的 RAM 缓冲区加载第一个值后,SEQSTART[n]将恢复 PWM 生成。

16.2　PWM 寄存器编程

16.2.1　PWM 寄存器介绍

PWM 作为外部设备具有 3 个模块,即 PWM0、PWM1 和 PWM2,其基础地址如表 16.2 所列。

表 16.2　PWM 模块

基础地址	外　设	模　块	说　明
0x4001C000	PWM	PWM0	脉冲宽度调制单元 0
0x40021000	PWM	PWM1	脉冲宽度调制单元 1
0x40022000	PWM	PWM2	脉冲宽度调制单元 2

PWM 寄存器描述如表 16.3 所列

表 16.3　PWM 寄存器列表

寄存器名称	地址偏移	功能描述
TASKS_STOP	0x004	在当前 PWM 周期结束时停止所有通道上的 PWM 脉冲生成,并停止序列回放
TASKS_SEQSTART[0]	0x008	在序列 0 的所有使能通道上加载第一个 PWM 值,然后开始播放;以 SEQ [0].REFRESH 和/或 DECODER.MODE 中定义的速率进行序列化;导致 PWM 生成启动但没有运行
TASKS_SEQSTART[1]	0x00C	在序列 1 的所有使能通道上加载第一个 PWM 值,然后开始播放;以 SEQ [1].REFRESH 和/或 DECODER.MODE 中定义的速率进行序列化;导致 PWM 生成启动但没有运行
TASKS_NEXTSTEP	0x010	如果 DECODER.MODE＝NextStep,则在所有已启用的通道上按当前序列中的一个值逐步执行;不会导致 PWM 生成启动但不运行的状况
EVENTS_STOPPED	0x104	响应 STOP 任务,当不再生成 PWM 脉冲时发出 EVENTS_SEQSTARTED [0]
EVENTS_SEQSTARTED[0]	0x108	第一个 PWM 周期从序列 0 开始
EVENTS_SEQSTARTED[1]	0x10C	第一个 PWM 周期从序列 1 开始
EVENTS_SEQEND[0]	0x110	在每个序列 0 结束时发出,当 RAM 的最后一个值应用于波形计数器时
EVENTS_SEQEND[1]	0x114	在每个序列 1 结束时发出,当 RAM 的最后一个值应用于波形计数器时
EVENTS_PWMPERIODEN	0x118	在每个 PWM 周期结束时发出
EVENTS_LOOPSDONE	0x11C	连续序列已经播放了 LOOP.CNT 中定义的次数
SHORTS	0x200	快捷方式寄存器
INTEN	0x300	启用或禁用中断
INTENSET	0x304	启用中断
INTENCLR	0x308	禁用中断
ENABLE	0x500	PWM 模块使能寄存器

续表 16.3

寄存器名称	地址偏移	功能描述
MODE	0x504	选择波形计数器的操作模式
COUNTERTOP	0x508	脉冲发生器计数器计数的值
PRESCALER	0x50C	配置 PWM_CLK
DECODER	0x510	解码器的配置
LOOP	0x514	循环播放量
SEQ[0].PTR	0x520	此序列的数据 RAM 中的起始地址
SEQ[0].CNT	0x524	此序列中的值（占空比）
SEQ[0].REFRESH	0x528	加载到比较寄存器中的采样之间的额外 PWM 周期量
SEQ[0].ENDDELAY	0x52C	序列后添加时间
SEQ[1].PTR	0x540	此序列的数据 RAM 中的起始地址
SEQ[1].CNT	0x544	此序列中的值（占空比）
SEQ[1].REFRESH	0x548	加载到比较寄存器中的采样之间的额外 PWM 周期量
SEQ[1].ENDDELAY	0x54C	序列后添加时间
PSEL.OUT[0]	0x560	PWM 通道 0 的输出引脚选择
PSEL.OUT[1]	0x564	PWM 通道 1 的输出引脚选择
PSEL.OUT[2]	0x568	PWM 通道 2 的输出引脚选择
PSEL.OUT[3]	0x56C	PWM 通道 3 的输出引脚选择

下面将具体介绍表 16.3 中的几个寄存器。

（1）快捷方式寄存器 SHORTS

复位值为 0x00000000，用于快捷启动事件触发任务，具体介绍如表 16.4 所列。

表 16.4　SHORTS 寄存器

位　数	域	ID　值	值	描　述
第 0 位	SEQEND0_STOP	Disabled	0	禁止 SEQEND[0] 事件 和 STOP 任务之间的快捷方式
		Enabled	1	使能 SEQEND[0] 事件 和 STOP 任务之间的快捷方式
第 1 位	SEQEND1_STOP	Disabled	0	禁止 SEQEND[1] 事件 和 STOP 任务之间的快捷方式
		Enabled	1	使能 SEQEND[1] 事件 和 STOP 任务之间的快捷方式

续表 16.4

位　数	域	ID　值	值	描　　述
第 2 位	LOOPSDONE_SEQSTART[0]	Disabled	0	禁止 LOOPSDONE 事件和 SEQSTART[0] 任务之间的快捷方式
		Enabled	1	使能 LOOPSDONE 事件和 SEQSTART[0] 任务之间的快捷方式
第 3 位	LOOPSDONE_SEQSTART[1]	Disabled	0	禁止 LOOPSDONE 事件和 SEQSTART[1] 任务之间的快捷方式
		Enabled	1	使能 LOOPSDONE 事件和 SEQSTART[1] 任务之间的快捷方式
第 4 位	LOOPSDONE_STOP	Disabled	0	禁止 LOOPSDONE 事件和 STOP 任务之间的快捷方式
		Enabled	1	使能 LOOPSDONE 事件和 STOP 任务之间的快捷方式

(2) 中断使能和禁止寄存器 INTEN

复位值为 0x00000000,用于使能或者禁止 PWM 相关中断,具体介绍如表 16.5 所列。

表 16.5　INTEN 寄存器

位　数	域	ID　值	值	描　　述
第 1 位	STOPPED	Disabled	0	禁止 STOPPED 事件中断
		Enabled	1	使能 STOPPED 事件中断
第 2 位	SEQSTARTED[0]	Disabled	0	禁止 SEQSTARTED[0] 事件中断
		Enabled	1	使能 SEQSTARTED[0] 事件中断
第 3 位	SEQSTARTED[1]	Disabled	0	禁止 SEQSTARTED[1] 事件中断
		Enabled	1	使能 SEQSTARTED[1] 事件中断
第 4 位	SEQEND[0]	Disabled	0	禁止 SEQEND[0]事件中断
		Enabled	1	使能 SEQEND[0]事件中断
第 5 位	SEQEND[1]	Disabled	0	禁止 SEQEND[1] 事件中断
		Enabled	1	使能 SEQEND[1] 事件中断
第 6 位	PWMPERIODEND	Disabled	0	禁止 PWMPERIODEND 事件中断
		Enabled	1	使能 PWMPERIODEND 事件中断
第 7 位	LOOPSDONE	Disabled	0	禁止 LOOPSDONE 事件中断
		Enabled	1	使能 LOOPSDONE 事件中断

(3) 中断使能寄存器 INTENSET

复位值为 0x00000000,用于使能 PWM 相关中断,具体介绍如表 16.6 所列。

表 16.6 INTENSET 寄存器

位　数	域	ID　值	值	描　述
第 1 位	STOPPED	Set	1	使能 STOPPED 事件中断
		Disabled	0	读：已禁止
		Enabled	1	读：已使能
第 2 位	SEQSTARTED[0]	Set	1	使能 SEQSTARTED[0]事件中断
		Disabled	0	读：已禁止
		Enabled	1	读：已使能
第 3 位	SEQSTARTED[1]	Set	1	使能 SEQSTARTED[1]事件中断
		Disabled	0	读：已禁止
		Enabled	1	读：已使能
第 4 位	SEQEND[0]	Set	1	使能 SEQEND[0]事件中断
		Disabled	0	读：已禁止
		Enabled	1	读：已使能
第 5 位	SEQEND[1]	Set	1	使能 SEQEND[1]事件中断
		Disabled	0	读：已禁止
		Enabled	1	读：已使能
第 6 位	PWMPERIODEND	Set	1	使能 PWMPERIODEND 事件中断
		Disabled	0	读：已禁止
		Enabled	1	读：已使能
第 7 位	LOOPSDONE	Set	1	使能 LOOPSDONE 事件中断
		Disabled	0	读：已禁止
		Enabled	1	读：已使能

（4）中断禁止寄存器 INTENCLR

复位值为 0x00000000,用于禁止 PWM 相关中断,具体介绍如表 16.7 所列。

表 16.7 INTENCLR 寄存器

位　数	域	ID　值	值	描　述
第 1 位	STOPPED	Clear	1	禁止 STOPPED 事件中断
		Disabled	0	读：已禁止
		Enabled	1	读：已使能
第 2 位	SEQSTARTED[0]	Clear	1	禁止 SEQSTARTED[0]事件中断
		Disabled	0	读：已禁止
		Enabled	1	读：已使能

位　　数	域	ID 值	值	描　　述
第 3 位	SEQSTARTED[1]	Clear	1	禁止 SEQSTARTED[1]事件中断
		Disabled	0	读:已禁止
		Enabled	1	读:已使能
第 4 位	SEQEND[0]	Clear	1	禁止 SEQEND[0]事件中断
		Disabled	0	读:已禁止
		Enabled	1	读:已使能
第 5 位	SEQEND[1]	Clear	1	禁止 SEQEND[1]事件中断
		Disabled	0	读:已禁止
		Enabled	1	读:已使能
第 6 位	PWMPERIODEND	Clear	1	禁止 PWMPERIODEND 事件中断
		Disabled	0	读:已禁止
		Enabled	1	读:已使能
第 7 位	LOOPSDONE	Clear	1	禁止 LOOPSDONE 事件中断
		Disabled	0	读:已禁止
		Enabled	1	读:已使能

(5) PWM 使能与禁止寄存器 ENABLE

复位值为 0x00000000,用于使能 PWM 模块,具体介绍如表 16.8 所列。

表 16.8　ENABLE 寄存器

位　　数	域	ID 值	值	描　　述
第 0 位	ENABLE	Disabled	0	禁用 PWM 模块
		Enabled	1	启用 PWM 模块

(6) 运行模式选择寄存器 MODE

复位值为 0x00000000,用于配置 PWM 工作模式,具体介绍如表 16.9 所列。

表 16.9　MODE 寄存器

位　　数	域	ID 值	值	描　　述
第 0 位	UPDOWN	Up	0	向上计数:边沿对齐 PWM
		UpAndDown	1	向上向下计数:中心对齐 PWM

(7) 计数器最大计数值设置寄存器 COUNTERTOP

复位值为 0x000003FF,用于配置脉冲发生器计数器计数的最大值,具体介绍如表 16.10 所列。

表 16.10　COUNTERTOP 寄存器

位　数	域	ID　值	值	描　述
第 0～14 位	COUNTERTOP	—	[3..32 767]	脉冲发生器计数器计数的最大值。这个寄存器在解码器 DECODER. MODE＝WaveForm，且只使用 RAM 中的值时被忽略

（8）预分频系数配置寄存器 PRESCALER

复位值为 0x00000000，用于配置 PWM 时钟分频系数，具体介绍如表 16.11 所列。

表 16.11　PRESCALER 寄存器

位　数	域	ID　值	值	描　述
第 0～2 位	PRESCALER（PWM 时钟的预分频系数）	DIV_1	0	1 分频(16 MHz)
		DIV_2	1	2 分频(8 MHz)
		DIV_4	2	4 分频(4 MHz)
		DIV_8	3	8 分频(2 MHz)
		DIV_16	4	16 分频(1 MHz)
		DIV_32	5	32 分频(500 kHz)
		DIV_64	6	64 分频(250 kHz)
		DIV_128	7	128 分频(125 kHz)

（9）解码器配置寄存器 DECODER

复位值为 0x00000000，用于配置 RAM 解码器，具体介绍如表 16.12 所列。

表 16.12　DECODER 寄存器

位　数	域	ID　值	值	描　述
第 0～1 位	LOAD（如何从 RAM 中读取序列并将其扩展到比较寄存器）	Common	0	Common 模式
		Grouped	1	Grouped 模式
		Individual	2	Individual 模式
		WaveForm	3	WaveForm 模式
第 8 位	MODE（选择序列源）	RefreshCount	0	SEQ[n]. REFRESH 用来决定何时加载新的值到内部比较寄存器
		NextStep	1	触发 NEXTSTEP 任务将一个新值加载到内部比较寄存器

（10）循环回放次数配置寄存器 LOOP

复位值为 0x00000000，用于配置循环回放次数，具体介绍如表 16.13 所列。

表 16.13　LOOP 寄存器

位　数	域	ID 值	值	描　述
第 0～15 位	CNT (循环回放次数)	Disabled	0	禁用循环(停在循环序列的末端)

(11) 序列起始地址配置寄存器 SEQ[n].PTR(n＝0～1)

复位值为 0x00000000,用于配置序列在 RAM 中的起始地址,具体介绍如表 16.14 所列。

表 16.14　SEQ[n].PTR(n＝0～1)寄存器

位　数	域	ID 值	值	描　述
第 0～31 位	PTR	—	—	序列在数据 RAM 中的起始地址

(12) 序列占空比寄存器 SEQ[n].CNT(n＝0～1)

复位值为 0x00000000,用于配置序列中值的数量(占空比),具体介绍如表 16.15 所列。

表 16.15　SEQ[n].CNT(n＝0～1)寄存器

位　数	域	ID 值	值	描　述
第 0～14 位	CNT (在这个序列中的值 的数量(占空比))	Disabled	0	序列被禁止,并且不能启动,因为它是空的

(13) 附加周期配置寄存器 SEQ[n].REFRESH(n＝0～1)

复位值为 0x00000001,用于配置额外增加的 PWM 周期数量,具体介绍如表 16.16 所列。

表 16.16　SEQ[n].REFRESH(n＝0～1)寄存器

位　数	域	ID 值	值	描　述
第 0～23 位	CNT (加载到比较寄存器样本之间 额外的 PWM 周期的数量(每次加载 REFRESH.CNT＋1 个 PWM 周期))	Continuous	0	更新每个 PWM 周期

(14) 延迟时间配置寄存器 SEQ[n].ENDDELAY(n＝0～1)

复位值为 0x00000000,用于在 PWM 周期后加入延迟时间,具体介绍如表 16.17 所列。

表 16.17　SEQ[n].ENDDELAY(n＝0～1)寄存器

位　数	域	ID　值	值	描　述
第 0～23 位	CNT	—	—	在 PWM 周期序列后加入延迟时间

(15) PWM 输出通道引脚配置寄存器 PSEL. OUT[n](n＝0～3)

复位值为 0xFFFFFFFF,用于配置 PWM 输出引脚,具体介绍如表 16.18 所列。

表 16.18　PSEL. OUT[n](n＝0～4)寄存器

位　数	域	ID　值	值	描　述
第 0～4 位	PIN	—	[0..31]	输出引脚
第 31 位	CONNECT （连接状态）	Disconnected	—	断开
		Connected	—	连接

16.2.2　PWM 寄存器向上计数方式编程

根据 16.2.1 小节介绍的寄存器,本小节将实现一个 PWM 寄存器编程。首先来实现一个向上计数方式的 PWM 输出。具体代码如下:

```
01 //PWM 波的数组
02 uint16_t pwm_seq[4] = {PWM_CH0_DUTY, PWM_CH1_DUTY,
03 PWM_CH2_DUTY,PWM_CH3_DUTY};
04 //配置 PWM 输出,选择通道 0 输出:输出引脚,输出的连接状态
05 NRF_PWM0 ->PSEL.OUT[0] = (17 << PWM_PSEL_OUT_PIN_Pos)
06     |(PWM_PSEL_OUT_CONNECT_Connected << PWM_PSEL_OUT_CONNECT_Pos);
07 //配置 PWM 输出,选择通道 1 输出:输出引脚,输出的连接状态
08 NRF_PWM0 ->PSEL.OUT[1] = (18 << PWM_PSEL_OUT_PIN_Pos)
09     |(PWM_PSEL_OUT_CONNECT_Connected << PWM_PSEL_OUT_CONNECT_Pos);
10 //配置 PWM 输出,选择通道 2 输出:输出引脚,输出的连接状态
11 NRF_PWM0 ->PSEL.OUT[2] = (19 << PWM_PSEL_OUT_PIN_Pos)
12     |(PWM_PSEL_OUT_CONNECT_Connected << PWM_PSEL_OUT_CONNECT_Pos);
13 //配置 PWM 输出,选择通道 3 输出:输出引脚,输出的连接状态
14 NRF_PWM0 ->PSEL.OUT[3] = (20 << PWM_PSEL_OUT_PIN_Pos)
15     |(PWM_PSEL_OUT_CONNECT_Connected << PWM_PSEL_OUT_CONNECT_Pos);
16 //PWM 模块的使能
17 NRF_PWM0 ->ENABLE = (PWM_ENABLE_ENABLE_Enabled <<
18                     PWM_ENABLE_ENABLE_Pos);
19 //设置为向上计数
20 NRF_PWM0 ->MODE = (PWM_MODE_UPDOWN_Up << PWM_MODE_UPDOWN_Pos);
21 //设置分频值
22 NRF_PWM0 ->PRESCALER = (PWM_PRESCALER_PRESCALER_DIV_1
23                     << PWM_PRESCALER_PRESCALER_Pos);
```

```
24  //设置顶点值
25  NRF_PWM0->COUNTERTOP = (16000 << PWM_COUNTERTOP_COUNTERTOP_Pos); //1 msec
26  //设置为循环播放
27  NRF_PWM0->LOOP = (PWM_LOOP_CNT_Disabled << PWM_LOOP_CNT_Pos);
28  //PWM 编码器配置:独立模式、刷新计数
29  NRF_PWM0->DECODER = (PWM_DECODER_LOAD_Individual <<
30                         PWM_DECODER_LOAD_Pos) |
31          (PWM_DECODER_MODE_RefreshCount << PWM_DECODER_MODE_Pos);
32  //设置 PWM 的占空比:比较寄存器的值、级性
33  NRF_PWM0->SEQ[0].PTR = ((uint32_t)(pwm_seq) << PWM_SEQ_PTR_PTR_Pos);
34  //序列中占空比配置的数量
35  NRF_PWM0->SEQ[0].CNT = ((sizeof(pwm_seq) / sizeof(uint16_t))
36                               << PWM_SEQ_CNT_CNT_Pos);
37  //加载到比较寄存器的样本之间的额外 PWM 周期的数量
38  NRF_PWM0->SEQ[0].REFRESH = 0;
39  //在序列之后添加的时间
40  NRF_PWM0->SEQ[0].ENDDELAY = 0;
41  //从序列 0 开始在所有启用的通道上加载第一个 PWM 值,并以 SEQ[0].REFRESH 和/或解码器
42  //MODE 中定义的速率开始播放该序列
43  NRF_PWM0->TASKS_SEQSTART[0] = 1
```

对以上代码进行解析:

第 02~03 行:设置 EasyDMA 解码器存储在 RAM 中的 PWM 参数数据,这个数据应是一个 16 位的数据。由于一个模块包含 4 个输出比较通道,所以程序中设置 4 个 RAM 数据。

第 05~15 行:分别配置输出引脚、输出的连接状态,分别把引脚接到 LED1~LED4,设置输出。

第 17 行:使能 PWM 模块 0。

第 20 行:设置 PWM 模式为向上计数模式。

第 22 行:设置 PWM 时钟的分频值。例如,设置为 1 分频,就是 16 MHz 频率。

第 25 行:设置 PWM 计数器的顶点值,设置为 16 000 次,以 16 MHz 频率计数,计满需要 1 ms 时间。

第 27 行:设置为循环播放,一个周期结束后循环前一个周期。

第 29~31 行:PWM 编码器配置,独立模式、刷新计数。

第 33 行:将 RAM 中存储的值导入 SEQ[0].PTR 寄存器中,用于设置 PWM 比较寄存器的值以及输出的级性。

第 35 行:设置这个 RAM 存储的序列中占空比配置的数量。

第 38 行:设置加载到比较寄存器的样本之间的额外 PWM 周期的数量。

第 40 行:在序列之后添加的时间,设置为 0。

第 43 行:启动 PWM 解码器,开始运行。

16.2.3　PWM 寄存器向上向下计数方式编程

本小节实现一个向上向下计数方式的 PWM 输出,具体代码如下:

```
01 //PWM 波的数组
02 uint16_t pwm_seq[4] =
03 {PWM_CH0_DUTY, PWM_CH1_DUTY, PWM_CH2_DUTY,PWM_CH3_DUTY};
04 //配置 PWM 输出,选择通道 0 输出:输出引脚,输出的连接状态
05 NRF_PWM0 ->PSEL.OUT[0] = (17 << PWM_PSEL_OUT_PIN_Pos) |
06         (PWM_PSEL_OUT_CONNECT_Connected << PWM_PSEL_OUT_CONNECT_Pos);
07 //配置 PWM 输出,选择通道 1 输出:输出引脚,输出的连接状态
08 NRF_PWM0 ->PSEL.OUT[1] = (18 << PWM_PSEL_OUT_PIN_Pos) |
09         (PWM_PSEL_OUT_CONNECT_Connected << PWM_PSEL_OUT_CONNECT_Pos);
10 //配置 PWM 输出,选择通道 2 输出:输出引脚,输出的连接状态
11 NRF_PWM0 ->PSEL.OUT[2] = (19 << PWM_PSEL_OUT_PIN_Pos)
12    |(PWM_PSEL_OUT_CONNECT_Connected << PWM_PSEL_OUT_CONNECT_Pos);
13 //配置 PWM 输出,选择通道 3 输出:输出引脚,输出的连接状态
14 NRF_PWM0 ->PSEL.OUT[3] = (20 << PWM_PSEL_OUT_PIN_Pos)
15    |(PWM_PSEL_OUT_CONNECT_Connected << PWM_PSEL_OUT_CONNECT_Pos);
16 //PWM 模块的使能
17 NRF_PWM0 ->ENABLE = (PWM_ENABLE_ENABLE_Enabled <<
18                        PWM_ENABLE_ENABLE_Pos);
19 //设置为向上再向下计数
20 NRF_PWM0 ->MODE = (PWM_MODE_UPDOWN_UpAndDown <<
21                        PWM_MODE_UPDOWN_Pos);
22 //设置分频值
23 NRF_PWM0 ->PRESCALER = (PWM_PRESCALER_PRESCALER_DIV_1 <<
24                        PWM_PRESCALER_PRESCALER_Pos);
25 //设置顶点值
26 NRF_PWM0 ->COUNTERTOP = (16000 << PWM_COUNTERTOP_COUNTERTOP_Pos); //1 msec
27 //设置为循环播放
28 NRF_PWM0 ->LOOP = (PWM_LOOP_CNT_Disabled << PWM_LOOP_CNT_Pos);
29 //PWM 编码器配置:独立模式、刷新计数或者用下一步
30 NRF_PWM0 ->DECODER = (PWM_DECODER_LOAD_Individual <<
31            PWM_DECODER_LOAD_Pos)|(PWM_DECODER_MODE_RefreshCount <<
32                    PWM_DECODER_MODE_Pos);
33 //设置 PWM 的占空比:比较寄存器的值、级性
34 NRF_PWM0 ->SEQ[0].PTR = ((uint32_t)(pwm_seq) << PWM_SEQ_PTR_PTR_Pos);
35 //序列中占空比配置的数量
36 NRF_PWM0 ->SEQ[0].CNT = ((sizeof(pwm_seq) / sizeof(uint16_t)) <<
37                        PWM_SEQ_CNT_CNT_Pos);
38 //加载到比较寄存器的样本之间的额外 PWM 周期的数量
39 NRF_PWM0 ->SEQ[0].REFRESH = 0;
40 //在序列之后添加的时间
41 NRF_PWM0 ->SEQ[0].ENDDELAY = 0;
```

```
42 //从序列 0 开始在所有启用的通道上加载第一个 PWM 值,并以 SEQ[0].REFRESH 和/或解码器中
43 //定义的速率开始播放该序列
44 NRF_PWM0 ->TASKS_SEQSTART[0] = 1;
```

对以上代码进行解析:

第 02～03 行:设置 EasyDMA 解码器存储在 RAM 中的 PWM 参数数据,这个数据应是一个 16 位的数据。由于一个模块包含 4 个输出比较通道,所以程序中设置 4 个 RAM 数据。

第 05～15 行:分别配置输出引脚、输出的连接状态,分别把引脚接到 LED1～LED4,设置输出。

第 17 行:使能 PWM 模块 0。

第 20 行:设置 PWM 模式为向上向下计数模式。

第 23 行:设置 PWM 时钟的分频值。例如,设置为 1 分频,就是 16 MHz 频率。

第 26 行:设置 PWM 计数器的顶点值,设置为 16 000 次,以 16 MHz 频率计数,计满需要 1 ms 时间。

第 28 行:设置为循环播放,一个周期结束后循环前一个周期。

第 20～32 行:PWM 编码器配置:独立模式、刷新计数。

第 34 行:将 RAM 中存储的值导入 SEQ[0].PTR 寄存器中,用于设置 PWM 比较寄存器的值以及输出的级性。

第 36 行:设置这个 RAM 存储的序列中占空比配置的数量。

第 39 行:设置加载到比较寄存器的样本之间的额外 PWM 周期的数量。

第 41 行:在序列之后添加的时间,设置为 0。

第 44 行:启动 PWM 解码器,开始运行。

16.3　组件库函数编程

为了灵活与方便地进行 PWM 编程,设置 PWM 参数,Nordic 公司提供了硬件 PWM 库,也就是 pwm driver 库。pwm driver 库能够方便地配置各种 PWM 参数。首先介绍下面几个关键的库函数。

(1) nrfx_pwm_init 函数

该函数用于 PWM 模块的初始化,注册回调函数,具体说明如表 16.19 所列。

表 16.19　nrfx_pwm_init 函数

函　数	uint32_t nrfx_err_t nrfx_pwm_init(nrfx_pwm_t const * const p_instance, 　　　　　　　　　　　　　　　nrfx_pwm_config_t const * p_config, 　　　　　　　　　　　　　　　nrfx_pwm_handler_t　　　　　handler);
功　能	初始化 PWM 驱动器

参数[输入]	p_instance:指向驱动程序实例结构的指针
	p_config:指向具有初始配置结构的指针
	handler:由用户提供的事件处理程序,如果传递 NULL,则不执行事件通知,并禁用 PWM 中断
返回值	NRFX_SUCCESS:表示初始化成功
	NRFX_ERROR_INVALID_STATE:表示驱动程序已经初始化

在 PWM 模块初始化中,需要配置 PWM 的一些参数,这些参数专门提供了一个 nrfx_pwm_config_t 结构体进行定义,定义如下:

```
01 / * PWM 驱动程序配置结构 * /
02 typedef struct
03 {
04 uint8_t output_pins[NRF_PWM_CHANNEL_COUNT];        //单个输出通道的引脚(可选)
05 / ** 如果不需要给定的输出通道,则使用参数 NRFX_PWM_PIN_NOT_USED * /
06 uint8_t               irq_priority;       //中断优先级
07 nrf_pwm_clk_t         base_clock;         //基础时钟频率
08 nrf_pwm_mode_t        count_mode;         //脉冲发生器计数器的工作方式
09 uint16_t              top_value;          //脉冲发生器计数器计数到的值
10 nrf_pwm_dec_load_t    load_mode;          //从 RAM 加载序列数据的模式
11 nrf_pwm_dec_step_t    step_mode;          //推进活动序列的方式
12 } nrfx_pwm_config_t;
```

在结构体中定义了引脚、中断优先级、基础时钟频率、脉冲发生器计数器的工作方式、计数的顶点值、从 RAM 加载序列数据的模式、推进活动序列的方式等多个参数。

首先来看基础时钟频率的定义。这里定义一个结构体 nrf_pwm_clk_t 来设置时钟分频值,可以设置 1、2、4、8、16、32、64、128 这几个分频数,对 16 MHz 的 PWM 模块时钟进行分频,具体定义代码如下:

```
01 typedef enum
02 {
03     NRF_PWM_CLK_16MHz   = PWM_PRESCALER_PRESCALER_DIV_1,
04     //1 分频为 16 MHz / 1  =  16 MHz
05     NRF_PWM_CLK_8MHz    = PWM_PRESCALER_PRESCALER_DIV_2,
06     //2 分频为 16 MHz / 2  =  8 MHz
07     NRF_PWM_CLK_4MHz    = PWM_PRESCALER_PRESCALER_DIV_4,
08     //4 分频为 16 MHz / 4  =  4 MHz
09     NRF_PWM_CLK_2MHz    = PWM_PRESCALER_PRESCALER_DIV_8,
10     //8 分频为 16 MHz / 8  =  2 MHz
11     NRF_PWM_CLK_1MHz    = PWM_PRESCALER_PRESCALER_DIV_16,
12     //16 分频为 16 MHz / 16  =  1 MHz
13     NRF_PWM_CLK_500kHz = PWM_PRESCALER_PRESCALER_DIV_32,
14     //32 分频为 16 MHz / 32  =  500 kHz
15     NRF_PWM_CLK_250kHz = PWM_PRESCALER_PRESCALER_DIV_64,
16     //64 分频为 16 MHz / 64  =  250 kHz
```

```
17    NRF_PWM_CLK_125kHz = PWM_PRESCALER_PRESCALER_DIV_128
18    //128 分频为 16 MHz / 128 = 125 kHz
19 } nrf_pwm_clk_t;
```

脉冲发生器计数器的工作方式:向上计数,形成边沿对齐 PWM;向上向下计数,形成中心对齐 PWM。两种模式定义代码如下:

```
01 typedef enum
02 {
03    NRF_PWM_MODE_UP        = PWM_MODE_UPDOWN_Up,              //向上计数(边沿对齐 PWM)
04    NRF_PWM_MODE_UP_AND_DOWN = PWM_MODE_UPDOWN_UpAndDown,     //向上向下
05                                                             //计数(中心对齐 PWM)
06 } nrf_pwm_mode_t;
```

从 RAM 加载序列数据的模式:RAM 加载序列参数模式有 4 种,即共用加载模式、分组加载模式、独立加载模式和波形加载模式。这里定义了结构体 nrf_pwm_dec_load_t,具体代码如下:

```
01 typedef enum
02 {
03    NRF_PWM_LOAD_COMMON = PWM_DECODER_LOAD_Common,           //共用加载模式
04    NRF_PWM_LOAD_GROUPED = PWM_DECODER_LOAD_Grouped,         //分组加载模式
05    NRF_PWM_LOAD_INDIVIDUAL = PWM_DECODER_LOAD_Individual,   //独立加载模式
06    NRF_PWM_LOAD_WAVE_FORM  = PWM_DECODER_LOAD_WaveForm      //波形加载模式
07 } nrf_pwm_dec_load_t;
```

推进活动序列的方式:在重复执行完 RAM 存储的序列后,是自动执行还是触发下一个任务后执行。这里定义了结构体 nrf_pwm_dec_step_t,具体代码如下:

```
01 typedef enum
02 {
03    NRF_PWM_STEP__AUTO = PWM_DECODER_MODE_RefreshCount,
04    //在播放当前值并重复所请求的次数后自动执行
05    NRF_PWM_STEP_TRIGGERED = PWM_DECODER_MODE_NextStep
06    //当参数 NRF_PWM_TASK_NEXTSTEP 任务被触发时执行
07 } nrf_pwm_dec_step_t;
```

在 PWM 模块初始化函数 nrfx_pwm_init 中,注册了一个 PWM 用户回调函数。回调函数类型定义为结构体 nrfx_pwm_evt_type_t,具体代码如下:

```
01 /* PWM 驱动事件类型 */
02 typedef enum
03 {
04    NRFX_PWM_EVT_FINISHED,    //顺序播放完
05    NRFX_PWM_EVT_END_SEQ0,    //序列 0 结束,现在可以安全地修改其数据
06    NRFX_PWM_EVT_END_SEQ1,    //序列 1 结束,现在可以安全地修改其数据
07    NRFX_PWM_EVT_STOPPED,     //PWM 外设已停止
08 } nrfx_pwm_evt_type_t;
```

（2）nrfx_pwm_simple_playback 函数

该函数用于启动单个序列回放，可以配置 PWM 波的输出，具体说明如表 16.20 所列。

表 16.20 nrfx_pwm_simple_playback 函数

函　数	uint32_t nrfx_pwm_simple_playback(nrfx_pwm_t const * const p_instance, 　　　　　　　　　　　　　　nrf_pwm_sequence_t const * p_sequence, 　　　　　　　　　　　　　　uint16_t　　　　　　　　　playback_count, 　　　　　　　　　　　　　　uint32_t　　　　　　　　　flags);
功　能	该函数用于启动单个序列回放。 要利用 PWM 外设中的循环机制，就必须同时使用两个序列（单个序列只能由外设回放一次）。因此，所提供的序列在内部被设置为序列 0 和序列 1 并回放。如果需要序列结束通知，则两个序列的事件都应被使用（这意味着 NRFX_PWM_FLAG_SIGNAL_END_SEQ0 标志和 NRFX_PWM_FLAG_SIGNAL_END_SEQ1 标志都应指定，并且 NRFX_PWM_EVT_END_SEQ0 事件和 NRFX_PWM_EVT_END_SEQ1 事件应以相同的方式处理）。 如果希望回放只由这个函数准备，并且希望稍后通过触发一个任务（例如使用 PPI）来启动它，则可以使用 NRFX_PWM_FLAG_START_VIA_TASK 标志，函数将返回要触发的任务的地址。包含指定序列的占空比的数组必须位于 RAM 中，不能在堆栈上分配。有关详细信息，请参见参数 nrf_pwm_sequence_t
参数[输入]	p_instance：指向驱动程序实例结构的指针
	p_sequence：要回放的序列
	playback_count：要执行的回放次数（必须不为 0）
	flags：额外的选项。传递参数 nrfx_pwm_flag_t"回放标志"的任何组合，默认设置为 0
返回值	如果返回了 NRFX_PWM_FLAG_START_VIA_TASK 标志，则表示返回触发启动回放的任务的地址，否则为 0

（3）nrfx_pwm_complex_playback 函数

该函数用于启动双序列回放，可以配置 PWM 波的输出，具体说明如表 16.21 所列。

表 16.21 nrfx_pwm_complex_playback 函数

函　数	uint32_t nrfx_pwm_complex_playback(nrfx_pwm_t const * const　p_instance, 　　　　　　　　　　　　　　nrf_pwm_sequence_t const * p_sequence_0, 　　　　　　　　　　　　　　nrf_pwm_sequence_t const * p_sequence_1, 　　　　　　　　　　　　　　uint16_t　　　　　　　　　playback_count, 　　　　　　　　　　　　　　uint32_t　　　　　　　　　flags);
功　能	用于启动双序列回放。 如果希望回放只由这个函数准备，并且希望稍后通过触发一个任务（例如使用 PPI）来启动它，则可以使用参数 NRFX_PWM_FLAG_START_VIA_TASK 标志，函数将返回要触发的任务的地址。注意，包含指定序列占空比的数组必须在 RAM 中，不能在堆栈上分配。有关详细信息，请参见参数 nrf_pwm_sequence_t

续表 16.21

参数[输入]	p_instance:指向驱动程序实例结构的指针
	p_sequence_0:要回放的序列 0
	p_sequence_1:要回放的序列 1
	playback_count:要执行的回放次数(必须不为 0)
	flags:额外的选项。传递参数 nrfx_pwm_flag_t"回放标志"的任何组合,默认设置为 0
返回值	如果返回了 NRFX_PWM_FLAG_START_VIA_TASK 标志,则要触发以启动回放的任务的地址,否则为 0

16.4 共用加载模式

下面通过组件库函数建立工程项目来实现 PWM 脉冲调制波的输出,首先编写共用加载模式的输出。共用加载模式是 4 个 PWM 输出共用一个 RAM 存储值,那么这 4 个 PWM 就具有相同的极性和比较值设置。在共用加载模式下,根据回放方式的不同,可以分为简单回放、复杂回放和不重启回放 3 种情况,下面将逐一进行编写。

16.4.1 简单回放

简单回放可以设置回放次数。当设置 N 次回放时,就会在请求的回放完成时,从头开始运行 N 次。这种方式也称为回放重启。建立工程项目如图 16.7 所示。

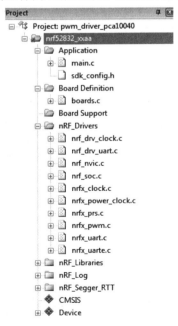

图 16.7 PWM 库函数工程

nrfx_clock. c、nrfx_power_clock. c、nrfx_prs. c 和 nrfx_pwm. c 文件的路径在 SDK 的\modules\nrfx\drivers\include 文件夹中,nrf_drv_clock. c 文件的路径在 SDK 的 \integration\nrfx\legacy 文件夹内。添加库文件完成后,注意在 Options for Target 对 话框中卡的 C/C++选项卡中的 Include Paths 下拉列表框中选择硬件驱动库的文件路 径,如图 16.8 所示。

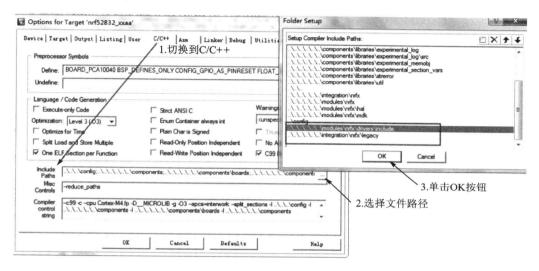

图 16.8 PWM 组件库文件路径的添加

本小节采用共用加载模式,4 个组共用极性和比较值。如果需要 4 个输出通道都 输出 PWM,则其输出的 PWM 具有相同的极性、周期和占空比。本例演示如何通过两 通道 PWM 输出,控制两个 LED 灯。由于这种方式具有相同的极性、周期和占空比,因 此两个 LED 灯的光强相同。具体代码如下:

```
01  static void demo_ Common1 (void)
02  {
03      NRF_LOG_INFO("Demo Common1");
04      //配置 PWM 输出引脚
05      nrf_drv_pwm_config_t const config0 =
06      {
07          .output_pins =
08          {
09          BSP_LED_0 | NRF_DRV_PWM_PIN_INVERTED,    //channel 0  一个 GPIO 口
10          BSP_LED_1 | NRF_DRV_PWM_PIN_INVERTED,    //channel 1 一个 GPIO 口
11          NRF_DRV_PWM_PIN_NOT_USED,                //channel 2
12          NRF_DRV_PWM_PIN_NOT_USED,                //channel 3
13          },
14          .irq_priority = APP_IRQ_PRIORITY_LOWEST,    //配置中断优先级
15          .base_clock = NRF_PWM_CLK_1MHz,             //配置 PWM 时钟频率
```

```
16        .count_mode = NRF_PWM_MODE_UP,              //配置计数模式
17        .top_value = 25000,                         //配置 TOP 的参数
18        .load_mode = NRF_PWM_LOAD_COMMON,           //PWM 导入模式:共同加载模式
19        .step_mode = NRF_PWM_STEP_AUTO              //自动下一步
20    };
21    APP_ERROR_CHECK(nrf_drv_pwm_init(&m_pwm0, &config0, NULL));
22    m_used |= USED_PWM(0);
23
24    //RAM 存储的极性和占空比参数
25    static uint16_t /* const */ seq_values[] =
26    {
27        0x1388,
28    };
29    nrf_pwm_sequence_t const seq =
30    {
31        .values.p_common = seq_values,
32        .length            = NRF_PWM_VALUES_LENGTH(seq_values),
33        .repeats           = 0,                      //播放后保持重复次数为 0
34        .end_delay         = 0                       //延迟 0
35    };
36  //循环播放
37  (void)nrf_drv_pwm_simple_playback(&m_pwm0, &seq,1,NRF_DRV_PWM_FLAG_LOOP);
38  }
```

第 07 行～13 行:配置 PWM 输出端口。

第 14 行:配置 PWM 中断优先级。

第 15 行:配置 PWM 的时钟频率为 1 MHz,也就是计数器 1 μs 计数一次。

第 16 行:配置 PWM 的计数模式为向上计数。

第 17 行:配置 TOP 的参数值为 25 000,也就是计数 25 000 次为一个 PWM 周期,那么一个 PWM 的周期为 25 000×1 μs=25 ms,频率为 40 Hz。

第 18 行:设置 PWM 的导入模式为共用加载模式。

第 19 行:设置为自动模式,自动下一步。

第 21～22 行:通过 API 函数 nrf_drv_pwm_init 把上面的配置参数配置到初始化定义声明的 &m_pwm0 模块中,同时决定使用 PWM0 模块。其中,&m_pwm0 注册 PWM 模块的代码如下:

```
static nrf_drv_pwm_t m_pwm0 = NRF_DRV_PWM_INSTANCE(0);
```

在 sdk_config.h 配置文件的 Configuration Wizard 配置导航卡中选中 PWM0_ENABLED,如图 16.9 所示。

第 25～28 行:配置 RAM 存储的极性和占空比参数。比如,本例设置为 0x1388,最高位为极性位,为 0;0x1388 为 RAM 加载到比较值 COMP 的值,转换为十进制为

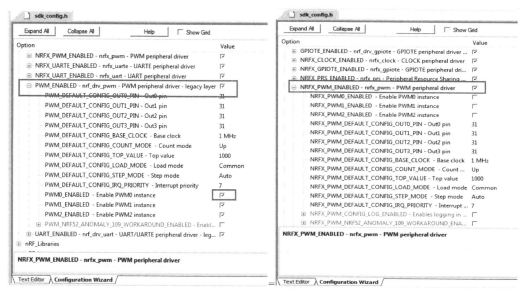

图 16.9　PWM 组件库工程配置使能项

5 000,所以占空比为 20%。

第 30~36 行:设置结构体 nrf_pwm_sequence_t 的参数值。

第 37 行:通过函数 nrf_drv_pwm_simple_playback 设置回放 1 次,当请求的回放完成时,从头开始运行。

16.4.2　复杂回放

复杂回放的方式是把两个序列进行串联输出。序列 1 输出完成后紧接着输出序列 2。其工程目录树和简单回放的一致,这里就不再赘述。

本次实验演示一个复杂回放,回放两个串联的序列:

● 序列 0:光强度在 1 s 内增加了 25 步。

● 序列 1:LED 灯闪烁两次(熄灭 100 ms,点亮 100 ms),然后保持熄灭 200 ms。

采用复杂回放的方式把两个序列进行串联,连续串联的 PWM 输出会在所有 4 个通道(LED1~LED4)上生成相同的输出,并且循环播放,具体代码如下:

```
01  static void demo_ Common 2(void)
02  {
03      NRF_LOG_INFO("Demo_ Common 2");
04      enum {
05          TOP = 10000,              //设置顶点值,确定 PWM 频率
06          STEP_COUNT = 25           //增加的值
07      };
08      nrf_drv_pwm_config_t const config0 =
09      {//配置 PWM 输出引脚
```

```
10       .output_pins =
11       {
12           BSP_LED_0 | NRF_DRV_PWM_PIN_INVERTED,       //channel 0
13           BSP_LED_1 | NRF_DRV_PWM_PIN_INVERTED,       //channel 1
14           BSP_LED_2 | NRF_DRV_PWM_PIN_INVERTED,       //channel 2
15           BSP_LED_3 | NRF_DRV_PWM_PIN_INVERTED        //channel 3
16       },
17     .irq_priority = APP_IRQ_PRIORITY_LOWEST,          //优先级
18     .base_clock   = NRF_PWM_CLK_500kHz,               //时钟 1/500 ms 一个周期
19     .count_mode   = NRF_PWM_MODE_UP,                  //向上计数
20     .top_value    = TOP,                              //脉冲计数的顶点值
21     .load_mode    = NRF_PWM_LOAD_COMMON,              //PWM 导入模式:共同加载模式
22     .step_mode    = NRF_PWM_STEP_AUTO                 //自动重复
23   };
24   APP_ERROR_CHECK(nrf_drv_pwm_init(&m_pwm0, &config0, NULL));    //配置 PWM
25   m_used |= USED_PWM(0);                              //使用 PWM0 模块
26
27   //这个数组不能在堆栈上分配(因此是"静态的"),它必须在 RAM 中
28   static nrf_pwm_values_common_t seq0_values[STEP_COUNT];
29   uint16_t value = 0;
30   uint16_t step  = TOP / STEP_COUNT;                  //等分次数
31   uint8_t  i;
32   for (i = 0; i < STEP_COUNT; ++ i)
33   {
34       value += step;
35       seq0_values[i] = value;                        //每次播放 PWM 占空比变化
36   }
37   //RAM 中存放的序列 0 数组
38   nrf_pwm_sequence_t const seq0 =
39   {
40       .values.p_common = seq0_values,                //比较值,决定占空比
41       .length = NRF_PWM_VALUES_LENGTH(seq0_values),  //RAM 存放的数值长度
42       .repeats = 1,                                  //每个工作循环应重复的次数(在播放一次后)
43
44       .end_delay = 0                                 //播放后延迟的时间
45   };
46
47   //第二个串联的序列配置
48   static nrf_pwm_values_common_t /* const */ seq1_values[] =
49   {
50       0,                                             //20 ms * 4
51       0x8000,                                        //打开状态
52       0,
```

```
53              0x8000,
54                 0,                                    //关闭状态
55                 0                                     //关闭状态
56      };
57      nrf_pwm_sequence_t const seq1 =
58      {
59          .values.p_common = seq1_values,
60          .length          = NRF_PWM_VALUES_LENGTH(seq1_values),
61          .repeats         = 4,                        //播放后保持的重复次数
62          .end_delay       = 0
63      };
64
65      (void)nrf_drv_pwm_complex_playback(&m_pwm0, &seq0, &seq1, 1,
66                                NRF_DRV_PWM_FLAG_LOOP);   //循环播放
67  }
```

对上述代码进行解析：

第 04~06 行：设置 TOP 值和序列 0 PWM 占空比变化的次数。

第 09~15 行：配置 PWM 输出端口，本例配置 4 个 LED 灯同时输出。

第 17 行：设置 PWM 中断优先级。

第 18 行：设置 PWM 的时钟频率为 500 kHz，也就是计数器 2 μs 计数一次。

第 19 行：设置 PWM 的计数模式为向上计数。

第 20 行：配置 TOP 的参数值为 10 000，也就是计数 10 000 次为一个 PWM 周期，那么一个序列 0 的周期为 10 000×2 μs＝20 ms，频率为 50 Hz。

第 21 行：设置 PWM 的导入模式为共用加载模式。

第 22 行：设置为自动模式，自动下一步。

第 24~25 行：通过 API 函数 nrf_drv_pwm_init 把上面的配置参数配置到初始化定义声明的 &m_pwm0 模块中，同时决定使用 PWM0 模块。

第 28~36 行：序列 0 把 TOP 的值等分成 STEP_COUNT 份，也就是 10 000/25，作为每次占空比增加的值。

第 38~44 行：RAM 存放序列 0 的参数，包括序列的值、每个工作循环应重复的次数（在播放一次后）、播放后延迟的时间。因为工作循环应重复 1 次，设置为 20 ms 一个周期，重复一次周期时间为 40 ms，同时还设置了 25 次占空比变化，因此总时间为 25× 40 ms＝1 s。因此会出现光强度在 1 s 内增加 25 步的现象。

第 48~56 行：复杂回复可以把两个序列串联回放，这段配置序列 1 的展开比值。0 表示 PWM 电平保存低电平。0x8000 表示极性变为高电平，占空比为 0，也就是保持高电平。

第 57~63 行：RAM 存放序列 0 的参数，包括序列的值、每个工作循环应重复的次数（在播放一次后）、播放后延迟的时间。因为工作循环应重复 4 次，所以电平保存周期为 20 ms×5＝100 ms。因此，配置的比较寄存器参数会使 LED 灯闪烁两次（熄灭

100 ms,点亮 100 ms),然后保持熄灭 200 ms 的现象。

第 65 行:调用 API 函数 nrf_drv_pwm_complex_playback 实现 PWM 波串联的复杂回放。

16.4.3 不重启回放

不重启回放也就是不进行回放重启,在序列输出完成后,停止回放。

演示实例:也是共同加载模式,但是只开通 1 个通道,并且执行 3 次后就会停止回放,不进行回放重启。PWM 输出在 LED1 灯上,反映在 LED1 灯上。LED1 灯闪烁 3 次(点亮 200 ms,熄灭 200 ms),然后停 1 s。此方案在外设停止前执行 3 次。具体代码如下:

```
01  static void demo3(void)
02  {
03      NRF_LOG_INFO("Demo_ Common3")
04      nrf_drv_pwm_config_t const config0 =
05      {
06          .output_pins =
07          {
08          BSP_LED_0 | NRF_DRV_PWM_PIN_INVERTED,    //通道 0 只配置一个 GPIO 端口
09          NRF_DRV_PWM_PIN_NOT_USED,                //通道 1
10          NRF_DRV_PWM_PIN_NOT_USED,                //通道 2
11          NRF_DRV_PWM_PIN_NOT_USED,                //通道 3
12          },
13          .irq_priority = APP_IRQ_PRIORITY_LOWEST,
14          .base_clock = NRF_PWM_CLK_125kHz,        //时钟为 1/125 ms 一个周期
15          .count_mode = NRF_PWM_MODE_UP,           //配置计数模式为向上计数
16          .top_value = 25000,                      //配置周期值,周期为 25 000 * (1/125 ms) = 200 ms
17          .load_mode = NRF_PWM_LOAD_COMMON,        //PWM 导入模式:共同加载模式
18          .step_mode = NRF_PWM_STEP_AUTO
19      };
20      APP_ERROR_CHECK(nrf_drv_pwm_init(&m_pwm0, &config0, NULL));
21      m_used |= USED_PWM(0);
22
23      //配置 RAM 加载的占空比和极性值参数
24      static uint16_t /* const */ seq_values[] =
25      {
26          0x8000,                                  //点亮 200 ms
27              0,                                   //熄灭 200 ms
28          0x8000,                                  //点亮 200 ms
29              0,                                   //熄灭 200 ms
30          0x8000,                                  //点亮 200 ms
31              0                                    //熄灭 200 ms
```

```
32          };
33      nrf_pwm_sequence_t const seq =
34      {
35          .values.p_common = seq_values,
36          .length              = NRF_PWM_VALUES_LENGTH(seq_values),
37          .repeats             = 0,              //播放后保持重复次数为 0
38          .end_delay           = 4,              //最后延迟 4 个周期,就是 800 ms
39      };
40      (void)nrf_drv_pwm_simple_playback(&m_pwm0, &seq,3,NRF_DRV_PWM_FLAG_STOP);
41  //播放 3 次后停止
42  }
```

本例的设置基本与前两种方式类似,主要区别在于:

第 38 行:这里设置了参数.end_delay,该参数为本次回放结束后的延迟,本例设为 4,表示最后的占空比参数延迟 4 个周期,也就是 800 ms 低电平,加上之前序列熄灭的 200 ms,LED1 灯会熄灭 1 s 时间。

第 40 行:设置回放次数为 3,设置 flag 标志位为 NRF_DRV_PWM_FLAG_STOP,表示回放 3 次后停止回放。

16.5　独立加载模式

独立加载模式也称为单信号独立加载模式,每个通道半个字,每半个字 RAM 存储值的参数独立作为一个 PWM 的配置,因此,每个 PWM 都具有独立的极性和比较值设置。

16.5.1　非回调独立加载模式

演示实例:非回调独立加载模式,这个演示为各个通道回放一个具有不同值的序列。如果 PWM 外设使用中断,CPU 可以保持休眠模式,而不使用中断方式,则 CPU 必须保持工作状态。本例不使用事件中断处理程序。实例中,LED1～LED4 灯分别闪烁,按逆时针的顺序,每个开关打开 125 ms。独立加载模式区别于共用加载模式,每个 RAM 存储区的一个字节单独给一个比较寄存器 COMP,COMP 就是 PWM 通道的占空比和极性的值,因此一个字节对应一个 PWM 通道。4 个 PWM 通道相互独立,可以设置独立的占空比和极性。独立加载模式解码器如图 16.10 所示。

具体代码如下,驱动 4 个 LED 灯,按照不同的方式独立控制占空比和极性。

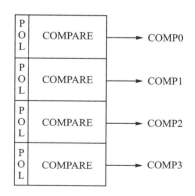

图 16.10　独立加载模式解码器

```
01  static void demo4(void)
02  {
03      NRF_LOG_INFO("Demo 4");
04      nrf_drv_pwm_config_t const config0 =
05      {
06          .output_pins =
07          {
08              BSP_LED_0 | NRF_DRV_PWM_PIN_INVERTED,        //通道 0
09              BSP_LED_2 | NRF_DRV_PWM_PIN_INVERTED,        //通道 1
10              BSP_LED_3 | NRF_DRV_PWM_PIN_INVERTED,        //通道 2
11              BSP_LED_1 | NRF_DRV_PWM_PIN_INVERTED         //通道 3
12          },
13          .irq_priority = APP_IRQ_PRIORITY_LOWEST,         //低优先级
14          .base_clock   = NRF_PWM_CLK_125kHz,              //时钟频率 125 kHz
15          .count_mode   = NRF_PWM_MODE_UP,                 //模式为向上计数
16          .top_value    = 15625,                           //周期 15 625/125 ms
17          .load_mode    = NRF_PWM_LOAD_INDIVIDUAL,         //PWM 导入模式:独立加载模式
18          .step_mode    = NRF_PWM_STEP_AUTO
19      };
20      APP_ERROR_CHECK(nrf_drv_pwm_init(&m_pwm0, &config0, NULL));
21      m_used |= USED_PWM(0);
22
23      //设置 4 个 PWM 通道的占空比和极性
24      static nrf_pwm_values_individual_t /* const */ seq_values[] =
25      {
26          { 0x8000,     0,     0,     0 },   //通道 1 的 1 个周期高电平,然后 3 个周期低电平
27          {     0, 0x8000,     0,     0 },   //通道 2 的 1 个周期低电平,1 个周期高电平,然后 2 周期低电平
28          {     0,     0, 0x8000,     0 },   //通道 3 的 2 个周期低电平,1 个周期高电平,然后 1 周期低电平
29          {     0,     0,     0, 0x8000 }   //通道 4 的 3 个周期低电平,然后 1 个周期高电平
30
31      };
32      nrf_pwm_sequence_t const seq =
33      {
34          .values.p_individual = seq_values,
35          .length              = NRF_PWM_VALUES_LENGTH(seq_values),
36          .repeats             = 0,
37          .end_delay           = 0
38      };
39      //循环播放
40  (void)nrf_drv_pwm_simple_playback(&m_pwm0, &seq, 1, NRF_DRV_PWM_FLAG_LOOP);}
```

代码解释如下：

第 06～11 行：配置 PWM 输出端口，本例配置 4 个 LED 灯同时输出。

第 13 行:设置 PWM 中断优先级。

第 14 行:设置 PWM 的时钟频率为 125 kHz,也就是计数器 8 μs 计数一次。

第 15 行:设置 PWM 的计数模式为向上计数。

第 16 行:配置 TOP 的参数值为 15 625,也就是计数 15 625 次为一个 PWM 周期,那么一个序列 0 的周期为 15 625×8 μs＝125 ms。

第 17 行:设置 PWM 的导入模式为独立加载模式。

第 18 行:设置为自动模式,自动下一步。

第 20～21 行:通过 API 函数 nrf_drv_pwm_init 把上面的配置参数配置到初始化定义声明的 &m_pwm0 模块中,同时决定使用 PWM0 模块,触发的中断事件为 NULL。

第 24～29 行:

- 配置通道 1:1 个周期高电平,然后 3 个周期低电平输出;
- 配置通道 2:1 个周期低电平,1 个周期高电平,然后 2 个周期低电平输出;
- 配置通道 3:2 个周期低电平,1 个周期高电平,然后 1 个周期低电平输出;
- 配置通道 4:3 个周期低电平,然后 1 个周期高电平输出。

那么会出现 LED1 灯～LED4 灯分别闪烁,按逆时针的顺序,每个开关打开 125 ms 的现象。

第 32～38 行:设置结构体 nrf_pwm_sequence_t 的参数值。

第 40 行:通过函数 nrf_drv_pwm_simple_playback 设置回放 1 次,当请求的回放完成时,从头开始运行。

16.5.2　中断回调独立加载模式

在 16.5.1 小节的例子中,使用了非回调独立加载模式输出 PWM,没有采用中断回调的方式,而本例将采用中断回调的方式进行 PWM 输出,此演示为单个通道(接 LED1～LED4)回放具有不同值的序列。仅使用 4 个值(每个通道一个),每次将值加载到比较寄存器时,都会在提供的事件回调处理程序中更新它们。这些值的更新方式即光强的增加和减少,可以在后续通道上连续观察(每个通道 1 s)。具体代码如下:

```
//演示实例:采用中断的方式,中断回调独立加载模式
01 static uint16_t const    m_demo1_top    = 10000;          //计数顶点值,0.01 s,也就是 100 Hz
02

01 static void demo5(void)
02 {
03      NRF_LOG_INFO("Demo 5");
04      nrf_drv_pwm_config_t const config0 =
05      {
06          .output_pins =
07          {
08              BSP_LED_0 | NRF_DRV_PWM_PIN_INVERTED,      //通道 0
09              BSP_LED_1 | NRF_DRV_PWM_PIN_INVERTED,      //通道 1
```

```
10              BSP_LED_3 | NRF_DRV_PWM_PIN_INVERTED,      //通道 2
11              BSP_LED_2 | NRF_DRV_PWM_PIN_INVERTED       //通道 3
12          },
13      .irq_priority = APP_IRQ_PRIORITY_LOWEST,           //设置中断优先级
14      .base_clock   = NRF_PWM_CLK_1MHz,                  //PWM 的时钟频率 1 MHz
15      .count_mode   = NRF_PWM_MODE_UP,                   //向上计数
16      .top_value    = m_demo1_top,                       //脉冲计数的顶点值
17      .load_mode    = NRF_PWM_LOAD_INDIVIDUAL,           //PWM 导入模式:独立加载模式
18      .step_mode    = NRF_PWM_STEP_AUTO                  //自动重复
19      };
20      APP_ERROR_CHECK(nrf_drv_pwm_init(&m_pwm0, &config0, demo_handler));
21      //配置 PWM
22      m_used |= USED_PWM(0);
23
24      m_demo1_seq_values.channel_0 = 0;                  //通道 0 的占空比
25      m_demo1_seq_values.channel_1 = 0;                  //通道 1 的占空比
26      m_demo1_seq_values.channel_2 = 0;                  //通道 2 的占空比
27      m_demo1_seq_values.channel_3 = 0;                  //通道 3 的占空比
28      m_demo1_phase           = 0;                       //周期
29
30      (void)nrf_drv_pwm_simple_playback(&m_pwm0, &m_demo1_seq, 1,
31                          NRF_DRV_PWM_FLAG_LOOP);        //循环播放
32  }
```

第 05～11 行:配置 PWM 输出端口,本例配置 4 个 LED 灯同时输出。

第 13 行:设置 PWM 中断优先级。

第 14 行:设置 PWM 的时钟频率为 1 MHz,也就是计数器 1 μs 计数一次。

第 15 行:设置 PWM 的计数模式为向上计数。

第 16 行:配置 TOP 的参数值为 10 000,也就是计数 10 000 次为一个 PWM 周期,那么一个序列 0 的周期为 10 000×1 μs=10 ms。

第 17 行:设置 PWM 的导入模式为独立加载模式。

第 18 行:设置为自动模式,自动重复。

第 20～22 行:通过 API 函数 nrf_drv_pwm_init 把上面的配置参数配置到初始化定义声明的 &m_pwm0 模块中,注册触发的中断事件为 demo_handler,同时决定使用 PWM0 模块。

第 24～28 行:初始化通道 0～3 的占空比参数值为 0,初始化 PWM0 模块的周期值为 0。

第 30～31 行:通过函数 nrf_drv_pwm_simple_playback 设置回放 1 次,当请求的回放完成时,从头开始运行。

通过上面的分析我们会发现,初始化通道 0～3 的占空比参数值为 0,初始化 PWM0 模块的周期值为 0,只要 PWM 中断事件发送,就会触发回调。在回调函数内设

置 PWM 的参数。PWM 的中断事件类型有下面几种：

```
01 /**PWM 驱动程序中断事件类型*/
02 typedef enum
03 {
04     NRFX_PWM_EVT_FINISHED,       //顺序播放完
05     NRFX_PWM_EVT_END_SEQ0，      //序列 0 结束
06     NRFX_PWM_EVT_END_SEQ1，      //序列 1 结束
07     NRFX_PWM_EVT_STOPPED，       //PWM 外设已停止
08 } nrfx_pwm_evt_type_t;
```

中断回调函数的代码如下，在回调函数中判断对应的中断事件是哪种，然后执行不同的操作。首先定义计数步数、周期、占空比、极性等参数。

```
01 static uint16_t const              m_demo1_step = 200;   //计数步数:1/50
02 static uint8_t                     m_demo1_phase;        //周期
03 static nrf_pwm_values_individual_t m_demo1_seq_values;   //比较值
04 static nrf_pwm_sequence_t const    m_demo1_seq =
05 {
06     .values.p_individual = &m_demo1_seq_values,          //设置比较值,决定占空比和极性
07     .length   = NRF_PWM_VALUES_LENGTH(m_demo1_seq_values),
08                                     //计算指定比较值数组中的 16 位值的个数,本例为 4
09     .repeats = 0,                   //播放后保持重复次数为 0
10     .end_delay = 0                  //播放后的延迟
11 };
```

然后编写中断回调处理函数。本例在触发顺序播放完成事件 NRF_DRV_PWM_EVT_FINISHED 时，执行相应的处理。具体代码如下：

```
01 static void demo_handler(nrf_drv_pwm_evt_type_t event_type)
02 {
03     if (event_type == NRF_DRV_PWM_EVT_FINISHED)          //顺序播放完
04     {
05         uint8_t channel = m_demo1_phase >> 1;            //右移 1 位,出现如下序列
06         //00,01,10,11,100,101,110,111 - ->00,00,01,01,010,010,011,011
07         bool    down = m_demo1_phase & 1;                // - ->0,1,0,1,0,1,0,1
08         bool    next_phase = false;
09
10         uint16_t * p_channels = (uint16_t *)&m_demo1_seq_values;   //指向 RAM 值
11         uint16_t value = p_channels[channel];            //p_channels[0]
12         if (down)                   //如果为 1,则 value 的值每次减去 200
13         {
14             value -= m_demo1_step;//value - 200
15             if (value == 0)
16             {
```

```
17                    next_phase = true;
18                }
19            }
20        else                            //如果 down 的值为 0,则 value 的值每次加上 200
21            {
22            value += m_demo1_step;          //p_channels[0] + m_demo1_step
23
24            if (value >= m_demo1_top)
25                {
26                    next_phase = true;
27                }
28            }
29        //赋值给 p_channels[channel]
30        p_channels[channel] = value;//value = p_channels[i] = p_channels[i] + m_demo1_step
31
32        if (next_phase)
33            {
34            if ( ++ m_demo1_phase >= 2 * NRF_PWM_CHANNEL_COUNT)
35            //如果 next_phase 为真,则每次 m_demo1_phase 会自加 1,同时判断 m_demo1_phase
                是否大于 8
36                {
37                    m_demo1_phase = 0;      //m_demo1_phase 值归零
38                }
39            }
40        }
    }
```

第 03 行：判断发送的中断处理事件是否为 NRF_DRV_PWM_EVT_FINISHED 顺序播放完事件。

第 04 行：设置通道值，channel 的值为 m_demo1_phase 的值右移 1 位，由于后面执行 next_phase 为真的代码，所以每当 m_demo1_phase 的值小于 8 时，m_demo1_phase 就自加 1。因此，m_demo1_phase 的值为 00,01,10,11,100,101,110,111 一组序列，channel 的值为 00,00,01,01,010,010,011,011 一组序列。

第 07 行：设置运行方向为 down，配置为一组序列 0,1,0,1,0,1,0,1。

第 12～28 行：如果 down 为 0，则通道对应的比较值开始递增，每次以 200 递增，直至增加到顶点值 1 000，才把 next_phase 赋值为 1；如果 down 为 1，则通道对应的比较值开始递减，直至递减到 0，才把 next_phase 赋值为 1。

第 30 行：把 RAM 的值赋值给对应的通道，作为占空比和极性。

第 32～39 行：只有当 next_phase 赋值为 1 时，m_demo1_phase 才会自加 1，down 才能变为 1，开始占空比递减处理。

下载本例程序后，会出现如下现象：

首先运行通道 1,接 LED1 灯,LED1 灯不断变亮,直到最亮后开始变暗,一直到熄灭;然后通道变为 2,接 LED2 灯,LED2 灯不断变亮,直到最亮后开始变暗,一直到熄灭;然后 LED3 灯和 LED4 灯开始出现同样的现象。4 个通道输出完后,重新开始回放。

16.6　分组加载模式

分组加载模式下,两个 COMP 共用一个 RAM 半字节里的值,也就是说,PWM 的通道 0 和通道 1 共用占空比和极性,通道 2 和通道 3 共用占空比和极性。重复播放下情况相同。分组加载模式解码器如图 16.11 所示。

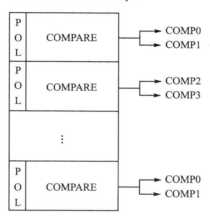

图 16.11　分组加载模式解码器

本例演示采用分组加载模式,演示实例输出 PWM 后出现如下现象:

PWM0 驱动 LED1、LED2 和 LED3:通道 1 和通道 2 共用一组 RAM 值,通道 3 和通道 4 共用一组 RAM 值。因此,LED1 灯和 LED2 灯接通道 1,LED3 灯接通道 2。本例设置了不同分组下输出的状态也不同,因此通过对比观察 LED1 灯、LED2 灯和 LED3 灯的闪烁状态可以判断分组。具体代码如下:

```
01  static void demo6(void)
02  {
03      NRF_LOG_INFO("Demo 6");
04      //PWM 的配置
05      nrf_drv_pwm_config_t config =
06      {
07          .irq_priority = APP_IRQ_PRIORITY_LOWEST,    //优先级
08          .count_mode = NRF_PWM_MODE_UP,              //计数模式
09          .step_mode = NRF_PWM_STEP_AUTO,             //自动模式
10      };
```

```
11    ///////////////////////////////////////////////////////////////////
12    //PWM0 初始化
13    config.output_pins[0] = BSP_LED_0 | NRF_DRV_PWM_PIN_INVERTED;        //配置输出
14    config.output_pins[1] = BSP_LED_1 | NRF_DRV_PWM_PIN_INVERTED;        //配置输出
15    config.output_pins[2] = BSP_LED_2 | NRF_DRV_PWM_PIN_INVERTED;        //配置输出
16    config.output_pins[3] = NRF_DRV_PWM_PIN_NOT_USED;
17    config.base_clock = NRF_PWM_CLK_125 kHz;           //PWM 的频率
18    config.top_value = 31250;                          //周期为 250 ms
19    config.load_mode = NRF_PWM_LOAD_GROUPED;           //PWM 导入模式:分组加载模式
20    APP_ERROR_CHECK(nrf_drv_pwm_init(&m_pwm0, &config, NULL));
21    m_used |= USED_PWM(0);                             //PWM0 模块
22    //RAM 存储区域 PWM0 的参数
23    static nrf_pwm_values_grouped_t  pwm0_seq_values[] =
24    {
25        {      0,       0 },      //第一组:第 1 通道低电平,第 2 通道低电平
26        { 0x8000,       0 },      //第二组:第 1 通道高电平,第 2 通道低电平
27        {      0, 0x8000 },       //第三组:第 1 通道低电平,第 2 通道高电平
28        { 0x8000, 0x8000 }        //第四组:第 1 通道高电平,第 2 通道高电平
29    };
30    nrf_pwm_sequence_t const pwm0_seq =
31    {
32        .values.p_grouped = pwm0_seq_values,
33        .length    = NRF_PWM_VALUES_LENGTH(pwm0_seq_values),
34        .repeats   = 1,      //保持电平次数,一个周期 250 ms 保存 1 次,电平维持事件 500 ms
35        .end_delay = 0
36    };
37
38    (void)nrf_drv_pwm_simple_playback(&m_pwm0, &pwm0_seq, 1,
39                                      NRF_DRV_PWM_FLAG_LOOP);
```

对上述代码解释如下:

第 05~10 行:设置 PWM0 的参数,包含设置中断优先级,设置计数模式为向上计数,设置为自动模式。

第 13~16 行:配置 PWM 输出端口,本例配置 3 个 LED 灯,即 LED1、LED2 和 LED3 输出。

第 17 行:设置 PWM 的时钟频率为 125 kHz,也就是计数器 8 μs 计数一次。

第 18 行:配置 TOP 的参数值为 31 250,也就是计数 31 250 次为一个 PWM 周期,那么一个序列 0 的周期为 31 250×8 μs=250 ms。

第 19 行:设置 RAM 的导入方式为分组加载模式。

第 20~21 行:通过 API 函数 nrf_drv_pwm_init 把上面的配置参数配置到初始化定义声明的 &m_pwm0 模块中,同时决定使用 PWM0 模块,触发的中断事件为 NULL。

第 23~29 行:设置 RAM 加载值,由于设置为分组加载模式,因此输出 4 路 PWM

只需要 2 个半字的 RAM 设置。首先：

第一组：第 1 通道设置为低电平，第 2 通道设置为低电平；

第二组：第 1 通道设置为高电平，第 2 通道设置为低电平；

第三组：第 1 通道设置为低电平，第 2 通道设置为高电平；

第四组：第 1 通道设置为高电平，第 2 通道设置为高电平。

第 32 行：把上面设置的 RAM 加载值作为 PWM 输出的占空比和极性配置参数。

第 34 行：保持电平次数，一个周期 250 ms 保存 1 次，电平维持事件 500 ms。因此，PWM0 模块会出现如下现象：

PWM 模块分组 1 控制 LED1 灯和 LED2 灯，分组 2 控制 LED3 灯，因此 LED1 灯和 LED2 灯的闪烁状态应相同，但是 LED3 灯的闪烁状态与 LED1 灯和 LED2 灯的不同。首先第一个 500 ms 所有的灯都会熄灭；第二个 500 ms 内 LED1 灯和 LED2 灯点亮，LED3 灯熄灭；第三个 500 ms 内 LED1 灯和 LED2 灯熄灭，LED3 灯点亮；第四个 500 ms 内 LED1 灯和 LED2 灯点亮，LED3 灯点亮。

第 38 行：把 PWM0 以简单回放的模式回放播出。

16.7　波形加载模式

在加载模式下，最多只能使能 3 个 PWM 通道，即 OUT[0]~OUT[2]。在 RAM 中，一次加载 4 个值：第一个、第二个和第三个值用于加载极性和设置，即比较值；第四个值用于加载 COUNTERTOP 寄存器。这样，最多可以有 3 个 PWM 通道，其频率基在每个 PWM 周期的基础上发生变化。该模式类似于独立加载模式，每个半字 RAM 区对应一个通道，区别就是最后一个半字节的 RAM 区内的值为计数顶点 COUNTERTOP 寄存器的值，如图 16.12 所示。因此，计数顶点的值可以任意地进行调节，而计数顶点的值又决定

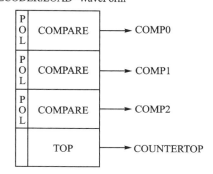

图 16.12　波形加载模式解码器

PWM 的频率，那么在这种模式下，PWM 的频率和占空比都是可以随时变化的。对于在驱动马达、蜂鸣器和电机等应用中生成任意波形，这种操作模式是非常有用的。

本例演示采用波形加载模式使通道 1 输出 PWM 波，驱动蜂鸣器。改变 PWM 输出的频率和占空比，使蜂鸣器发出不同的响声。具体代码如下：

```
01  //设置使用 PWM0 模块
02  static nrf_drv_pwm_t m_pwm0 = NRF_DRV_PWM_INSTANCE(0);
03  #define USED_PWM(idx) (1UL << idx)
04  static uint8_t m_used = 0;
```

```
05
06  # define   BEEP          12
07
08
09  static void demo7(void)
10  {
11      nrf_drv_pwm_config_t const config0 =
12      {
13          .output_pins =
14          {
15              BEEP    | NRF_DRV_PWM_PIN_INVERTED,        //通道 0
16              NRF_DRV_PWM_PIN_NOT_USED,                  //通道 1
17              NRF_DRV_PWM_PIN_NOT_USED,                  //通道 2
18          },
19          .irq_priority = APP_IRQ_PRIORITY_LOWEST,       //中断优先级
20          .base_clock   = NRF_PWM_CLK_125kHz,            //PWM 的时钟频率
21          .count_mode   = NRF_PWM_MODE_UP,               //向上计数
22          .load_mode    = NRF_PWM_LOAD_WAVE_FORM,        //PWM 导入模式:波形加载模式
23          .step_mode    = NRF_PWM_STEP_AUTO              //自动模式
24      };
25      APP_ERROR_CHECK(nrf_drv_pwm_init(&m_pwm0, &config0, NULL));
26      m_used | = USED_PWM(0);
27
28      //存储在 RAM 内的极性和占空比的值
29      static nrf_pwm_values_wave_form_t / * const * / seq_values[] =
30      {
31          {   0x8000, 0, 0, 0x3D09 },
32          {   0x8500, 0, 0, 0x3D09 },
33          {   0x8A00, 0,0, 0x3D09 },
34          {   0x8000, 0, 0, 0xF420 },
35          {   0x8500, 0, 0, 0xF420 },
36          {   0x8A00, 0, 0, 0xF420 },
37      };
38      nrf_pwm_sequence_t const seq =
39      {
40          .values.p_wave_form = seq_values,
41          .length             = NRF_PWM_VALUES_LENGTH(seq _values),
42          .repeats            = 0,                       //不重复
43          .end_delay          = 0                        //不延迟
44      };
45      //简单回放,重复回放
46      (void)nrf_drv_pwm_simple_playback(&m_pwm0, &seq, 1,
47                                  NRF_DRV_PWM_FLAG_LOOP);
48  }
```

第 02 行,声明使用的 PWM 模块,如果使用 PWM0,则定义 NRF_DRV_PWM_INSTANCE(0);如果使用 PWM1,则定义 NRF_DRV_PWM_INSTANCE(1),以此

类推。

　　声明后,还需要在 sdk_config.h 配置文件的 Configuration Wizard 配置导航卡中选中对应模块的 PWM_ENABLED。如果要使用 PWM0,则选中如图 16.13 所示的 PWM0_ENABLED;如果要使用 PWM1,则选中如图 16.13 所示的 PWM1_EN-ABLED。同时,还需要选中新的兼容库 NRFX_PWM_ENABLED,如图 16.13 所示。

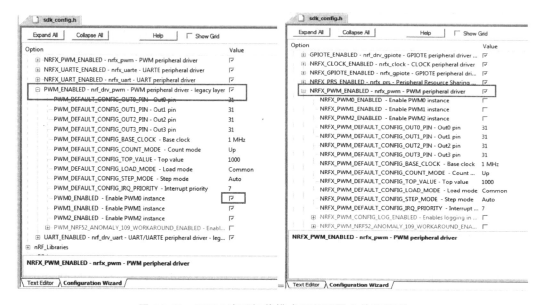

图 16.13　PWM 波形加载模式工程配置文件使能项

　　第 06 行:宏定义蜂鸣器的引脚,注意开发板硬件上需要短接 P19 排针的 4 和 6 端,如图 16.14 所示。

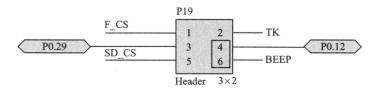

图 16.14　BEEP 蜂鸣器短接端

　　第 13~18 行:配置 PWM 输出端口,本例配置 1 个 BEEP 蜂鸣器输出。

　　第 19 行:设置 PWM 中断优先级。

　　第 20 行:设置 PWM 的时钟频率为 125 kHz,也就是计数器 8 μs 计数一次。

　　第 21 行:设置 PWM 的计数模式为向上计数。

　　第 22 行:设置序列 0 的 EasyDMA 获取的 RAM 的 PWM 参数采取的模式为波形加载模式。

　　第 23 行:设置为自动模式。

　　第 25~26 行:通过 API 函数 nrf_drv_pwm_init 把上面的配置参数配置到初始化

定义声明的 &m_pwm0 模块中，同时决定使用 PWM0 模块，触发的中断事件为 NULL。

第 29~30 行：前三组 RAM 参数配置 TOP 的参数值为 0x3D09，变为十进制为 15 625，也就是计数 15 625 次为一个 PWM 周期，那么一个序列 0 的周期为 15 625 × 8 μs＝125 ms。三组参数的占空比不断增加。

后三组 RAM 参数配置 TOP 的参数值为 0xF420，变为十进制为 62 496，也就是计数 62 496 次为一个 PWM 周期，那么一个序列 0 的周期为 62 496 × 8 μs＝500 ms。三组参数的占空比不断增加。通过这样的配置可以自由地改变 PWM 的频率和占空比。

第 38~44 行：设置结构体 nrf_pwm_sequence_t 的参数值。

第 46 行：通过函数 nrf_drv_pwm_simple_playback 设置简单回放 1 次，当请求的回放完成时，从头开始运行。

16.8 多序列复合驱动

本例演示采用分组加载模式，使用 3 个 PWM 模块外围实例：

● PWM0 驱动 LED1 灯和 LED2 灯：随后的 2 位二进制值每 500 ms 显示一次。

● PWM1 驱动 LED3 灯：在 500 ms 时间内，LED 灯增加和减少光强，然后保持在 1 500 ms。

● PWM2 驱动 LED4 灯：在 500 ms 时间内，LED 灯处于熄灭状态，在 1 500 ms 时增加和减少光强。

PWM0 使用分组加载模式的简单回放，PWM1 和 PWM2 使用公共加载模式的复杂回放。

PWM0 模块的设置参考前面分组加载模式的代码，区别是只使用 LED1 灯和 LED2 灯，输出两组分组，每组分组只接一个 LED 灯。

设置完 PWM0 模块，下面来设置 PWM1 和 PWM2 模块的共用参数，代码如下：

```
01    //PWM1 和 PWM2 的共用参数
02    enum { //[local constants]
03        TOP = 5000,                          //计数的顶点值
04        STEP_COUNT = 50                      //50 步
05    };
06    config.base_clock = NRF_PWM_CLK_1 MHz;   //时钟频率
07    config.top_value    = TOP;               //周期, 5 000 * 1 μs = 5 ms
08    config.load_mode    = NRF_PWM_LOAD_COMMON; //PWM 导入模式:共用加载模式
09    //RAM 存储区的配置 1
10    static  nrf_pwm_values_common_t  fade_in_out_values[2 * STEP_COUNT];//100
11    uint16_t value = 0;
12    uint16_t step   = TOP / STEP_COUNT;      //100
13    uint8_t  i;
```

```
14      for (i = 0; i <STEP_COUNT; ++i)                     //循环 50 次
15      {
16          value += step;                                  //每一次加 100
17          fade_in_out_values[i] = value;                  //输出值
18          fade_in_out_values[STEP_COUNT + i] = TOP - value;    //100 步
19      }
20      //RAM 存储区的配置 2
21      static  nrf_pwm_values_common_t stay_off_values[2] = { 0, 0 };
```

对上述代码解释如下：

第 02～03 行：设置计数器比较的顶点值和步数；

第 06 行：设置 PWM 的时钟频率为 1 MHz，也就是计数器 1 μs 计数一次。

第 07 行：配置 TOP 的参数值为 5 000，也就是计数 5 000 次为一个 PWM 周期，那么一个序列 0 的周期为 5 000×1 μs＝5 ms。

第 08 行：设置 RAM 的导入方式为共用加载模式。

第 10～18 行：配置 RAM 存储参数，可以称为配置 1，该配置的序列比较值以 100 为一次进行增加，一直加到 TOP 值；然后再以 100 为一次进行递减，直至减到 0。

第 21 行：配置 RAM 存储参数，可以称为配置 2，该配置的序列设置的比较值为 0。

配置完 PWM1 和 PWM2 模块的 RAM 参数后，再把参数分别导入模块中，代码如下：

```
22      //PWM1 初始化
23      config.output_pins[0] = NRF_DRV_PWM_PIN_NOT_USED;
24      config.output_pins[1] = NRF_DRV_PWM_PIN_NOT_USED;
25      config.output_pins[2] = BSP_LED_2 | NRF_DRV_PWM_PIN_INVERTED;//使用一个端口
26      config.output_pins[3] = NRF_DRV_PWM_PIN_NOT_USED;
27      APP_ERROR_CHECK(nrf_drv_pwm_init(&m_pwm1, &config, NULL));
28      m_used |= USED_PWM(1);                                //使用 PWM1 模块
29
30      //PWM1 的参数：序列 0
31      nrf_pwm_sequence_t const pwm1_seq0 =
32      {
33          .values.p_common = fade_in_out_values,            //配置 1：渐变亮再渐变暗
34          .length          = NRF_PWM_VALUES_LENGTH(fade_in_out_values),
35          .repeats         = 0,
36          .end_delay       = 0
37      };
38      //序列 1
39      nrf_pwm_sequence_t const pwm1_seq1 =
40      {
41          .values.p_common = stay_off_values,               //配置 2：熄灭
42          .length          = 2,
```

```
43          . repeats          = 149,          //保持 150 次,每次 2 * 5 ms = 10 ms,一共 1 500 ms
44          . end_delay         = 0
45      };
```

对上述代码解释如下：

第 22~26 行：配置 PWM 输出端口，本例配置 1 个 LED 灯，LED3 输出。

第 27~29 行：通过 API 函数 nrf_drv_pwm_init 把上面的配置参数配置到初始化定义声明的 &m_pwm1 模块中，同时决定使用 PWM1 模块，触发的中断事件为 NULL。

第 31~44 行：因为 PWM1 模块后面的回放模式设置为复杂回放，因此需要配置两个序列，把两个序列进行串联，序列 0 使用配置 1。因为配置 1 的输出数组长度为 100，而一个周期是 5 ms，所以在 500 ms 时间内 LED2 灯增加和减少光强。然后，序列 1 使用配置 2 的参数，配置 2 在熄灭状态下 2 个周期后，再保持 149 次原状态，也就是维持 2 个周期×150 次=300 周期时间，LED2 灯保持 1 500 ms 的熄灭状态。

```
46      //PWM2 初始化
47      config. output_pins[0] = NRF_DRV_PWM_PIN_NOT_USED;
48      config. output_pins[1] = NRF_DRV_PWM_PIN_NOT_USED;
49      config. output_pins[2] = NRF_DRV_PWM_PIN_NOT_USED;
50      config. output_pins[3] = BSP_LED_3 | NRF_DRV_PWM_PIN_INVERTED;
51      APP_ERROR_CHECK(nrf_drv_pwm_init(&m_pwm2, &config, NULL));
52      m_used |= USED_PWM(2);                          //使用 PWM2
53
54      //序列 0 - fade - in/fade - out, duration: 1 500 ms.
55      nrf_pwm_sequence_t const pwm2_seq0 =
56      {
57          . values. p_common = stay_off_values,        //配置 2:熄灭
58          . length           = 2,
59          . repeats          = 49,           //保持 50 次,每次 2 * 5 ms = 10 ms,一共 500 ms
60          . end_delay        = 0
61      };
62      //序列 1 - off, duration: 500 ms
63      nrf_pwm_sequence_t const pwm2_seq1 =
64      {
65          . values. p_common = fade_in_out_values,      //配置 1:渐变亮再渐变暗
66          . length           = NRF_PWM_VALUES_LENGTH(fade_in_out_values),
67          . repeats          = 2,           //3 次重复 500 * 3 = 1 500 ms
68          . end_delay        = 0
69      };
```

对上述面代码解释如下：

第 48~50 行：配置 PWM 输出端口，本例配置 1 个 LED 灯，LED4 输出。

第 51~52 行：通过 API 函数 nrf_drv_pwm_init 把上面的配置参数配置到初始化

定义声明的 &m_pwm2 模块中,同时决定使用 PWM2 模块,触发的中断事件为 NULL。

第 55～68 行:因为 PWM2 模块后面的回放模式设置为复杂回放,因此需要配置两个序列,把两个序列进行串联,序列 0 使用配置 2,配置 2 熄灭状态下 2 个周期后,再保持 50 次,也就是维持 2 个周期×50 次＝100 周期时间,LED3 灯保持 500 ms 的熄灭状态。然后,序列 1 使用配置 1,因为配置 1 的输出数组长度为 100,而一个周期是 5 ms,输出完后维持 2 次,所以在 1 500 ms 时间内 LED3 灯增加和减少光强。

最后,把 PWM0 以简单回放的模式回放播出,而 PWM1 和 PWM2 以复杂回放的模式进行播出,代码如下:

```
01    (void)nrf_drv_pwm_simple_playback(&m_pwm0, &pwm0_seq, 1,
02                                       NRF_DRV_PWM_FLAG_LOOP);          //播放
03    (void)nrf_drv_pwm_complex_playback(&m_pwm1, &pwm1_seq0, &pwm1_seq1, 1,
04                                       NRF_DRV_PWM_FLAG_LOOP);          //播放
05    (void)nrf_drv_pwm_complex_playback(&m_pwm2, &pwm2_seq0, &pwm2_seq1, 1,
06                                       NRF_DRV_PWM_FLAG_LOOP);          //播放
07 }
```

本例作为本章最后一个例子,演示了一个同时使用 3 个 PWM 模块的例程,即复合序列组成的驱动方式,同时采用了分组加载模式和独立加载模式、简单回放和复杂回放的方式。

第 17 章

I2C/TWI 读/写应用

17.1　I2C/TWI 总线原理分析

17.1.1　I2C/TWI 基本概念

1. I2C/TWI 总线介绍

I2C 总线早期是由 Philips 公司开发的一种简单、双向二线制同步串行总线,它只需要两根线即可在连接于总线上的器件之间传送信息,在 nRF52 系列处理器中称为 I2C 兼容双线接口(I2C compatible Two Wire Interface,I2C TWI)。I2C 总线可以挂载多个设备,每个设备都有唯一的地址,都可以作为一个主机或者从机,也可以成为接收器或者发送器。如图 17.1 所示,I2C 总线上可以接 CPU A、CPU B、MPU6050、EEPROM 和 ADC 等。

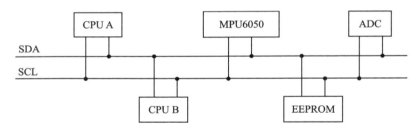

图 17.1　I2C 总线硬件连接图

在 I2C 总线中,主机或者从机的角色是不固定的。如果某个设备产生并提供信号时钟,并且控制、启动和终止发送,则这个设备就可以称为主机。总线上其他被主机寻址的设备就可以称为从机。一般情况下,采用 CPU 作为主机。

对应 I2C 总线引脚的定义如表 17.1 所列。

表 17.1　I2C 引脚说明

I2C 引脚	方　向	描　述
SDA	输入/输出	I2C 数据的输入和输出端口,端口为漏极开路
SCL	输入/输出	I2C 时钟的输入和输出端口,端口为漏极开路

2. nRF52 系列处理器 I2C/TWI 总线特性

① 在硬件上,I2C 总线只需要两根线,一根数据线和一根时钟线,总线接口已经集成在芯片内部,不需要特殊的接口电路。用于每个 I2C 接口线端口都可以从器件上的任何 GPIO 中选择,并且可以独立配置。这样可以极大地、灵活地实现器件引脚的排列,并且可以有效地利用电路板空间和信号路由。因此,I2C 总线简化了硬件电路 PCB 布线,降低了系统成本,提高了系统可靠性。

② I2C 总线是一个真正的多主机总线,如果两个或多个主机同时初始化数据传输,则可以通过冲突检测和仲裁防止数据被破坏。每个连接到总线上的器件都有唯一的地址,任何器件既可以作为主机也可以作为从机,但同一时刻只允许有一个主机。数据传输和地址由软件设定,非常灵活。总线上的器件增加和删除不影响其他器件的正常工作。

③ 连接到相同总线上的从设备数量只受总线最大电容的限制,串行的 8 位双向数据传输位速率在标准模式下可达 100 kbps,快速模式下可达 250 kbps 和 400 kbps。

3. I2C/TWI 传输时序

(1) 起始信号和结束信号

I2C 总线中,对应传输的起始和停止,用一个起始信号(S)和结束信号(P)来表示,如图 17.2 所示。

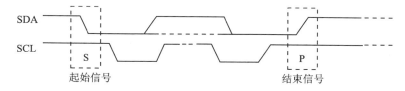

图 17.2　起始信号和结束信号

起始信号(S)的时序:当 SCL 电平为高电平时,SDA 数据线电平从高电平向低电平跳转。

结束信号(P)的时序:当 SCL 电平为高电平时,SDA 数据线电平从低电平向高电平跳转。

起始信号(S)和结束信号(P)一般由主机产生。起始信号作为一次数据传输开始的标志,一旦出现,数据就会一直传输,直到停止信号出现,这时总线将会被释放。混合传输中,重复起始信号既可作为上次传输的结束,也可作为下次传输的开始。

(2) 应答信号和非应答信号

当主机寻址从机或者发送数据给从机时,从机将产生一个应答信号。当主机读取接收从机数据时,主机会产生一个应答信号发回从机。应答信号如图 17.3(a)所示,当 SCL 电平为高电平时,SDA 数据线电平被拉低。因此,当 I2C 总线传送数据时,每传送一个字节数据后都必须有应答信号(A)。而当主控器接收数据时,如果要结束通信,则在停止位之前发送非应答信号($\overline{A}$)。非应答信号如图 17.3(b)所示,当 SCL 电平为高电平时,SDA 数据线电平被拉高。

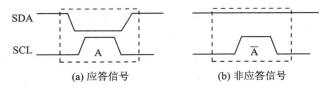

(a) 应答信号   (b) 非应答信号

图 17.3 应答信号和非应答信号

(3) 数据传输格式

1) 首字节

发送起始信号后传送的第一字节数据具有特别的意义,其中前 7 位为从机地址,最后 1 位为读/写方向位(0 表示写,1 表示读),如图 17.4 所示。

从机地址包含一个固定的部分和一个可编程部分。例如某个设备地址位如图 17.5 所示,4 个固定位用 G 表示,3 个可编程位用 X 表示,那么同一条总线上最多可以同时连接 8 个相同的器件。

图 17.4 首字节   **图 17.5 从机地址**

2) 主机发送数据到从机数据模式

主机发送起始信号(S),数据开始传输;首字节对从机进行寻址,同时 R/W=0,表示写;从机收到后返回一个应答信号 A 给主机;主机继续发送一个字节数据给从机,直到主机没有收到应答信号(或者收到一个非应答信号),主机就产生一个停止信号结束本次传输,如图 17.6 所示。

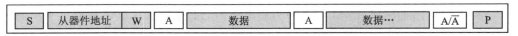

图 17.6 主机发送数据

3) 主机读取从机的数据

主机发送起始信号(S),数据开始传输;首字节对从机进行寻址,同时 R/W=1,表示读;从机收到后返回一个应答信号 A 给主机,此时从机会接着发送一个字节数据给主机;主机收到数据后返回一个应答信号 A 给从机;当主机不想继续读取数据时,发送一个非应答信号给从机,紧接着产生一个停止信号结束本次传输,如图 17.7 所示。

□:主机发送的参数。　　□:从机发送的参数。

图 17.7　主机读取从机数据

4）混合模式

混合模式是上述两种模式的混合，区别就是，在需要切换读/写模式时，不需要主机发送结束信号结束本次读或写，而只需要主机重新发送起始信号（S），再对从机进行寻址并设置读/写位。如果想结束所有的数据传输，则主机发送一个非应答信号给从机，紧接着产生一个停止信号结束本次传输，如图 17.8 所示。

□:主机发送的参数。　　□:从机发送的参数。

图 17.8　主机写入数据后读取数据

17.1.2　nRF52 处理器 I2C/TWI 资源

1. 资源描述

在 nRF52832 处理器中，提供 2 条 TWI 总线，即 TWI0 和 TWM1，TWI 也可以称为 I2C 总线。如果 TWI 作为主机带有 EasyDMA，则称为 TWIM；如果作为从机带有EasyDMA，则称为 TWIS。

TWIM 的 TWI 主机是一个双线半双工主站，可与连接到同一总线的多个从站设备进行通信。这里列出 TWIM 的主要功能：

- I2C 兼容；
- 通信速率可达 100 kbps、250 kbps 或 400 kbps；
- 支持时钟延长；
- 带 EasyDMA。

典型的 TWI 设置包括一个主设备和一个或多个从设备。TWIM 只能作为 TWI 总线上的单个主站运行。TWI 主机支持从机执行的时钟延长。通过触发 STARTTX 或 STARTRX 任务启动 TWI 主机，并通过触发 STOP 任务停止。当执行 STOP 任务使 TWI 主机停止后，将生成 STOPPED 事件。

TWI 主机在挂起时无法停止，因此必须在 TWI 主机恢复后发出 STOP 任务。启动 TWI 主机后，在 TWI 主机停止之前，即在 LASTRX、LASTTX 或 STOPPED 事件之后，不应再次触发 STARTTX 任务或 STARTRX 任务。如果 NACK 从从机输入，则 TWI 主机将产生 ERROR 事件。

2. 内含 EasyDMA

TWI 主机通过 EasyDMA 用于读/写 RAM。如果 TXD. PTR 和 RXD. PTR 未指向数据 RAM 区域，则 EasyDMA 传输可能导致 HardFault 或 RAM 损坏。. PTR 和 . MAXCNT 寄存器是双缓冲的。在收到 RXSTARTED/TXSTARTED 事件后，可立即更新并准备下一个 RX /TX 传输。STOPPED 事件表示 EasyDMA 已完成访问 RAM 中的缓冲区。EasyDMA 将使用 Channel. MAXCNT 寄存器来确定缓冲区何时已满。

3. 低功耗

当系统处于低功耗且不需要外围设备时，通过停止然后禁用外围设备可以实现最低功耗。可能并不总是需要 STOP 任务（外设可能已经停止），但如果发送，软件应等到收到 STOPPED 事件作为响应，然后通过 ENABLE 寄存器禁用外设。

4. 主机模式引脚配置

与 TWI 主机相关的 SCL 和 SDA 信号分别根据 PSEL. SCL 和 PSEL. SDA 寄存器中指定的配置映射到物理引脚上。PSEL. SCL 和 PSEL. SDA 寄存器及其配置仅在 TWI 主机启用时使用，并且只有在器件处于 ON 模式时才会保留。禁用外设后，引脚将作为常规 GPIO 运行，并使用各自 OUT 位字段和 PIN_CNF［n］寄存器中的配置。必须仅在禁用 TWI 主站时配置 PSEL. SCL 和 PSEL. SDA。

一次只能分配一个外设来驱动特定的 GPIO 引脚，不能同时分配多个 TWI 使用同一个 GPIO 引脚，否则可能会导致不可预测的行为。

同时，为了确保当系统处于关闭模式时以及 TWI 主机被禁用时，TWI 主机的引脚上使用正确的信号电平，这些引脚必须按照表 17.2 所描述的 GPIO 外设配置进行设置。

表 17.2　GPIO 外设配置

信号端	主机引脚	方　向	输出值	驱动强度
SCL	PSEL. SCL 配置	输入	无	S0D1
SDA	PSEL. SDA 配置	输入	无	S0D1

5. 运行时序

通过触发 STARTTX 任务启动 TWI 主写入序列。触发 STARTTX 任务后，TWI 主机将在 TWI 总线上产生一个启动条件，然后输出地址并将 READ/WRITE 位设置为 0（WRITE＝0，READ＝1）。地址必须与主设备要写入的从设备的地址匹配。READ/WRITE 位之后是从机产生的 ACK/NACK 位（ACK＝0 或 NACK＝1）。收到 ACK 位后，TWI 主机将在 TXD. PTR 寄存器中指定的地址处输出位于 RAM 中的发送缓冲区的数据字节。从主机输出的每个字节后面都会有一个从从机输入的 ACK/NACK 位。TWI 主写入序列时序如图 17.9 所示。

通过触发 STARTRX 任务启动 TWI 主读取序列。触发 STARTRX 任务后，TWI

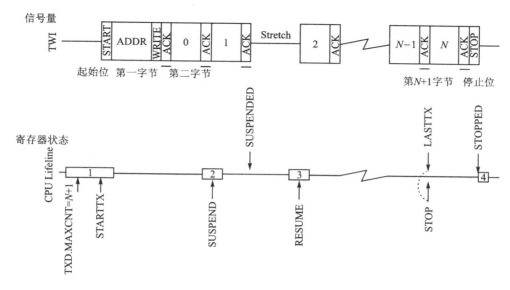

图 17.9　TWI 主写入序列时序

主机将在 TWI 总线上产生一个启动条件,然后输出地址并将 READ/WRITE 位设置为 1(WRITE＝0,READ＝1)。地址必须与主机要读取的从设备的地址匹配。READ/WRITE 位之后是从机产生的 ACK/NACK 位(ACK＝0 或 NACK＝1)。发送 ACK 位后,TWI 从机将使用主机产生的时钟向主机发送数据。接收到的数据将以 RXD.PTR 寄存器中指定的地址存储在 RAM 中。除了从从机接收的最后一个字节之外,TWI 主设备将生成一个 ACK。TWI 主机将在收到最后一个字节后生成 NACK,以指示读取序列应停止。TWI 主读取序列时序如图 17.10 所示。

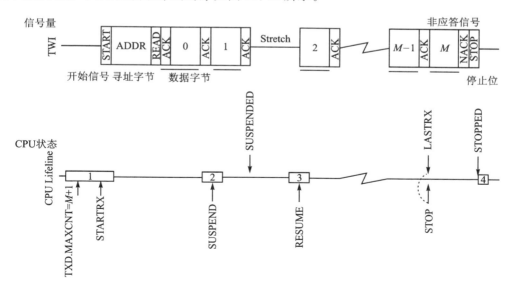

图 17.10　TWI 主读取序列时序

典型的重复启动序列是 TWI 主机将两个字节写入从机,然后从从机读取 4 个字节的序列。此示例使用快捷方式执行最简单类型的重复启动序列,即一次写入后跟一次读取。如果序列为先读后写,则同样的方法可以用于执行重复的开始序列。重复启动序列时序如图 17.11 所示。

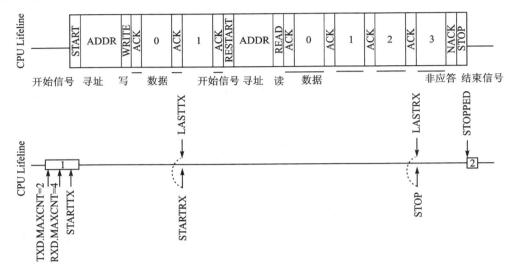

图 17.11　重复启动序列时序

17.1.3　I2C/TWI 寄存器

nRF52832 内部包含两个 TWI 模块接口,即 TWI0 和 TWI1。因为 TWIM 包含 TWI 的寄存器,因此这里以介绍 TWIM 寄存器为主。TWIM 具有两个模块,如表 17.3 所列。

表 17.3　TWIM 模块

基础地址	外　设	模　块	描　述
0x40003000	TWIM	TWIM0	TWI 主机 0
0x40004000	TWIM	TWIM1	TWI 主机 1

关于 TWIM 模块的详细寄存器如表 17.4 所列。

表 17.4　TWIM 寄存器列表

寄存器名称	地址偏移	功能描述
TASKS_STARTRX	0x000	启动 TWI 接收序列
TASKS_STARTTX	0x008	启动 TWI 传输序列
TASKS_STOP	0x014	停止 TWI 传输,必须在 TWI 主机未被暂停的情况下发出
TASKS_SUSPEND	0x01C	暂停 TWI 传输
TASKS_RESUME	0x020	恢复 TWI 传输

续表 17.4

寄存器名称	地址偏移	功能描述
EVENTS_STOPPED	0x104	TWI 停止
EVENTS_ERROR	0x124	TWI 错误
EVENTS_SUSPENDED	0x148	在发出挂起任务之后,最后一个字节已经被发送出去,TWI 传输现在被挂起
EVENTS_RXSTARTED	0x14C	接收序列开始
EVENTS_TXSTARTED	0x150	传输序列开始
EVENTS_LASTRX	0x15C	字节边界,开始接收最后一个字节
EVENTS_LASTTX	0x160	字节边界,开始传输最后一个字节
SHORTS	0x200	快捷方式注册
INTEN	0x300	启用或禁用中断
INTENSET	0x304	使能中断
INTENCLR	0x308	禁止中断
ERRORSRC	0x4C4	错误源
ENABLE	0x500	使能 TWIM
PSEL. SCL	0x508	SCL 信号选择引脚
PSEL. SDA	0x50C	SDA 信号选择引脚
FREQUENCY	0x524	TWI 频率
RXD. PTR	0x534	接收数据指针
RXD. MAXCNT	0x538	接收缓冲区中的最大字节数
RXD. AMOUNT	0x53C	在上一个事务中传输的字节数
RXD. LIST	0x540	接收 EasyDMA 列表类型
TXD. PTR	0x544	发送数据指针
TXD. MAXCNT	0x548	发送缓冲区中的最大字节数
TXD. AMOUNT	0x54C	在上一个事务中传输的字节数
TXD. LIST	0x550	发送 EasyDMA 列表类型
ADDRESS	0x588	TWI 使用的地址

对以上使用的部分寄存器介绍如下:

(1) 快捷方式寄存器 SHORTS

复位值为 0x00000000,用于快捷启动事件触发任务,具体介绍如表 17.5 所列。

表 17.5　SHORTS 寄存器

位　数	域	ID　值	值	描　述
第 7 位	LASTTX_STARTRX	Disabled	0	禁止 LASTTX 事件和 STARTRX 任务之间的快捷方式
		Enabled	1	使能 LASTTX 事件和 STARTRX 任务之间的快捷方式

续表 17.5

位 数	域	ID 值	值	描 述
第 8 位	LASTTX_SUSPEND	Disabled	0	禁止 LASTTX 事件和 SUSPEND 任务之间的快捷方式
		Enabled	1	使能 LASTTX 事件和 SUSPEND 任务之间的快捷方式
第 9 位	LASTTX_STOP	Disabled	0	禁止 LASTTX 事件和 STOP 任务之间的快捷方式
		Enabled	1	使能 LASTTX 事件和 STOP 任务之间的快捷方式
第 10 位	LASTRX_STARTTX	Disabled	0	禁止 LASTRX 事件和 STARTTX 任务之间的快捷方式
		Enabled	1	使能 LASTRX 事件和 STARTTX 任务之间的快捷方式
第 12 位	LASTRX_STOP	Disabled	0	禁止 LASTRX 事件和 STOP 任务之间的快捷方式
		Enabled	1	使能 LASTRX 事件和 STOP 任务之间的快捷方式

(2) 中断使能和禁止寄存器 INTEN

复位值为 0x00000000,用于使能或者禁止 TWI 的相关中断事件,具体介绍如表 17.6 所列。

表 17.6 INTEN 寄存器

位 数	域	ID 值	值	描 述
第 1 位	STOPPED	Disabled	0	禁止 STOPPED 事件中断
		Enabled	1	使能 STOPPED 事件中断
第 9 位	ERROR	Disabled	0	禁止 ERROR 事件中断
		Enabled	1	使能 ERROR 事件中断
第 18 位	SUSPENDED	Disabled	0	禁止 SUSPENDED 事件中断
		Enabled	1	使能 SUSPENDED 事件中断
第 19 位	RXSTARTED	Disabled	0	禁止 RXSTARTED 事件中断
		Enabled	1	使能 RXSTARTED 事件中断
第 20 位	TXSTARTED	Disabled	0	禁止 TXSTARTED 事件中断
		Enabled	1	使能 TXSTARTED 事件中断
第 23 位	LASTRX	Disabled	0	禁止 LASTRX 事件中断
		Enabled	1	使能 LASTRX 事件中断

续表 17.6

位　数	域	ID 值	值	描　述
第 24 位	LASTTX	Disabled	0	禁止 LASTTX 事件中断
		Enabled	1	使能 LASTTX 事件中断

（3）中断使能寄存器 INTENSET

复位值为 0x00000000，用于使能 TWI 的相关中断事件，写 1 使能，写 0 无效，具体介绍如表 17.7 所列。

表 17.7　INTENSET 寄存器

位　数	域	ID 值	值	描　述
第 1 位	STOPPED	Set	1	使能 STOPPED 事件中断
		Disabled	0	读：已禁止
		Enabled	1	读：已使能
第 9 位	ERROR	Set	1	使能 ERROR 事件中断
		Disabled	0	读：已禁止
		Enabled	1	读：已使能
第 18 位	SUSPENDED	Set	1	使能 SUSPENDED 事件中断
		Disabled	0	读：已禁止
		Enabled	1	读：已使能
第 19 位	RXSTARTED	Set	1	使能 RXSTARTED 事件中断
		Disabled	0	读：已禁止
		Enabled	1	读：已使能
第 20 位	TXSTARTED	Set	1	使能 TXSTARTED 事件中断
		Disabled	0	读：已禁止
		Enabled	1	读：已使能
第 23 位	LASTRX	Set	1	使能 LASTRX 事件中断
		Disabled	0	读：已禁止
		Enabled	1	读：已使能
第 24 位	LASTTX	Set	1	使能 LASTTX 事件中断
		Disabled	0	读：已禁止
		Enabled	1	读：已使能

（4）中断禁止寄存器 INTENCLR

复位值为 0x00000000，用于禁止 TWI 的相关中断事件，写 1 使能，写 0 无效，具体介绍如表 17.8 所列。

表 17.8　INTENCLR 寄存器

位　数	域	ID 值	值	描　述
第 1 位	STOPPED	Clear	1	禁止 STOPPED 事件中断
		Disabled	0	读：已禁止
		Enabled	1	读：已使能
第 9 位	ERROR	Clear	1	禁止 ERROR 事件中断
		Disabled	0	读：已禁止
		Enabled	1	读：已使能
第 18 位	SUSPENDED	Clear	1	禁止 SUSPENDED 事件中断
		Disabled	0	读：已禁止
		Enabled	1	读：已使能
第 19 位	RXSTARTED	Clear	1	禁止 RXSTARTED 事件中断
		Disabled	0	读：已禁止
		Enabled	1	读：已使能
第 20 位	TXSTARTED	Clear	1	禁止 TXSTARTED 事件中断
		Disabled	0	读：已禁止
		Enabled	1	读：已使能
第 23 位	LASTRX	Clear	1	禁止 LASTRX 事件中断
		Disabled	0	读：已禁止
		Enabled	1	读：已使能
第 24 位	LASTTX	Clear	1	禁止 LASTTX 事件中断
		Disabled	0	读：已禁止
		Enabled	1	读：已使能

(5) TWI 错误源寄存器 ERRORSRC

复位值为 0x00000000,用于确定 TWI 错误源,具体介绍如表 17.9 所列。

表 17.9　ERRORSRC 寄存器

位　数	域	ID 值	值	描　述
第 0 位	OVERRUN(溢出错误) 在将之前的字节传输到 RXD 缓冲区之前, 接收到一个新字节(以前的数据丢失)	NotReceived	0	没有发生错误
		Received	1	发生了错误
第 1 位	ANACK(发送地址后收到 NACK(写"1"清除))	NotReceived	0	没有发生错误
		Received	1	发生了错误
第 2 位	DNACK(发送数据字节后收到 NACK(写"1"清除))	NotReceived	0	没有发生错误
		Received	1	发生了错误

（6）TWI 使能与禁止寄存器 ENABLE

复位值为 0x00000000,用于使能或者禁止 TWIM 模块,具体介绍如表 17.10 所列。

表 17.10　ENABLE 寄存器

位　数	域	ID　值	值	描　述
第 0～3 位	ENABLE	Disabled	0	禁止 TWIM
		Enabled	1	使能 TWIM

（7）SCL 连接引脚配置寄存器 PSEL.SCL

复位值为 0xFFFFFFFF,用于配置 SCL 引脚与连接状态,具体介绍如表 17.11 所列。

表 17.11　PSEL.SCL 寄存器

位　数	域	ID　值	值	描　述
第 0～4 位	PIN	—	[0..31]	引脚号
第 31 位	CONNECT	Disconnected	1	断开
		Connected	0	连接

（8）SDA 连接引脚配置寄存器 PSEL.SDA

复位值为 0xFFFFFFFF,用于配置 SDA 引脚与连接状态,具体介绍如表 17.12 所列。

表 17.12　PSEL.SDA 寄存器

位　数	域	ID　值	值	描　述
第 0～4 位	PIN	—	[0..31]	引脚号
第 31 位	CONNECT	Disconnected	1	断开
		Connected	0	连接

（9）TWI 频率配置寄存器 FREQUENCY

复位值为 0x04000000,用于配置 TWI 主机时钟频率,具体介绍如表 17.13 所列。

表 17.13　FREQUENCY 寄存器

位　数	域	ID　值	值	描　述
第 0～31 位	FREQUENCY （TWI 主时钟频率）	K100	0x01980000	100 kbps
		K250	0x04000000	250 kbps
		K400	0x06400000	400 kbps

（10）接收数据指针寄存器 RXD.PTR

复位值为 0x00000000,具体介绍如表 17.14 所列。

表 17.14　RXD. PTR 寄存器

位　数	域	ID 值	值	描　述
第 0～31 位	PTR	—	—	数据指针

(11) 接收缓冲区中的最大字节设置寄存器 RXD. MAXCNT

复位值为 0x00000000,用于配置接收缓冲区最大字节数,具体介绍如表 17.15 所列。

表 17.15　RXD. MAXCNT 寄存器

位　数	域	ID 值	值	描　述
第 0～31 位	MAXCNT	—	[1..255]	接收缓冲区中的最大字节数

(12) 最后一次传输字节数查询寄存器 RXD. AMOUNT

复位值为 0x00000000,具体介绍如表 17.16 所列。

表 17.16　RXD. AMOUNT 寄存器

位　数	域	ID 值	值	描　述
第 0～7 位	AMOUNT	—	—	在上一个事务中传输的字节数。在 NACK 错误的情况下,包括 NACK 的字节

(13) 接收 EasyDMA 列表类型寄存器 RXD. LIST

复位值为 0x00000000,用于设置接收 EasyDMA 列表类型,具体介绍如表 17.17 所列。

表 17.17　RXD. LIST 寄存器

位　数	域	ID 值	值	描　述
第 0～2 位	LIST(列表类型)	Disabled	0	禁止 EasyDMA 列表
		ArrayList	1	使用 EasyDMA 列表

(14) 发送数据指针寄存器 TXD. PTR

复位值为 0x00000000,具体介绍如表 17.18 所列。

表 17.18　TXD. PTR 寄存器

位　数	域	ID 值	值	描　述
第 0～31 位	PTR	—	—	数据指针

(15) 发送缓冲区中的最大字节设置寄存器 TXD. MAXCNT

复位值为 0x00000000,用于配置发送缓冲区最大字节数,具体介绍如表 17.19 所列。

表 17.19　TXD. MAXCNT 寄存器

位　数	域	ID 值	值	描　述
第 0～7 位	MAXCNT	—	[1..255]	发送缓冲区中的最大字节数

(16) 最后一次传输字节数查询寄存器 TXD. AMOUNT

复位值为 0x00000000,具体介绍如表 17.20 所列。

表 17.20　TXD. AMOUNT 寄存器

位　数	域	ID 值	值	描　述
第 0~7 位	AMOUNT	—	—	在上一个事务中传输的字节数。在 NACK 错误的情况下,包括 NACK 的字节

(17) 发送 EasyDMA 列表类型寄存器 TXD. LIST

复位值为 0x00000000,用于设置发送 EasyDMA 列表类型,具体介绍如表 17.21 所列。

表 17.21　TXD. LIST 寄存器

位　数	域	ID 值	值	描　述
第 0~2 位	LIST(列表类型)	Disabled	0	禁止 EasyDMA 列表
		ArrayList	1	使用 EasyDMA 列表

(18) TWI 传输地址寄存器 ADDRESS

复位值为 0x00000000,用于设置 TWI 传输地址,具体介绍如表 17.22 所列。

表 17.22　ADDRESS 寄存器

位　数	域	ID 值	值	描　述
第 0~6 位	ADDRESS	—	—	TWI 传输中使用的地址

17.2　I2C 编程实例——驱动 MPU6050

17.2.1　I2C/TWI 组件库介绍

为了简化编程,nRF52 系列处理器提供了 TWI 驱动组件库,通过组件库编写 TWI 的驱动程序,可以大大节省时间。下面将介绍几个 TWI 的 API 库函数。

(1) nrf_drv_twi_init 函数

TWI 初始化函数,该函数主要是配置 I2C 总线的相关引脚和参数,具体说明如表 17.23 所列。

表 17.23　nrf_drv_twi_init 函数

函　数	ret_code_t nrf_drv_twi_init(nrf_drv_twi_t const *　　　　　p_instance, 　　　　　　　　　　nrf_drv_twi_config_t const *　p_config, 　　　　　　　　　　nrf_drv_twi_evt_handler_t　　event_handler, 　　　　　　　　　　void *　　　　　　　　　　　p_context);

功　能	用于初始化 TWI 驱动程序实例
参　数	p_instance:指向驱动程序实例结构的指针
	p_config:初始配置
	event_handler:由用户提供的事件处理程序。如果为空,则启用阻塞模式
	p_context:传递给事件处理程序的上下文
返回值	NRF_SUCCESS:表示初始化成功
	NRF_ERROR_INVALID_STATE:表示驱动程序处于无效状态
	NRF_ERROR_BUSY:表示已经使用了具有相同实例 ID 的其他外围设备,只有在将 PERIPHERAL_RESOURCE_SHARING_ENABLED 设置为 0 以外的值时才有可能这样做

对上述函数中的几个参数详细说明如下:

① p_instance:通过宏定义 NRF_DRV_TWI_INSTANCE(id)选择 TWI 的模块,ID 和外设编号对应,当为 0 时选择 TWI0,当为 1 时选择 TWI1。

② p_config:配置 TWI 的参数提供一个结构体 nrf_drv_twi_config_t,该结构体包含 TWI 的引脚端口、使用的时钟频率、中断优先级,是否在初始化时清除总线,关闭总线,对应的 GPIO 端口是否为上拉状态。代码如下:

```
01 typedef struct
02 {
03     uint32_t                scl;              //SCL 引脚
04     uint32_t                sda;              //SDK 引脚
05     nrf_drv_twi_frequency_t  frequency;        //TWI 的时钟频率
06     uint8_t                 interrupt_priority; //中断优先级
07     bool                    clear_bus_init;    //在初始化期间清除总线
08     bool                    hold_bus_uninit;   //uninit 后,GPIO 引脚上的上拉状态
09 }
10     nrf_drv_twi_config_t;
```

其中,对应时钟频率参数 nrf_drv_twi_frequency_t 结构体定义了 TWI 可以配置的 3 个时钟频率,分别为 100 kbps、250 kbps 和 400 kbps,代码如下:

```
typedef enum
{
    NRF_DRV_TWI_FREQ_100K = NRF_TWI_FREQ_100K,     // < 100 kbps
    NRF_DRV_TWI_FREQ_250K = NRF_TWI_FREQ_250K,     // < 250 kbps
    NRF_DRV_TWI_FREQ_400K = NRF_TWI_FREQ_400K      // < 400 kbps
} nrf_drv_twi_frequency_t;
```

③ event_handler:由用户提供的事件处理程序。如果为空,则启用阻塞模式;如果不为空,则启用非阻塞模式,该模式下会在中断中触发对应的处理事件,这些处理事件通过回调函数进行回调,以便用户进行相应的处理。在 TWI 中断中提供如下几个事件:

```
01 typedef enum
```

```
02 {
03 NRF_DRV_TWI_EVT_DONE,                    //传输完成事件
04 NRF_DRV_TWI_EVT_ADDRESS_NACK,           //错误事件:发送地址字节后收到非应答信号 NACK
05 NRF_DRV_TWI_EVT_DATA_NACK               //错误事件:发送数据字节后收到非应答信号 NACK
06 } nrf_drv_twi_evt_type_t;
```

（2）nrf_drv_twi_enable 函数

TWI 驱动程序使能函数,在配置完成 TWI 接口后,用于开启 TWI 功能,具体说明如表 17.24 所列。

表 17.24　nrf_drv_twi_enable 函数

函　数	__STATIC_INLINE void nrf_drv_twi_enable(nrf_drv_twi_t const * p_instance);
功　能	用于使能 TWI 驱动程序实例
参　数	p_instance:指向驱动程序实例结构的指针
返回值	无

（3）nrf_drv_twi_tx 函数

该函数用于主机将数据发送给从机设备,具体说明如表 17.25 所列。

表 17.25　nrf_drv_twi_tx 函数

函　数	__STATIC_INLINE ret_code_t nrf_drv_twi_tx(nrf_drv_twi_t const * p_instance, 　　　　　　　　　　　　uint8_t　　　　　　address, 　　　　　　　　　　　　uint8_t const *　　p_data, 　　　　　　　　　　　　uint8_t　　　　　　length, 　　　　　　　　　　　　bool　　　　　　　no_stop);
功　能	用于将数据发送到 TWI 从设备。当发生错误时,传输停止。表示传输正在进行中,函数将返回错误代码 NRF_ERROR_BUSY
参　数	p_instance:指向驱动程序实例结构的指针
	address:特定从设备的地址(只有 7 个 LSB)
	p_data:指向传输缓冲区的指针
	length:要发送的字节数
	no_stop:表示设置了 stop 条件,在传输成功后,总线上不会生成 stop 条件(允许在下一次传输中重复启动)
返回值	NRF_SUCCESS:表示程序发送成功
	NRF_ERROR_BUSY:表示驱动程序还没有准备好进行新的传输
	NRF_ERROR_INTERNAL:表示硬件检测到错误
	NRF_ERROR_INVALID_ADDR:表示使用 EasyDMA,并且内存地址不在 RAM 中
	NRF_ERROR_DRV_TWI_ERR_ANACK:表示 NACK 在以轮询模式发送地址字节后收到
	NRF_ERROR_DRV_TWI_ERR_DNACK:表示 NACK 在以轮询模式发送数据字节后收到

(4) nrf_drv_twi_rx 函数

该函数用于主机通过 TWI 读取从机数据,具体说明如表 17.26 所列。

表 17.26 nrf_drv_twi_rx 函数

函 数	__STATIC_INLINE ret_code_t nrf_drv_twi_rx(nrf_drv_twi_t const * p_instance, 　　　　　　　　uint8_t　　　　　　address, 　　　　　　　　uint8_t *　　　　　p_data, 　　　　　　　　uint8_t　　　　　　length);
功 能	用于主机通过 TWI 读取从机数据。当发生错误时,传输停止。表示传输正在进行中,函数将返回错误代码 NRF_ERROR_BUSY
参 数	p_instance:指向驱动程序实例结构的指针
	address:特定从设备的地址(只有 7 个 LSB)
	p_data:指向传输缓冲区的指针
	length:要接收的字节数
返回值	NRF_SUCCESS:表示传输过程成功
	NRF_ERROR_BUSY:表示驱动程序还没有准备好进行新的传输
	NRF_ERROR_INTERNAL:表示硬件检测到错误
	NRF_ERROR_DRV_TWI_ERR_OVERRUN:表示未读数据被新数据替换
	NRF_ERROR_DRV_TWI_ERR_ANACK:表示 NACK 在以轮询模式发送地址字节后收到
	NRF_ERROR_DRV_TWI_ERR_DNACK:表示 NACK 在以轮询模式发送数据字节后收到

在后续的实际编程应用中,我们将采用组件库的方式进行编程。

17.2.2 MPU6050 介绍

MPU6050 是世界上第一款集成 6 轴运动跟踪设备,它集成了 3 轴 MEMS 陀螺仪、3 轴 MEMS 加速度计以及一个可扩展的数字运动处理器(Digital Motion Processor,DMP),可用 I2C 接口连接一个第三方的数字传感器,比如磁力计。

MPU6050 的陀螺仪和加速度计分别用了 3 个 16 位的 ADC,将其测量的模拟量转化为可输出的数字量。为了精确跟踪快速和慢速的运动,传感器的测量范围都是用户可控的,陀螺仪可测范围为 $\pm250(°)/s$、$\pm500(°)/s$、$\pm1\,000(°)/s$、$\pm2\,000(°)/s$,加速度计可测范围为 $\pm2\,g$、$\pm4\,g$、$\pm8\,g$、$\pm16\,g$。与所有设备寄存器之间的通信采用最大速度为 400 kHz 的 I2C 接口。另外,片上还内嵌了一个温度传感器和在工作环境下仅有 $\pm1\%$ 变动的振荡器。芯片尺寸为 4 mm×4 mm×0.9 mm,采用 QFN 封装(无引线方形封装),可承受最大 10 000 g 的冲击,并有可编程的低通滤波器。

对应电源,MPU6050 可支持 VDD 的范围为 2.5(1±5%)V、3.0(1±5%)V 或 3.3(1±5%)V。另外,MPU6050 还有一个 VLOGIC 引脚,用来为 I2C 输出提供逻辑电平。

表 17.27 所列为 MPU6050 的引脚描述。

表 17.27 MPU6050 引脚

引脚编号	MPU6000	MPU6050	引脚名称	描 述
1	Y	Y	CLKIN	可选的外部时钟输入,如果不用则连到 GND
6	Y	Y	AUX_DA	I2C 主串行数据,用于外接传感器
7	Y	Y	AUX_CL	I2C 主串行时钟,用于外接传感器
8	Y		$\overline{CS}$	SPI 片选(0＝SPI mode)
8		Y	VLOGIC	数字 I/O 供电电压
9	Y		AD0/SDO	I2C Slave 地址 LSB(AD0); SPI 串行数据输出(SDO)
9		Y	AD0	I2C Slave 地址 LSB(AD0)
10	Y	Y	REGOUT	校准滤波电容连线
11	Y	Y	FSYNC	帧同步数字输入
12	Y	Y	INT	中断数字输出(推挽或开漏)
13	Y	Y	VDD	电源电压及数字 I/O 供电电压
18	Y	Y	GND	电源地
19,21,22	Y	Y	RESV	预留,不接
20	Y	Y	CPOUT	电荷泵电容连线
23	Y		SCL/SCLK	I2C 串行时钟(SCL); SPI 串行时钟(SCLK)
23		Y	SCL	I2C 串行时钟(SCL)
24	Y		SDA/SDI	I2C 串行数据(SDA); SPI 串行数据输入(SDI)
24		Y	SDA	I2C 串行时钟(SDA)
2,3,4,5, 14,15,16,17	Y	Y	NC	不接

开发板提供一个 MPU6050 的模块,该模块的电路图设计如图 17.12 所示,通过一个稳压芯片提供 3.3 V 电源;通过 SCL 和 SDA 两个 I2C 接口外接设备;INT 引脚作为中断输出引脚;AD0 作为从机地址配置端接地。

芯片内部结构展开如图 17.13 所示,下面将进行具体描述。

① 时钟:MPU6050 可以采用外部时钟,如果不外接时钟,则把 CLKIN 引脚接地,模块中采用接地方式。

② 加速度计、陀螺仪和温度传感器:都是通过内部 ADC 进行采集,需要对相应的寄存器设置采样率。对加速度计、陀螺仪和温度传感器这些数据采样完成后,存放在传感器输出寄存器中。这些数据都是只读的,可以随时读取,也可以采用中断来表示数据是否更新。

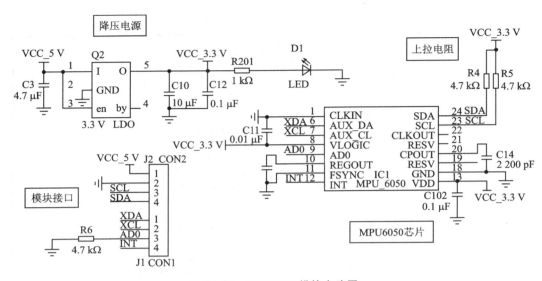

图 17.12　MPU6050 模块电路图

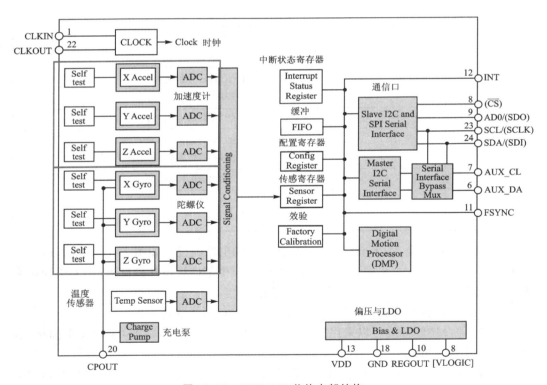

图 17.13　MPU6050 芯片内部结构

③ I2C 接口：SCL 和 SDA。MPU6050 提供的是标准的 SCL 和 SDA 接口，外接主设备时必须接上拉电阻才能保证正常运行，同时读取和写入的实现固定。MPU6050

内部提供一个数字运动处理器(DMP),可以对六轴数据进行姿态解调。

④ I2C 从设备 Slave 地址的最低有效位 LSB 采用 PIN9(AD0)引脚配置。MPU6050 的 Slave 地址为 b110100X,7 位固定位,1 位 X 为可编程位,由 AD0 引脚的电平来决定。因此,一个 I2C 总线上最多可以接两个 MPU6050 设备。当 AD0 引脚的电平为低时,地址为 b1101000;当 AD0 引脚的电平为高时,地址为 b1101001。

17.2.3 I2C 驱动 MPU6050 编程

1. 工程搭建

官方 SDK 中提供了关于 TWI/I2C 的驱动组件库文件,下面来演示如何采用 TWI 组件库进行工程的编写。工程目录树如图 17.14 所示。

图 17.14 MPU6050 驱动工程目录树

工程中,需要添加如表 17.28 所列的几个文件和文件路径。

表 17.28 添加文件描述

新增文件名称	功能描述	路　径
mpu6050.c	编写的 MPU6050 驱动	//drive
nrfx_twi.c	新版本 TWI 兼容库	//modules/nrfx/drivers/include/src
nrfx_twim.c	新版本 TWIM 兼容库	//modules/nrfx/drivers/include/src
nrf_drv_twi.c	旧版本 TWI 基础库	//integration\nrfx\legacy

添加库文件完成后,注意在 Options for Target 对话框中的 C/C++选项卡中的 Include Paths 下拉列表框中选择硬件驱动库的文件路径,如图 17.15 所示。

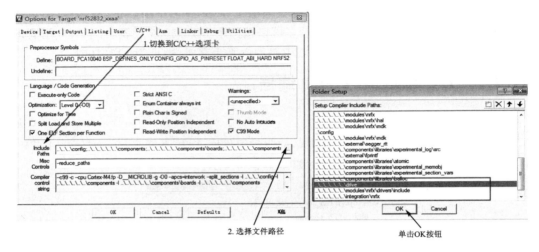

图 17.15　MPU6050 驱动工程文件路径添加

工程搭建完毕后,首先需要修改 sdk_config.h 配置文件。使用库函数时需要使能库功能,因此需要在 sdk_config.h 配置文件中设置对应模块的使能选项。关于定时器的配置代码选项较多,这里就不一一展开了,大家可以直接把对应的配置代码复制到自己建立的工程中的 sdk_config.h 文件里。如果复制代码后在 sdk_config.h 配置文件的 Configuration Wizard 配置导航卡中看见如图 17.16 所示的几个选项被选中,则表明配置修改成功。

图 17.16　MPU6050 驱动工程配置文件使能项

2. 代码编写

首先对 TWI 接口进行初始化,设置 TWI 接口的基本参数,如 SCL 和 SDK 的引脚端口、TWI 接口的时钟频率、TWI 中断的优先级、是否需要初始化时清除总线等。

宏定义一个 &m_twi 的 TWI 模块,采用 NRF_DRV_TWI_INSTANCE(ID)方式定义,ID 号对应模块号,定义后需要在 sdk_config.h 配置文件中的 TWI_ENABLED 选中对应的模块 TWI0_EANBLED 或者 TWI1_EANBLED。

然后调用 API 函数 nrf_drv_twi_init,使用对应配置参数的初始化 TWI 模块。如果调用回调函数,则为非阻塞模式。本例首先使用非阻塞模式。具体代码如下:

```
01 //TWI 驱动程序实例 ID,ID 和外设编号对应,0:TWI0,1:TWI1
02 #define TWI_INSTANCE_ID        0
03 //定义 TWI 驱动程序实例,名称为 m_twi
04 static const nrf_drv_twi_t  m_twi = NRF_DRV_TWI_INSTANCE(TWI_INSTANCE_ID);
05
06 //TWI 初始化
07 void twi_master_init(void)
08 {
09     ret_code_t err_code;
10     //初始化 TWI 配置结构体
11     const nrf_drv_twi_config_t twi_config = {
12         .scl                 = TWI_SCL_M,              //配置 TWI SCL 引脚
13         .sda                 = TWI_SDA_M,              //配置 TWI SDA 引脚
14         .frequency           = NRF_DRV_TWI_FREQ_100K,  //配置 TWI 时钟频率
15         .interrupt_priority  = APP_IRQ_PRIORITY_HIGH,  //设置 TWI 中断优先级
16         .clear_bus_init      = false                   //初始化清除总线
17     };
18     //初始化 TWI
19     err_code = nrf_drv_twi_init(&m_twi, &twi_config, twi_handler, NULL);
20     APP_ERROR_CHECK(err_code);
21     //使能 TWI
22     nrf_drv_twi_enable(&m_twi);
23 }
```

在非阻塞模式中,需要调用回调函数,中断中触发对应的处理事件,这些处理事件通过回调函数进行回调。这里回调一个 NRF_DRV_TWI_EVT_DONE 传输完成事件,同时设置 m_xfer_done 作为标志位置 1,具体代码如下:

```
01 //TWI 事件处理函数
02 void twi_handler(nrf_drv_twi_evt_t const * p_event, void * p_context)
03 {
04     //判断 TWI 事件类型
05         switch (p_event ->type)
```

```
06      {
07          //传输完成事件
08              case NRF_DRV_TWI_EVT_DONE:
09              m_xfer_done = true;                //置位传输完成标志
10              break;
11          default:
12              break;
13      }
14  }
```

初始化成功后,就开始通过 TWI 设备读/写 MPU6050 寄存器,需要按照 MPU6050 芯片的时序要求进行配置。

首先是主机写入 MPU6050。根据 MPU6050 芯片手册,对应主机写入的时序分为两种:一种是单次写入,第一个字节为从机地址和写入,从机应答后,第二个字节为主机回应要写入的寄存器地址,第三个字节为要写入的数据;另一种是突发性多次写入。两种写入方式分别如图 17.17 和图 17.18 所示。代码中采用第一种方式。

主机	S	AD+W		RA		DATA		P
从机			ACK		ACK		ACK	

图 17.17 单次写入

主机	S	AD+W		RA		DATA		DATA		P
从机			ACK		ACK		ACK		ACK	

图 17.18 突发性多次写入

根据写入时序,编写 MPU6050 单次写入一个字节的函数 mpu6050_reg_write,具体代码如下:

```
01 /******************************************************************
02  * 功  能 : 写 MPU6050 寄存器,单次写入一个数据字节
03  * 参  数 : register_address[in]:寄存器地址,value[in]:写入的数据
04  * 返回值 : true:写数据成功, false:写入失败
05  ******************************************************************/
06 bool mpu6050_reg_write(uint8_t register_address, uint8_t value)
07 {
08      ret_code_t err_code;
09      uint8_t tx_buf[MPU6050_ADDRESS_LEN + 1];
10
11      //准备写入的数据,第一个字节为寄存器地址,第二个字节为数据
12      tx_buf[0] = register_address;
13      tx_buf[1] = value;
```

```
14      //TWI 传输完成标志设置为 false
15      m_xfer_done = false;
16      //TWI 传输 TX,将数据写入到对应地址,并且确定写入长度
17      err_code = nrf_drv_twi_tx(&m_twi, MPU6050_ADDRESS, tx_buf,
18      MPU6050_ADDRESS_LEN + 1, false);
19      //等待 TWI 总线传输完成
20      while (m_xfer_done == false){}
21      if (NRF_SUCCESS != err_code)
22      {
23          return false;
24      }
25      return true;
26 }
```

　　然后是主机读取 MPU6050。根据 MPU6050 芯片手册,对应主机读取的时序分为两种:一种是单次读取,第一个字节为从机地址和写入,从机应答后,第二个字节为要读取的寄存器地址,然后主机重新发起开始信号,后面紧跟着从机地址和读取,从机应答后,返回要读取的数据;另一种是突发性多次读出。两种读取方式分别如图 17.19 和图 17.20 所示。在代码中采用第一种方式。

主机	S	AD+W		RA		S	AD+R			NACK	P
从机			ACK		ACK			ACK	DATA		

图 17.19　单次读出

主机	S	AD+W		RA		S	AD+R			ACK		NACK	P
从机			ACK		ACK			ACK	DATA		DATA		

图 17.20　突发性多次读出

　　根据读取时序,编写 MPU6050 读取对应地址的对应长度字节,然后进行保存的函数。这个函数命名为 mpu6050_reg_read,具体代码如下:

```
01 / *******************************************************************
02  * 功　能 : 读 MPU6050 寄存器
03  * 参　数 : egister_address[in]:寄存器地址
04  *        : * destination[out]:指向保存读取数据的缓存
05  *        : number_of_bytes[in] : 读的数据长度
06  * 返回值 : true:操作成功, false:操作失败
07  ******************************************************************* /
08 bool mpu6050_reg_read(uint8_t register_address, uint8_t * destination, uint8_t number_of_bytes)
09 {
10     ret_code_t err_code;
```

```
11    //TWI 传输完成标志设置为 false
12    m_xfer_done = false;
13    //TWI 传输 TX,主机对 MPU6050 发送地址进行寻址
14    err_code = nrf_drv_twi_tx(&m_twi, MPU6050_ADDRESS, &register_address, 1, true);
15    //等待 TWI 总线传输完成
16        while (m_xfer_done == false)
17    {
18        }
19    if (NRF_SUCCESS != err_code)
20    {
21        return false;
22    }
23    //TWI 传输完成标志设置为 false
24    m_xfer_done = false;
25    //TWI 传输 RX,CPU 从对应的地址读取数据
26    err_code = nrf_drv_twi_rx(&m_twi, MPU6050_ADDRESS, destination, number_of_bytes);
27    //等待 TWI 总线传输完成
28    while (m_xfer_done == false){}
29    if (NRF_SUCCESS != err_code)
30    {
31        return false;
32    }
33    return true;
34 }
```

MPU6050 提供一个 WHO_AM_I 寄存器存放 MPU6050 的设备 ID,如表 17.29 所列。寄存器地址为 0x75,存储内容为 0x68,如果读取的 ID 内容和存储内容一致,则认为读取设备 ID 成功。

表 17.29　WHO_AM_I 寄存器

寄存器地址 （十六进制）	寄存器地址 （十进制）	Bit 7	Bit 6	Bit 5	Bit 4	Bit 3	Bit 2	Bit 1	Bit 0
75	117	WHO_AM_I[6:1]							—

根据上述原理,编写读取设备 ID 的函数 mpu6050_verify_product_id,用于判断设备开始读/写的操作是否正确。具体代码如下：

```
01 /*******************************************************************
02  * 功　能：读加速度 ADDRESS_WHO_AM_I 设备 ID,并进行比较
03  * 返回值：true:读取成功,false:读取失败
04  *******************************************************************/
05 bool mpu6050_verify_product_id(void)
06 {
07     uint8_t who_am_i;
```

```
08
09      if (mpu6050_reg_read(ADDRESS_WHO_AM_I, &who_am_i, 1))
10      {
11          if (who_am_i != MPU6050_WHO_AM_I)
12          {
13              return false;
14          }
15          else
16          {
17              return true;
18          }
19      }
20      else
21      {
22          return false;
23      }
24 }
```

最后,通过 TWI 对 MPU5060 进行初始化:初始化过程是先读取 ID 判断 I2C 配置是否正确,能否正确读取数据;然后唤醒 MPU6050,设置采样率(Sample Rate = Gyroscope Output Rate/(1 + SMPLRT_DIV))为 1 kHz,设置低通滤波器,截止频率是 1 kHz,带宽是 5 kHz,陀螺仪自检及测量范围,典型值为 0x18(不自检,2 000(°)/s),配置用户可编程加速度计量程为 $\pm 2\ g$,不自检。具体代码如下:

```
01  / ***********************************************************
02   *  功   能 : 对 MPU6050 进行初始化
03   *  参   数 : 无
04   *  返回值 : true:初始化成功,false:初始化失败
05   *********************************************************** /
06  bool mpu6050_init(void)
07  {
08      bool transfer_succeeded = true;
09
10      transfer_succeeded &= mpu6050_verify_product_id();       //读取 MPU6050 设备 ID
11      if(mpu6050_verify_product_id() == false)
12      {
13          return false;
14      }
15      (void)mpu6050_reg_write(MPU_PWR_MGMT1_REG, 0x00);   //唤醒 MPU6050
16      //设置 GYRO
17      //设置采样率(Sample Rate = Gyroscope Output Rate/(1 + SMPLRT_DIV))为 1 kHz
18      (void)mpu6050_reg_write(MPU_SAMPLE_RATE_REG , 0x07);
19      //设置低通滤波器,截止频率是 1 kHz,带宽是 5 kHz
20      (void)mpu6050_reg_write(MPU_CFG_REG,0x06);
21      //关闭中断
```

```
22    (void)mpu6050_reg_write(MPU_INT_EN_REG, 0x00);
23    //陀螺仪自检及测量范围,典型值为 0x18(不自检,2 000(°)/s)
24    (void)mpu6050_reg_write(MPU_GYRO_CFG_REG,0x18);
25    //配置用户可编程加速度计量程为±2 g,不自检
26    (void)mpu6050_reg_write(MPU_ACCEL_CFG_REG,0x00);
27    return transfer_succeeded;
28  }
```

17.2.4　堵塞模式和非堵塞模式

阻塞模式和非阻塞模式的区别就是是否需要 event_handler 回调函数：由用户提供的事件处理程序。如果为空，则启用阻塞模式；如果不为空，则启用非阻塞模式，该模式下会在中断中触发对应的处理事件，这些处理事件通过回调函数进行回调，以便用户进行相应的处理。

前面的例子编写的为非阻塞模式。如果需要使用阻塞模式，则只需要把 TWI 初始化函数 nrf_drv_twi_init 中的 event_handler 回调参数设置为 NULL，删除函数代码中所有的 TWI 传输完成标识判断语句"m_xfer_done＝false；"和等待 TWI 传输完成语句，等待 TWI 传输语句具体代码如下：

```
01 while (m_xfer_done == false)
02     {
02          }
```

17.2.5　下载测试

代码编译后，通过仿真器下载到设备中。先把 USB 转串口通过 USB 线接到计算机上，然后把 MPU6050 模块插在开发板的 P9 口上，如图 17.21 所示。

图 17.21　MPU6050 模块放置

MPU6050 模块通电后，模块上的 LED 灯会点亮，然后打开串口调制助手，选择对应串口端口号；设置串口波特率为 115 200，数据位为 8，停止位为 1。测试打开串口，就开始输出 MPU6050 的 ACC 和 GYRO 数据，现象如图 17.22 所示。

| 串口调试 | 串口监视器 | USB调试 | 网络调试 | 网络服务器 | 小工具 | C51代码向导 | AVR代码向导 | 数据校验 |

串口配置

端口：COM16
波特率：115200
数据位：8
停止位：1
校验：NONE

关闭串口

线路控制
☐ DTR　☐ BREAK
☐ RTS

线路状态（只读）
☐ CTS　☐ DSR
☐ RING　☐ RLSD

接收区：已接收16585字节，速度126字节/秒，接收状态[允许]，输出文本状态[

```
ACC:  1892   -232   16052   GYRO: 651   -117   -13
ACC:  1924   -168   16088   GYRO: 649   -102   -17
ACC:  1948   -252   15496   GYRO: 653   -86    -16
ACC:  1764   -92    16212   GYRO: 646   -125   -18
ACC:  1880   -212   16088   GYRO: 651   -103   -14
ACC:  2004   -196   15612   GYRO: 649   -94    -10
ACC:  1736   -208   16176   GYRO: 652   -127   -16
ACC:  1900   -240   16164   GYRO: 649   -100   -11
ACC:  2056   -116   15648   GYRO: 649   -91    -12
ACC:  1656   -212   16120   GYRO: 646   -132   -18
ACC:  1972   -144   16168   GYRO: 658   -96    -11
ACC:  2140   -252   15588   GYRO: 647   -74    -14
ACC:  1824   -132   15948   GYRO: 646   -124   -10
ACC:  1864   -148   16252   GYRO: 650   -114   -13
ACC:  2116   -152   15624   GYRO: 648   -64    -15
ACC:  2056   -100   15672   GYRO: 654   -85    -14
ACC:  1700   -120   16168   GYRO: 645   -126   -22
ACC:  1984   -464   15648   GYRO: 639   -94    -9
ACC:  1772   -132   15448   GYRO: 655   -109   -15
ACC:  1212   -28    16884   GYRO: 644   -227   -10
ACC:  640    580    16944   GYRO: 715   -227   528
```

图 17.22　输出 ACC 和 GYRO 数据

第 18 章

SPI 接口的应用

18.1　SPI 总线介绍

SPI(Serial Peripheral Interface)称为串行外设接口。SPI 总线系统是一种同步串行外设接口,它可以使 MCU 与各种外围设备以串行方式进行通信以交换信息。SPI 接口可以连接很多类型的外围设备,比如外部 Flash 存储器、网络控制器、LCD 显示驱动器、A/D 转换器和 MCU 等设备。

(1) 总线接口

SPI 总线接口一般使用 4 条线:串行时钟线 SCK、主机输入/从机输出数据线 MI-SO、主机输出/从机输入数据线 MOSI、低电平有效的从机选择线 CS(有的 SPI 接口芯片带有中断信号线 INT,有的 SPI 接口芯片没有主机输出/从机输入数据线 MOSI),具体如表 18.1 所列。

表 18.1　SPI 引脚说明

I2C 引脚	方　向	描　述
MISO	主机输入/从机输出	主机读取从机数据的通道
MOSI	主机输出/从机输入	主机发送数据到从机的通道
SCK	主机输出	主机提供的总线时钟信号
CS	主从输出	主机选择从机设备的片选信号

SPI 总线可以挂载多个设备,主机通过 CS 从机选择端口进行从设备的区分,而 nRF52 系列处理器的 CS 从机选择端口可以采用 GPIO 端口来实现。如图 18.1 所示,如果 nRF52832 外接两个 SPI 从设备,那么可以通过 I/O1 和 I/O2 两个 GPIO 端口做成 CS 选择端口进行从机选择,当对应 I/O1 的 CS 从机选择端口拉低时,表示选择对应的 SPI 从机 1;当 CS 被拉高时,表示释放该器件对 SPI 总线的占用。

(2) SPI 数据传输方式

① 时钟极性控制位 CPOL:在 SPI 总线空闲时,时钟线 SCK 的电平状态称为时钟极性。

- CPOL=0:在 SPI 总线空闲时,时钟线 SCK 的电平状态为低电平;
- CPOL=1:在 SPI 总线空闲时,时钟线 SCK 的电平状态为高电平。

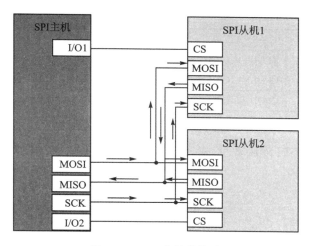

图 18.1 SPI 总线的接法

② 时钟相位控制位 CPHA:决定 SPI 总线在时钟先 SCK 的第几个跳变沿开始采样数据。

● CPHA=0:SPI 总线在时钟先 SCK 的第 1 个跳变沿开始采样数据;

● CPHA=1:SPI 总线在时钟先 SCK 的第 2 个跳变沿开始采样数据。

如图 18.2 所示,图中第一个波形为 CPOL=0 时 SCK 的时钟波形;第二个波形为 CPOL=1 时 SCK 的时钟波形。从左至右第 1 条虚线为 CPHA=0,在时钟先 SCK 的第 1 个跳变沿开始采样数据;第 2 条虚线为 CPHA=1,在时钟先 SCK 的第 2 个跳变沿开始采样数据。

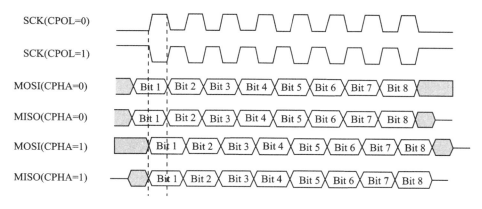

图 18.2 SPI 数据传输时序

如图 18.2 所示,由时钟极性控制位和时钟相位控制位互相组合,可以形成 4 种 SPI 的数据传输模式,nRF52832 对这 4 种模式的定义如表 18.2 所列。

表 18.2　SPI 的传输模式

模　式	描　述
NRF_SPI_MODE_0	CPOL＝0,CPHA＝0;SCK 为高电平时 SPI 有效,第 1 个边沿采样
NRF_SPI_MODE_1	CPOL＝0,CPHA＝1;SCK 为高电平时 SPI 有效,第 1 个边沿采样
NRF_SPI_MODE_2	CPOL＝1,CPHA＝0;SCK 为低电平时 SPI 有效,第 2 个边沿采样
NRF_SPI_MODE_3	CPOL＝1,CPHA＝1;SCK 为低电平时 SPI 有效,第 2 个边沿采样

在厂家提供的 SPI 库函数里,对于这 4 种模式通过一个结构体 nrf_spi_mode_t 进行声明,代码如下:

```
01 typedef enum
02 {
03     NRF_SPI_MODE_0,          ///< SCK active high, sample on leading edge of clock
04     NRF_SPI_MODE_1,          ///< SCK active high, sample on trailing edge of clock
05     NRF_SPI_MODE_2,          ///< SCK active low, sample on leading edge of clock
06     NRF_SPI_MODE_3           ///< SCK active low, sample on trailing edge of clock
07 } nrf_spi_mode_t;
```

18.2　nRF52832 处理器 SPI 特点

18.2.1　SPI 模块资源

在 nRF52832 的处理器手册上有 3 个部分关于 SPI 的说明:SPI、SPIM、SPIS。这 3 部分对应的 SPI 的基础地址相同,实际对应同一个物理接口。这 3 部分的区别如下:

SPI:SPI 接口设备;

SPIM:带 EasyDMA 的 SPI 主设备;

SPIS:带 EasyDMA 的 SPI 从设备。

SPI 与 SPIM 和 SPIS 的区别就是是否引入 EasyDMA。EasyDMA 可以减轻 CPU 的工作压力,传输数据时不需要 CPU 参与,直接通过 EasyDMA 从 RAM 中读取数据。本章主要介绍 SPI 主设备的使用,主设备可以使用连接到总线的每个从设备的单独芯片选择信号与多个从设备通信。这里列出的是 SPIM 的主要功能:

● 3 个 SPIM 模块:SPI0、SPI1、SPI2。

● SPI 四种数据传输模式 0～3。

● EasyDMA 可直接从 RAM 传输数据到 SPI 从设备和 SPI 主设备。

● 为每个 SPI 信号单独选择 I/O 引脚。

SPI 与其他具有与 SPI 相同 ID 的外设共享寄存器和其他资源,因此,在配置和使用 SPI 之前,用户必须禁用与 SPI 具有相同 ID 的所有外设。禁用与 SPI 具有相同 ID 的外设不会复位与 SPI 共享的任何寄存器。因此,明确配置所有相关 SPI 寄存器以确保其正确运行是非常重要的。

18.2.2　SPI 主机 EasyDMA

　　SPI 主机可以带 EasyDMA,用于在没有 CPU 参与的情况下从 DATA RAM 中读取和写入数据包。SPI 主设备是一个同步接口,对于主机每发送一个字节,主机将同时接收从机返回的一个字节。

　　RXD. PTR 和 TXD. PTR 分别指向 RXD 缓冲区(接收缓冲区)和 TXD 缓冲区(发送缓冲区),如图 18.3 所示。RXD. MAXCNT 和 TXD. MAXCNT 指定分配给缓冲区的最大字节数。

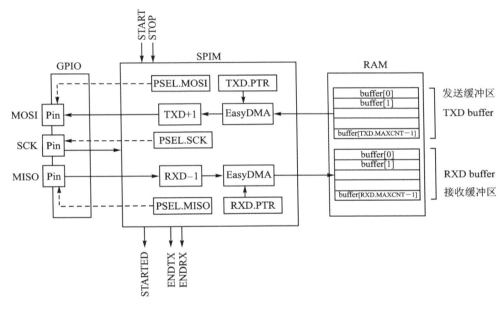

图 18.3　SPIM 内部寄存器结构

　　发送 TXD. MAXCNT 字节并接收到 RXD. MAXCNT 字节后,SPI 主控制器将自动停止发送。如果 TXD. MAXCNT 大于 RXD. MAXCNT,则忽略多余的接收字节;如果 RXD. MAXCNT 大于 TXD. MAXCNT,则剩余的发送字节将包含 ORC 寄存器中定义的值。如果 RXD. PTR 和 TXD. PTR 未指向数据 RAM 区域,则 EasyDMA 传输可能导致 HardFault 或 RAM 损坏。

　　. PTR 和. MAXCNT 寄存器是双缓冲的,它们可以在收到 STARTED 事件后立即更新并为下一次传输做好准备。ENDRX/ENDTX 事件表示 EasyDMA 已完成分别访问 RAM 中的 RX/TX 缓冲区。当 RX 和 TX 都完成访问 RAM 中的缓冲区时,会生成 END 事件。

　　SPI 主机事务包括由 START 任务启动的序列,后跟多个事件,最后是 STOP 停止任务。通过触发 START 任务启动 SPI 主机。当发送器按照 TXD. MAXCNT 寄存器

中的指定发送 TXD 缓冲区中的所有字节时,将产生 ENDTX 事件。当接收器填充
RXD 缓冲区时将产生 ENDRX 事件,即接收 RXD.MAXCNT 寄存器中指定的最后一
个可能字节。在执行 START 任务后,当生成 ENDRX 和 ENDTX 时,SPI 主控制器将
生成 END 事件。最后通过触发 STOP 任务来停止 SPI 主控制器。SPI 主机停止时会
生成 STOPPED 事件。SPIM 数据传输时序与事件如图 18.4 所示。

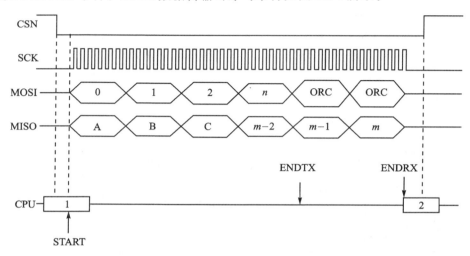

图 18.4 SPIM 数据传输时序与事件

注意:如果在 SPI 主控制器停止时尚未生成 ENDRX 事件,则 SPI 主控制器将生成
ENDRX 事件,即使 RX 缓冲区未满;如果在 SPI 主控制器停止时尚未生成 ENDTX 事
件,则 SPI 主控制器将生成 ENDTX 事件,即使 TXD.MAXCNT 寄存器中指定的 TXD
缓冲区中的所有字节均未传输。

18.2.3 低功耗

当系统处于低功耗且不需要外围设备时,通过先停止 SPIM,然后禁用外围设备可
以实现最低功耗。如果 SPIM 外设可能停止,则可能需要启动 STOP 任务;但如果
SPIM 外设已经启动,并且正在发送数据,则需要等到收到 STOPPED 事件作为响应,
再通过 ENABLE 寄存器来禁用 SPIM 外设。

18.2.4 主模式引脚配置

根据 PSEL.SCK、PSEL.MOSI 和 PSEL.MISO 寄存器中指定的配置,与 SPI 主控
制器关联的 SCK、MOSI 和 MISO 信号将映射到物理引脚。

PSEL.SCK、PSEL.MOSI 和 PSEL.MISO 寄存器及其配置仅在 SPI 主控制器启
用时使用,并且只有在器件处于 ON 模式时才会保留。只有在禁用 SPI 主控制器时才
能配置 PSEL.SCK、PSEL.MOSI 和 PSEL.MISO。为确保 SPI 中的正确行为,必须在
GPIO 外设中配置映射 SPI 使用的引脚,再启动 SPI 之前如表 18.3 所列的配置。只要

SPI 已启用,就必须在所选 I/O 的 GPIO 中保留此配置。一次只能分配一个 SPI 外设来驱动特定的 GPIO 引脚;否则可能会导致不可预测的行为。

表 18.3　启动 SPI 前的引脚映射配置

引　脚	寄存器配置	方　向	输出值
SCK	PSEL. SCK 寄存器	输出	与 CONFIG. CPOL 一样
MOSI	PSEL. MOSI 寄存器	输出	0
MISO	PSEL. MISO 寄存器	输入	无

18.3　SPI 接口寄存器

在 nRF52832 处理器中包含 3 个 SPI 模块,由于 SPIM 包含 SPI 的寄存器,因此以 SPIM 的寄存器介绍为主,如表 18.4 所列。我们会发现 SPI0、SPI1 与 TWI0、TWI1 共用基础地址,因此 SPI0 和 TWI0 不能同时使用,SPI1 和 TWI1 不能同时使用。

表 18.4　SPIM 模块

基础地址	外　设	模　块	描　述
0x40003000	SPIM	SPIM0	SPI 主机 0
0x40004000	SPIM	SPIM1	SPI 主机 1
0x40023000	SPIM	SPIM2	SPI 主机 2

SPIM 包含的寄存器如表 18.5 所列。

表 18.5　SPIM 寄存器

寄存器名称	地址偏移	功能描述
TASKS_START	0x010	开始 SPI 传输任务
TASKS_STOP	0x014	停止 SPI 传输任务
TASKS_SUSPEND	0x01C	暂停 SPI 传输
TASKS_RESUME	0x020	恢复 SPI 传输
EVENTS_STOPPED	0x104	SPI 传输已经停止
EVENTS_ENDRX	0x110	到达 RXD 缓冲区结束位置
EVENTS_END	0x118	到达 RXD 和 TXD 缓冲区结束位置
EVENTS_ENDTX	0x120	到达 TXD 缓冲区结束位置
EVENTS_STARTED	0x14C	开始传输事件
SHORTS	0x200	快捷方式寄存器
INTENSET	0x304	使能中断
NTENCLR	0x308	禁止中断
ENABLE	0x500	使能 SPIM

续表 18.5

寄存器名称	地址偏移	功能描述
PSEL. SCK	0x508	SCK 引脚配置
PSEL. MOSI	0x50C	MOSI 引脚配置
PSEL. MISO	0x510	MISO 引脚配置
FREQUENCY	0x524	SPI 的频率,精度取决于所选择的 HFCLK 源
RXD. PTR	0x534	RX 数据指针
RXD. MAXCNT	0x538	RX 传输缓冲区中的最大字节数
RXD. AMOUNT	0x53C	在上一个事务中传输的字节数
RXD. LIST	0x540	RX 的 EasyDMA 列表类型
TXD. PTR	0x544	TX 数据指针
TXD. MAXCNT	0x548	TX 传输缓冲区中的最大字节数
TXD. AMOUNT	0x54C	在上一个事务中传输的字节数
TXD. LIST	0x550	TX 的 EasyDMA 列表类型
CONFIG	0x554	TWI 配置寄存器
ORC	0x5C0	Over - read 字符。字符锁定,以防 TXD 缓冲区被误读

下面将对表 18.5 中的部分寄存器进行详细介绍。

(1) 快捷方式寄存器 SHORTS

该寄存器用于实现事件和任务之间的快捷触发方式,具体说明如表 18.6 所列。

表 18.6　SHORTS 寄存器

位　数	域	ID　值	值	描　述
第 17 位	END_START	Disabled	0	禁止 END 事件 和 START 任务之间的快捷方式
		Enabled	1	使能 END 事件 和 START 任务之间的快捷方式

(2) 中断使能寄存器 INTENSET

该寄存器用于使能 SPIM 的相关中断,写 1 使能,写 0 无效,可以读取判断使能状态,具体说明如表 18.7 所列。

表 18.7　INTENSET 寄存器

位　数	域	ID　值	值	描　述
第 1 位	STOPPED	Set	1	使能 STOPPED 事件中断
		Disabled	0	读:已禁止
		Enabled	1	读:已使能
第 4 位	ENDRX	Set	1	使能 ENDRX 事件中断
		Disabled	0	读:已禁止
		Enabled	1	读:已使能

续表 18.7

位　数	域	ID　值	值	描　　述
第 6 位	END	Set	1	使能 END 事件中断
		Disabled	0	读：已禁止
		Enabled	1	读：已使能
第 8 位	ENDTX	Set	1	使能 ENDTX 事件中断
		Disabled	0	读：已禁止
		Enabled	1	读：已使能
第 19 位	STARTED	Set	1	使能 STARTED 事件中断
		Disabled	0	读：已禁止
		Enabled	1	读：已使能

（3）中断禁止寄存器 INTENCLR

该寄存器用于禁止 SPIM 的相关中断，写 1 禁止，写 0 无效，可以读取判断禁止状态，具体说明如表 18.8 所列。

表 18.8　INTENCLR 寄存器

位　数	域	ID　值	值	描　　述
第 1 位	STOPPED	Clear	1	禁止 STOPPED 事件中断
		Disabled	0	读：已禁止
		Enabled	1	读：已使能
第 4 位	ENDRX	Clear	1	禁止 ENDRX 事件中断
		Disabled	0	读：已禁止
		Enabled	1	读：已使能
第 6 位	END	Clear	1	禁止 END 事件中断
		Disabled	0	读：已禁止
		Enabled	1	读：已使能
第 8 位	ENDTX	Clear	1	禁止 ENDTX 事件中断
		Disabled	0	读：已禁止
		Enabled	1	读：已使能
第 19 位	STARTED	Clear	1	禁止 STARTED 事件中断
		Disabled	0	读：已禁止
		Enabled	1	读：已使能

（4）SPIM 使能或禁止寄存器 ENABLE

该寄存器用于使能或者禁止 SPIM 模块，如表 18.9 所列。

表 18.9　ENABLE 寄存器

位　数	域	ID　值	值	描　述
第 0～3 位	ENABLE	Disabled	0	禁止 SPIM
		Enabled	1	使能 SPIM

(5) SPIM 时钟引脚 SCK 配置寄存器 PSEL.SCK

该寄存器用于配置时钟引脚 SCK 的连接状态和端口号,如表 18.10 所列。

表 18.10　PSEL.SCK 寄存器

位　数	域	ID　值	值	描　述
第 0～4 位	PIN	—	[0..31]	引脚号
第 31 位	CONNECT	Disconnected	1	断开状态
		Connected	0	连接状态

(6) SPIM 引脚 MOSI 配置寄存器 PSEL.MOSI

该寄存器用于配置数据引脚 MOSI 的状态与端口号,如表 18.11 所列。

表 18.11　PSEL.MOSI 寄存器

位　数	域	ID　值	值	描　述
第 0～4 位	PIN	—	[0..31]	引脚号
第 31 位	CONNECT	Disconnected	1	断开状态
		Connected	0	连接状态

(7) SPIM 引脚 MISO 配置寄存器 PSEL.MISO

该寄存器用于配置数据引脚 MISO 的状态与端口号,如表 18.12 所列。

表 18.12　PSEL.MISO 寄存器

位　数	域	ID　值	值	描　述
第 0～4 位	PIN	—	[0..31]	引脚号
第 31 位	CONNECT	Disconnected	1	断开状态
		Connected	0	连接状态

(8) SPIM 主机速率配置寄存器 FREQUENCY

该寄存器用于配置 SPI 主机的速率,如表 18.13 所列。

表 18.13　FREQUENCY 寄存器

位　数	域	ID 值	值	描　述
第 0～31 位	FREQUENCY (SPI 主机速率)	K125	0x02000000	125 kbps
		K250	0x04000000	250 kbps
		K500	0x08000000	500 kbps

续表 18.13

位　数	域	ID　值	值	描　述
第 0～31 位	FREQUENCY (SPI 主机速率)	M1	0x10000000	1 Mbps
		M2	0x20000000	2 Mbps
		M4	0x40000000	4 Mbps
		M8	0x80000000	8 Mbps

(9) SPIM 接收数据指针 RXD.PTR

该寄存器用于设置 SPI 的接收数据指针,如表 18.14 所列。

表 18.14　RXD.PTR 寄存器

位　数	域	ID　值	值	描　述
第 0～31 位	PTR	—	—	数据指针

(10) 接收缓冲区中的最大字节数设置寄存器 RXD.MAXCNT

该寄存器用于配置接收缓冲区的最大字节数,如表 18.15 所列。

表 18.15　RXD.MAXCNT 寄存器

位　数	域	ID　值	值	描　述
第 0～7 位	MAXCNT	—	—	接收缓冲区中的最大字节数

(11) 上一个接收事务中传输的字节数寄存器 RXD.AMOUNT

该寄存器的具体说明如表 18.16 所列。

表 18.16　RXD.AMOUNT 寄存器

位　数	域	ID　值	值	描　述
第 0～7 位	AMOUNT	—	—	在上一个接收事务中传输的字节数

(12) 接收端 EasyDMA 列表配置寄存器 RXD.LIST

该寄存器用于设置接收端 EasyDMA 列表类型,如表 18.17 所列。

表 18.17　RXD.LIST 寄存器

位　数	域	ID 值	值	描　述
第 0～2 位	LIST (列表类型)	Disabled	0	禁止 EasyDMA 列表
		ArrayList	1	使用 EasyDMA 列表

(13) SPIM 发送数据指针寄存器 TXD.PTR

该寄存器用于设置 SPI 的发送数据指针,如表 18.18 所列。

表 18.18　TXD. PTR 寄存器

位　数	域	ID 值	值	描　述
第 0～31 位	PTR	—	—	数据指针

(14) 发送缓冲区中的最大字节数设置寄存器 TXD. MAXCNT

该寄存器用于配置发送缓冲区中的最大字节数,具体说明如表 18.19 所列。

表 18.19　TXD. MAXCNT 寄存器

位　数	域	ID 值	值	描　述
第 0～7 位	MAXCNT	—	—	发送缓冲区中的最大字节数

(15) 上一个发送事务中传输的字节数寄存器 TXD. AMOUNT

该寄存器用于配置发送缓冲区的最大字节数,如表 18.20 所列。

表 18.20　TXD. AMOUNT 寄存器

位　数	域	ID 值	值	描　述
第 0～7 位	AMOUNT	—	—	在上一个发送事务中传输的字节数

(16) 发送端 EasyDMA 列表配置寄存器 TXD. LIST

该寄存器用于设置发送端 EasyDMA 列表类型,如表 18.21 所列。

表 18.21　TXD. LIST 寄存器

位　数	域	ID 值	值	描　述
第 0～2 位	LIST (列表类型)	Disabled	0	禁止 EasyDMA 列表
		ArrayList	1	使用 EasyDMA 列表

(17) SPI 模式配置寄存器 CONFIG

该寄存器用于配置 SPI 总线传输模式,如表 18.22 所列。

表 18.22　CONFIG 寄存器

位　数	域	ID 值	值	描　述
第 0 位	ORDER (位顺序)	MsbFirst	0	高位先传
		LsbFirst	1	低位先传
第 1 位	CPHA (串行时钟(SCK)相位)	Leading	0	时钟前沿采样,后沿移位串行数据
		Trailing	1	时钟后沿采样,前沿移位串行数据
第 2 位	CPOL (串行时钟(SCK)极性)	ActiveHigh	0	高电平有效
		ActiveLow	1	低电平有效

(18) Over‑read 字符寄存器 ORC

当要接收的数据长度大于要发送的数据长度时,为了能够继续接收数据而发送该寄存器中的数据,如表 18.23 所列。

表 18.23　ORC 寄存器

位　数	域	ID　值	值	描　述
第 0～7 位	ORC	—	—	Over-read 字符。字符锁定,将继续发送 ORC 寄存器里的数据,以防 TXD 缓冲区被误读

18.4　SPI 读/写 W25Q16

18.4.1　硬件准备

SPI 接 W25Q16 电路图如图 18.5 所示,Flash W25Q16 通过 SPI 的片选端口进行选择。

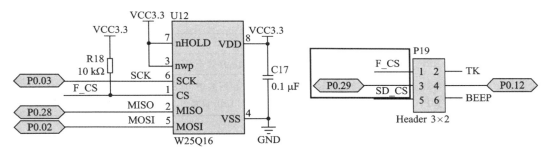

图 18.5　SPI 接 W25Q16 电路图

用跳线帽把端口 P0.29 和 Flash 的片选端 F_CS 短接,如图 18.5 所示,那么整个端口分配如下:

MISO:端口 P0.28;

MOSI:端口 P0.02;

SCK:端口 P0.03;

F_CS:端口 P0.29。

端口解释如下:

F_CS:Flash 片选信号引脚。

SCK:Flash 时钟信号引脚。

MISO:Flash 主入从出引脚。

MOSI:Flash 主出从入引脚。

18.4.2　SPI 组件库介绍

Nordic 官方提供了 SPI 的组件库,用于配置 SPI 的主机或者从机功能。下面介绍几个常用的 SPI 的 API 函数。

（1）nrf_drv_spi_init 函数

该函数是 SPI 初始化函数，具体说明如表 18.24 所列。

表 18.24　nrf_drv_spi_init 函数

函　数	ret_code_t nrf_drv_spi_init(nrf_drv_spi_t const * const p_instance, 　　　　　　　　　　　nrf_drv_spi_config_t const * p_config, 　　　　　　　　　　　nrf_drv_spi_evt_handler_t　　handler, 　　　　　　　　　　　void *　　　　　　　　　p_context);
功　能	用于初始化 SPI 主驱动程序实例。此函数配置并启用指定的外围设备。 **注意**：MISO 引脚已启用下拉功能
参　数	p_instance：指向驱动程序实例结构的指针
	p_config：指向具有初始配置的结构的指针
	handler：由用户提供的事件处理程序，如果为空，传输将在阻塞模式下执行
	p_context：传递给事件处理程序的上下文
返回值	NRF_SUCCESS：表示初始化成功
	NRF_ERROR_INVALID_STATE：表示驱动程序处于无效状态
	NRF_ERROR_BUSY：表示已经使用了具有相同实例 ID 的其他外围设备。只有在将 PE-RIPHERAL_RESOURCE_SHARING_ENABLED 设置为 0 以外的值时才有可能这样做

　　p_config 指针指向具有初始配置的结构体，这个结构体为 nrf_drv_spi_config_t，通过其对 SPI 的相关参数进行设置。该结构体包含如下代码所示部分：

```
01 typedef struct
02 {
03     uint8_t sck_pin;      //SCK 时钟引脚
04     uint8_t mosi_pin;     //MOSI 引脚，当设置为参数 NRF_DRV_SPI_PIN_NOT_USED 时
05                           //表示该信号端口不使用
06     uint8_t miso_pin;     //MISO 引脚，当设置为参数 NRF_DRV_SPI_PIN_NOT_USED 时
07                           //表示该信号端口不使用
08     uint8_t ss_pin;       //从机片选引脚，当设置为参数 NRF_DRV_SPI_PIN_NOT_USED 时
09                           //表示该信号端口不使用。驱动程序只支持该信号的低电平活动
                             //如果信号是高电平，则它必须由外部控制
10     uint8_t irq_priority; //中断优先级
11     uint8_t orc;          //orc 特性：当 TX 缓冲里所有的字节都被发送出去时，可以继续发送
12                           //orc 内的字节去读取数据
13     nrf_drv_spi_frequency_t frequency;   //SPI 工作频率
14     nrf_drv_spi_mode_t      mode;        //SPI 模式
15     nrf_drv_spi_bit_order_t bit_order;   //SPI 位顺序
16 } nrf_drv_spi_config_t;
```

　　第 03～08 行：配置默认的 SPI 引脚，相当于启动 SPI 前的 GPIO 引脚的映射配置。

第 10 行：设置 SPI 中断优先级。

第 11 行：设置 orc 特性。如果接收缓冲字节 RXD. MAXCNT 大于发送缓冲字节 TXD. MAXCNT，则剩余的发送字节将包含 ORC 寄存器中定义的值。

第 13 行：设置 SPI 的工作频率。

第 14 行：设置 SPI 的数据传输模式。

第 15 行，设置 SPI 的位顺序，也就是每字节数据从低位还是高位开始传输，通过定义结构体 nrf_drv_spi_bit_order_t 进行表示，时序图如图 18.6 所示。

```
17 typedef enum
18 {
19     NRF_DRV_SPI_BIT_ORDER_MSB_FIRST = NRF_SPI_BIT_ORDER_MSB_FIRST,
20     //每字节数据从高位(MSB)开始传输
21     NRF_DRV_SPI_BIT_ORDER_LSB_FIRST = NRF_SPI_BIT_ORDER_LSB_FIRST
22     //每字节数据从低位(LSB)开始传输
23 } nrf_drv_spi_bit_order_t;
```

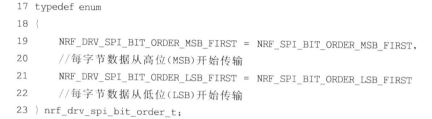

图 18.6　SPI 位顺序

（2）nrf_drv_spi_transfer 函数

该函数是 SPI 数据传输启动函数，具体说明如表 18.25 所列。

表 18.25　nrf_drv_spi_transfer 函数

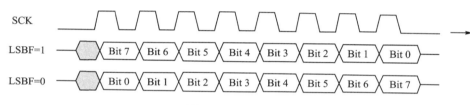

函　数	`__STATIC_INLINE  ret_code_t nrf_drv_spi_transfer(nrf_drv_spi_t const * const p_instance,`
	`uint8_t const * p_tx_buffer,`
	`uint8_t        tx_buffer_length,`
	`uint8_t      * p_rx_buffer,`
	`uint8_t        rx_buffer_length);`

功　能	用于启动 SPI 数据传输。表示在@ref nrf_drv_spi_init 调用中提供了事件处理程序，则该函数立即返回，并且在传输完成时调用该处理程序。否则，传输将在阻塞模式下执行，这意味着该函数在传输完成时返回。 注意：使用 EasyDMA(例如 SPIM) 的外围设备要求将传输缓冲区放在数据 RAM 区域中，如果不是，并且使用了 SPIM 实例，则此函数将失败，错误代码为 NRF_ERROR_INVALID_ADDR

续表 18.25

参　数	p_instance:指向驱动程序实例结构的指针
	p_tx_buffer:指向传输缓冲区的指针,如果没有要发送的内容,则可以为空
	tx_buffer_length:传输缓冲区的长度
	p_rx_buffer:指向接收缓冲区的指针。如果没有要接收的内容,则可以为空
	rx_buffer_length:接收缓冲区的长度
返回值	NRF_SUCCESS:表示程序传输成功
	NRF_ERROR_BUSY:表示先前启动的转移尚未完成
	NRF_ERROR_INTERNAL:表示硬件检测到错误
	NRF_ERROR_INVALID_ADDR:表示提供的缓冲区没有放在数据 RAM 区域中

18.4.3　应用实例编程

本小节通过编程来完成 SPI 驱动 W25Q16 的实验。在代码文件中建立了一个演示历程,打开看看需要哪些库文件。打开 arm5 文件夹中的工程项目树,如图 18.7 所示。

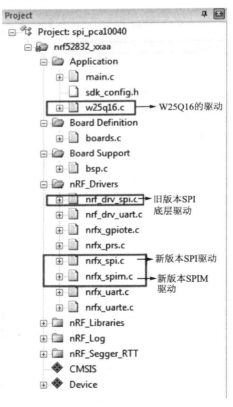

图 18.7　W25Q16 驱动工程目录树

在工程中,4 个与本项目相关的驱动文件分别为:w25q16.c、nrf_drv_spi.c、nrfx_spi.c 和 nrfx_spim.c。其中,w25q16.c 文件是基于 SPI 硬件的 Flash 驱动文件;nrf_drv_spi.c 为 SPI 旧版本硬件的驱动函数集合;nrfx_spi.c 和 nrfx_spim.c 是 SPI 新版本兼容库,前者是不带 Easy_DMA 的驱动,后者是带 Easy_DMA 的驱动。这 4 个函数需要加入到工程项目中,同时需要注意配置驱动路径。工程中,需要添加如表 18.26 所列的几个文件和文件路径。

表 18.26　文件路径表

新增文件名称	功能描述	路　径
w25q16.c	编写的 W25Q16 驱动	\drive
nrfx_spi.c	新版本 SPI 兼容库	\modules\nrfx\drivers\include\src
nrfx_spim.c	新版本 SPIM 兼容库	\modules\nrfx\drivers\include\src
nrf_drv_spi.c	旧版本 SPI 基础库	\integration\nrfx\legacy

添加库文件完成后,注意在 Options for Target 对话框中的 C/C++选项卡中的 Include Paths 下拉列表框中选择硬件驱动库的文件路径,如图 18.8 所示。

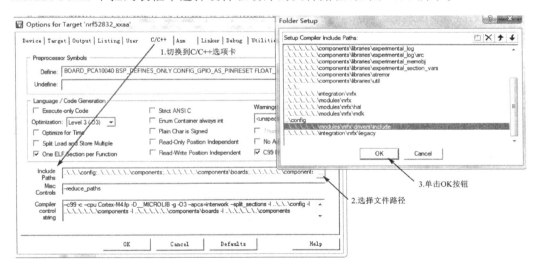

图 18.8　W25Q16 驱动工程添加文件路径

工程搭建完后,首先需要修改 sdk_config.h 配置文件。使用库函数时需要使能库功能,因此需要在 sdk_config.h 配置文件中设置对应模块的使能选项。如果在 sdk_config.h 配置文件的 Configuration Wizard 配置导航卡中看见如图 18.9 所示的几个参数被选中,则表明配置修改成功。

在上面添加的文件中,W25Q16.c 文件是需要单独编写的。下面将重点介绍关于该驱动的编写。

首先需要进行 SPI 的初始化设置,代码如下:

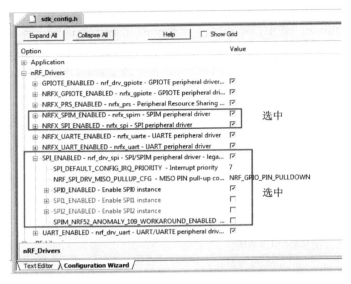

图 18.9   W25Q16 驱动工程配置文件使能项

```
01   #define SPI_INSTANCE     0                /**<SPI instance index*/
02   #define SPI_CS_PIN       29               /**<SPI CS Pin*/
03
04   static volatile bool spi_xfer_done; //SPI 数据传输完成标志
05   static const nrf_drv_spi_t spi = NRF_DRV_SPI_INSTANCE(SPI_INSTANCE); /**<SPI 使用的配置端*/
06
07   static uint8_t    spi_tx_buf[256];/**<TX buffer 缓冲*/
08   static uint8_t    spi_rx_buf[256];/**<RX buffer 缓冲*/
09   /**SPI 中断处理函数
10    */
11   void spi_event_handler(nrf_drv_spi_evt_t const * p_event)
12   {
13     spi_xfer_done = true;
14   }
15   //SPI 初始化端口
16   void hal_spi_init(void)
17   {   //使用 SPI 默认配置
18       nrf_drv_spi_config_t spi_config = NRF_DRV_SPI_DEFAULT_CONFIG;
19       //配置 SPI 端口
20       spi_config.ss_pin   = SPI_SS_PIN;
21       spi_config.miso_pin = SPI_MISO_PIN;
22       spi_config.mosi_pin = SPI_MOSI_PIN;
23       spi_config.sck_pin  = SPI_SCK_PIN;
24       APP_ERROR_CHECK(nrf_drv_spi_init(&spi, &spi_config, spi_event_handler, NULL));
25   }
```

第 01 行:设置 SPI_INSTANCE 位使用的 SPI 端口。

第 02 行:宏定义 SPI_CS_PIN 为 Flash 的从设备的片选端口。

第 04 行:宏定义一个标志位 spi_xfer_done,SPI 触发中断事件时会被置位。

第 05 行:声 明 SPI 的 端 口 模 块。NRF _ DRV _ SPI _ INSTANCE (SPI _ IN-STANCE),其中 SPI_INSTANCE 第一行被定义为 0,表示为 NRF_DRV_SPI_IN-STANCE(0),也就是使用 SPI0。

同时如果在配置文件 sdk_config.h 中选中 SPI0_USE_EASY_DMA,SPI0 就是采用 EASY_DMA 进行传输,如图 18.10 所示。

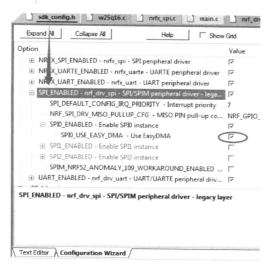

图 18.10　选中 SPI0_USE_EASY_DMA

第 07~08 行:设置 TX buffer 缓冲和 RX buffer 缓冲的大小。

第 11~14 行:如果是非阻塞模式,则设置 SPI 的中断处理函数 spi_event_handler,当发生中断后,标志位 spi_xfer_done 被置位为 1。

第 18~24 行:通过函数 nrf_drv_spi_config_t 配置声明的 SPI 模块,同时注册一个中断回调处理函数。其中,配置 SPI 的基本参数如下:

```
#define   NRF_DRV_SPI_DEFAULT_CONFIG(id)
{
    .sck_pin      = NRF_DRV_SPI_PIN_NOT_USED,
    .mosi_pin     = NRF_DRV_SPI_PIN_NOT_USED,
    .miso_pin     = NRF_DRV_SPI_PIN_NOT_USED,
    .ss_pin       = NRF_DRV_SPI_PIN_NOT_USED,
    .irq_priority = SPI_DEFAULT_CONFIG_IRQ_PRIORITY,
    .orc          = 0xFF,
    .frequency    = NRF_DRV_SPI_FREQ_500K,
    .mode         = NRF_DRV_SPI_MODE_0,
```

```
         .bit_order        = NRF_DRV_SPI_BIT_ORDER_MSB_FIRST,
     }
```

. sck_pin、. mosi_pin、. miso_pin 和 . ss_pin 这 4 个参数配置 SPI 引脚,第 5 个参数配置 SPI 优先级,第 6 个参数配置接收后自动发送的参数,第 7 个参数配置 SPI 时钟频率,第 8 个参数配置 SPI 的模式,第 9 个参数配置发送字节的高位先发还是低位先发。

初始化后,开始编写读/写 W25Q16 的代码,时序关系需要参考 W25Q16 的数据手册。

① 首先通过 SPI 接口发送 0xFF 字节,同时接收数据,实现读取一个字节,具体代码如下:

```
01 uint8_t SpiFlash_ReadOneByte(void)
02 {
03     uint8_t len = 1;
04     spi_tx_buf[0] = 0xFF;                    //写入空的数据
05     spi_xfer_done = false;
06     APP_ERROR_CHECK(nrf_drv_spi_transfer(&spi, spi_tx_buf, len, spi_rx_buf, len));
07                                              //发送数据并接收
08     while(! spi_xfer_done)
09              ;
10     return (spi_rx_buf[0]);                  //接收返回
```

② 通过 SPI 接口发送任意的 uint8_t Dat 字节,具体代码如下:

```
11 void SpiFlash_WriteOneByte(uint8_t Dat)
12 {
13     uint8_t len = 1;
14     spi_tx_buf[0] = Dat;                     //写入任意数据
15     spi_xfer_done = false;
16     APP_ERROR_CHECK(nrf_drv_spi_transfer(&spi, spi_tx_buf, len, spi_rx_buf, len));
17                                              //发送数据并接收
18     while(! spi_xfer_done)
19              ;
20 }
```

③ 扇区擦除:对应 W25Q16 类的串行 Flash,其擦除方式有 3 种:扇区(Sector)擦除、块(Block)擦除和整片擦除,其擦除范围从小到大。下面对扇区擦除的过程进行讲解,另外两种方式可以对照 W25Q16 的数据手册以相同的方式编写,这里就不赘述了。

Flash 数据写入是把 Flash 内部二进制位从 1 写为 0,但是无法把 0 写为 1。如果该位置原本被写入了 0,第二次想把对应位置写入 1,则这种重复写入过程会失败。因此,一般需要在重复写入之前对 Flash 进行擦除,擦除后的 Flash 内部二进制位会全部变为 1。在用 W25Q16 擦除 Flash 时无法以位进行擦除的,那么擦除的最小的单位是扇区。W25Q16 将 2 MB 的容量分为 32 个块,每个块大小为 64 KB,每个块又分为

16 个扇区,每个扇区为 4 KB。W25Q64 的最小擦除单位为一个扇区,也就是每次必须
擦除 4 KB。这里以最小的扇区擦除为演示,其时序如图 18.11 所示。

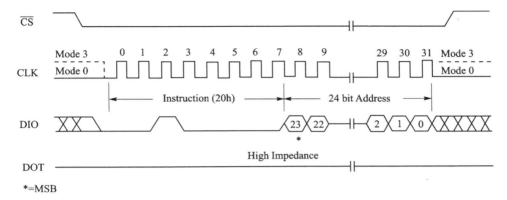

图 18.11　扇区擦除时序

在图 18.11 中,
- CS 片选拉低,选择该外设 Flash,同时写入数据之前写使能。
- DIO 第一个字节周期输入 0x20 作为扇区擦除的命令(块擦除和整片擦除的区别在于命令不同)。
- DIO 第二个到第四个字节周期(一共 24 位)写入要擦除的扇区地址,高位在前(块擦除也有地址)。
- CS 片选拉高,释放该外设 Flash。

按照图 18.11 所示的时序分析,编写代码如下:

```
01 / *******************************************************
02 ** 描    述:块扇区,W25Q16 最小的擦除单位是扇区
03 ** 入    参:Block_Num:块号
04 **         Sector_Number:扇区号
05 ** 返回值:无
06 ******************************************************* /
07 void SPIFlash_Erase_Sector(uint8_t Block_Num,uint8_t Sector_Number)
08 {
09     SpiFlash_Write_Enable();                    //写使能
10
11     spi_tx_buf[0] = SPIFlash_SecErase_CMD;    //扇区擦除命令
12     spi_tx_buf[1] = Block_Num;
13     spi_tx_buf[2] = Sector_Number << 4;
14     spi_tx_buf[3] = 0x00;
15     spi_xfer_done = false;
16         APP_ERROR_CHECK(nrf_drv_spi_transfer(&spi, spi_tx_buf, 4, spi_rx_buf, 4));
17         while(! spi_xfer_done)
18             ;
```

```
19    nrf_delay_ms(10);                    //每次擦除数据都要延时等待写入结束
20 }
```

④ 按页写:向指定的地址写入数据。W25Q16 存储器是由每 256 B 组成一个可编程页,一共 8 192 页。最多 256 B 可以在一个时间内被编程,也就是说,一次写入的最大单位为页。写入时序以页为单位。其时序如图 18.12 所示。

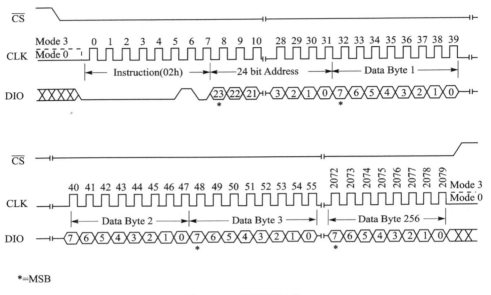

图 18.12　按页写时序

在图 18.12 中,
- CS 片选拉低,选择该外设 Flash,同时写入数据之前写使能。
- DIO 第一个字节周期写入 0x02 作为页写入的命令。
- DIO 第二个到第四个字节周期(一共 24 位)写入要写入数据的起始地址。
- DIO 第五个字节周期写入数据,依次到第 256 个字节。
- CS 片选拉高,释放该外设 Flash。

按照图 18.12 所示的时序分析,编写代码如下。注意,WriteBytesNum 的值不能超过 256+4 字节。

```
01 / ***************************************************************
02 ** 描    述:向指定的地址写入数据
03 ***         pBuffer:指向待写入的数据
04 **          WriteAddr:写的起始地址
05 **          WriteBytesNum:写入的字节数
06 **          返回值:RET_SUCCESS
07 *************************************************************** /
08 uint8_t SpiFlash_Write_Page(uint8_t * pBuffer, uint32_t WriteAddr, uint32_t WriteBytesNum)
09 {
```

```
10       uint8_t len;
11
12       SpiFlash_Write_Enable();                          //写使能
13
14       spi_tx_buf[0] = SPIFlash_PageProgram_CMD;         //页写命令
15       spi_tx_buf[1] = (uint8_t)((WriteAddr&0x00ff0000) >> 16);
16       spi_tx_buf[2] = (uint8_t)((WriteAddr&0x0000ff00) >> 8);
17       spi_tx_buf[3] = (uint8_t)WriteAddr;
18
19       memcpy(&spi_tx_buf[4],pBuffer,WriteBytesNum);
20       len = WriteBytesNum + 4;
21       spi_xfer_done = false;
22       APP_ERROR_CHECK(nrf_drv_spi_transfer(&spi, spi_tx_buf, len, spi_rx_buf, 0));
23       while(! spi_xfer_done)
24            ;
25       return RET_SUCCESS;
26 }
```

⑤ 读:从指定的地址读出指定长度的数据。W25Q16 存储器是可以自由读取任意地址开始的任意长度的数据,其读指定地址时序如图 18.13 所示。注意,使用 SPIM 后,由于 EasyDMA 缓冲的最大长度为 255 B,如果读取长度超过该长度,SPIM 会中止传输,因此需要对 SPIM 进行手动片选拉低,等待超过缓冲的字节继续传输完毕。

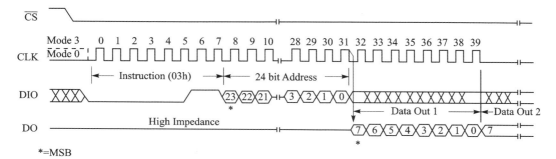

图 18.13　读指定地址时序

在图 18.13 中,

● CS 片选拉低,选择该外设 Flash。

● DIO 第一个字节周期写入 0x03 作为页写入的命令。

● DIO 第二个到第四个字节周期(一共 24 位)写入要读取数据的起始地址。

● DIO 第五个字节周期后写入 FF 空数据,DO 返回数据。

● CS 片选拉高,释放该外设 Flash。

按照图 18.13 所示的时序分析,编写代码如下:

```
01 / ***************************************************************
02 ** 描   述:从指定的地址读出指定长度的数据
03 ** 入   参:pBuffer:指向存放读出数据的首地址
04 **         ReadAddr:待读出数据的起始地址
05 **         ReadBytesNum:读出的字节数
06 ** 返回值:是否成功
07 *************************************************************** /
08 uint8_t SpiFlash_Read(uint8_t * pBuffer,uint32_t ReadAddr,uint32_t ReadBytesNum)
09 {
10     uint8_t len;
11     spi_tx_buf[0] = SPIFlash_ReadData_CMD;                    //读取命令
12     spi_tx_buf[1] = (uint8_t)((ReadAddr&0x00ff0000) >> 16);
13     spi_tx_buf[2] = (uint8_t)((ReadAddr&0x0000ff00) >> 8);
14     spi_tx_buf[3] = (uint8_t)ReadAddr;
15
16     len = ReadBytesNum + 4;
17     spi_xfer_done = false;
18     APP_ERROR_CHECK(nrf_drv_spi_transfer(&spi, spi_tx_buf, len, spi_rx_buf, len));
19     while(!spi_xfer_done)
20         ;
21     memcpy(pBuffer,&spi_rx_buf[4],ReadBytesNum);
22
23     return RET_SUCCESS;
24 }
```

现在利用主函数来简单验证一下。通过按下按键 1 写入一个 good 数据,然后再从 Flash 读出,对比写入和读出数据是否一致,从而判断写入数据是否正确。最后通过串口输出来观察相关现象。

```
01 int main(void)
02 {
03     uint8_t i;
04
05     nrf_gpio_cfg_output(LED_1);                    //配置 P0.21 为输出,驱动指示灯 LED1
06     nrf_gpio_pin_set(LED_1);                       //LED1 初始状态设置为熄灭
07     nrf_gpio_range_cfg_input(BUTTON_START,BUTTON_STOP,NRF_GPIO_PIN_PULLUP);
08     //配置 P0.17～P0.20 为输入
09     uart_init();                                   //串口初始化
10     hal_spi_init();                                //SPI 初始化
11     nrf_delay_ms(100);
12     printf("...start\r\n");
13     nrf_delay_ms(800);
14     while (true)
15     {
```

```
16              if(nrf_gpio_pin_read(BUTTON_1) == 0)                //按下按键 S1
17              {
18                  nrf_delay_ms(10);                               //延时去抖动
19                      if(nrf_gpio_pin_read(BUTTON_1) == 0)        //确认按键 S1 按下
20                          {
21                              nrf_gpio_pin_clear(LED_1);
22                              SPIFlash_Erase_Sector(0,0);         //写之前必须先擦除
23                              nrf_delay_ms(100);
24                              SpiFlash_Write_Page(Tx_Buffer,0x00,5); //写入 5 个字节数据
25                              for(i=0; i<5;i++)printf(" %c",(uint8_t)Tx_Buffer[i]);
26                              //串口打印从 Flash 读出的数据
27                              for(i=0; i<5;i++)Rx_Buffer[i] = 0;  //清零 Flash_WR_Buf
28                              SpiFlash_Read(Rx_Buffer,0x00,5);     //读出 5 个字节数据
29                              printf("Read data = ");
30                              for(i=0; i<5;i++)printf(" %c",(uint8_t)Rx_Buffer[i]);
31                              //串口打印从 Flash 读出的数据
32                                  printf("\r\n");                  //回车换行
33                              while(nrf_gpio_pin_read(BUTTON_1) == 0); //等待按键释放
34                              nrf_gpio_pin_set(LED_1);
35                          }
36          }
```

18.4.4　堵塞模式和非堵塞模式

阻塞模式和非阻塞模式的区别就是是否需要 event_handler 回调函数:由用户提供的事件处理程序。如果为空,则启用阻塞模式;如果不为空,则启用非阻塞模式,该模式下会在中断中触发对应的处理事件,这些处理事件通过回调函数进行回调,以便用户进行相应的处理。

前面的例子编写的为非阻塞模式。如果需要使用阻塞模式,则只需要在 SPI 初始化函数 nrf_drv_spi_init 中把 event_handler 回调函数设置为 NULL,删除所有函数代码中的 SPI 传输完成标识判断语句"spi_xfer_done=false;"和等待传输完成语句,等待传输完成语句具体代码如下:

```
while(!spi_xfer_done)
    ;
```

18.4.5　实验现象

代码编译后,通过仿真器下载到开发板中,然后打开串口调试助手,设置串口波特率为 115 200,打开串口。同时按下按键 1,如果输出 Flash 的读取数据为 good,那么表示读取内容和写入内容一致,说明写入成功,如图 18.14 所示。

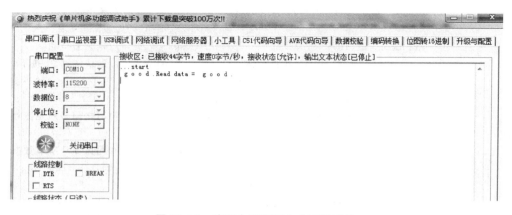

图 18.14　读取内容和写入内容的对比

第三篇　外设应用综合篇

本篇将以青风 nRF52 系列开发板为基础,在总结第二篇外设内容的基础上,编写一个综合应用实例。本实例将结合低功耗显示设备 OLED,通过 nRF52xx 处理器来进行 OLED 设备的控制与显示,实现一个日历和电池的动态显示界面,为后期实现穿戴设备的显示功能打下基础。

第 **19** 章

外设综合实例

本章将结合定时器、PPI、SAADC、串口、RTC 定时器、OLED 显示屏等外设,演示一个日历时钟和电池显示的实例,方便在诸如手环等设备上加入 OLED 的显示功能。

19.1 综合实例实现目标

综合实验的目标是在 OLED 显示屏上显示一个日历时钟,同时通过 SAADC 采集电池电压,并在 OLED 显示屏上动态显示电池电量。

首先为了在设备上实现一个实时时钟的功能,就需要精确地实现 1 s 定时,每定时一次产生一次时钟秒更新,秒更新 60 次产生一次分钟更新,依次类推,最终到年。这样就可以实现一个日历时钟的功能。那么核心点就是如何产生 1 s 的定时。普通的定时器就可以实现这个功能,但是考虑到后期需要向协议栈下进行移植,所以采用 RTC 是更加准确和方便的。

初始化时钟有两种方式:一种是直接在程序中设置时间,另一种是采取外部同步方式。其中,外部同步方式比较方便,可以灵活地对时间进行调整,可以通过串口方式进行设置调节。

程序编写思路

程序应分为多段进行编写,具体如下:

第一部分:RTC 定时计数,每定时一次产生一次时钟秒更新,秒更新 60 次产生一次分钟更新,分钟更新 60 次产生一次小时更新,小时更新 24 次产生一次天更新,以此类推下去。这里面每发生一次更新,就可以设置一个标志位,以便 OLED 显示更新处理。

第二部分:初始化时间的设置。如果直接在程序中设置,则可以直接通过一个数值实现,但为了更加方便地随时更新,需要利用一个外部接口来进行同步。在外设方式下,调用串口功能来实现。

第三部分:就是用户交互的部分,也就是说,要实现时间的显示,可通过 OLED 或者串口实现时钟的显示功能。为了方便演示和观察,采用 OLED 显示屏显示是最佳方案。

第四部分：电池采样采用 SAADC 方式，为了减轻 CPU 的负担，采用 PPI 触发式多缓冲采样方式。为了稳定采样结果，对采样结果进行滤波，同时在 OLED 上动态地显示电量。

整体程序结构如图 19.1 所示。

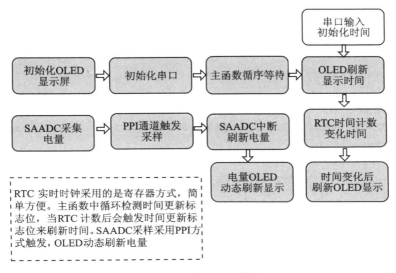

图 19.1　整体程序结构

19.2　时钟设计

本节首先介绍外设方式下程序的编写，通过串口配置时间，具体如下：

19.2.1　RTC 定时时钟

回忆之前有关 RTC 的内容，TIME 定时器由高速时钟 HFCLK 提供时钟，而 RTC 则由 LFCLK 提供时钟。下面来配置时钟源，代码如下，设置原理请参考第 13 章有关 RTC 的内容：

```
14    / ** 启动 LFCLK 晶振功能 */
15    void lfclk_config(void)
16    {
17        NRF_CLOCK ->LFCLKSRC = (CLOCK_LFCLKSRC_SRC_Xtal <<
18                                CLOCK_LFCLKSRC_SRC_Pos);    //设置 32 kHz 时钟源
19        NRF_CLOCK ->EVENTS_LFCLKSTARTED   = 0;              //关 32 kHz 振荡事件
20        NRF_CLOCK ->TASKS_LFCLKSTART      = 1;              //开 32 kHz 振荡任务
21        while (NRF_CLOCK ->EVENTS_LFCLKSTARTED == 0)
22        {
23        }
```

```
24      NRF_CLOCK ->EVENTS_LFCLKSTARTED = 0;
25  }
```

这里就把低速时钟源设置完了,接下来进行 RTC 的配置。设置 RTC 时钟按照 8 MHz 的速度计数,则 CC[0] 寄存器中的设置值为 8,也就是计数 8 次正好为 1 s,发生一次比较捕获事件,产生一个 1 s 的中断,代码如下。这个设置请参见第 13 章有关 RTC 的内容。

```
26  # define LFCLK_FREQUENCY           (32768UL)         /* LFCLK 频率单位为 Hz */
27  # define RTC_FREQUENCY             (8UL)             /* 所需的 RTC 时钟
                                                          /* 频率,单位为 Hz */
28  # define COMPARE_COUNTERTIME       (1UL)
29  # define COUNTER_PRESCALER((LFCLK_FREQUENCY/RTC_FREQUENCY) - 1)   /* 预分频值 */
30  void rtc_config(void)
31  {   //使能 RTC1 中断
32      NVIC_SetPriority(NRF_RTC1_IRQn, NRF_RTC1_IRQ_Priority);
33      NVIC_EnableIRQ(NRF_RTC1_IRQn);
34      //设置预分频值
35      NRF_RTC1 ->PRESCALER       = COUNTER_PRESCALER;
36      //设置比较寄存器的值
37      NRF_RTC1 ->CC[0]           = COMPARE_COUNTERTIME * RTC_FREQUENCY;
38
39      //使能比较中断事件
40      NRF_RTC1 ->EVTENSET        = RTC_EVTENSET_COMPARE0_Msk;
41      NRF_RTC1 ->INTENSET        = RTC_INTENSET_COMPARE0_Msk;
42      NRF_RTC1 ->TASKS_START = 1;
43  }
```

RTC 定时计数,每定时一次产生一次时钟秒更新,秒更新 60 次产生一次分钟更新,分钟更新 60 次产生一次小时更新,小时更新 24 次产生一次天更新,以此类推。我们设置对应的标志位和更新事件数据的数组,代码如下:

```
01  //时间数据数组
02  typedef struct{
03  unsigned char second;
04  unsigned char minute;
05  unsigned char hour;
06  unsigned char date;
01  unsigned char month;
02  uint16_t year;
03  }data_t;
04  //更新标志
05  # define UPDATA_SEC    1        //更新秒
06  # define UPDATA_HM     2        //更新时、分
```

```
07  # define UPDATA_DATE    3              //更新年、月、日
```

那么时间函数的变化函数就十分简单了，在初始化时钟参数的基础上，比较捕获依次递加秒参数，依次递进。编程时采用 if 嵌套循环进行，代码如下：

```
08  void cal_updata(void)
09  {
10      TimeUpdataFlag = UPDATA_SEC;
11      if ( ++ t.tm_sec == 60)               //跟踪时间、日期、月、年
12      {
13          TimeUpdataFlag = UPDATA_HM;
14          t.tm_sec = 0;
15          if ( ++ t.tm_min == 60)
16          {
17              t.tm_min = 0;
18              if ( ++ t.tm_hour == 24)
19              {
20                  TimeUpdataFlag = UPDATA_DATE;
21                  t.tm_hour = 0;
22                  if ( ++ t.tm_mday == 32)
23                  {
24                      t.tm_mday ++ ;
25                      t.tm_mday = 1;
26                  }
27                  else if (t.tm_mday == 31)
28                  {
29                      if ((t.tm_mon == 4) || (t.tm_mon == 6) || (t.tm_mon == 9) || (t.tm_mon == 11))
30                      {
31                          t.tm_mon ++ ;
32                          t.tm_mday = 1;
33                      }
34                  }
35                  else if (t.tm_mday == 30)
36                  {
37                      if(t.tm_mon == 2)
38                      {
39                          t.tm_mon ++ ;
40                          t.tm_mday = 1;
41                      }
42                  }
43                  else if (t.tm_mday == 29)
44                  {
45                      if((t.tm_mon == 2) && (not_leap()))
46                      {
```

```
47                         t.tm_mon ++ ;
48                         t.tm_mday = 1 ;
49                     }
50                 }
51                 if ( t.tm_mon == 13)
52                 {
53                     t.tm_mon = 1 ;
54                     t.tm_year ++ ;
55                 }
56             }
57         }
58     }
59 }
60
61 void CAL_RTC_IRQHandler(void)
62 {
63     //如果是 RTC0 通道 0 的比较匹配事件
64     if(CAL_RTC ->EVENTS_COMPARE[0])
65     {
66         //清零事件
67         CAL_RTC ->EVENTS_COMPARE[0] = 0;
68         //清零计数器
69         CAL_RTC ->TASKS_CLEAR = 1;
70         //更新时间
71         CAL_updata();
72     }
73 }
```

一个基本的 RTC 时钟运行体系就建立起来了,下面将讨论时钟初始化同步配置。

19.2.2   时钟初始化配置

本例首先讲的是外设历程,所以采用串口来实现时钟的初始化设置,后面 BLE 下的例子会介绍如何采用蓝牙更新。串口实现初始化时钟配置,主要目标就是通过串口调试助手从串口发送时间数据到设备上,设备对串口接收的数据进行判断,配置更新时钟时间。所以,首先应完成串口基本端口和参数的配置:串口引脚设置、串口缓冲初始化、波特率等,代码如下:

```
74 void uart_config(void)
75 {
76     uint32_t err_code;
77
78     //定义一个 UART 配置结构体
79     const app_uart_comm_params_t comm_params =
```

```
80      {
81          RX_PIN_NUMBER,     //定义 UART 接收引脚
82          TX_PIN_NUMBER,     //定义 UART 发送引脚
83          RTS_PIN_NUMBER,  //定义 UART RTS 引脚。注意,流控关闭后虽然定义了 RTS 和 CTS 引脚,
                             //但是不起作用
84          CTS_PIN_NUMBER, //定义 UART CTS 引脚
85          APP_UART_FLOW_CONTROL_DISABLED,     //关闭 UART 流控
86          false,
87          UART_BAUDRATE_BAUDRATE_Baud115200 //UART 波特率
88      };
89      //初始化 APP UART,注册 UART 事件回调函数
90      APP_UART_FIFO_INIT(&comm_params,
91                          UART_RX_BUF_SIZE,
92                          UART_TX_BUF_SIZE,
93                          uart_error_handle,
94                          APP_IRQ_PRIORITY_LOWEST,
95                          err_code);
96
97      APP_ERROR_CHECK(err_code);
98  }
```

　　串口发送过来的数据通过一个判断函数,判断是否为有限数据,然后分配给前面定义的时间数据数组,再把这些数组设置为当前初始时间。这样一个设计过程就确定了。首先编写一个时间判断函数,明确时间范围,也就是最大值和最小值有限范围,接着进行数据转换,代码如下:

```
01  //串口接收时间同步数据
02  int uart_get_parameter(char * query_message, int min_value, int max_value)
03  {
04      uint8_t tmp_char, digit_index;
05      int current_value;
06      while(1)
07      {
08          current_value = 0;
09          digit_index = 0;
10          printf(" %s: ", query_message);
11          while(1)
12          {
13              while(app_uart_get(&tmp_char) != NRF_SUCCESS);
14                      //字符转换为数值
15              if(tmp_char > = '0' && tmp_char < = '9' && digit_index <9)
16              {
17                  current_value = current_value * 10 + (tmp_char - '0');
```

```
18              app_uart_put(tmp_char);
19              digit_index++;
20          }
21          else if(tmp_char == 8 && digit_index > 0)
22          {
23              current_value /= 10;
24              digit_index--;
25              printf("\b \b");
26          }
27                          //串口接收到换行符,表示数据接收完成
28          else if(tmp_char == 13)
29          {
30              break;
31          }
32      }
33      if(current_value >= min_value && current_value <= max_value) break;
34      else
35      {
36          printf("\r\nInvalid value! \r\n");
37          printf("Legal range is % i - % i\r\n", min_value, max_value);
38      }
39  }
40  printf("\r\n");
41  return current_value;
42 }
```

然后通过 uart_get_parameter 函数,按照下面的方式判断输入的参数,设置时间数组值,设置完后通过 nrf_cal_set_time 函数导入时间更新数组,就可以采用上述更新时钟函数来实时同步时钟了,代码如下:

```
01  year = (uint32_t)uart_get_parameter("Enter year", 1900, 2100);
02  month = (uint32_t)uart_get_parameter("Enter month", 0, 11);
03  day = (uint32_t)uart_get_parameter("Enter day", 1, 31);
04  hour = (uint32_t)uart_get_parameter("Enter hour", 0, 23);
05  minute = (uint32_t)uart_get_parameter("Enter minute", 0, 59);
06  second = (uint32_t)uart_get_parameter("Enter second", 0, 59);
07  nrf_cal_set_time(year, month, day, hour, minute, second);
        //初始化时钟设置
08 void nrf_cal_set_time(uint32_t year, uint32_t month, uint32_t day, uint32_t hour, uint32_t
   minute, uint32_t second)
09 {
10      t.tm_year = year - 1900;
11      t.tm_mon = month;
12      t.tm_mday = day;
```

```
13    t.tm_hour = hour;
14    t.tm_min = minute;
15    t.tm_sec = second;
16    CAL_RTC->TASKS_CLEAR = 1;
17 }
```

时钟同步初始化配置完成后,为了用户交互方便,下面来编写 OLED 时钟显示功能以及 OLED 刷新时钟功能。

19.2.3　OLED 时钟显示及刷新

根据时间更新标志更新 OLED 显示,这么做的好处是不用每次都更新整个屏幕,在 19.2.2 小节中,由于每一次时间递进都会触发标志位变化,因此,当对应的时间标志位发生变化时,就直接调用刷新 OLED 时间显示函数,这样就可以实时显示当前时间了。具体代码如下:

```
18 void oled_updata(uint8_t flag)
19 {
20    uint8_t i;
21    char * p;
22    //获取显示字符串
23    p = nrf_cal_get_time_string();
24
25    switch(flag)
26    {
27        //更新秒显示
28        case UPDATA_SEC:
29        LCD_P8x16Str(96,6,(uint8_t * )(p+17));
30        LCD_P8x16Str(104,6,(uint8_t * )(p+18));         //秒
31            break;
32        //更新时和分显示
33        case UPDATA_HM:
34        LCD_P8x16Str(96,6,(uint8_t * )(p+17));
35        LCD_P8x16Str(104,6,(uint8_t * )(p+18));         //秒
36        LCD_P8x16Str(0,3,(uint8_t * )(p+11));
37        LCD_P8x16Str(8,3,(uint8_t * )(p+12));
38        LCD_P8x16Str(16,3,":");
39        LCD_P8x16Str(24,3,(uint8_t * )(p+14));
40        LCD_P8x16Str(32,3,(uint8_t * )(p+15));          //分钟、小时
41            break;
42        //更新年、月、日显示
43        case UPDATA_DATE:
44        LCD_P8x16Str(96,6,(uint8_t * )(p+17));
45        LCD_P8x16Str(104,6,(uint8_t * )(p+18));         //秒
```

```
46        LCD_P8x16Str(0,3,(uint8_t *)(p+11));
47        LCD_P8x16Str(8,3,(uint8_t *)(p+12));
48        LCD_P8x16Str(16,3,":");
49        LCD_P8x16Str(24,3,(uint8_t *)(p+14));
50        LCD_P8x16Str(32,3,(uint8_t *)(p+15));            //分钟、小时
51            for(i=0;i<10;i++)
52            {
53                LCD_P8x16Str(0+8*i,6,(uint8_t *)(p+i));   //年、月、日
54            }
55            break;
56        default:
57            break;
58    }
59 }
```

19.3　电池电量采集设计

19.3.1　SAADC 初始化与 PPI 触发采集

　　对于 SAADC 的初始化配置这里就不再重复描述了，可以直接参考第 15 章的相关内容。主函数 main.c 文件直接调用 saadc_init() 函数即可。

　　对于 PPI 的设置，首先配置一个定时器设定一个时间，设置定时时间为 100 ms，每 100 ms 触发一次定时器比较任务；然后设置一个 PPI 通道，把定时器比较作为一个事件，作为 PPI 通道的一端，把启动 SAADC 的采样作为任务，作为 PPI 的另外一端。100 ms 后，会通过定时器比较事件启动 SAADC 采样任务，实现通过 PPI 来采集电池电量的功能。具体代码如下：

```
01 void saadc_sampling_event_init(void)
02 {
03    ret_code_t err_code;
04    //初始化 PPI
05    err_code = nrf_drv_ppi_init();
06    APP_ERROR_CHECK(err_code);
07    //配置一个 32 位的定时器
08    nrf_drv_timer_config_t timer_cfg = NRF_DRV_TIMER_DEFAULT_CONFIG;
09    timer_cfg.bit_width = NRF_TIMER_BIT_WIDTH_32;
10    err_code = nrf_drv_timer_init(&m_timer, &timer_cfg, timer_handler);
11    APP_ERROR_CHECK(err_code);
12    //设置 100 ms 发送一次比较事件
13    uint32_t ticks = nrf_drv_timer_ms_to_ticks(&m_timer, 100);
14    nrf_drv_timer_extended_compare(&m_timer,
```

```
15                                           NRF_TIMER_CC_CHANNEL0,
16                                           ticks,
17                                           NRF_TIMER_SHORT_COMPARE0_CLEAR_MASK,
18                                           false);
19      nrf_drv_timer_enable(&m_timer);
20      //获取比较事件地址
21      uint32_t timer_compare_event_addr = nrf_drv_timer_compare_event_address_get(&m_timer,
22                                           NRF_TIMER_CC_CHANNEL0);
23      //获取 SAADC 采集任务地址
24      uint32_t saadc_sample_task_addr = nrf_drv_saadc_sample_task_get();
25      //连接 PPI 两端,一端为定时器比较事件,另一端为 SAADC 采集任务
26      err_code = nrf_drv_ppi_channel_alloc(&m_ppi_channel);
27      APP_ERROR_CHECK(err_code);
28      err_code = nrf_drv_ppi_channel_assign(m_ppi_channel,
29                                           timer_compare_event_addr,
30                                           saadc_sample_task_addr);
31      APP_ERROR_CHECK(err_code);
32 }
```

19.3.2　电池电量 OLED 显示

　　OLED 显示电池电量的基本原理可以描述为：OLED 显示一个电池图标需要对电池图片取模,由于不同的电量显示的图标状态不同,因此不同电量状态下所取模的字符阵列也不同,如果把电池电量显示值划分为 14 段,则取 14 个字符阵列,放置在一个数组阵列 F316x16[][32]中。显示电池电量时就通过不同的 14 段取模的字符阵列进行区分。根据这个原理,编写一个 OLED 显示电量的函数 OLED_Battery_show(unsigned int level),其中形式参数 level 表示 14 个电量水平,显示 14 种电量的状态。具体代码如下：

```
01 void OLED_Battery_show(unsigned int level)
02 {
03      OLED_DrawBMP(100,4,116,6,F316x16[level]);
04
05 }
```

　　在 SAADC 采集电量后,需要把采集的电路进行水平划分。为了方便演示,我们简单地把电路从 0 到 3.3 V 等间隔划分成 14 份。那么在 SAADC 中断函数中,首先把采集的数据进行滤波,滤波的方法采用较为简单的平均滤波,使得采集的电量保持稳定；然后把滤波后的电压进行水平划分,对应不同的电量显示不同的数组；最后直接调用显示电量的函数 OLED_Battery_show 来完成电量的刷新。具体代码如下：

```
06 void saadc_callback(nrf_drv_saadc_evt_t const * p_event)
07 {    float   val;
```

```
08      unsigned int ADC_level = 0;
09      int sum = 0;
10      if (p_event ->type == NRF_DRV_SAADC_EVT_DONE)
11      {
12          ret_code_t err_code;
13          err_code = nrf_drv_saadc_buffer_convert(p_event ->data.done.p_buffer,
14                                        SAMPLES_IN_BUFFER);
15          APP_ERROR_CHECK(err_code);
16          int i;
17          for (i = 0; i < SAMPLES_IN_BUFFER; i ++ )
18          {
19              sum += p_event ->data.done.p_buffer[i];
20          }
21          sum = sum/ SAMPLES_IN_BUFFER;          //对缓冲数据进行滤波
22          val = sum * 3.6 /1024;                 //转换为事件电压
23          ADC_level = (int)(val / 0.24);         //转换为电压水平
24          OLED_Battery_show(ADC_level);          //OLED 显示电压水平
25      m_adc_evt_counter ++ ;
26      }
27 }
```

19.4　工程搭建与程序测试

19.4.1　工程搭建

本小节将建立一个工程项目。本例直接采用 RTC 寄存器的方式进行编程，没有采用 RTC 组件编程，所以不需要添加 RTC 组件支持库。因此，工程里需要引用的库函数只有串口的组件库、SAADC 的库、PPI 的库和定时器的库，没有使用 RTC 的库，如图 19.2 所示。图中方框中的文件为需要添加的文件，对这些文件的总结如表 19.1 所列。

表 19.1　综合实例工程需要添加的文件

新增文件名称	功能描述	文件存放目录
nrf_calendar.c	日历驱动	\drive\nrf_calendar.c
oled.c	OLED 显示屏驱动	\drive\oled.c
oledfont.c	OLED 字库	\drive\oledfont.c
nrf_drv_uart.c	旧版本串口基础驱动库	\integration\nrfx\legacy\nrf_drv_uart.c
nrfx_prs.c	共享资源库	\modules\nrfx\drivers\src\prs\nrfx_prs.c
nrfx_uart.c	新版本 UART 兼容库	\modules\nrfx\drivers\src\nrfx_uart.c
nrfx_uarte.c	新版本 UARTE 兼容库	\modules\nrfx\drivers\src\nrfx_uarte.c

续表 19.1

新增文件名称	功能描述	文件存放目录
nrfx_ppi.c	新版本 PPI 兼容库	\modules\nrfx\drivers\src\nrfx_ppi.c
nrf_drv_ppi.c	旧版本 PPI 驱动库	\integration\nrfx\legacy\nrf_drv_ppi.c
nrfx_saadc.c	新版本 SAADC 驱动库	\modules\nrfx\drivers\src\nrfx_saadc.c
nrfx_timer.c	新版本 TIMER 驱动库	\modules\nrfx\drivers\src\nrfx_timer.c

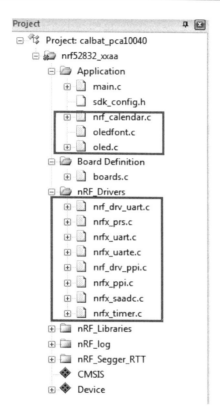

图 19.2　综合实例工程目录树

　　添加库文件完成后，注意在 Options for Target 对话框中的 C/C++选项卡中的 Include Paths 下拉列表框中选择硬件驱动库的文件路径，如图 19.3 所示。

　　工程搭建完后，首先需要修改 sdk_config.h 配置文件。使用库函数时需要使能库功能，因此需要在 sdk_config.h 配置文件中设置对应模块的使能选项。如果在 sdk_config.h 配置文件的 Configuration Wizard 配置导航卡中看见如图 19.4 所示的几个参数选项被选中，则表明配置修改成功，如图 19.4 所示。

　　整个工程中，串口初始化和 OLED 初始化单独编写，RTC 实时时钟采用的是寄存器方式，因此，工程中需要添加串口的组件库驱动。对于程序的 3 个主要部分，需要自己编写两个驱动文件，即 OLED 的显示驱动和 RTC 日历时钟的驱动，还有一部分串口

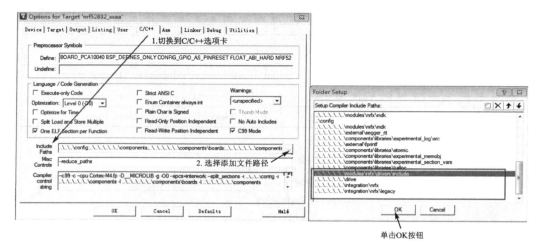

图 19.3　综合实例工程文件路径的添加

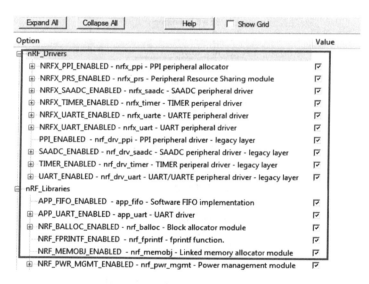

图 19.4　综合实例配置文件使能项

更新的驱动放到主函数 main 中。通过 PPI 触发 SAADC 采集电压部分的驱动代码也放入 main.c 文件中。

19.4.2　程序测试

代码编译后下载到青风 QY－nRF52832 蓝牙开发板上,运行后的效果如图 19.5 所示。

打开串口调试助手,首先选中"发送新行"复选框,然后发送字符"s",此时会提示输入"Enter year";输入成功后,会提示输入"Enter month",依次类推,输入全部初始化的时间,如图 19.6 所示。

图 19.5 OLED 的显示

图 19.6 时间输入

输入完成后,OLED 会刷新时间,如图 19.7 所示。

因为电池电量变化不明显,演示时暂时把电池采集端配置为光敏电阻的 SAADC 采集端,通过遮挡光强度来变化电压采集值,观察 OLED 显示屏上的电池电量变化,如图 19.8 所示。

图 19.7 时间刷新

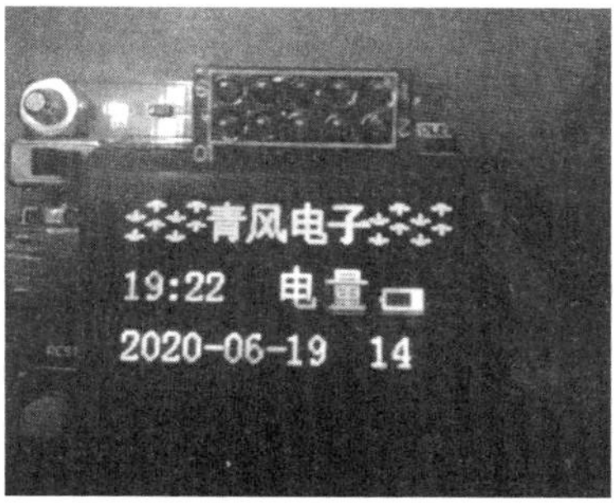

图 19.8 模拟电量的刷新

参考文献

[1] Nordic Semiconductor ASA. getting_started_nRF5SDK_keil v1. 2. 2020-04-02.

[2] Nordic Semiconductor ASA. getting_started_NCS_nRF52 v1. 0. 2020-04-02.

[3] Nordic Semiconductor ASA. nRF52832 Product Specification v1. 4. 2017-10-10.

[4] Nordic Semiconductor ASA. s132_SDS_V6. 0. 2018-03-20.

[5] InvenSense Inc. MPU－6000 and MPU－6050 Product Specification Revision 3. 4. 2013-08-19.

[6] SolomonSystech. 128 x 64 Dot Matrix OLED/PLED Segment/Common Driver with Controller. 2008-04-01.

[7] Windond Electronics Corporation. W25q16 SERIAL FLASH MEMORY datasheet. 2014-11-18.

[8] 金纯,李娅萍,曾伟. 低功耗蓝牙技术开发指南[M]. 北京:国防工业出版社,2016.

[9] Heydon R. 低功耗蓝牙开发权威指南[M]. 陈灿峰,刘嘉,译. 北京:机械工业出版社,2014.

[10] 欧阳骏,陈子龙,黄宁淋. 蓝牙 4. 0 BLE 开发完全手册:物联网开发技术实战[M]. 北京:化学工业出版社,2013.

[11] 周立功. ARM 嵌入式系统基础教程[M]. 2 版. 北京:北京航空航天大学出版社,2018.

[12] WAN Q,LIU J H. Smart－Home Architecture Based on Bluetooth Mesh Technology[J]. IOP Conference Series Materials Science and Engineering,2018.